이제 **오르비**가
학원을 재발명합니다

전화 : 02-522-0207   문자 전용 : 010-9124-0207   주소: 강남구 삼성로 61길 15 (은마사거리 도보 3분)

오르비학원은

모든 시스템이 수험생 중심으로 더 강화됩니다.

모든 시설이 최고의 결과가 나올 수 있도록 설계됩니다.

집중을 위해 오르비학원이 수험생 옆으로 다가갑니다.

오르비학원과 시작하면

원하는 대학문이 가장 빠르게 열립니다.

전화 : 02-522-0207 문자 전용 : 010-9124-0207 주소 : 강남구 삼성로 61길 15 (은마사거리 도보 3분)

출발의 습관은 수능날까지 계속됩니다.
형식적인 상담이나
관리하고 있다는 모습만 보이거나
학습에 전혀 도움이 되지 않는
보여주기식의 모든 것을 배척합니다.

쓸모없는 강좌와 할 수 없는 계획을 강요하거나
무모한 혹은 무리한 스케줄로
1년의 출발을 무의미하게 하지 않습니다.
형식은 모방해도 내용은 모방할 수 없습니다.

smart is sexy

Orbi.kr

개인의 능력을 극대화 시킬 모든 계획이 오르비학원에 있습니다.

기출과 변형

기하

랑데뷰세미나

저자의
수업노하우가 담겨있는
고교수학의 심화개념서

랑데뷰 기출과 변형 (총 5권)
최신 개정판

- 1~4등급 추천(권당 약 400~600여 문항)

Level 1 - 평가원 기출의 쉬운 문제 난이도
Level 2 - 준킬러 이하의 기출+기출변형
Level 3 - 킬러난이도의 기출+기출변형

모든 기출문제 학습 후 효율적인 복습
재수생, 반수생에게 효율적

〈랑데뷰N제 시리즈〉

라이트N제 (총 3권)

- 2~5등급 추천

수능 8번~13번 난이도로 구성

총 30회분의 시험지 타입
- 회차별 공통 5문항, 선택 각 2문항
총 11문항으로 구성

독학용 일일학습지
또는 과제용으로 적합

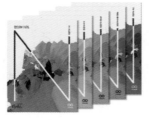

랑데뷰N제 쉬사준킬

- 1~4등급 추천(권당 약 240문항)

쉬운4점~준킬러 문항 학습에 특화
실전개념 및 스킬 등이 포함된
문제와 해설로 구성

기출문제 학습 후 독학용
또는 학원교재로 적합

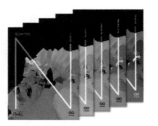

랑데뷰N제 킬러극킬

- 1~2등급 추천(권당 약 120문항)

준킬러~킬러 문항 학습에 특화
실전개념 및 스킬 등이 포함된
문제와 해설로 구성

모의고사 1등급 또는 1등급 컷에
근접한 2등급학생의 독학용

〈랑데뷰 모의고사 시리즈〉 1~4등급 추천

싱크로율 99% 모의고사

싱크로율 99%의 변형문제로 구성되어
평가원 모의고사를 두 번 학습하는 효과

랑데뷰☆수학모의고사 시즌1~3
어썸&랑데뷰 모의고사

매년 8월에 출간되는 봉투모의고사
실전력을 높이기 위한
100분 풀타임 모의고사 연습에 적합

〈NEW!〉

랑데뷰 폴포 수학1,2

- 1~3등급 추천(권당 약 120문항)

공통영역 수1,2에서 출제되는
4점 유형 정리

과목당 엄선된 6가지 테마로 구성
테마별 고퀄리티 20문항

독학용 또는 학원교재로 적합

랑데뷰 시리즈는 **전국 서점** 및 **인터넷서점**에서 구입이 가능합니다.

[랑데뷰 기출과 변형]은
기출문제와 그 문제들의 유사 변형 문제로 구성된 문제집으로 가장 효과적인 기출문제 공부 방법을 제시한다.

기출문제는 수학I, 수학II, 확률과통계, 미적분은 평가원 기출문제들로만 구성하였고 기하는 교육청 기출문제도
포함되어 있다. 문항의 출처는 모두 기재되어 있다.
3점 문항의 기출문제는 역대 평가원에서 출제한 대부분의 문제를 탑재하였고 4점 문항의 기출문제는 대부분
2010년 이후 출제한 최신 경향의 문제들로 구성하였다.

변형 문제는 4점짜리인 Level2와 Level3의 변형 문제들은 기출문제 바로 옆에 배치 되어 있다. 3점짜리 변형
문제들은 유형별로 정리된 Level1문제들로 출처가 표시 되어 있지 않다.

난이도 레벨을 3단계로 구성하였다.
Level1 ⇒
① 3점 위주의 기출문제와 변형 문제들이 있다.
② 기출문제들이 유형별로 정리되어 나타나고 출처가 표시 되지 않은 변형 문제들이 기출문제 다음 배치되어
   있다.
③ 수능에서 출제하는 문제 유형을 파악할 수 있고 쉬운 문제들로 개념을 제대로 알고 있는지 확인할 수 있다.

Level2 ⇒
① 킬러급 난이도를 제외한 4점짜리 기출문제와 변형 문제들이 있다.
② 유형별로 정리되어 있지 않고 각 단원별로 기출 순서대로 문제들이 배치되어 있다.

Level3 ⇒
① 킬러급 난이도의 기출문제와 변형 문제들이 있다.
② 유형별로 정리되어 있지 않고 각 단원별로 기출 순서대로 문제들이 배치되어 있다.
③ 수학II와 미적분의 Level3 문제들은 기출 킬러 문제 다음 숫자만 바꾸거나 문제에 내포된 여러 개념 중 주요
   아이디어만 포함되는 난이도 낮은 쌍둥이 문제가 배치된 뒤 변형 문제가 배치된다. 쌍둥이 문제는 정답만 문
   제 밑에 바로 표기되며 풀이는 제시되지 않는다. 쌍둥이 문제가 풀리지 않으면 해당 기출문제를 제대로 이해
   하지 못한 것이니 기출문제를 다시 풀어보고 쌍둥이 문제의 답을 구한 뒤 변형 문제로 넘어 가야 한다.

계속 하다보면 익숙해지고 익숙해지면 쉬워집니다. [혁신청람수학 안형진T]

해뜨기전이 가장 어둡잖아. 조금만 힘내자! [한정아수학교습소 한정아T]

남을 도울 능력을 갖추게 되면 나를 도울 수 있는 사람을 만나게 된다. [최성훈수학학원 최성훈T]

넓은 하늘로의 비상을 꿈꾸며 [장선생수학학원 장세완T]

부딪혀 보세요. 아직 오지 않은 미래를 겁낼 필요 없어요. [평촌다수인수학학원 도정영T]

"기죽지마, 걱정하지마, 넌 잘될 거야! 그만큼 노력했으니까" [반포파인만 고등부 김경민T]

지금 잠을 자면 꿈을 꾸지만 지금 공부 하면 꿈을 이룬다. [이미지매쓰학원 정일권T]

Step by step! 앞으로 여러분이 겪게 될 모든 경험들이 발판이 되어 더 나은 내일을 만들어 나갈 것입니다. [가나수학전문학원 황보성호T]

1등급을 만드는 특별한 습관 랑데뷰수학으로 만들어 드립니다.

지나간 성적은 바꿀수 없지만 미래의 성적은 너의 선택으로 바꿀 수 있다. 그렇다면 지금부터 열심히 해야 되는 이유가 충분하지 않은가? [칼수학학원 강민구T]

작은 물방울이 큰바위를 뚫을수 있듯이 집중된 노력은 수학을 꿰뚫을수 있다. [제우스수학 김진성T]

자신과 타협하지 않는 한 해가 되길 바랍니다. [답길학원 서태욱T]

무슨 일이든 할 수 있다고 생각하는 사람이 해내는 법이다. [대전오엠수학 오세준T]

'콩 심은데 콩나고, 팥 심은데 팥난다.' [이호진고등수학 이호진T]

Excelsior : 더욱 더 높이! [메가스터디 김가람T]

자신의 능력을 믿어야 한다. 그리고 끝까지 굳세게 밀고 나가라" [오라클 수학교습소 김 수T]

부족한 2% 채우려 애쓰지 말자. 랑데뷰와 함께라면 저절로 채워질 것이다. [김이김학원 이정배T]

진인사대천명(盡人事待天命) : 큰 일을 앞두고 사람이 할 수 있는 일을 다한 후에 하늘에 결과를 맡기고 기다린다. [수학만영어도학원 최수영T]

네가 원하는 꿈과 목표를 위해 최선을 다 해봐! 너를 응원하고 있는 사람이 꼭 있다는 걸 잊지 말고~
[매천필즈수학원 백상민T]

'새는 날아서 어디로 가게 될지 몰라도 나는 법을 배운다'는 말처럼 지금의 배움이 앞으로의 여러분들 날개를 펼치는 힘이 되길 바랍니다. [가나수학전문학원 이소영T]

이 책으로 공부하는 동안 여러분에게 뜻 깊은 시간이 되길 바랍니다. [최병길T]

노력에 한계를 두고서 재능에서 한계를 느꼈다고 말한다. 스스로 그은 한계선을 지워라.
[샤인수학학원 조남웅T]

많은 사람들은 재능의 부족보다 노력의 부족으로 실패한다. [최혜권T]

하기싫어도 하자. 감정은 사라지고 결과는 남는다. [오름수학 장선정T]

1퍼센트의 가능성,그것이 나의 길이다 -나폴레옹 [MQ멘토수학 최현정T]

너의 열정을 응원할게 [진성기숙학원 김종렬T]

랑데뷰와 함께. 2025 수능수학 100점 향해 갑시다. [오정화SNU수학전문 오정화T]

꿈을향한 도전! 마지막까지 최선을... [서영만학원 서영만T]

앞으로 펼쳐질 너의 찬란한 이십대를 기대하며 응원해. 이 시기를 잘 이겨내길 [굿티쳐강남학원 배용제T]

착실한 기본기 연습이 실전을 강하게 만든다. [장정보수학학원 함상훈T]

힘들고 지칠 때 '한 걸음만 더'라는 생각이 변화의 시작입니다. 노력하는 여러분들을 응원하겠습니다.
[휴민고등수학 김상호T]

괜찮아 잘 될 거야! 너에겐 눈부신 미래가 있어!! 그대는 슈퍼스타!!! [수지 수학대가 김영식T]

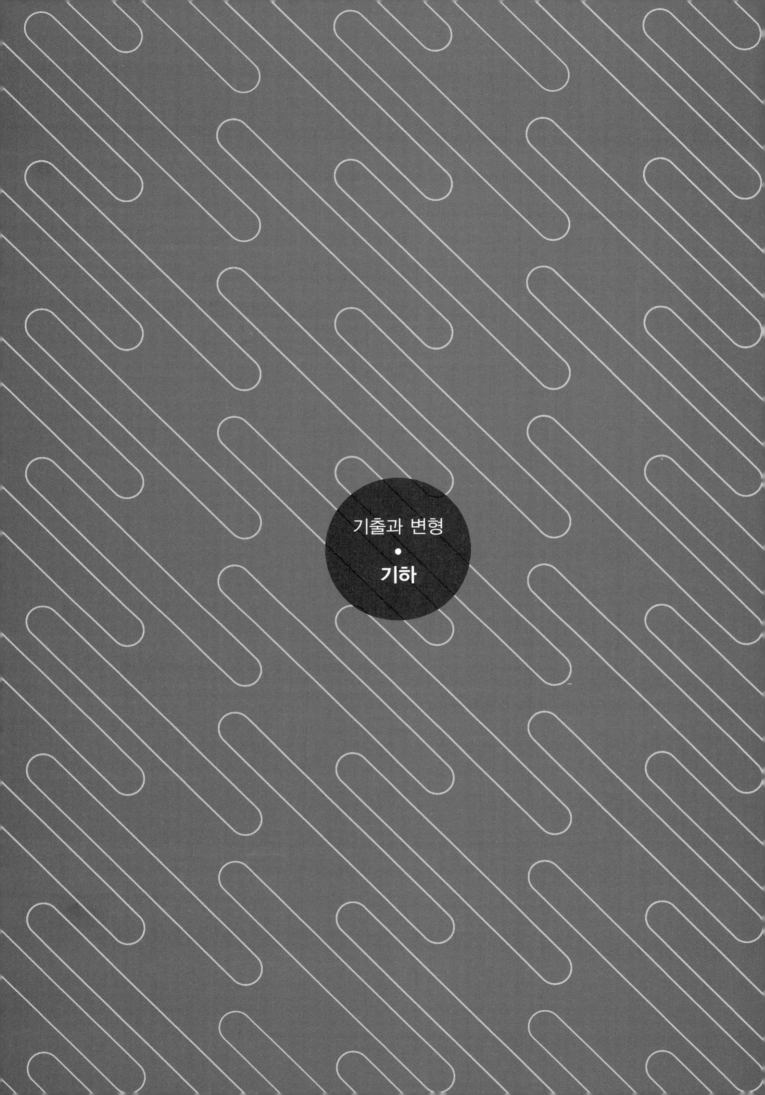

기출과 변형
·
기하

목차

기출과 변형

·

기하

1

이차곡선

이차곡선
Level 1

포물선의 정의와 활용

출제유형 | 포물선의 초점의 좌표, 준선의 방정식, 꼭짓점의 좌표를 구하거나 포물선의 정의를 이용하여 선분의 길이, 도형의 둘레의 길이와 넓이를 구하는 문제가 출제된다.

출제유형잡기 | 포물선의 방정식으로부터 초점의 좌표를 구하는 방법과 포물선 위의 점에서 초점과 준선까지의 거리가 서로 같음을 이용하여 문제를 해결한다.

001
2024학년도 11월 수능

초점이 F인 포물선 $y^2 = 8x$ 위의 한 점 A에서 포물선의 준선에 내린 수선의 발을 B라 하고, 직선 BF와 포물선이 만나는 두 점을 각각 C, D라 하자. $\overline{BC} = \overline{CD}$ 일 때, 삼각형 ABD의 넓이는? (단, $\overline{CF} < \overline{DF}$ 이고, 점 A는 원점이 아니다.)

① $100\sqrt{2}$ ② $104\sqrt{2}$ ③ $108\sqrt{2}$

④ $112\sqrt{2}$ ⑤ $116\sqrt{2}$

002
2024학년도 9월 평가원

양수 p에 대하여 좌표평면 위에 초점이 F인 포물선 $y^2 = 4px$가 있다. 이 포물선이 세 직선 $x = p$, $x = 2p$, $x = 3p$와 만나는 제1사분면 위의 점을 각각 P_1, P_2, P_3이라 하자. $\overline{FP_1} + \overline{FP_2} + \overline{FP_3} = 27$일 때, p의 값은?

① 2   ② $\dfrac{5}{2}$ ③ 3   ④ $\dfrac{7}{2}$ ⑤ 4

003

포물선 $y^2 = -12(x-1)$의 준선을 $x = k$라 할 때, 상수 k의 값은?

① 4 　　② 7 　　③ 10 　　④ 13 　　⑤ 16

004

포물선 $(y-2)^2 = 8(x+2)$ 위의 점 P와 점 A$(0, 2)$에 대하여 $\overline{OP} + \overline{PA}$의 값이 최소가 되도록 하는 점 P를 P_0이라 하자. $\overline{OQ} + \overline{QA} = \overline{OP_0} + \overline{P_0A}$를 만족시키는 점 Q에 대하여 점 Q의 y좌표의 최댓값과 최솟값을 각각 M, m이라 할 때, $M^2 + m^2$의 값은? (단, O는 원점이다.)

① 8 　　② 9 　　③ 10 　　④ 11 　　⑤ 12

005

초점 F$\left(\dfrac{1}{3}, 0\right)$이고 준선이 $x = -\dfrac{1}{3}$인 포물선이 점 $(a, 2)$를 지날 때, a의 값은?

① 1 　　　　② 2 　　　　③ 3

④ 4 　　　　⑤ 5

006

초점이 F인 포물선 $y^2 = 4px$ 위의 한 점 A에서 포물선의 준선에 내린 수선의 발을 B라 하고, 선분 BF와 포물선이 만나는 점을 C라 하자. $\overline{AB} = \overline{BF}$이고 $\overline{BC} + 3\overline{CF} = 6$일 때, 양수 p의 값은?

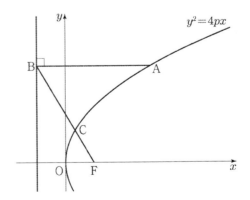

① $\dfrac{7}{8}$ 　　② $\dfrac{8}{9}$ 　　③ $\dfrac{9}{10}$ 　　④ $\dfrac{10}{11}$ 　　⑤ $\dfrac{11}{12}$

다음은 포물선 $y^2 = x$ 위의 꼭짓점이 아닌 임의의 점 P 에서의 접선과 x 축과의 교점을 T , 포물선의 초점을 F 라고 할 때, $\overline{FP} = \overline{FT}$ 임을 증명한 것이다.

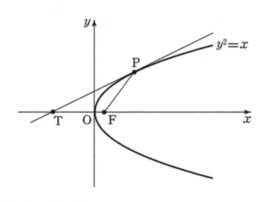

〈증명〉

점 P 의 좌표를 (x_1, y_1) 이라고 하면, 접선의

방정식은 [(가)] 이 식에 $y = 0$ 을

대입하면 교점 T 의 좌표는 $(-x_1, 0)$ 이다.

초점 F 의 좌표는 [(나)] 이므로

$\overline{FT} = $ [(다)]

한편 $\overline{FP} = \sqrt{\left(x_1 - \dfrac{1}{4}\right)^2 + y_1^2}$

$= $ [(다)]

따라서 $\overline{FP} = \overline{FT}$ 이다.

위의 증명에서 (가), (나), (다)에 알맞은 것을 차례로 나열한 것은?

	(가)	(나)	(다)
①	$y_1 y = \dfrac{1}{2}(x + x_1)$	$\left(\dfrac{1}{2}, 0\right)$	$x_1 + \dfrac{1}{2}$
②	$y_1 y = \dfrac{1}{2}(x + x_1)$	$\left(\dfrac{1}{4}, 0\right)$	$x_1 + \dfrac{1}{4}$
③	$y_1 y = \dfrac{1}{2}(x + x_1)$	$\left(\dfrac{1}{4}, 0\right)$	$x_1 + \dfrac{1}{2}$
④	$y_1 y = x + x_1$	$\left(\dfrac{1}{4}, 0\right)$	$x_1 + \dfrac{1}{4}$
⑤	$y_1 y = x + x_1$	$\left(\dfrac{1}{2}, 0\right)$	$x_1 + \dfrac{1}{2}$

초점이 F 인 포물선 $y^2 = x$ 위에 $\overline{FP} = 4$ 인 점 P 가 있다. 그림과 같이 선분 FP 의 연장선 위에 $\overline{FP} = \overline{PQ}$ 가 되도록 점 Q 를 잡을 때, 점 Q 의 x 좌표는?

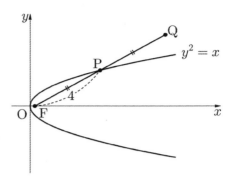

① $\dfrac{29}{4}$ ② 7 ③ $\dfrac{27}{4}$ ④ $\dfrac{13}{2}$ ⑤ $\dfrac{25}{4}$

로그함수 $y = \log_2(x+a) + b$ 의 그래프가 포물선 $y^2 = x$ 의 초점을 지나고, 이 로그함수의 그래프의 점근선이 포물선 $y^2 = x$ 의 준선과 일치할 때, 두 상수 a, b 의 합 $a + b$ 의 값은?

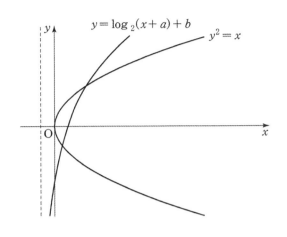

① $\dfrac{5}{4}$　　② $\dfrac{13}{8}$　　③ $\dfrac{9}{4}$　　④ $\dfrac{21}{8}$　　⑤ $\dfrac{11}{4}$

그림과 같이 포물선 $y^2 = 12x$ 의 초점 F를 지나는 직선과 포물선이 만나는 두 점 A, B에서 준선 l에 내린 수선의 발을 각각 C, D라 하자. $\overline{AC} = 4$일 때, 선분 BD의 길이는?

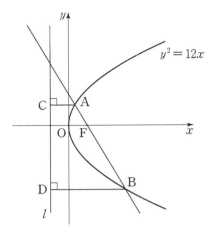

① 12　　② $\dfrac{25}{2}$　　③ 13　　④ $\dfrac{27}{2}$　　⑤ 14

011

좌표평면에서 초점이 F 인 포물선 $x^2 = 4y$ 위의 점 A 가 $\overline{AF} = 10$ 을 만족시킨다. 점 B$(0, -1)$에 대하여 $\overline{AB} = a$ 일 때, a^2 의 값을 구하시오.

012

초점이 F 인 포물선 $y^2 = 8x$ 위의 점 P(a, b)에 대하여 $\overline{PF} = 4$ 일 때, $a + b$의 값은? (단, $b > 0$)

① 3   ② 4   ③ 5   ④ 6   ⑤ 7

013

초점이 F 인 포물선 $y^2 = 12x$ 위의 점 P 에 대하여 $\overline{PF} = 9$ 일 때, 점 P 의 x좌표는?

① 6   ② $\dfrac{13}{2}$ ③ 7   ④ $\dfrac{15}{2}$ ⑤ 8

014

포물선 $y^2 - 4y - ax + 4 = 0$의 초점의 좌표가 $(3, b)$일 때, $a + b$의 값은? (단, a, b는 양수이다.)

① 13   ② 14   ③ 15   ④ 16   ⑤ 17

015

초점이 F인 포물선 $y^2 = 4px \, (p > 0)$ 위의 점 중 제1사분면에 있는 점 P에서 준선에 내린 수선의 발 H에 대하여 선분 FH가 포물선과 만나는 점을 Q라 하자. 점 Q가 다음 조건을 만족시킬 때, 상수 p의 값은?

> (가) 점 Q는 선분 FH를 1 : 2로 내분한다.
> (나) 삼각형 PQF의 넓이는 $\dfrac{8\sqrt{3}}{3}$이다.

① $\sqrt{2}$　② $\sqrt{3}$　③ 2　④ $\sqrt{5}$　⑤ $\sqrt{6}$

016

양수 p에 대하여 두 포물선 $x^2 = 8(y+2)$, $y^2 = 4px$가 만나는 점 중 제1사분면 위의 점을 P라 하자. 점 P에서 포물선 $x^2 = 8(y+2)$의 준선에 내린 수선의 발 H와 포물선 $x^2 = 8(y+2)$의 초점 F에 대하여 $\overline{PH} + \overline{PF} = 40$일 때, p의 값은?

① $\dfrac{16}{3}$　② 6　③ $\dfrac{20}{3}$　④ $\dfrac{22}{3}$　⑤ 8

017

포물선 $y^2 = 4x$와 직선 $y = n$이 제1사분면에서 만나는 점을 P_n이라 할 때, 포물선의 초점 F에 대하여 선분 FP_n의 길이를 a_n 하자. $\displaystyle\sum_{n=1}^{8} a_n$의 값을 구하시오. (단, n은 자연수이다.)

018

좌표평면에 포물선 $y^2 = 4x$와 포물선의 초점 F를 지나고 기울기가 양수인 직선 l이 있다. 직선 l이 포물선과 만나는 두 점을 각각 A, B라 하자. $\overline{AB} = 8$일 때, 직선 l의 기울기는?

① $\dfrac{\sqrt{2}}{2}$　② $\dfrac{\sqrt{3}}{2}$　③ 1　④ $\sqrt{2}$　⑤ $\sqrt{3}$

019

초점이 F인 포물선 $y^2 = 4x$ 위의 점 P와 원
$(x-a)^2 + (y-1)^2 = 1$ 위의 점 Q에 대하여
$\overline{QP} + \overline{PF}$의 최솟값이 5일 때, 양의 상수 a의 값은?

① 4 ② 5 ③ 6 ④ 7 ⑤ 8

유형 2 포물선과 직선

출제유형 | 포물선과 직선의 위치관계, 포물선에 접하는
접선과 관련된 문제가 출제된다.

출제유형잡기 | 포물선에 접하는 접선의 방정식을 구하는
방법을 익히고 포물선과 직선의 위치관계에 따라
문제상황을 파악하여 해결한다.

020　　　　　　　　　　1994학년도 11월 수능2차

직선 $y = 3x + 2$를 x축의 방향으로 k만큼 평행이동시킨
직선이 포물선 $y^2 = 4x$에 접할 때, k의 값은?

① $\dfrac{5}{9}$　② $\dfrac{4}{9}$　③ $\dfrac{2}{9}$　④ $\dfrac{2}{3}$　⑤ $\dfrac{1}{3}$

021　　　　　　　　　　2010학년도 11월 수능

포물선 $y^2 = 4x$ 위의 점 $\mathrm{P}(a, b)$에서의 접선이 x축과
만나는 점을 Q 라 하자. $\overline{\mathrm{PQ}} = 4\sqrt{5}$ 일 때, $a^2 + b^2$의
값은?

① 21　② 32　③ 45　④ 60　⑤ 77

022

포물선 $y^2 = nx$ 의 초점과 포물선 위의 점 $(n,\ n)$ 에서의 접선 사이의 거리를 d 라 하자. $d^2 \geq 40$ 을 만족시키는 자연수 n 의 최솟값을 구하시오.

024

자연수 n에 대하여 직선 $y = nx + (n+1)$이 꼭짓점의 좌표가 $(0,0)$이고 초점이 $(a_n,\ 0)$인 포물선에 접할 때, $\displaystyle\sum_{n=1}^{5} a_n$ 의 값은?

① 70 ② 72 ③ 74 ④ 76 ⑤ 78

023

좌표평면에서 포물선 $y^2 = 8x$에 접하는 두 직선 l_1, l_2의 기울기가 각각 m_1, m_2이다. m_1, m_2가 방정식 $2x^2 - 3x + 1 = 0$의 서로 다른 두 근일 때, l_1과 l_2의 교점의 x좌표는?

① 1 ② 2 ③ 3 ④ 4 ⑤ 5

025

포물선 $y^2 = 20x$ 에 접하고 기울기가 $\dfrac{1}{2}$ 인 직선의 y 절편을 구하시오.

026

그림과 같이 초점이 F인 포물선 $y^2 = 4x$ 위의 한 점 P에서의 접선이 x축과 만나는 점의 x좌표가 -2이다. $\cos(\angle PFO)$의 값은? (단, O는 원점이다.)

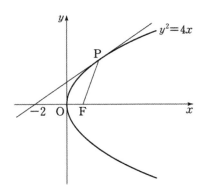

① $-\dfrac{5}{12}$ ② $-\dfrac{1}{3}$ ③ $-\dfrac{1}{4}$ ④ $-\dfrac{1}{6}$ ⑤ $-\dfrac{1}{12}$

027

포물선 $y^2 = 4x$ 위의 점 $A(4, 4)$에서의 접선을 l이라 하자. 직선 l과 포물선의 준선이 만나는 점을 B, 직선 l과 x축이 만나는 점을 C, 포물선의 준선과 x축이 만나는 점을 D라 하자. 삼각형 BCD의 넓이는?

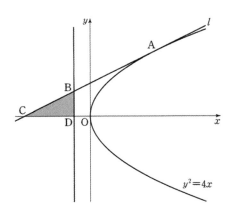

① $\dfrac{7}{4}$ ② 2 ③ $\dfrac{9}{4}$ ④ $\dfrac{5}{2}$ ⑤ $\dfrac{11}{4}$

028

그림과 같이 x좌표가 음수인 x축 위의 점 P에서 포물선 $y^2 = 6x$에 그은 두 접선의 접점을 각각 Q, R라 하자. 삼각형 PRQ의 무게중심이 포물선의 초점과 일치할 때, 삼각형 PRQ의 넓이는?

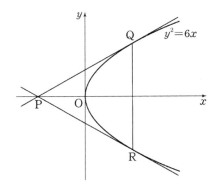

① $18\sqrt{3}$ ② $21\sqrt{3}$ ③ $24\sqrt{3}$
④ $27\sqrt{3}$ ⑤ $30\sqrt{3}$

029

포물선 $y^2 = 4x$ 위의 점 $(9, 6)$에서의 접선과 포물선의 준선이 만나는 점이 (a, b)일 때, $a+b$의 값은?

① $\dfrac{7}{6}$ ② $\dfrac{4}{3}$ ③ $\dfrac{3}{2}$ ④ $\dfrac{5}{3}$ ⑤ $\dfrac{11}{6}$

유형 3 타원의 정의와 활용

출제유형 | 타원의 초점의 좌표, 두 초점 사이의 거리, 장축의 길이, 단축의 길이를 구하는 문제와 타원의 정의를 이용하여 선분의 길이의 합, 도형의 둘레의 길이와 넓이를 구하는 문제가 출제된다.

출제유형잡기 | 타원의 방정식으로부터 초점의 좌표, 장축의 길이, 단축의 길이 등을 구하고 타원 위의 한 점에서 두 초점까지의 거리의 합이 장축의 길이와 같음을 이용하여 문제를 해결한다.

030 　　　　　　　　　　　　　2024학년도 6월 평가원

두 초점이 $F(12, 0)$, $F'(-4, 0)$이고, 장축의 길이가 24인 타원 C가 있다. $\overline{F'F} = \overline{F'P}$인 타원 C 위의 점 P에 대하여 선분 $F'P$의 중점을 Q라 하자. 한 초점이 F'인 타원 $\dfrac{x^2}{a^2} + \dfrac{y^2}{b^2} = 1$이 점 Q를 지날 때, $\overline{PF} + a^2 + b^2$의 값은? (단, a와 b는 양수이다.)

① 46　　② 52　　③ 58　　④ 64　　⑤ 70

031 　　　　　　　　　　　　　2023학년도 9월 모평

타원 $\dfrac{x^2}{a^2} + \dfrac{y^2}{5} = 1$의 두 초점을 F, F'이라 하자. 점 F를 지나고 x축에 수직인 직선 위의 점 A가 $\overline{AF'} = 5$, $\overline{AF} = 3$을 만족시킨다. 선분 AF'과 타원이 만나는 점을 P라 할 때, 삼각형 $PF'F$의 둘레의 길이는? (단, a는 $a > \sqrt{5}$인 상수이다.)

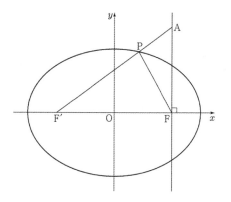

① 8　　② $\dfrac{17}{2}$　　③ 9　　④ $\dfrac{19}{2}$　　⑤ 10

좌표평면에서 직선 $y = \dfrac{1}{2}x + 3$ 위를 움직이는 점 P 가 있다. 두 점 $\mathrm{A}(c, 0)$, $\mathrm{B}(-c, 0)$ $(c > 0)$ 에 대하여 $\overline{\mathrm{PA}} + \overline{\mathrm{PB}}$ 의 값이 최소가 되도록 하는 점 P 의 좌표가 $(-2, 2)$ 일 때, 상수 c 의 값은?

① 2   ② $\sqrt{5}$ ③ $\sqrt{6}$ ④ $\sqrt{7}$ ⑤ $2\sqrt{2}$

두 초점이 F, F′인 타원 $\dfrac{x^2}{64} + \dfrac{y^2}{16} = 1$ 위의 점 중 제1사분면에 있는 점 A 가 있다. 두 직선 AF, AF′에 동시에 접하고 중심이 y축 위에 있는 원 중 중심의 y좌표가 음수인 원을 C라 하자. 원 C의 중심을 B라 할 때, 사각형 AFBF′의 넓이가 72이다. 원 C의 반지름의 길이는?

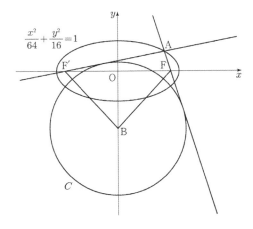

① $\dfrac{17}{2}$ ② 9   ③ $\dfrac{19}{2}$ ④ 10   ⑤ $\dfrac{21}{2}$

그림과 같이 두 점 $F(0, c)$, $F'(0, -c)$를 초점으로

하는 타원 $\dfrac{x^2}{a^2} + \dfrac{y^2}{25} = 1$이 x축과 만나는 점 중에서

x좌표가 양수인 점을 A라 하자. 직선 $y = c$가 직선
AF'과 만나는 점을 B, 직선 $y = c$가 타원과 만나는 점
중 x좌표가 양수인 점을 P라 하자. 삼각형 BPF'의
둘레의 길이와 삼각형 BFA의 둘레의 길이의 차가 4일
때, 삼각형 AFF'의 넓이는? (단, $0 < a < 5$, $c > 0$)

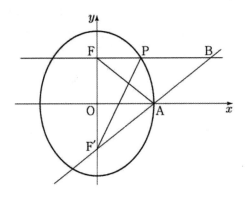

① $5\sqrt{6}$　　　② $\dfrac{9\sqrt{6}}{2}$　　　③ $4\sqrt{6}$

④ $\dfrac{7\sqrt{6}}{2}$　　　⑤ $3\sqrt{6}$

이차곡선 $x^2 - 4x + 9y^2 - 5 = 0$과 중심이 $(2, 0)$이고
반지름의 길이가 a인 원이 서로 다른 네 점에서 만날 때,
a의 범위는?

① $0 < a \leq 2$　　　② $1 < a < 3$　　　③ $2 \leq a < 4$
④ $0 < a < 4$　　　⑤ $a \geq 2$

036

그림과 같이 원점을 중심으로 하는 타원의 한 초점을 F라 하고, 이 타원이 y축과 만나는 한 점을 A라고 하자. 직선 AF의 방정식이 $y = \frac{1}{2}x - 1$일 때, 이 타원의 장축의 길이는?

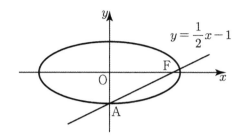

① $4\sqrt{2}$ ② $2\sqrt{7}$ ③ 5 ④ $2\sqrt{6}$ ⑤ $2\sqrt{5}$

037

그림과 같이 중심이 $F(3, 0)$이고 반지름의 길이가 1인 원과 중심이 $F'(-3, 0)$이고 반지름의 길이가 9인 원이 있다. 큰 원에 내접하고 작은 원에 외접하는 원의 중심 P는 F와 F'을 두 초점으로 하는 타원 $\dfrac{x^2}{a^2} + \dfrac{y^2}{b^2} = 1$ 위를 움직인다. 이때, $a^2 + b^2$의 값을 구하시오.

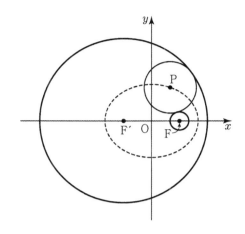

038

두 타원이 점 F를 한 초점으로 공유하고 서로 다른 두 점 P, Q에서 만난다. 두 타원의 장축의 길이가 각각 16, 24이고, 두 타원의 나머지 초점을 각각 F_1, F_2라 할 때, $\left| \overline{PF_1} - \overline{PF_2} \right| + \left| \overline{QF_1} - \overline{QF_2} \right|$ 의 값은?

① 16   ② 14   ③ 12   ④ 10   ⑤ 8

039

오른쪽 그림은 한 변의 길이가 10인 정육각형 ABCDEF의 각 변을 장축으로 하고, 단축의 길이가 같은 타원 6개를 그린 것이다. 그림과 같이 정육각형의 꼭짓점과 이웃하는 두 타원의 초점으로 이루어진 삼각형 6개의 넓이의 합이 $6\sqrt{3}$ 일 때, 타원의 단축의 길이는?

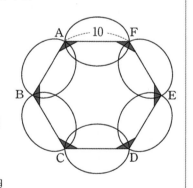

① $4\sqrt{2}$ ② 6   ③ $4\sqrt{3}$
④ 8   ⑤ $6\sqrt{2}$

040

타원 $\dfrac{x^2}{36} + \dfrac{y^2}{16} = 1$의 두 초점을 F, F′이라 하자.

이 타원 위의 점 P가 $\overline{OP} = \overline{OF}$를 만족시킬 때,

$\overline{PF} \times \overline{PF'}$의 값을 구하시오. (단, O는 원점이다.)

041

타원 $x^2 + 9y^2 = 9$의 두 초점 사이의 거리를 d라 할 때, d^2의 값을 구하시오.

042

좌표평면에서 두 점 $A(5, 0)$, $B(-5, 0)$에 대하여 장축이 선분 AB인 타원의 두 초점을 F, F'이라 하자. 초점이 F이고 꼭짓점이 원점인 포물선이 타원과 만나는 두 점을 각각 P, Q라 하자. $\overline{PQ} = 2\sqrt{10}$일 때, 두 선분 PF와 PF'의 길이의 곱 $\overline{PF} \times \overline{PF'}$의 값은 $\dfrac{q}{p}$이다. $p+q$의 값을 구하시오. (단, p와 q는 서로소인 자연수이다.)

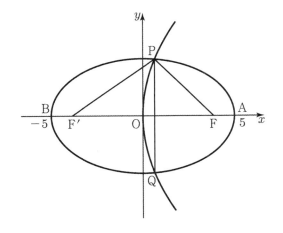

043

두 초점이 F, F'이고, 장축의 길이가 10, 단축의 길이가 6인 타원이 있다. 중심이 F이고 점 F'을 지나는 원과 이 타원의 두 교점 중 한 점을 P라 하자. 삼각형 PFF'의 넓이는?

① $2\sqrt{10}$ ② $3\sqrt{5}$ ③ $3\sqrt{6}$
④ $3\sqrt{7}$ ⑤ $\sqrt{70}$

044

한 변의 길이가 10인 마름모 ABCD에 대하여 대각선 BD를 장축으로 하고, 대각선 AC를 단축으로 하는 타원의 두 초점 사이의 거리가 $10\sqrt{2}$이다. 마름모 ABCD의 넓이는?

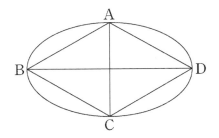

① $55\sqrt{3}$ ② $65\sqrt{2}$ ③ $50\sqrt{3}$
④ $45\sqrt{3}$ ⑤ $45\sqrt{2}$

타원 $\dfrac{x^2}{a^2}+\dfrac{y^2}{b^2}=1$ 의 한 초점을 $\mathrm{F}\,(c,\,0)\,(c>0)$, 이 타원이 x 축과 만나는 점 중에서 x 좌표가 음수인 점을 A, y 축과 만나는 점 중에서 y 좌표가 양수인 점을 B 라 하자. $\angle \mathrm{AFB}=\dfrac{\pi}{3}$ 이고 삼각형 AFB 의 넓이는 $6\sqrt{3}$ 일 때, a^2+b^2 의 값은? (단, a, b 는 상수이다.)

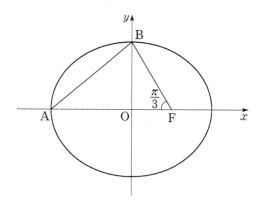

① 22   ② 24   ③ 26   ④ 28   ⑤ 30

타원 $4x^2+9y^2-18y-27=0$ 의 한 초점의 좌표가 $(p,\,q)$일 때, p^2+q^2 의 값을 구하시오.

그림과 같이 두 점 $\mathrm{F}\,(c,\,0)$, $\mathrm{F}'\,(-c,\,0)\,(c>0)$을 초점으로 하고 장축의 길이가 4인 타원이 있다. 점 F를 중심으로 하고 반지름의 길이가 c인 원이 타원과 점 P에서 만난다. 점 P에서 원에 접하는 직선이 점 F'을 지날 때, c의 값은?

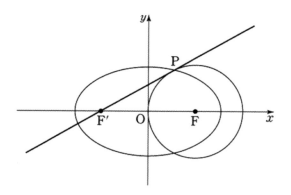

① $\sqrt{2}$ ② $\sqrt{10}-\sqrt{3}$ ③ $\sqrt{6}-1$

④ $2\sqrt{3}-2$ ⑤ $\sqrt{14}-\sqrt{5}$

타원 $\dfrac{(x-2)^2}{a}+\dfrac{(y-2)^2}{4}=1$의 두 초점의 좌표가

$(6,\ b)$, $(-2,\ b)$일 때, ab의 값은? (단, a는 양수이다.)

① 40   ② 42   ③ 44   ④ 46   ⑤ 48

좌표평면에서 원 $x^2+y^2=36$ 위를 움직이는 점
$\mathrm{P}(a,\ b)$와 점 $\mathrm{A}(4,\ 0)$에 대하여 다음 조건을 만족시키는
점 Q 전체의 집합을 X라 하자. (단, $b \neq 0$)

(가) 점 Q는 선분 OP 위에 있다.
(나) 점 Q를 지나고 직선 AP에 평행한 직선이
　　　$\angle \mathrm{OQA}$를 이등분한다.

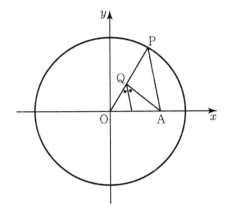

집합의 포함관계로 옳은 것은?

① $X \subset \left\{(x,\ y)\ \middle|\ \dfrac{(x-1)^2}{9}-\dfrac{(y-1)^2}{5}=1\right\}$

② $X \subset \left\{(x,\ y)\ \middle|\ \dfrac{(x-2)^2}{9}+\dfrac{(y-1)^2}{5}=1\right\}$

③ $X \subset \left\{(x,\ y)\ \middle|\ \dfrac{(x-1)^2}{9}-\dfrac{y^2}{5}=1\right\}$

④ $X \subset \left\{(x,\ y)\ \middle|\ \dfrac{(x-1)^2}{9}+\dfrac{y^2}{5}=1\right\}$

⑤ $X \subset \left\{(x,\ y)\ \middle|\ \dfrac{(x-2)^2}{9}+\dfrac{y^2}{5}=1\right\}$

050

두 초점의 좌표가 $(0,\ 3)$, $(0,\ -3)$인 타원이 y축과 점 $(0,\ 7)$에서 만날 때, 이 타원의 단축의 길이는?

① $4\sqrt{6}$ ② $4\sqrt{7}$ ③ $8\sqrt{2}$ ④ 12 ⑤ $4\sqrt{10}$

051

그림과 같이 두 초점이 F, F'인 타원 $\dfrac{x^2}{25}+\dfrac{y^2}{9}=1$ 위의 점 중 제1사분면에 있는 점 P에 대하여 세 선분 PF, PF', FF'의 길이가 이 순서대로 등차수열을 이룰 때, 점 P의 x좌표는? (단, 점 F의 x좌표는 양수이다.)

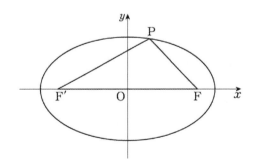

① 1 ② $\dfrac{9}{8}$ ③ $\dfrac{5}{4}$ ④ $\dfrac{11}{8}$ ⑤ $\dfrac{3}{2}$

052

그림과 같이 두 점 $F(c,\ 0)$, $F'(-c,\ 0)\,(c>0)$을 초점으로 하는 타원과 꼭짓점이 원점 O이고 점 F를 초점으로 하는 포물선이 있다. 타원과 포물선이 만나는 점 중 제1사분면 위의 점을 P라 하고, 점 P에서 직선 $x=-c$에 내린 수선의 발을 Q라 하자. $\overline{FP}=8$이고 삼각형 FPQ의 넓이가 24일 때, 타원의 장축의 길이는?

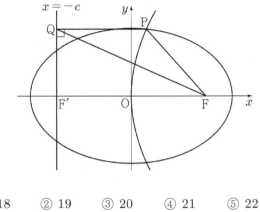

① 18 ② 19 ③ 20 ④ 21 ⑤ 22

053

타원 $\dfrac{x^2}{49}+\dfrac{y^2}{24}=1$의 두 초점을 F, F'라 하자. 타원 위의 점 P가 $\angle FPF'=\dfrac{\pi}{2}$를 만족시킬 때, 삼각형 FPF'의 넓이는?

① 18 ② 20 ③ 22 ④ 24 ⑤ 26

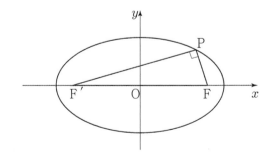

054

그림과 같이 어떤 타원의 단축을 지름으로 하는 원을 그리면 그 원은 타원의 두 초점 F, F′을 지난다고 한다. 타원의 단축의 길이가 2일 때, 타원의 장축의 길이는?

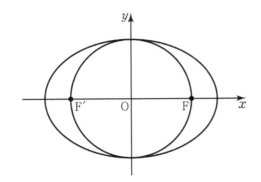

① $\dfrac{3\sqrt{2}}{2}$ ② $\sqrt{5}$ ③ $\sqrt{6}$ ④ $\sqrt{7}$ ⑤ $2\sqrt{2}$

055

그림과 같이 두 초점이 F$(0, c)$, F′$(0, -c)\,(c > 0)$인 타원 $\dfrac{x^2}{a} + \dfrac{y^2}{16} = 1\,(0 < a < 16)$가 있다. 이 타원 위의 점 P에 대하여 $\overline{PF} = 2$이고 $\angle FPF′ = \dfrac{\pi}{2}$일 때, 상수 a의 값을 구하시오.

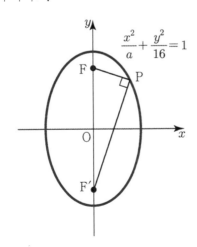

056

그림과 같이 원 $x^2 + y^2 = 9$가 x축과 만나는 두 점을 각각 A, B라 하고, y축과 만나는 두 점을 각각 C, D라 하자. 두 초점이 C, D이고, 두 점 A, B를 지나는 타원이 점 $(k, 3)$을 지날 때, k^2의 값은?

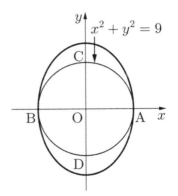

① $\dfrac{7}{2}$ ② $\dfrac{\sqrt{13}}{2}$ ③ $\dfrac{\sqrt{14}}{2}$ ④ 4 ⑤ $\dfrac{9}{2}$

057

두 양수 p, t에 대하여 점 A$(0, -t)$에서 포물선 $x^2 = 4py$에 그은 두 접선이 x축과 만나는 두 점을 각각 F, F′라 하고 포물선과 만나는 두 점을 각각 P, Q라 하자. $\angle PAQ = \dfrac{\pi}{3}$일 때, 두 점 F, F′을 초점으로 하고 두 점 P, Q를 지나는 타원의 장축의 길이가 $4\sqrt{3} + 12$이다. 이때, $p + t$의 값은?

① 12 ② 11 ③ 10 ④ 9 ⑤ 8

058

그림과 같이 원점을 중심으로 하고 초점이 $F_1(2, 0)$,

$F_1{}'(-2, 0)$인 타원 $P_1 : \dfrac{x^2}{a^2} + \dfrac{y^2}{b^2} = 1$과 초점이

$F_2(a, 0)$, $F_2{}'(-a, 0)$인 타원 P_2가 있다. 직선

$x = \dfrac{a}{2}$가 타원 P_1, P_2와 제1사분면에서 만나는 두 점을

각각 A, B라 할 때, 삼각형 $AF_1F_1{}'$의 둘레의 길이를

l_1, 삼각형 $BF_2F_2{}'$의 둘레의 길이를 l_2라 하자.

$\overline{OA}^2 = l_2 - l_1 = 6$일 때, 타원 P_2의 단축의 길이를

구하시오. (단, O는 원점이고 $a > b$이고 $a > 2$이다.)

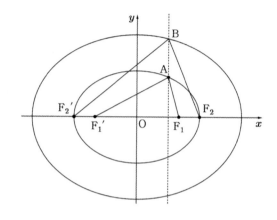

타원과 직선

출제유형 | 타원과 직선의 위치관계, 타원에 접하는 접선과 관련된 문제가 출제된다.

출제유형잡기 | 타원에 접하는 접선의 방정식을 구하는 방법을 익히고 타원과 직선의 위치관계에 따라 문제상황을 파악하여 해결한다.

059 　　　　　　　　　　2024학년도 11월 수능

타원 $\dfrac{x^2}{a^2}+\dfrac{y^2}{6}=1$ 위의 점 $(\sqrt{3},\ -2)$ 에서의 접선의 기울기는? (단, a 는 양수이다.)

① $\sqrt{3}$ 　② $\dfrac{\sqrt{3}}{2}$ 　③ $\dfrac{\sqrt{3}}{3}$ 　④ $\dfrac{\sqrt{3}}{4}$ 　⑤ $\dfrac{\sqrt{3}}{5}$

060 　　　　　　　　　　2023학년도 11월 수능

타원 $\dfrac{x^2}{a^2}+\dfrac{y^2}{b^2}=1$ 위의 점 $(2,\ 1)$ 에서의 접선의 기울기가 $-\dfrac{1}{2}$ 일 때, 이 타원의 두 초점 사이의 거리는? (단, a, b 는 양수이다.)

① $2\sqrt{3}$ 　　　② 4 　　　③ $2\sqrt{5}$
④ $2\sqrt{6}$ 　　　⑤ $2\sqrt{7}$

2022학년도 6월 모평

타원 $\dfrac{x^2}{8}+\dfrac{y^2}{4}=1$ 위의 점 $(2,\ \sqrt{2})$에서의 접선의 x절편은?

① 3 ② $\dfrac{13}{4}$ ③ $\dfrac{7}{2}$ ④ $\dfrac{15}{4}$ ⑤ 4

2009학년도 11월 수능

타원 $\dfrac{x^2}{4}+y^2=1$의 네 꼭짓점을 연결하여 만든

사각형에 내접하는 타원 $\dfrac{x^2}{a^2}+\dfrac{y^2}{b^2}=1$이 있다. 타원

$\dfrac{x^2}{a^2}+\dfrac{y^2}{b^2}=1$의 두 초점이 $F(b,\ 0)$, $F'(-b,\ 0)$일 때,

$a^2b^2=\dfrac{q}{p}$이다. $p+q$의 값을 구하시오. (단, p, q는

서로소인 자연수이다.)

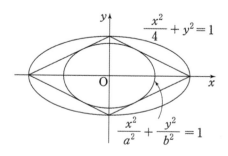

2011학년도 11월 수능

좌표평면에서 점 $A(0,\ 4)$와 타원 $\dfrac{x^2}{5}+y^2=1$ 위의 점

P에 대하여 두 점 A와 P를 지나는 직선이 원

$x^2+(y-3)^2=1$과 만나는 두 점 중에서 A가 아닌 점을

Q라 하자. 점 P가 타원 위의 모든 점을 지날 때, 점 Q가

나타내는 도형의 길이는?

① $\dfrac{\pi}{6}$ ② $\dfrac{\pi}{4}$ ③ $\dfrac{\pi}{3}$ ④ $\dfrac{2}{3}\pi$ ⑤ $\dfrac{3}{4}\pi$

2022년 4월 교육청

y축 위의 점 A에서 타원 $C:\dfrac{x^2}{8}+y^2=1$에 그은 두

접선을 l_1, l_2라 하고, 두 직선 l_1, l_2가 타원 C와 만나는

점을 각각 P, Q라 하자. 두 직선 l_1, l_2가 서로 수직일

때, 선분 PQ의 길이는?

(단, 점 A의 y좌표는 1보다 크다.)

① 4 ② $\dfrac{13}{3}$ ③ $\dfrac{14}{3}$ ④ 5 ⑤ $\dfrac{16}{3}$

065

타원 $\dfrac{x^2}{16}+\dfrac{y^2}{8}=1$에 접하고 기울기가 2인 두 직선이 y축과 만나는 점을 각각 A, B라 할 때, 선분 AB의 길이는?

① $8\sqrt{2}$　　　② 12　　　③ $10\sqrt{2}$

④ 15　　　⑤ $12\sqrt{2}$

066

좌표평면에서 타원 $\dfrac{x^2}{3}+\dfrac{y^2}{2}=1$ 의 두 접선이 서로 수직으로 만날 때 생기는 교점이 그리는 도형의 둘레 길이는?

① $2\sqrt{5}\pi$　　　② $3\sqrt{5}\pi$　　　③ $2\sqrt{7}\pi$

④ $3\sqrt{5}\pi$　　　⑤ 6π

067

타원 $\dfrac{x^2}{9a^2}+\dfrac{y^2}{a^2}=1$ 과 원점을 지나는 직선 l_1 의 교점 중 제1사분면 위의 점을 P 라 하고, 점 P 에서 타원에 접하는 직선을 l_2라 하자. 직선 l_1의 기울기를 m, 직선 l_2의 기울기를 n이라 할 때, $m-n$의 값의 최솟값은? (단, $a>0$, $m>0$이다.)

① $\dfrac{1}{6}$　② $\dfrac{1}{4}$　③ $\dfrac{1}{3}$　④ $\dfrac{1}{2}$　⑤ $\dfrac{2}{3}$

068

점 $(2,\ 3)$에서 타원 $x^2+\dfrac{y^2}{4}=1$ 에 그은 두 접선이 x축의 양의 방향과 이루는 각의 크기를 α, β라 할 때, $|\tan\alpha-\tan\beta|$ 의 값은?

① $\dfrac{3\sqrt{2}}{4}$　　　② $\dfrac{\sqrt{19}}{4}$　　　③ $\dfrac{\sqrt{21}}{3}$

④ $\dfrac{2\sqrt{21}}{3}$　　　⑤ $\dfrac{4\sqrt{22}}{3}$

069

좌표평면에서 타원 $\dfrac{x^2}{9} + \dfrac{y^2}{16} = 1$과 포물선

$y^2 = 4px \, (p > 0)$이 만나는 점을 P라 하자. 점 P에서 타원과 포물선에 그은 접선의 기울기를 각각 m_1, m_2라 할 때, $m_1 m_2$의 값은?

① $-\dfrac{3}{8}$ ② $-\dfrac{11}{32}$ ③ $-\dfrac{8}{9}$

④ $-\dfrac{9}{32}$ ⑤ $-\dfrac{1}{4}$

070

타원 $\dfrac{x^2}{4} + y^2 = 1$과 직선 $y = x$의 두 교점을 각각 A, B라 하자. 타원 위의 점 P에 대하여 삼각형 ABP의 넓이의 최댓값을 S라 할 때, $100S$의 값을 구하시오.

071

좌표평면 위의 점 $P(k, \, 2k)$에서 타원 $x^2 + \dfrac{y^2}{4} = 1$에 그은 두 접선의 기울기의 곱을 구하시오.

072

좌표평면에서 점 $P(6, \, -1)$과 타원 $\dfrac{x^2}{16} + \dfrac{y^2}{9} = 1$ 위의 점 Q에 대하여 직선 PQ가 직선 $y = x + a$와 만나는 점을 R라 하자. 점 Q가 타원의 둘레를 움직일 때, 점 R가 나타내는 도형의 길이가 $8\sqrt{2}$이다. a의 값은? (단, a는 상수이다.)

① 1 ② $\dfrac{5}{4}$ ③ $-\dfrac{2}{3}$

④ $-\dfrac{4}{7}$ ⑤ $-\dfrac{1}{7}$

073

포물선 $y^2 = 4px$ 위의 점 P에서의 접선의 기울기가 $\dfrac{\sqrt{3}}{3}$ 이다. 이 접선이 x축과 만나는 점을 Q, 포물선의 초점을 F라 하자. 삼각형 PQF의 넓이가 $9\sqrt{3}$ 일 때, p의 값은? (단, $p > 0$)

① 1   ② $\dfrac{3}{2}$ ③ 2   ④ $\dfrac{5}{2}$ ⑤ 3

074

타원 $\dfrac{x^2}{4} + y^2 = 1$ 에 접하고 기울기가 $m\,(m > 0)$인 두 접선을 l_1, l_2 라 하고, 이 타원에 접하고 기울기가 $-m$ 인 두 접선을 l_3, l_4 라 하자. 네 직선 l_1, l_2, l_3, l_4 로 둘러싸인 사각형의 넓이가 9가 되도록 하는 모든 실수 m 의 값의 곱은?

① $\dfrac{1}{4}$ ② $\dfrac{1}{2}$ ③ 2   ④ 4   ⑤ 6

출제유형 | 쌍곡선의 초점의 좌표, 두 초점 사이의 거리, 주축의 길이를 구하는 문제와 쌍곡선의 정의를 이용하여 선분의 길이의 차, 도형의 둘레의 길이와 넓이를 구하는 문제가 출제된다.

출제유형잡기 | 쌍곡선의 방정식으로부터 초점의 좌표, 주축의 길이 등을 구하는 방법과 쌍곡선 위의 한 점에서 두 초점까지의 거리의 차가 주축의 길이와 같음을 이용하여 문제를 해결한다.

075   2023학년도 6월 모평

쌍곡선 $\dfrac{x^2}{a^2} - \dfrac{y^2}{b^2} = 1$의 주축의 길이가 8이고 한 점근선의 방정식이 $y = 3x$일 때, 두 초점 사이의 거리는? (단, a와 b는 양수이다.)

① $4\sqrt{10}$ ② $6\sqrt{10}$ ③ $8\sqrt{10}$
④ $10\sqrt{10}$ ⑤ $12\sqrt{10}$

076   2022학년도 11월 수능

한 초점의 좌표가 $(3\sqrt{2},\, 0)$인 쌍곡선 $\dfrac{x^2}{a^2} - \dfrac{y^2}{6} = 1$의 주축의 길이는? (단, a는 양수이다.)

① $3\sqrt{3}$ ② $\dfrac{7\sqrt{3}}{2}$ ③ $4\sqrt{3}$
④ $\dfrac{9\sqrt{3}}{2}$ ⑤ $5\sqrt{3}$

077
2002학년도 11월 수능

방정식 $x^2-y^2+2y+a=0$이 나타내는 도형이 x축에 평행인 주축을 갖는 쌍곡선이 되기 위한 a의 값의 범위는?

① $a<-1$ ② $a>-1$ ③ $a<1$
④ $a>1$ ⑤ $a>2$

078
2004학년도 9월 모평

케플러의 법칙에 의하여 다음 사실이 알려져 있다.

> 행성은 태양을 하나의 초점으로 하는 타원궤도를 따라 공전한다. 태양으로부터 행성까지의 거리를 r, 행성의 속력을 v 라 하면 장축과 공전궤도가 만나는 두 지점에서 거리와 속력의 곱 rv 의 값은 서로 같다.

두 초점 사이의 거리가 $2c$ 인 타원궤도를 따라 공전하는 행성이 있다. 단축과 공전궤도가 만나는 한 지점과 태양 사이의 거리가 a 이다. 장축과 공전궤도가 만나는 두 지점에서의 속력의 비가 $3:5$ 일 때, $\frac{c}{a}$의 값은?

① $\frac{1}{2}$ ② $\frac{1}{3}$ ③ $\frac{1}{4}$ ④ $\frac{1}{5}$ ⑤ $\frac{1}{6}$

079
2005학년도 9월 모평

두 초점을 공유하는 타원 $\frac{x^2}{5^2}+\frac{y^2}{4^2}=1$과 쌍곡선이 있다. 이 쌍곡선의 한 점근선이 $y=\sqrt{35}\,x$ 일 때, 이 쌍곡선의 두 꼭짓점 사이의 거리는?

① $\frac{1}{4}$ ② $\frac{1}{2}$ ③ $\frac{3}{4}$ ④ 1 ⑤ $\frac{5}{4}$

080
2013학년도 6월 모평

쌍곡선 $\frac{x^2}{a^2}-\frac{y^2}{9}=1$ 의 두 꼭짓점은 타원 $\frac{x^2}{13}+\frac{y^2}{b^2}=1$ 의 두 초점이다. a^2+b^2 의 값은?

① 10 ② 11 ③ 12 ④ 13 ⑤ 14

081

쌍곡선 $x^2 - y^2 = 1$에 대한 옳은 설명을 〈보기〉에서 모두 고른 것은?

─── | 보기 | ───

ㄱ. 점근선의 방정식은 $y = x$, $y = -x$ 이다.

ㄴ. 쌍곡선 위의 점에서 그은 접선 중 점근선과 평행한 접선이 존재한다.

ㄷ. 포물선 $y^2 = 4px$ $(p \neq 0)$는 쌍곡선과 항상 두 점에서 만난다.

① ㄱ ② ㄴ ③ ㄱ, ㄷ
④ ㄴ, ㄷ ⑤ ㄱ, ㄴ, ㄷ

082

쌍곡선 $\dfrac{x^2}{5} - \dfrac{y^2}{4} = 1$의 두 초점을 각각 F, F′ 이라 하고, 꼭짓점이 아닌 쌍곡선 위의 한 점 P 의 원점에 대한 대칭인 점을 Q 라 하자. 사각형 F′QFP 의 넓이가 24가 되는 점 P 의 좌표를 (a, b)라 할 때, $|a| + |b|$의 값은?

① 9 ② 10 ③ 11 ④ 12 ⑤ 13

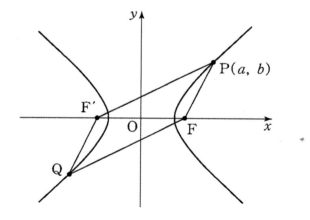

083

쌍곡선 $9x^2 - 16y^2 = 144$의 초점을 지나고 점근선과 평행한 4개의 직선으로 둘러싸인 도형의 넓이는?

① $\dfrac{75}{16}$ ② $\dfrac{25}{4}$ ③ $\dfrac{25}{2}$ ④ $\dfrac{75}{4}$ ⑤ $\dfrac{75}{2}$

084

원 $(x - 4)^2 + y^2 = r^2$ 과 쌍곡선 $x^2 - 2y^2 = 1$ 이 서로 다른 세 점에서 만나기 위한 양수 r 의 최댓값은?

① 4 ② 5 ③ 6 ④ 7 ⑤ 8

085

좌표평면에서 쌍곡선 $\dfrac{x^2}{a^2} - \dfrac{y^2}{b^2} = 1$의 한 점근선에

평행하고 타원 $\dfrac{x^2}{8a^2} + \dfrac{y^2}{b^2} = 1$에 접하는 직선을 l이라

하자. 원점과 직선 l 사이의 거리가 1일 때, $\dfrac{1}{a^2} + \dfrac{1}{b^2}$의

값은?

① 9 ② $\dfrac{19}{2}$ ③ 10 ④ $\dfrac{21}{2}$ ⑤ 11

086

1보다 큰 실수 a에 대하여 타원 $x^2 + \dfrac{y^2}{a^2} = 1$의 두

초점과 쌍곡선 $x^2 - y^2 = 1$의 두 초점을 꼭짓점으로 하는
사각형의 넓이가 12일 때, a^2의 값을 구하시오.

087

다음 조건을 만족시키는 쌍곡선의 주축의 길이는?

> (가) 두 초점의 좌표는 $(5,\,0)$, $(-5,\,0)$이다.
> (나) 두 점근선이 서로 수직이다.

① $2\sqrt{2}$ ② $3\sqrt{2}$ ③ $4\sqrt{2}$
④ $5\sqrt{2}$ ⑤ $6\sqrt{2}$

088

그림과 같이 두 초점이 $F(c,\,0)$, $F'(-c,\,0)(c>0)$이고
주축의 길이가 2인 쌍곡선이 있다. 점 F를 지나고 x축에
수직인 직선이 쌍곡선과 제1사분면에서 만나는 점을 A,
점 F'을 지나고 x축에 수직인 직선이 쌍곡선과
제2사분면에서 만나는 점을 B라 하자. 사각형 $ABF'F$가
정사각형일 때, 정사각형 $ABF'F$의 대각선의 길이는?

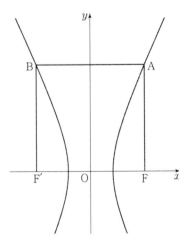

① $3 + 2\sqrt{2}$ ② $5 + \sqrt{2}$ ③ $4 + 2\sqrt{2}$
④ $6 + \sqrt{2}$ ⑤ $5 + 2\sqrt{2}$

089

주축의 길이가 4인 쌍곡선 $\dfrac{x^2}{a^2}-\dfrac{y^2}{b^2}=1$의 점근선의

방정식이 $y=\pm\dfrac{5}{2}x$일 때, a^2+b^2의 값은 (단, a와 b는

상수이다.)

① 21   ② 23   ③ 25   ④ 27   ⑤ 29

090

쌍곡선 $\dfrac{x^2}{a^2}-\dfrac{y^2}{36}=1$의 두 초점 사이의 거리가 $6\sqrt{6}$일

때, a^2의 값은? (단, a는 상수이다.)

① 14   ② 16   ③ 18   ④ 20   ⑤ 22

091

쌍곡선 $4x^2-8x-y^2-6y-9=0$의 점근선 중
기울기가 양수인 직선과 x축, y축으로 둘러싸인 부분의
넓이는?

① $\dfrac{19}{4}$ ② $\dfrac{21}{4}$ ③ $\dfrac{23}{4}$

④ $\dfrac{25}{4}$ ⑤ $\dfrac{27}{4}$

092

그림과 같이 두 초점이 $\mathrm{F}(c,\,0)$, $\mathrm{F}'(-c,\,0)\,(c>0)$인

쌍곡선 $\dfrac{x^2}{9}-\dfrac{y^2}{16}=1$이 있다. 쌍곡선 위의 제1사분면에

있는 점 P에 대하여 $\overline{\mathrm{FP}}=\overline{\mathrm{FF}'}$일 때, 삼각형 $\mathrm{PF}'\mathrm{F}$의
둘레의 길이는?

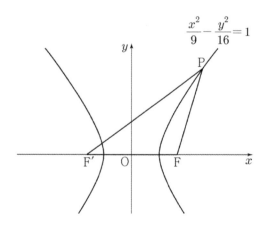

① 35   ② 36   ③ 37   ④ 38   ⑤ 39

093

두 초점의 좌표가 $F(4, 0)$, $F'(-4, 0)$이고 주축의 길이가 6인 쌍곡선의 점근선 중에서 기울기가 양수인 점근선을 l이라 하자. 점 F와 직선 l 사이의 거리는?

① $\sqrt{11}$　　② $\sqrt{10}$　　③ 3　　④ $2\sqrt{2}$　　⑤ $\sqrt{7}$

094

양수 a에 대하여 쌍곡선 $\dfrac{x^2}{4} - \dfrac{y^2}{a} = -1$의 두 초점을 F, F'이라 하자. 이 쌍곡선의 한 점근선이 점 $P(2, \sqrt{21})$을 지날 때, 삼각형 PFF'의 넓이를 구하시오.

095

쌍곡선 $\dfrac{x^2}{9} - \dfrac{y^2}{k} = 1$의 두 초점을 F, F'이라 하자.

쌍곡선 위의 임의의 점 P에 대하여 $\overline{OP}^2 = \overline{PF} \times \overline{PF'}$이 성립할 때, 상수 k의 값은? (단, O는 원점이다.)

① 1　　② 4　　③ 9　　④ 16　　⑤ 25

유형 6 쌍곡선과 직선

출제유형 | 쌍곡선과 직선의 위치관계, 쌍곡선에 접하는 접선과 관련된 문제가 출제된다.

출제유형잡기 | 쌍곡선에 접하는 접선의 방정식을 구하는 방법을 익히고 쌍곡선과 직선의 위치관계에 따라 문제상황을 파악하여 해결한다.

096   2024학년도 9월 평가원

쌍곡선 $\dfrac{x^2}{7} - \dfrac{y^2}{6} = 1$ 위의 점 $(7,\ 6)$에서의 접선의 x 절편은?

① 1   ② 2   ③ 3   ④ 4   ⑤ 5

097   2023학년도 9월 모평

쌍곡선 $\dfrac{x^2}{a^2} - y^2 = 1$ 위의 점 $(2a,\ \sqrt{3})$에서의 접선이 직선 $y = -\sqrt{3}\,x + 1$과 수직일 때, 상수 a의 값은?

① 1   ② 2   ③ 3   ④ 4   ⑤ 5

좌표평면에서 쌍곡선 $x^2 - \dfrac{y^2}{3} = 1$과 직선 $y = x + 1$이 만나는 두 점을 A, B라 하자. 두 점 A, B에서의 두 접선이 만나는 점을 C라 할 때, 삼각형 ABC의 넓이는?

① 4   ② $\dfrac{9}{2}$ ③ 5   ④ $\dfrac{11}{2}$ ⑤ 6

그림과 같이 쌍곡선 $\dfrac{x^2}{a^2} - \dfrac{y^2}{b^2} = 1$ 위의 점 P$(4,\ k)$ $(k > 0)$에서의 접선이 x축과 만나는 점을 Q, y축과 만나는 점을 R라 하자. 점 S$(4,\ 0)$에 대하여 삼각형 QOR의 넓이를 A_1, 삼각형 PRS의 넓이를 A_2라 하자. $A_1 : A_2 = 9 : 4$일 때, 이 쌍곡선의 주축의 길이는? (단, O는 원점이고, a와 b는 상수이다.)

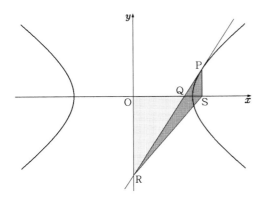

① $2\sqrt{10}$ ② $2\sqrt{11}$ ③ $4\sqrt{3}$
④ $2\sqrt{13}$ ⑤ $2\sqrt{14}$

쌍곡선 $\dfrac{x^2}{a^2} - \dfrac{y^2}{16} = 1$의 점근선 중 하나의 기울기가 3일 때, 양수 a의 값은?

① $\dfrac{1}{3}$ ② $\dfrac{2}{3}$ ③ 1   ④ $\dfrac{4}{3}$ ⑤ $\dfrac{5}{3}$

쌍곡선 $\dfrac{x^2}{9} - \dfrac{y^2}{16} = 1$ 위의 점 $(a,\ b)$에서의 접선과 x축, y축으로 둘러싸인 삼각형의 넓이는? (단, $a > 0$, $b > 0$)

① $\dfrac{36}{ab}$ ② $\dfrac{54}{ab}$ ③ $\dfrac{72}{ab}$ ④ $\dfrac{90}{ab}$ ⑤ $\dfrac{108}{ab}$

102

쌍곡선 $\dfrac{x^2}{2} - y^2 = 1$ 위의 점 $(2,\ 1)$에서의 접선이 y축과 만나는 점의 y좌표는?

① -2 ② -1 ③ 0 ④ 2 ⑤ 3

104

좌표평면 위의 점 $(-1,\ 0)$에서 쌍곡선 $x^2 - y^2 = 2$에 그은 접선의 방정식을 $y = mx + n$이라 할 때, $m^2 + n^2$의 값은? (단, m, n은 상수이다.)

① $\dfrac{5}{2}$ ② 3 ③ $\dfrac{7}{2}$ ④ 4 ⑤ $\dfrac{9}{2}$

103

직선 $y = 3x + 5$가 쌍곡선 $\dfrac{x^2}{a} - \dfrac{y^2}{2} = 1$에 접할 때, 쌍곡선의 두 초점 사이의 거리는?

① $\sqrt{7}$ ② $2\sqrt{3}$ ③ 4

④ $2\sqrt{5}$ ⑤ $4\sqrt{3}$

105

쌍곡선 $x^2 - y^2 = 32$ 위의 점 $\mathrm{P}(-6,\ 2)$에서의 접선 l에 대하여 원점 O에서 l에 내린 수선의 발을 H, 직선 OH와 이 쌍곡선이 제1사분면에서 만나는 점을 Q라 하자. 두 선분 OH와 OQ의 길이의 곱 $\overline{\mathrm{OH}} \cdot \overline{\mathrm{OQ}}$를 구하시오.

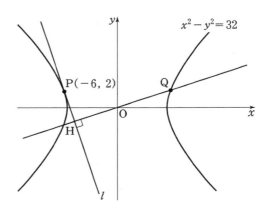

쌍곡선 $\dfrac{x^2}{12} - \dfrac{y^2}{8} = 1$ 위의 점 (a, b)에서의 접선이

타원 $\dfrac{(x-2)^2}{4} + y^2 = 1$의 넓이를 이등분할 때,

$a^2 + b^2$의 값을 구하시오.

쌍곡선 $x^2 - 4y^2 = a$ 위의 점 $(b, 1)$에서의 접선이 쌍곡선의 한 점근선과 수직이다. $a + b$의 값은? (단, a, b는 양수이다.)

① 68   ② 77   ③ 86   ④ 95   ⑤ 104

그림과 같이 쌍곡선 $\dfrac{4x^2}{9} - \dfrac{y^2}{40} = 1$ 의 두 초점은
F, F′ 이고, 점 F 를 중심으로 하는 원 C 는 쌍곡선과
한 점에서 만난다. 제2사분면에 있는 쌍곡선 위의 점
P 에서 원 C 에 접선을 그었을 때 접점을 Q 라 하자.
$\overline{PQ} = 12$ 일 때, 선분 PF′ 의 길이는?

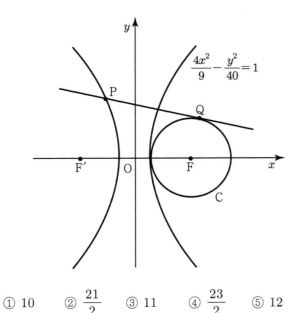

① 10   ② $\dfrac{21}{2}$ ③ 11   ④ $\dfrac{23}{2}$ ⑤ 12

쌍곡선 $\dfrac{x^2}{8} - y^2 = 1$ 위의 점 A(4, 1) 에서의 접선이
x 축과 만나는 점을 B 라 하자. 이 쌍곡선의 두 초점 중
x 좌표가 양수인 점을 F 라 할 때, 삼각형 FAB 의
넓이는?

① $\dfrac{5}{12}$ ② $\dfrac{1}{2}$ ③ $\dfrac{7}{12}$ ④ $\dfrac{2}{3}$ ⑤ $\dfrac{3}{4}$

두 초점이 F$(c, 0)$, F′$(-c, 0)$ $(c > 0)$인 쌍곡선
$\dfrac{x^2}{4} - \dfrac{y^2}{k} = 1$ 위의 제1사분면에 있는 점 P 에서의 접선이
x축과 만나는 점의 x좌표가 $\dfrac{4}{3}$이다. $\overline{PF'} = \overline{FF'}$일 때,
양수 k의 값은?

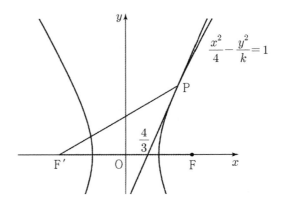

① 9   ② 10   ③ 11   ④ 12   ⑤ 13

111

쌍곡선 $\dfrac{x^2}{9} - \dfrac{y^2}{16} = 1$ 위의 점 $P(a, b)(a > 3)$에서의 접선이 x축, y축과 만나는 점을 각각 A, B라 하자. 점 A가 선분 PB의 중점일 때, $|ab|$의 값은?

① $6\sqrt{2}$ ② $8\sqrt{2}$ ③ $10\sqrt{2}$

④ $12\sqrt{2}$ ⑤ $14\sqrt{2}$

112

포물선

$$C_1 : x^2 = ay - 3$$

에 초점의 좌표가 $F(0, c)$와 $F'(0, -c)$인 쌍곡선

$$C_2 : \dfrac{x^2}{3} - y^2 = -1$$

의 점근선이 접할 때, $a + c$의 값을 구하시오. (단, a, c는 양수이다.)

113

2024학년도 11월 수능 29

양수 c에 대하여 두 점 $F(c, 0)$, $F'(-c, 0)$을 초점으로 하고, 주축의 길이가 6인 쌍곡선이 있다. 이 쌍곡선 위에 다음 조건을 만족시키는 서로 다른 두 점 P, Q가 존재하도록 하는 모든 c의 값의 합을 구하시오. [4점]

(가) 점 P는 제1사분면 위에 있고, 점 Q는 직선 PF' 위에 있다.

(나) 삼각형 $PF'F$는 이등변삼각형이다.

(다) 삼각형 PQF의 둘레의 길이는 28이다.

114

2024학년도 11월 수능 29-변형

초점이 $F(0, c)$, $F'(0, -c)$인 쌍곡선과 쌍곡선의 초점과 일치하며 단축이 6인 타원이 있다. 쌍곡선 위에 두 점 P, Q가 있다. 제2사분면에 있는 점 P와 제3사분면에 있는 점 Q는 $\overline{PF'} = \overline{QF'}$이고, $|QF - PF| = 12$를 만족한다. 그리고 선분 PF' 위에 타원과 교점을 R이라 할 때, $\overline{PF'} = \overline{RF} + \overline{RF'}$이고 $\triangle FF'R$의 둘레가 18이다. 이때 $\triangle PFR$의 둘레의 길이가 $\dfrac{q}{p}$일 때 $p+q$의 값을 구하시오. (단, $c > 0$) [4점]

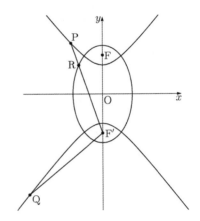

한 초점이 $\mathrm{F}(c,\ 0)(c>0)$인 타원 $\dfrac{x^2}{9}+\dfrac{y^2}{5}=1$과 중심의 좌표가 $(2,\ 3)$이고 반지름의 길이가 r인 원이 있다. 타원 위의 점 P와 원 위의 점 Q에 대하여 $\overline{\mathrm{PQ}}-\overline{\mathrm{PF}}$의 최솟값이 6일 때, r의 값을 구하시오. [4점]

한 초점이 $\mathrm{F}(c,\ 0)\ (c>0)$인 타원 $\dfrac{x^2}{289}+\dfrac{y^2}{225}=1$과 중심의 좌표가 $(12,\ 24)$이고 반지름의 길이가 r인 원이 있다. 타원 위의 점 P와 원 위의 점 Q에 대하여 $\overline{\mathrm{PQ}}-\overline{\mathrm{PF}}$의 최솟값이 20일 때, r의 값을 구하시오. [4점]

두 점 $F(c, 0)$, $F'(-c, 0)$ $(c > 0)$을 초점으로 하는 두 쌍곡선

$$C_1 : x^2 - \frac{y^2}{24} = 1, \quad C_2 : \frac{x^2}{4} - \frac{y^2}{21} = 1$$

이 있다. 쌍곡선 C_1 위에 있는 제2사분면 위의 점 P 에 대하여 선분 PF'이 쌍곡선 C_2와 만나는 점을 Q 라 하자. $\overline{PQ} + \overline{QF}$, $2\overline{PF'}$, $\overline{PF} + \overline{PF'}$이 이 순서대로 등차수열을 이룰 때, 직선 PQ 의 기울기는 m 이다. $60m$ 의 값을 구하시오. [4점]

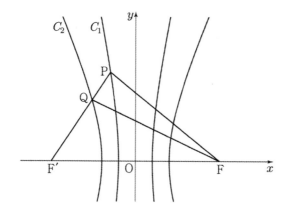

두 점 $F(c, 0)$, $F'(-c, 0)$ $(c > 0)$을 초점으로 하는 두 타원

$$C_1 : \frac{4x^2}{49} + \frac{y^2}{6} = 1, \quad C_2 : \frac{4x^2}{121} + \frac{y^2}{24} = 1$$

이 있다. 타원 C_2 위의 점 P 에 대하여 선분 PF'이 타원 C_1 과 만나는 점을 Q 라 하자. $\overline{QF} - \overline{PQ}$, $\dfrac{\overline{PF'}}{2}$, $\overline{PF}$이 이 순서대로 등차수열을 이룰 때, 직선 PQ 의 기울기는 m 이다. $12m$ 의 값을 구하시오. (단, 점 P 의 y좌표는 양수이다.) [4점]

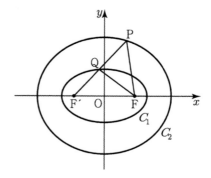

119

두 초점이 $F(c, 0)$, $F'(-c, 0)$ $(c > 0)$인 쌍곡선 C와 y축 위의 점 A가 있다. 쌍곡선 C가 선분 AF와 만나는 점을 P, 선분 AF'과 만나는 점을 P'이라 하자. 직선 AF는 쌍곡선 C의 한 점근선과 평행하고

$$\overline{AP} : \overline{PP'} = 5 : 6, \quad \overline{PF} = 1$$

일 때, 쌍곡선 C의 주축의 길이는? [4점]

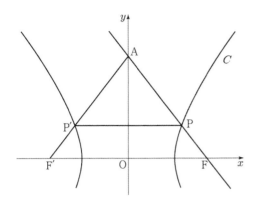

① $\dfrac{13}{6}$ ② $\dfrac{9}{4}$ ③ $\dfrac{7}{3}$ ④ $\dfrac{29}{12}$ ⑤ $\dfrac{5}{2}$

120

두 초점 $F(c, 0)$, $F'(-c, 0)$ $(c > 0)$인 타원 C와 x축의 양의 부분과 만나는 점을 A 라 하면 $\overline{OF} : \overline{FA} = 5 : 6$ 이다. 점 F 를 중심이고 반지름 $\overline{FF'}$인 원과 타원 C의 제1사분면의 교점을 P 라 하자. 직선 PF 의 y축과의 교점을 B 라 할 때, $\overline{BP} = 1$ 일 때, 타원 C 의 장축의 길이는? [4점]

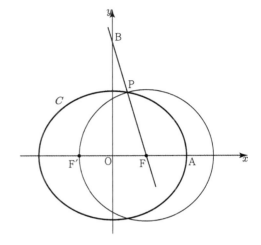

① 2 ② $\dfrac{11}{5}$ ③ $\dfrac{12}{5}$ ④ $\dfrac{13}{5}$ ⑤ $\dfrac{14}{5}$

121

실수 $p(p \geq 1)$과 함수 $f(x) = (x+a)^2$에 대하여 두 포물선

$$C_1 : y^2 = 4x, \quad C_2 : (y-3)^2 = 4p\{x - f(p)\}$$

가 제1사분면에서 만나는 점을 A라 하자. 두 포물선 C_1, C_2의 초점을 각각 F_1, F_2라 할 때, $\overline{AF_1} = \overline{AF_2}$를 만족시키는 p가 오직 하나가 되도록 하는 상수 a의 값은? [4점]

① $-\dfrac{3}{4}$ ② $-\dfrac{5}{8}$ ③ $-\dfrac{1}{2}$

④ $-\dfrac{3}{8}$ ⑤ $-\dfrac{1}{4}$

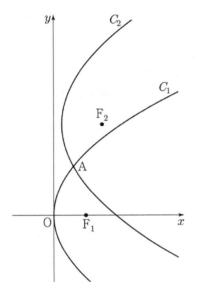

122

그림과 같이 좌표평면에서 x 축에 접하는 두 원 $x^2 + (y-10)^2 = 100$ 과 $(x-12)^2 + (y-5)^2 = 25$ 가 두 점 P, Q에서 만나고 있다. 이때, 점 P를 초점으로 하고 x 축을 준선으로 하는 포물선과 점 Q를 초점으로 하고 x 축을 준선으로 하는 포물선에 대하여 두 포물선의 교점 사이의 거리는? [4점]

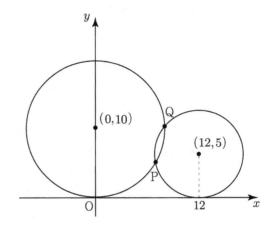

① 11   ② 13   ③ 15   ④ 17   ⑤ 19

123

두 양수 a, p에 대하여 포물선 $(y-a)^2=4px$의 초점을 F_1이라 하고, 포물선 $y^2=-4x$의 초점을 F_2라 하자. 선분 F_1F_2가 두 포물선과 만나는 점을 각각 P, Q 라 할 때, $\overline{F_1F_2}=3$, $\overline{PQ}=1$이다. a^2+p^2의 값은? [4점]

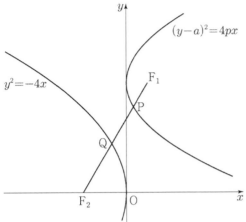

① 6 ② $\dfrac{25}{4}$ ③ $\dfrac{13}{2}$ ④ $\dfrac{27}{4}$ ⑤ 7

124

두 양수 a, p에 대하여 포물선 $(x-a)^2=-4py$의 초점을 F_1이라 하고, 포물선 $x^2=8y$의 초점을 F_2라 하자. 선분 F_1F_2가 두 포물선과 만나는 점을 각각 P, Q 라 할 때, $\overline{F_1F_2}=5$, $\overline{PQ}=2$이다. a^2+p^2의 값은? [4점]

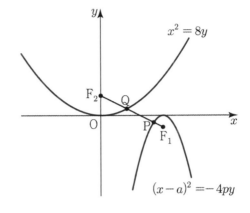

① $\dfrac{131}{7}$ ② $\dfrac{135}{7}$ ③ $\dfrac{139}{7}$ ④ $\dfrac{143}{7}$ ⑤ 21

125
2022학년도 9월 모평

그림과 같이 두 점 $\mathrm{F}(c,\ 0)$, $\mathrm{F}'(-c,\ 0)\ (c>0)$을 초점으로 하는 타원 $\dfrac{x^2}{16}+\dfrac{y^2}{12}=1$ 위의 점 $\mathrm{P}(2,\ 3)$에서 타원에 접하는 직선을 l이라 하자. 점 F를 지나고 l과 평행한 직선이 타원과 만나는 점 중 제2사분면 위에 있는 점을 Q라 하자. 두 직선 F′Q와 l이 만나는 점을 R, l과 x축이 만나는 점을 S라 할 때, 삼각형 SRF′의 둘레의 길이는? [4점]

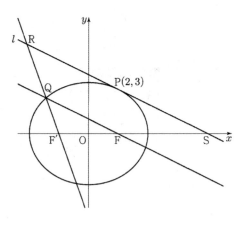

① 30 ② 31 ③ 32 ④ 33 ⑤ 34

126
2022학년도 9월 모평-변형

그림과 같이 두 초점이 $\mathrm{F}\ (c, 0)$, $\mathrm{F}'(-c,\ 0)\ (c>0)$이고 단축의 길이가 2인 타원이 있다. 점 F를 지나고 x축에 수직인 직선이 타원과 제1사분면에서 만나는 점을 A, 제4사분면에서 만나는 점을 B 라 하자. 점 A와 점 B에서의 두 접선과 y축으로 둘러싸인 삼각형이 정삼각형일 때 타원의 장축의 길이는? [4점]

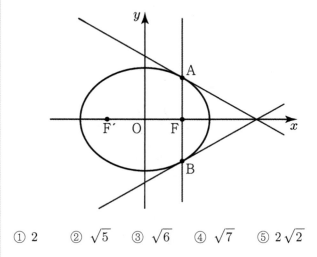

① 2 ② $\sqrt{5}$ ③ $\sqrt{6}$ ④ $\sqrt{7}$ ⑤ $2\sqrt{2}$

127

두 초점이 F, F′이고 장축의 길이가 $2a$인 타원이 있다. 이 타원의 한 꼭짓점을 중심으로 하고 반지름의 길이가 1인 원이 이 타원의 서로 다른 두 꼭짓점과 한 초점을 지날 때, 상수 a의 값은? [4점]

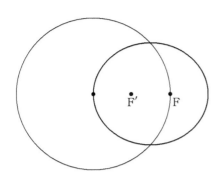

① $\dfrac{\sqrt{2}}{2}$ ② $\dfrac{\sqrt{6}-1}{2}$ ③ $\sqrt{3}-1$

④ $2\sqrt{2}-2$ ⑤ $\dfrac{\sqrt{3}}{2}$

128

그림과 같이 한 변의 길이가 $2\sqrt{3}$인 정삼각형 ABC의 무게중심을 G라 하자. 점 G를 꼭짓점으로 하고 점 A를 초점으로 하는 포물선과 변 AB가 만나는 점을 D, 포물선과 변 AC가 만나는 점을 E라 할 때, 삼각형 ADE의 무게중심을 G′라 하자. 선분 G′G의 길이는? [4점]

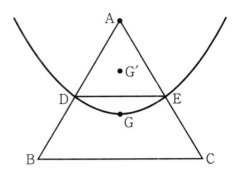

① $10-\dfrac{14}{3}\sqrt{3}$ ② $10-5\sqrt{3}$

③ $10-\dfrac{16}{3}\sqrt{3}$ ④ $10-\dfrac{17}{3}\sqrt{3}$

⑤ $10-6\sqrt{3}$

129

그림과 같이 좌표평면에서 x축 위의 두 점 A, B에 대하여 꼭짓점이 A인 포물선 p_1과 꼭짓점이 B인 포물선 p_2가 다음 조건을 만족시킨다. 이때, 삼각형 ABC의 넓이는?

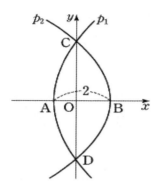

(가) p_1의 초점은 B이고, p_2의 초점은 원점 O이다.

(나) p_1과 p_2는 y축 위의 두 점 C, D에서 만난다.

(다) $\overline{AB} = 2$

① $4(\sqrt{2}-1)$ ② $3(\sqrt{3}-1)$ ③ $2(\sqrt{5}-1)$

④ $\sqrt{3}+1$ ⑤ $\sqrt{5}+1$

130

그림과 같이 좌표평면에서 x축 위의 두 점 A, B에 대하여 꼭짓점이 A인 포물선 p_1과 꼭짓점이 B인 포물선 p_2가 있다. 두 포물선 p_1과 p_2가 y축 ($y \geq 0$)과 만나는 두 점을 각각 C, D라 할 때, 네 점 A, B, C, D는 다음 조건을 만족시킨다.

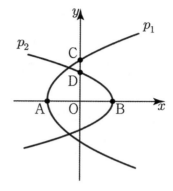

(가) p_1의 초점은 B이고, p_2의 초점은 원점 O이다.

(나) $\overline{OC} = \sqrt{2} \times \overline{OD}$

(다) $\overline{AB} = 3$

두 포물선 p_1, p_2의 교점의 x좌표는? [4점]

① $-\dfrac{7}{12}$ ② $-\dfrac{1}{2}$ ③ $-\dfrac{5}{12}$

④ $-\dfrac{1}{3}$ ⑤ $-\dfrac{1}{4}$

131

타원 $\dfrac{x^2}{36}+\dfrac{y^2}{20}=1$의 두 초점을 F와 F′이라 하고, 초점 F에 가장 가까운 꼭짓점을 A라 하자. 이 타원 위의 한 점 P에 대하여 $\angle PFF′=\dfrac{\pi}{3}$일 때, $\overline{PA}^2$의 값을 구하시오. [4점]

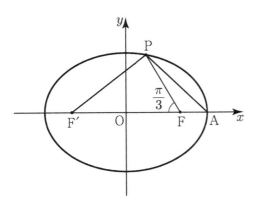

132

직선 l 위의 서로 다른 세 점 A, B, C에 대하여 $\overline{AB}=4$, $\overline{BC}=3$일 때, 두 타원 E, F가 다음 조건을 만족시킨다.

(가) 타원 E의 두 초점은 A, B이고 장축의 길이는 8이다.
(나) 타원 F의 두 초점은 B, C이고 장축의 길이는 5이다.

두 타원이 점 D에서 만날 때, 선분 BD의 길이는?

(단, $\overline{AC}>\overline{BC}$) [4점]

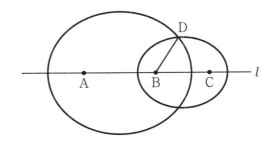

① $\dfrac{24}{11}$ ② $\dfrac{25}{11}$ ③ $\dfrac{26}{11}$ ④ $\dfrac{27}{11}$ ⑤ $\dfrac{28}{11}$

쌍곡선 $\dfrac{x^2}{9} - \dfrac{y^2}{3} = 1$ 의 두 초점 $(2\sqrt{3},\,0)$,

$(-2\sqrt{3},\,0)$ 을 각각 F, F′ 이라 하자. 이 쌍곡선 위를 움직이는 점 $P(x,\,y)\,(x>0)$ 에 대하여 선분 F′P 위의 점 Q 가 $\overline{FP} = \overline{PQ}$ 를 만족시킬 때, 점 Q 가 나타내는 도형 전체의 길이는? [4점]

① π ② $\sqrt{3}\,\pi$ ③ 2π

④ 3π ⑤ $2\sqrt{3}\,\pi$

쌍곡선 $\dfrac{x^2}{16} - \dfrac{y^2}{48} = 1$ 과 두 점 F$(8,\,0)$, F′$(-8,\,0)$ 이 있다. 이 쌍곡선 위를 움직이는 점 $P(x,\,y)$ 에 대하여 선분 F′P 위의 점 Q 가 $\overline{FP} = \overline{PQ}$ 를 만족할 때, 점 Q 가 그리는 도형의 길이는? [4점]

① $\dfrac{4\pi}{3}$ ② $\dfrac{8\pi}{3}$ ③ $\dfrac{16\pi}{3}$ ④ $\dfrac{32\pi}{3}$ ⑤ 16π

135

그림과 같이 한 변의 길이가 $2\sqrt{3}$ 인 정삼각형 OAB의 무게중심 G가 x축 위에 있다. 꼭짓점이 O이고 초점이 G인 포물선과 직선 GB가 제 1사분면에서 만나는 점을 P라 할 때, 선분 GP의 길이를 구하시오. (단, O는 원점이다.) [4점]

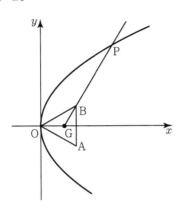

136

포물선 $y^2 = 4x$와 직선 $y = \dfrac{4}{3}x - \dfrac{4}{3}$가 만나는 점 중 제1사분면 위에 있는 점을 A, 다른 한 점을 B라 하자. 양의 정수 a에 대하여 포물선 $(x-2a)^2 = \dfrac{9}{4}ay$과 직선 $y = \dfrac{4}{3}x - \dfrac{4}{3}$가 만나는 점 중 x좌표가 작은 점을 C라 하고 두 포물선 $(x-2a)^2 = \dfrac{9}{4}ay$, $y^2 = 4x$가 만나는 점 중 x좌표가 작은 점을 D라 하면 점 D의 x좌표는 포물선 $y^2 = 4x$의 초점 F의 x좌표와 같다.

$\overline{AC} - \overline{CF} + 4\overline{FB} = -p + q\sqrt{3}$ 라 할 때, $p+q$의 값은? (단, p와 q는 자연수이다.) [4점]

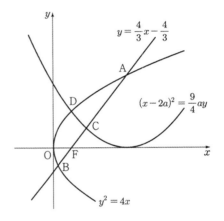

① 11 ② 14 ③ 17 ④ 20 ⑤ 23

점 $(0,\ 2)$에서 타원 $\dfrac{x^2}{8}+\dfrac{y^2}{2}=1$에 그은 두 접선의

접점을 각각 P, Q라 하고, 타원의 두 초점 중 하나를

F라 할 때, 삼각형 PFQ의 둘레의 길이는

$a\sqrt{2}+b$이다. a^2+b^2의 값을 구하시오. (단, a, b는

유리수이다.) [4점]

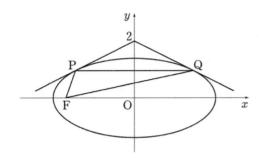

두 초점이 F, F′인 타원 $\dfrac{x^2}{a^2}+\dfrac{y^2}{b^2}=1\ (a>b>0)$ 위의

점 중 제1사분면에 있는 점 A가 있다. 중심이

B$(0,\ -4)$이고 반지름의 길이가 5인 원 C가 두 직선

AF, AF′에 동시에 접할 때, 사각형 AFBF′의 넓이가

20이다. a의 값은? [4점]

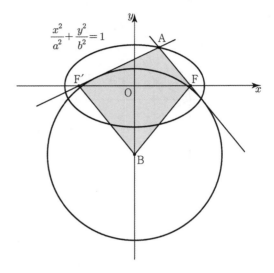

① $\dfrac{7}{2}$ ② $\dfrac{15}{4}$ ③ 4   ④ $\dfrac{17}{4}$ ⑤ $\dfrac{9}{2}$

포물선 $y^2 = 4x$ 의 초점을 F, 준선이 x 축과 만나는 점을 P, 점 P 를 지나고 기울기가 양수인 직선 l 이 포물선과 만나는 두 점을 각각 A, B 라 하자. $\overline{FA} : \overline{FB} = 1 : 2$일 때, 직선 l 의 기울기는? [4점]

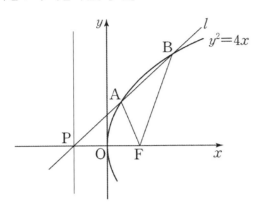

① $\dfrac{2\sqrt{6}}{7}$ ② $\dfrac{\sqrt{5}}{3}$ ③ $\dfrac{4}{5}$

④ $\dfrac{\sqrt{3}}{2}$ ⑤ $\dfrac{2\sqrt{2}}{3}$

그림과 같이 좌표평면에서 포물선 $y^2 = 4x$ 위를 움직이는 점 P 가 있다. 포물선의 초점을 F 라 할 때, 직선 FP 가 포물선의 준선과 만나는 점을 Q 라 하자.

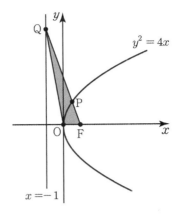

$\overline{FP} : \overline{PQ} = 1 : 4$일 때, 삼각형 OFQ 의 넓이는? (단, 직선 FP 의 기울기는 음수이다.) [4점]

① $\sqrt{13}$ ② $\sqrt{14}$ ③ $\sqrt{15}$ ④ 4   ⑤ $\sqrt{17}$

그림과 같이 좌표평면에서 꼭짓점이 원점 O 이고 초점이
F 인 포물선과 점 F 를 지나고 기울기가 1 인 직선이
만나는 두 점을 각각 A, B 라 하자. 선분 AF 를
대각선으로 하는 정사각형의 한 변의 길이가 2 일 때, 선분
AB 의 길이는 $a + b\sqrt{2}$ 이다.
$a^2 + b^2$ 의 값을 구하시오. (단, a, b 는 정수이다.) [4점]

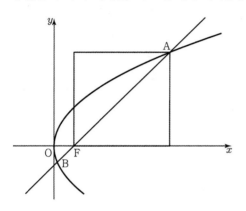

초점이 F 인 포물선 $y^2 = 8x$ 위의 점 중 제1사분면에
있는 점 P 를 지나고 x 축에 수직인 직선이 포물선
$y^2 = 8x$ 와 만나는 점을 Q, 선분 PQ 의 중점을 F′ 이라
하자. 점 F′ 을 초점, 점 F 를 꼭짓점으로 하는 포물선을
C 라 하자. 점 F′ 을 지나고 직선 FQ 와 평행한 직선이
포물선 C 와 제1사분면에서 만나는 점을 R 이라 할 때
삼각형 PQR 의 넓이는? [4점]

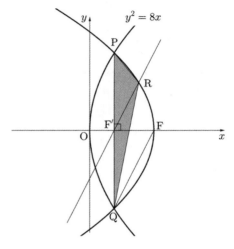

① $16\sqrt{2} - 16$ ② $8\sqrt{7} - 16$

③ $8\sqrt{6} - 16$ ④ $8\sqrt{5} - 16$

⑤ $9\sqrt{5} - 16$

143

자연수 n에 대하여 포물선 $y^2 = \dfrac{x}{n}$의 초점 F를 지나는 직선이 포물선과 만나는 두 점을 각각 P, Q라 하자.
$\overline{\text{PF}} = 1$이고 $\overline{\text{FQ}} = a_n$이라 할 때, $\displaystyle\sum_{n=1}^{10} \dfrac{1}{a_n}$의 값은? [4점]

① 210 　② 205 　③ 200 　④ 195 　⑤ 190

144

그림과 같이 포물선 $y^2 = 4x$의 초점 F를 지나는 직선이 포물선과 만나는 두 점을 각각 A, B라 하자.
$\overline{\text{AF}} : \overline{\text{BF}} = 3 : 1$일 때, 선분 AB의 길이는? (단, 점 A의 x좌표는 점 B의 x좌표보다 크다.) [4점]

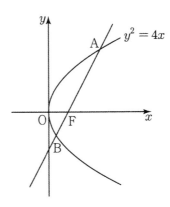

① 4 　② $\dfrac{14}{3}$ 　③ 5 　④ $\dfrac{16}{3}$ 　⑤ 6

직선 $y = 2$ 위의 점 P 에서 타원 $x^2 + \dfrac{y^2}{2} = 1$ 에 그은 두 접선의 기울기의 곱이 $\dfrac{1}{3}$ 이다. 점 P 의 x 좌표를 k 라 할 때, k^2 의 값은? [4점]

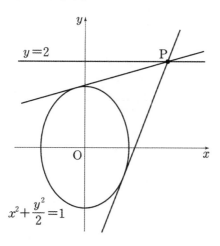

① 6 ② 7 ③ 8 ④ 9 ⑤ 10

그림과 같이 좌표평면 위에 중심이 C $(0, -2)$ 이고 반지름의 길이가 1인 원 C 와 타원 $\dfrac{x^2}{3} + y^2 = 1$ 이 있다. 타원 위를 움직이는 점 P 에 대하여 직선 PC 와 원 C 가 만나는 두 점을 Q , R 라 하자. 점 P 가 타원 위의 모든 점을 지날 때, 두 점 Q , R 가 각각 나타내는 도형의 길이의 합은? (단, Q 의 y 좌표가 R 의 y 좌표보다 크다.) [4점]

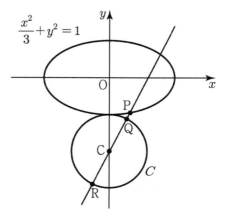

① $\dfrac{\pi}{2}$ ② $\dfrac{3}{4}\pi$ ③ π ④ $\dfrac{5}{4}\pi$ ⑤ $\dfrac{3}{2}\pi$

좌표평면에서 포물선 $y^2 = 16x$ 위의 점 A 에 대하여 점 B 는 다음 조건을 만족시킨다.

(가) 점 A 가 원점이면 점 B 도 원점이다.

(나) 점 A 가 원점이 아니면 점 B 는 점 A, 원점 그리고 점 A 에서의 접선이 y 축과 만나는 점을 세 꼭짓점으로 하는 삼각형의 무게중심이다.

점 A 가 포물선 $y^2 = 16x$ 위를 움직일 때 점 B 가 나타내는 곡선을 C 라 하자. 점 $(3,\ 0)$ 을 지나는 직선이 곡선 C 와 두 점 P, Q 에서 만나고 $\overline{PQ} = 20$ 일 때, 두 점 P, Q 의 x 좌표의 값의 합을 구하시오. [4점]

그림과 같이 x좌표가 음수인 x축 위의 점 P 에서 포물선 $y^2 = 4x$ 에 그은 두 접선의 접점을 각각 Q, R 라 하자. 삼각형 PRQ의 무게중심이 포물선의 초점과 일치할 때, 삼각형 PRQ의 넓이는? [4점]

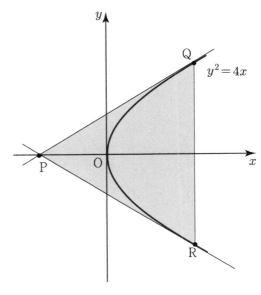

① $12\sqrt{3}$ ② $16\sqrt{3}$ ③ $20\sqrt{3}$

④ $27\sqrt{2}$ ⑤ $30\sqrt{2}$

그림과 같이 두 초점이 F $(3, 0)$, F $'(-3, 0)$ 인 쌍곡선 $\dfrac{x^2}{a^2} - \dfrac{y^2}{b^2} = 1$ 위의 점 P $(4, k)$ 에서의 접선과 x 축과의 교점이 선분 F$'$F 를 $2 : 1$ 로 내분할 때, k^2 의 값을 구하시오. (단, a, b 는 상수이다.) [4점]

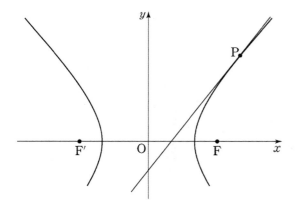

두 초점이 F, F$'$가 x축 위에 있는 타원 $\dfrac{x^2}{a^2} + \dfrac{25y^2}{a^2} = 1\ (a > 0)$ 위의 점 중 제1사분면에 있는 점 P가 있다. $\angle$FPF$'$의 이등분선이 x축과 만나는 점을 Q라 할 때, 점 Q는 선분 F$'$F를 $3 : 2$로 내분하는 점이다. $\angle$FPF$' = \theta$라 할 때, $\cos\theta$의 값은? (단, 점 F의 x좌표는 양수이다.) [4점]

① $-\dfrac{3}{4}$ ② $-\dfrac{5}{6}$ ③ $-\dfrac{7}{8}$ ④ $-\dfrac{9}{10}$ ⑤ $-\dfrac{11}{12}$

151

그림과 같이 y축 위의 점 $A(0, a)$와 두 점 F, F'을 초점으로 하는 타원 $\dfrac{x^2}{25} + \dfrac{y^2}{9} = 1$ 위를 움직이는 점 P가 있다. $\overline{AP} - \overline{FP}$의 최솟값이 1일 때, a^2의 값을 구하시오. [4점]

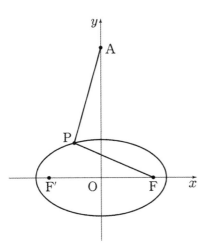

152

다음 그림과 같이 쌍곡선 $\dfrac{x^2}{16} - \dfrac{y^2}{24} = 1$의 두 초점 중 x좌표가 음수인 점을 F'라 하자. 점 $A(0, 2\sqrt{6})$와 이 쌍곡선 위에 있고 x좌표가 양수인 점 P에 대하여 $\overline{AP} + \overline{PF'}$의 최솟값을 구하시오. [4점]

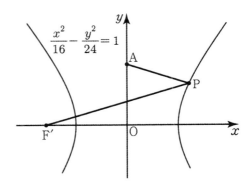

153

그림과 같이 두 초점 F, F′이 x 축 위에 있는 타원 $\dfrac{x^2}{49}+\dfrac{y^2}{a}=1$ 위의 점 P 가 $\overline{\text{FP}}=9$ 를 만족시킨다. 점 F 에서 선분 PF′에 내린 수선의 발 H 에 대하여 $\overline{\text{FH}}=6\sqrt{2}$ 일 때, 상수 a 의 값은? [4점]

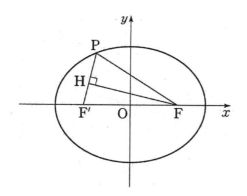

① 29 ② 30 ③ 31 ④ 32 ⑤ 33

154

두 초점이 F$(c,0)$, F′$(-c,0)$ $(c>0)$인 쌍곡선 $\dfrac{x^2}{a^2}-\dfrac{y^2}{b^2}=1$과 점 A$(0,c)$가 있다. $\angle\text{F}'\text{PF}=\dfrac{\pi}{2}$ 를 만족시키는 쌍곡선 위의 점 P 에 대하여 선분 $\overline{\text{AF}}$와 선분 $\overline{\text{PF}'}$ 의 교점을 Q 라 하자. 이때, $\overline{\text{AQ}}:\overline{\text{QF}}=3:1$ 이고, $\triangle\text{PFQ}$ 의 둘레의 길이는 12일 때, a^2-b^2의 값을 구하시오. (단, 점 P 는 제1사분면 위의 점이다.) [4점]

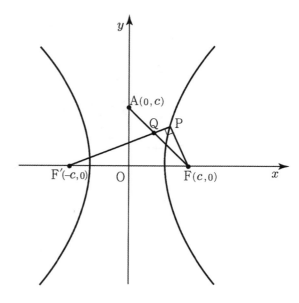

타원 $\dfrac{x^2}{9}+\dfrac{y^2}{4}=1$의 두 초점 중 x좌표가 양수인 점을 F, 음수인 점을 F′이라 하자. 이 타원 위의 점 P를 $\angle \mathrm{FPF'}=\dfrac{\pi}{2}$가 되도록 제 1사분면에서 잡고, 선분 FP의 연장선 위에 y좌표가 양수인 점 Q를 $\overline{\mathrm{FQ}}=6$이 되도록 잡는다. 삼각형 QF′F의 넓이를 구하시오. [4점]

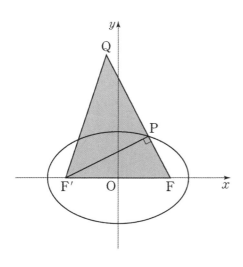

그림과 같이 타원 $\dfrac{x^2}{a^2}+\dfrac{y^2}{b^2}=1\ (a>b>0)$의 두 초점을 F, F′이라 하자. 원 C가 점 F에서 x축에 접하고, 점 P$(0,\ b)$에서 y축에 접할 때, 원 C와 타원이 만나는 점 중에서 P가 아닌 점을 Q라 하고, 선분 F′Q가 원 C와 만나는 점 중에서 Q가 아닌 점을 R이라 하자. $\overline{\mathrm{F'R}}\times\overline{\mathrm{F'Q}}=16$일 때, 삼각형 QF′F의 둘레의 길이는? (단, a, b는 상수이다.) [4점]

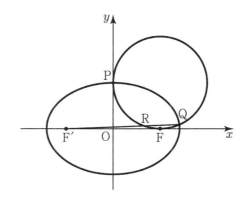

① $2+\sqrt{2}$ ② $4+2\sqrt{2}$ ③ $4+4\sqrt{2}$
④ $8+4\sqrt{2}$ ⑤ $8+8\sqrt{2}$

그림과 같이 초점이 각각 F, F′과 G, G′이고 주축의 길이가 2, 중심이 원점 O인 두 쌍곡선이 제1사분면에서 만나는 점을 P, 제3사분면에서 만나는 점을 Q라 하자. $\overline{PG} \times \overline{QG} = 8$, $\overline{PF} \times \overline{QF} = 4$일 때, 사각형 PGQF의 둘레의 길이는? (단, 점 F의 x좌표와 점 G의 y좌표는 양수이다.) [4점]

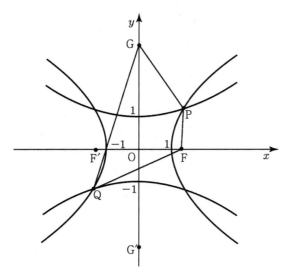

① $6 + 2\sqrt{2}$ ② $6 + 2\sqrt{3}$ ③ 10

④ $6 + 2\sqrt{5}$ ⑤ $6 + 2\sqrt{6}$

그림과 같이 쌍곡선 $\dfrac{x^2}{9} - \dfrac{y^2}{16} = 1$ 의 두 초점을 F, F′ 이라 하고, 점 F를 지나는 직선이 쌍곡선과 제1 사분면에서 만나는 점을 A, 제4 사분면에서 만나는 점을 B라 하자. 선분 AF′과 쌍곡선이 제2 사분면에서 만나는 점을 C라 하고, 선분 BF′과 쌍곡선이 제3 사분면에서 만나는 점을 D라 하자.

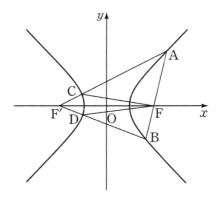

$\overline{AB} = 10$일 때, 삼각형 ACF 의 둘레의 길이와 삼각형 BFD 의 둘레의 길이의 합은? (단, 점 F 의 x 좌표는 양수이다.) [4점]

① 40   ② 41   ③ 42   ④ 43   ⑤ 44

두 초점이 F, F′인 쌍곡선 $x^2 - \dfrac{y^2}{3} = 1$ 위의 점 P 가 다음 조건을 만족시킨다.

> (가) 점 P 는 제 1 사분면에 있다.
> (나) 삼각형 PF′F 가 이등변삼각형이다.

삼각형 PF′F 의 넓이를 a 라 할 때, 모든 a 의 값의 곱은? [4점]

① $3\sqrt{77}$ ② $6\sqrt{21}$ ③ $9\sqrt{10}$
④ $21\sqrt{2}$ ⑤ $3\sqrt{105}$

쌍곡선 $\dfrac{x^2}{a^2} - \dfrac{y^2}{b^2} = 1$의 두 초점을 F, F′이라 하고, 쌍곡선 위의 제1사분면에 있는 점 P 에 대하여 선분 PF′이 쌍곡선과 제2사분면에서 만나는 점을 Q 라 하자. 삼각형 PQF 가 정삼각형이고 삼각형 PF′F 의 넓이가 $6\sqrt{3}$ 일 때, ab의 값은? (단, 점 F 의 x좌표는 양수이고, a, b는 양수이다.) [4점]

① $\sqrt{6}$ ② $2\sqrt{2}$ ③ $\sqrt{10}$ ④ $2\sqrt{3}$ ⑤ $\sqrt{14}$

그림과 같이 두 초점이 $F(c, 0)$, $F'(-c, 0)$인 타원 $\dfrac{x^2}{a^2}+\dfrac{y^2}{b^2}=1$이 있다. 타원 위에 있고 제2사분면에 있는 점 P에 대하여 선분 PF'의 중점을 Q, 선분 PF를 $1:3$으로 내분하는 점을 R라 하자. $\angle PQR=\dfrac{\pi}{2}$, $\overline{QR}=\sqrt{5}$, $\overline{RF}=9$일 때, a^2+b^2의 값을 구하시오. (단, a, b, c는 양수이다.) [4점]

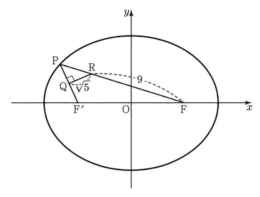

그림과 같이 타원 $\dfrac{x^2}{64}+\dfrac{y^2}{b^2}=1\,(b>0)$의 두 초점을 $F'(-c, 0)$, $F(c, 0)(c>0)$, 이 타원 위의 점 P에 대하여 선분 PF'와 PF의 중점을 각각 Q, R라 하자. 이때, 선분 QR의 자취의 넓이가 9일 때, 모든 b의 값의 합을 구하시오. (단, 점 P의 x좌표는 0이상 8이하이고 y좌표는 0이상 b이하이다.) [4점]

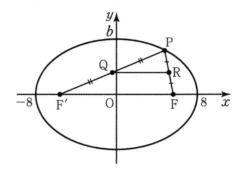

그림과 같이 쌍곡선 $\dfrac{x^2}{16} - \dfrac{y^2}{9} = 1$ 의 두 초점을
F, F′ 이라 하고, 이 쌍곡선 위의 점 P 를 중심으로 하고
선분 PF′ 을 반지름으로 하는 원을 C 라 하자. 원 C 위를
움직이는 점 Q 에 대하여 선분 FQ 의 길이의 최댓값이
14 일 때, 원 C 의 넓이는? (단, $\overline{PF'} < \overline{PF}$) [4점]

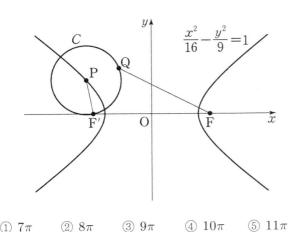

① 7π ② 8π ③ 9π ④ 10π ⑤ 11π

그림과 같이 두 초점이 F$(c, 0)$, F′$(-c, 0)(c > 0)$이고,
장축의 길이가 20인 타원 $\dfrac{x^2}{a^2} + \dfrac{y^2}{b^2} = 1$과 점 A$(0, 8)$를
중심으로 하고 반지름의 길이가 2인 원 C가 있다.
제1사분면에 있는 타원 위를 움직이는 점 P와 원 C위를
움직이는 점 Q 에 대하여 $\overline{PF'} - \overline{PQ}$의 최댓값이 10일
때, $a^2 - 2b^2$의 값을 구하시오. (단, 점 P 는 제1사분면에
속하고 a와 b는 상수이다.) [4점]

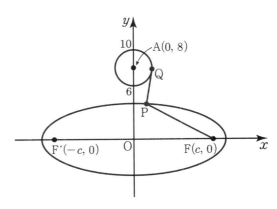

그림과 같이 타원 $\dfrac{x^2}{36}+\dfrac{y^2}{27}=1$ 의 두 초점 F, F′이고,

제1사분면에 있는 두 점 P, Q 는 다음 조건을
만족시킨다.

(가) $\overline{PF}=2$

(나) 점 Q 는 직선 PF′과 타원의 교점이다.

삼각형 PFQ 의 둘레의 길이와 삼각형 PF′F 의 둘레의
길이의 합을 구하시오. [4점]

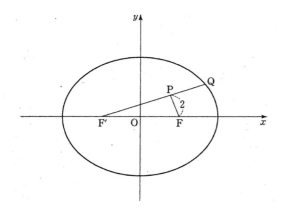

그림과 같이 쌍곡선 $\dfrac{x^2}{9}-\dfrac{y^2}{16}=1$ 의 두 초점은

F, F′이고, 두 점 P, H는 다음 조건을 만족시킨다.

(가) 쌍곡선 위의 점 P 에서 x 축에 내린 수선의 발이
H이다. (단, 점 P 는 제1사분면 위에 있다.)

(나) 원점 O 에서 H까지 거리는 4이다.

삼각형 PF′H의 둘레의 길이와 삼각형 PFH의
길이의 차를 구하시오. [4점]

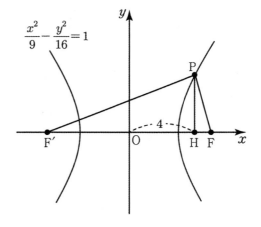

167 2017학년도 11월 수능

두 양수 k, p에 대하여 점 $A(-k, 0)$에서 포물선 $y^2 = 4px$에 그은 두 접선이 y축과 만나는 두 점을 각각 F, F′, 포물선과 만나는 두 점을 각각 P, Q 라 할 때, $\angle PAQ = \frac{\pi}{3}$이다. 두 점 F, F′을 초점으로 하고 두 점 P, Q를 지나는 타원의 장축의 길이가 $4\sqrt{3} + 12$일 때, $k + p$의 값은? [4점]

① 8 ② 10 ③ 12 ④ 14 ⑤ 16

168 2017학년도 11월 수능–변형

두 양수 k, p에 대하여 $A(0, -k)$에서의 포물선 $x^2 = 4py$에 그은 두 접선이 x축과 만나는 두 점을 각각 F, F′, 포물선과 만나는 두 점을 각각 P, Q라 할 때, $\angle PAQ = \frac{\pi}{3}$이다. 두 점 F, F′을 초점으로 하고 두 점 P, Q를 지나는 쌍곡선의 주축의 길이가 $6 - 2\sqrt{3}$일 때, 쌍곡선의 점근선의 방정식은 $y = \pm mx$이다. m^2의 값은? (단, (F의 x좌표)> 0, (F′의 x좌표)< 0, 점 P는 제1사분면의 점이고 점 Q는 제2사분면의 점이다.) [4점]

① $\frac{1}{4}$ ② $\frac{2\sqrt{3}-1}{2-\sqrt{3}}$ ③ $\frac{2\sqrt{3}-3}{4-2\sqrt{3}}$ ④ $\frac{\sqrt{3}-1}{2-\sqrt{3}}$ ⑤ $\frac{\sqrt{3}-1}{3-\sqrt{3}}$

169

2017학년도 11월 수능

점근선의 방정식이 $y=\pm\frac{4}{3}x$ 이고 두 초점이 $F(c,\ 0)$, $F'(-c,\ 0)$ $(c>0)$ 인 쌍곡선이 다음 조건을 만족시킨다.

(가) 쌍곡선 위의 한 점 P에 대하여 $\overline{PF'}=30$, $16\le\overline{PF}\le20$이다.
(나) x좌표가 양수인 꼭짓점 A에 대하여 선분 AF의 길이는 자연수이다.

이 쌍곡선의 주축의 길이를 구하시오. [4점]

170

2017학년도 11월 수능-변형

양의 실수 a, b에 대하여 쌍곡선 $\frac{x^2}{a^2}-\frac{y^2}{b^2}=1$의 두 초점이 $F(c,\ 0)$, $F'(-c,\ 0)$ $(c>0)$ 이고 다음 조건을 만족시킨다.

(가) 쌍곡선 위의 한 점 P에 대하여 $\overline{PF'}=10$, $52\le\overline{PF}\le60$이다.
(나) 원점을 지나고 기울기가 m인 직선이 쌍곡선과 만나지 않는 범위는 $|m|\ge\frac{5}{12}$이다.
(다) 쌍곡선의 한 꼭짓점과 두 초점 사이 거리는 모두 자연수이다.

이때, $a+b$의 값을 구하시오. [4점]

좌표평면에서 초점이 $A(a, 0)$ $(a > 0)$ 이고 꼭짓점이 원점인 포물선과 두 초점이 $F(c, 0)$, $F'(-c, 0)$ $(c > a)$ 인 타원의 교점 중 제 1사분면 위의 점을 P 라 하자.

$$\overline{AF} = 2, \quad \overline{PA} = \overline{PF}, \quad \overline{FF'} = \overline{PF'}$$

일 때, 타원의 장축의 길이는 $p + q\sqrt{7}$ 이다. $p^2 + q^2$ 의 값을 구하시오. (단, p, q 는 유리수이다.) [4점]

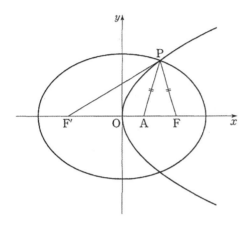

좌표평면에서 초점이 $A(a, 0)$ $(a > 0)$이고 꼭짓점이 원점인 포물선과 두 초점이 $F(c, 0)$, $F'(-c, 0)$

$(c > a)$인 쌍곡선의 교점 중 제1사분면 위의 점을 P 라 하자.

$$\overline{AF} = 4, \quad \overline{PA} = \overline{PF}, \quad \overline{PF'} = \frac{1}{2}\overline{FF'} + 2a$$

일 때, 쌍곡선의 주축의 길이를 구하시오. [4점]

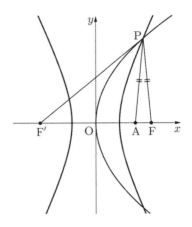

그림과 같이 두 초점이 F, F′인 쌍곡선

$\dfrac{x^2}{8} - \dfrac{y^2}{17} = 1$ 위의 점 P에 대하여 직선 FP와 직선

F′P에 동시에 접하고 중심이 y축 위에 있는 원 C가

있다. 직선 F′P와 원 C의 접점 Q에 대하여

$\overline{F'Q} = 5\sqrt{2}$일 때, $\overline{FP}^2 + \overline{F'P}^2$의 값을 구하시오.

(단, $\overline{F'P} < \overline{FP}$) [4점]

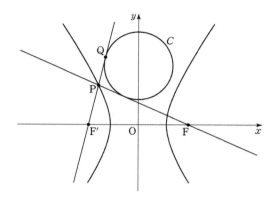

그림과 같이 두 초점이 F, F′인 타원

$\dfrac{x^2}{a^2} + \dfrac{y^2}{9} = 1$ $(a > 3)$ 위의 점 P에 대하여 직선 FP와

직선 F′P에 동시에 접하고 중심이 y축 위에 있는 원

C가 있다. 직선 F′P와 원 C의 접점 Q에 대하여

$\overline{F'Q} = 5$일 때, $a + \overline{F'F}$의 값을 구하시오. [4점]

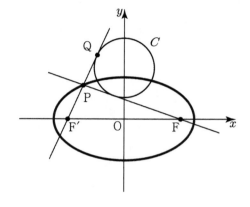

0 이 아닌 실수 p 에 대하여 좌표평면 위의 두 포물선 $x^2 = 2y$ 와 $\left(y + \dfrac{1}{2}\right)^2 = 4px$ 에 동시에 접하는 직선의 개수를 $f(p)$ 라 하자. $\displaystyle\lim_{p \to k+} f(p) > f(k)$ 를 만족시키는 실수 k 의 값은? [4점]

① $-\dfrac{\sqrt{3}}{3}$ ② $-\dfrac{2\sqrt{3}}{9}$ ③ $-\dfrac{\sqrt{3}}{9}$

④ $\dfrac{2\sqrt{3}}{9}$ ⑤ $\dfrac{\sqrt{3}}{3}$

0 이 아닌 실수 p 에 대하여 좌표평면 위의 두 포물선 $y^2 = 4x$ 와 $(x + 2)^2 = 4py$ 에 동시에 접하는 직선의 개수를 $f(p)$ 라 하자. $\displaystyle\lim_{p \to k+} f(p) < f(k)$ 를 만족시키는 실수 k 의 값은? [4점]

① $-\dfrac{\sqrt{3}}{3}$ ② $-\dfrac{4\sqrt{6}}{9}$ ③ $-\dfrac{\sqrt{3}}{9}$

④ $\dfrac{4\sqrt{6}}{9}$ ⑤ $\dfrac{\sqrt{3}}{3}$

좌표평면에서 두 점 $A(0, 3)$, $B(0, -3)$ 에 대하여, 두 초점이 F, F' 인 타원 $\dfrac{x^2}{16}+\dfrac{y^2}{7}=1$ 위의 점 P 가 $\overline{AP}=\overline{PF}$ 를 만족시킨다. 사각형 $AF'BP$ 의 둘레의 길이가 $a+b\sqrt{2}$ 일 때, $a+b$ 의 값을 구하시오. (단, $\overline{PF}<\overline{PF'}$ 이고, a, b 는 자연수이다.) [4점]

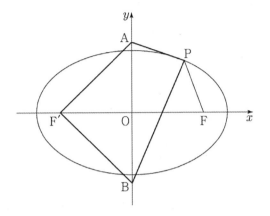

그림과 같이 타원 $\dfrac{x^2}{a^2}+\dfrac{y^2}{b^2}=1$ $(a>b>0)$의 두 초점을 $F(c, 0)$, $F'(-c, 0)$ $(c>0)$이라 하자. 타원 위의 제1사분면에 있는 점 P와 y축 위의 점을 $Q(0, -a)$가 다음 조건을 만족시킨다.

(가) $\overline{PF'}=\overline{QF'}=6$

(나) 삼각형 $PF'F$와 삼각형 $QF'F$의 둘레의 차는 2이다.

c^2의 값을 구하시오. [4점]

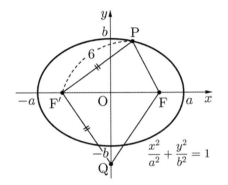

179

두 초점이 F, F′인 타원 $\dfrac{x^2}{49} + \dfrac{y^2}{33} = 1$이 있다.

원 $x^2 + (y-3)^2 = 4$ 위의 점 P에 대하여 직선 F′P가 이 타원과 만나는 점 중 y좌표가 양수인 점을 Q라 하자. $\overline{PQ} + \overline{FQ}$의 최댓값을 구하시오. [4점]

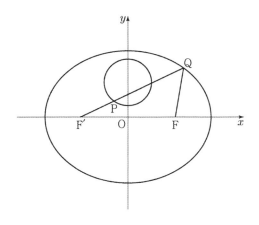

180

두 초점이 F, F′인 쌍곡선 $\dfrac{x^2}{100} - \dfrac{y^2}{44} = 1$이 있다.

원 $x^2 + (y-5)^2 = 25$위의 점 P에 대하여 직선 F′P가 이 쌍곡선과 만나는 점 중 y좌표가 양수인 점을 Q라 하자. $\overline{PQ} - \overline{FQ}$의 최솟값을 구하시오. (단, $\overline{F'Q} > \overline{FQ}$) [4점]

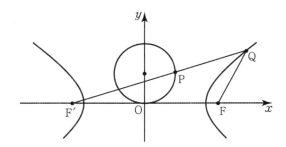

초점이 F인 포물선 $y^2 = 4x$ 위에 서로 다른 두점 A, B가 있다. 두 점 A, B의 x좌표는 1 보다 큰 자연수이고 삼각형 AFB의 무게중심의 x좌표가 6일 때, $\overline{AF} \times \overline{BF}$ 의 최댓값을 구하시오. [4점]

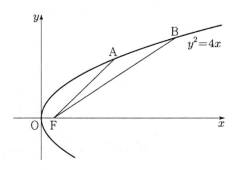

포물선 $y^2 = 4x$ 의 초점 F 와 이 포물선 위의 점 P 에 대하여 $\overline{PF} = 10$일 때, 직선 FP 위에 $\overline{FQ} = 15$를 만족시키도록 점 Q를 잡는다. 이때, 점 Q 의 좌표가 (p, q)이다. $p + q$의 값을 구하시오. (단, 두 점 P , Q 는 제 1사분면에 있다.) [4점]

183

평면에 한 변의 길이가 10인 정삼각형 ABC가 있다. $\overline{PB} - \overline{PC} = 2$를 만족시키는 점 P에 대하여 선분 PA의 길이가 최소일 때, 삼각형 PBC의 넓이는? [4점]

① $20\sqrt{3}$ ② $21\sqrt{3}$ ③ $22\sqrt{3}$

④ $23\sqrt{3}$ ⑤ $24\sqrt{3}$

184

평면에 한 변의 길이가 8인 정사각형 $ABCD$가 있다. 정사각형 $ABCD$의 두 대각선의 교점을 점 E라 할 때, $\overline{PB} + \overline{PC} = 10$을 만족시키는 점 P에 대하여 선분 PE의 길이의 최댓값은? [4점]

① 7 ② $5\sqrt{2}$ ③ 10 ④ $5\sqrt{5}$ ⑤ $5\sqrt{6}$

이차곡선
Level 3

185

2023학년도 6월 모평

초점이 F인 포물선 $y^2 = 8x$ 위의 점 중 제 1사분면에 있는 점 P를 지나고, x축과 평행한 직선이 포물선 $y^2 = 8x$의 준선과 만나는 점을 F′이라 하자. 점 F′을 초점, 점 P를 꼭짓점으로 하는 포물선이 포물선 $y^2 = 8x$와 만나는 점 중 P가 아닌 점을 Q라 하자. 사각형 PF′QF의 둘레의 길이가 12일 때, 삼각형 PF′Q의 넓이는 $\dfrac{q}{p}\sqrt{2}$이다. $p+q$의 값을 구하시오. (단, 점 P의 x좌표는 2보다 작고, p와 q는 서로소인 자연수이다.) [4점]

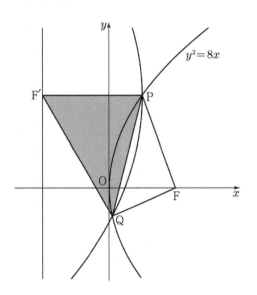

186

2023학년도 6월 모평−변형

그림과 같이 초점이 F인 포물선 $y^2 = 16x$ 위에 두 점 A$(1,\ 4)$, B가 있다. 포물선 $y^2 = 16x$ 위의 제1사분면의 점 P에 대하여 중심이 F이고 반지름의 길이가 $\overline{PF}$인 원이 x축과 만나는 점 중 x좌표가 음수인 점을 Q라 하자. 세 점 P, F, Q에 대하여 사각형 FPRQ는 평행사변형인 점 R가 있다. 점 P가 점 A에서 점 B까지 한 방향으로만 움직일 때, 점 R가 나타내는 도형의 길이는 8이다. 점 P가 점 B일 때, 점 R를 초점, 점 B를 꼭짓점으로 하는 포물선이 포물선 $y^2 = 16x$와 만나는 점 중 B가 아닌 점을 C라 할 때, 사각형 BRCF의 둘레의 길이를 구하시오. [4점]

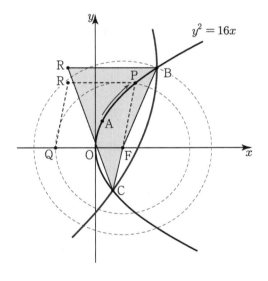

포물선 $y^2 = 8x$와 직선 $y = 2x - 4$가 만나는 점 중
제1사분면 위에 있는 점을 A라 하자. 양수 a에 대하여
포물선 $(y - 2a)^2 = 8(x - a)$가 점 A를 지날 때, 직선
$y = 2x - 4$와 포물선 $(y - 2a)^2 = 8(x - a)$가 만나는 점
중 A가 아닌 점을 B라 하자. 두 점 A, B에서 직선
$x = -2$에 내린 수선의 발을 각각 C, D라 할 때,
$\overline{AC} + \overline{BD} - \overline{AB} = k$이다. k^2의 값을 구하시오. [4점]

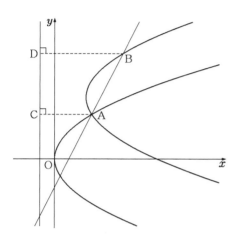

포물선 $y^2 = 4x$와 직선 $y = x - 1$이 만나는 점 중
제1사분면 위에 있는 점을 A라 하자. 양수 a에 대하여
포물선 $(y - a)^2 = 4(x - a)$가 점 A를 지날 때, 직선
$y = x - 1$과 포물선 $(y - a)^2 = 4(x - a)$가 만나는 점 중
A가 아닌 점을 B라 하자. 또 포물선
$(y - 2a)^2 = 4(x - 2a)$가 점 B를 지날 때, 직선
$y = x - 1$과 포물선 $(y - 2a)^2 = 4(x - 2a)$가 만나는 점
중 B가 아닌 점을 C라 하자. 세 점 A, B, C에서 직선
$x = -1$에 내린 수선의 발을 각각 A′, B′, C′라 할 때,
$\overline{AA'} + \overline{CC'} - \overline{BC} = k$이다. k^2의 값을 구하시오. [4점]

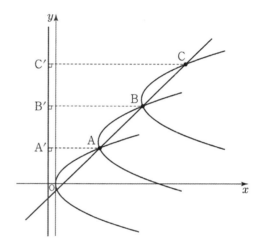

좌표평면에서 포물선 $C_1 : x^2 = 4y$ 의 초점을 F_1,
포물선 $C_2 : y^2 = 8x$ 의 초점을 F_2 라 하자. 점 P 는
다음 조건을 만족시킨다.

(가) 중심이 C_1 위에 있고 점 F_1 을 지나는 원과
　　 중심이 C_2 위에 있고 점 F_2 를 지나는 원의
　　 교점이다.
(나) 제3사분면에 있는 점이다.

원점 O 에 대하여 $\overline{\mathrm{OP}}^2$ 의 최댓값을 구하시오. [4점]

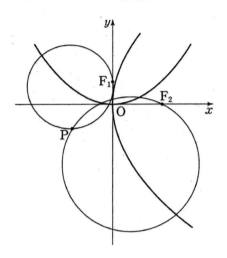

그림과 같이 쌍곡선 $\dfrac{x^2}{9} - \dfrac{y^2}{16} = 1$의 두 초점을 F, F′라
할 때, 같은 초점을 갖는 타원의 방정식을
$\dfrac{x^2}{100} + \dfrac{y^2}{75} = 1$이라 하고 쌍곡선과 타원이 만나는 점 중
제1사분면에 있는 점을 A, 제3사분면에서 만나는 점을
B라 하자. 점 A을 중심으로 하고 점 F를 지나는 원을
C_1, 점 B를 중심으로 하고 점 F′를 지나는 원을 C_2라
하자. 원 C_1 위의 점 P와 C_2 위의 점 Q에 대하여 선분
PQ의 최댓값과 최솟값의 합을 l이라 할 때, $\dfrac{l^2}{21}$의 값을
구하시오. [4점]

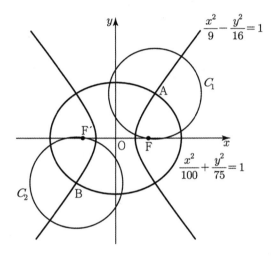

좌표평면에서 두 점 $A(-2, 0)$, $B(2, 0)$에 대하여 다음 조건을 만족시키는 직사각형의 넓이의 최댓값은? [4점]

> 직사각형 위를 움직이는 점 P에 대하여
> $\overline{PA} + \overline{PB}$의 값은 점 P의 좌표가 $(0, 6)$일 때
> 최대이고 $\left(\dfrac{5}{2}, \dfrac{3}{2}\right)$일 때 최소이다.

① $\dfrac{200}{19}$ ② $\dfrac{210}{19}$ ③ $\dfrac{220}{19}$ ④ $\dfrac{230}{19}$ ⑤ $\dfrac{240}{19}$

좌표평면에서 두 점 $A(-2, 0)$, $B(2, 0)$에 대하여 두 직사각형 S, T는 다음 조건을 만족시킨다.

> (가) 직사각형 S 위를 움직이는 점 P에 대하여
> $\overline{PA} + \overline{PB}$의 값은 점 P의 좌표가 $(0, 2)$일 때
> 최소이고 $(-2, 3)$일 때 최대이다.
> (나) 직사각형 T 위를 움직이는 점 Q에 대하여
> $\overline{QA} + \overline{QB}$의 값은 점 Q의 좌표가 $(4, 0)$일 때
> 최소이고 $(6, -4)$일 때 최대이다.

두 직사각형 S, T의 넓이의 최댓값을 각각 α, β라 할 때, $\alpha + \beta$의 값은? [4점]

① 16   ② 18   ③ 20   ④ 22   ⑤ 24

기출과 변형

•

기하

2

평면벡터

평면벡터
Level 1

유형 1 평면벡터의 연산

출제유형 | (1) 벡터의 정의와 연산을 이해하고 이를 평면도형에서 응용하는 문제가 출제된다.
(2) 평면에서 벡터를 이용하여 표현된 식을 선분의 내분점과 외분점의 위치벡터로 해석하는 문제가 출제된다.
(3) 성분으로 나타낸 평면벡터의 연산을 이용하는 문제가 출제된다.

출제유형잡기 | (1) 벡터의 덧셈, 뺄셈, 실수배 등의 연산을 이해하고 도형의 정의와 성질을 이용하여 문제를 해결한다.
(2) 문제에서 주어진 벡터를 선분의 내분점, 외분점의 위치벡터로 나타내고 해석한 후, 평면도형의 정의와 성질을 이용하여 문제를 해결한다.
(3) 평면벡터와 좌표의 대응을 이해하고 두 벡터의 덧셈, 뺄셈, 실수배 등의 연산을 벡터의 성분을 이용하여 해결한다.

193　　　　　　　　2024학년도 11월 수능

두 벡터 $\vec{a}$, $\vec{b}$에 대하여

$$|\vec{a}| = \sqrt{11}, \; |\vec{b}| = 3, \; |2\vec{a} - \vec{b}| = \sqrt{17}$$

일 때, $|\vec{a} - \vec{b}|$의 값은?

① $\dfrac{\sqrt{2}}{2}$　② $\sqrt{2}$　③ $\dfrac{3\sqrt{2}}{2}$　④ $2\sqrt{2}$　⑤ $\dfrac{5\sqrt{2}}{2}$

194　　　　　　　　2024학년도 9월 평가원

좌표평면 위의 점 A(4, 3)에 대하여

$$|\overrightarrow{OP}| = |\overrightarrow{OA}|$$

를 만족시키는 점 P가 나타내는 도형의 길이는? (단, O는 원점이다.)

① 2π　② 4π　③ 6π　④ 8π　⑤ 10π

195

한 직선 위에 있지 않은 서로 다른 세 점 A, B, C에 대하여 $2\overrightarrow{AB} + p\overrightarrow{BC} = q\overrightarrow{CA}$일 때, $p - q$의 값은? (단, p와 q는 실수이다.)

① 1　　② 2　　③ 3　　④ 4　　⑤ 5

196

서로 평행하지 않은 두 벡터 $\vec{a}$, $\vec{b}$에 대하여 두 벡터

$$2\vec{a} + \vec{b}, \quad 3\vec{a} + k\vec{b}$$

가 서로 평행하도록 하는 실수 k의 값은? (단, $\vec{a} \neq \vec{0}$, $\vec{b} \neq \vec{0}$)

① 1　　② $\dfrac{3}{2}$　　③ 2　　④ $\dfrac{5}{2}$　　⑤ 3

197

좌표평면 위의 두 점 A(1, 2), B(−3, 5)에 대하여

$$|\overrightarrow{OP} - \overrightarrow{OA}| = |\overrightarrow{AB}|$$

를 만족시키는 점 P가 나타내는 도형의 길이는?
(단, O는 원점이다.)

① 10π　② 12π　③ 14π　④ 16π　⑤ 18π

198

좌표평면 위의 점 A가 부등식 $y \geq \dfrac{1}{4}x^2 + 3$이 나타내는 영역에서 움직일 때, 벡터 $\overrightarrow{OB} = \dfrac{\overrightarrow{OA}}{|\overrightarrow{OA}|}$의 종점 B가 나타내는 도형의 길이는? (단, O는 원점이다.)

① $\dfrac{\pi}{3}$　② $\sqrt{2}$　③ $\sqrt{3}$　④ $\dfrac{2\pi}{3}$　⑤ 3

199

타원 $\dfrac{x^2}{4}+y^2=1$의 두 초점을 F, F′이라 하자. 이 타원 위의 점 P가 $|\overrightarrow{OP}+\overrightarrow{OF}|=1$을 만족시킬 때, 선분 PF의 길이는 k이다. $5k$의 값을 구하시오. (단, O는 원점이다.)

200

삼각형 ABC에서 $\overrightarrow{AB}=2$, $\angle B=90°$, $\angle C=30°$ 이다. 점 P가 $\overrightarrow{PB}+\overrightarrow{PC}=\vec{0}$를 만족시킬 때, $|\overrightarrow{PA}|^2$의 값은?

① 5   ② 6   ③ 7   ④ 8   ⑤ 9

201

한 변의 길이가 3인 정삼각형 ABC에서 변 AB를 2 : 1로 내분하는 점을 D라 하고, 변 AC를 3 : 1과 1 : 3으로 내분하는 점을 각각 E, F라 할 때, $|\overrightarrow{BF}+\overrightarrow{DE}|^2$의 값은?

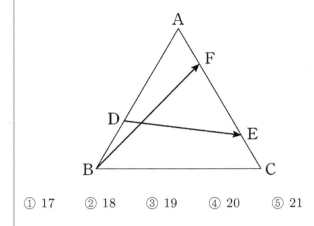

① 17   ② 18   ③ 19   ④ 20   ⑤ 21

202

두 벡터 $\vec{a}=(3,\ 1)$, $\vec{b}=(4,\ -2)$가 있다.

벡터 $\vec{v}$에 대하여 두 벡터 $\vec{a}$와 $\vec{v}+\vec{b}$가 서로 평행할 때, $|\vec{v}|^2$의 최솟값은?

① 6   ② 7   ③ 8   ④ 9   ⑤ 10

203

2022년 4월 교육청

쌍곡선 $\dfrac{x^2}{2} - \dfrac{y^2}{2} = 1$ 의 꼭짓점 중 x좌표가 양수인 점을 A라 하자. 이 쌍곡선 위의 점 P에 대하여 $|\overrightarrow{OA} + \overrightarrow{OP}| = k$ 를 만족시키는 점 P의 개수가 3일 때, 상수 k의 값은? (단, O는 원점이다.)

① 1   ② $\sqrt{2}$ ③ 2   ④ $2\sqrt{2}$ ⑤ 4

204

2022년 10월 교육청

평면 위의 네 점 A, B, C, D가 다음 조건을 만족시킬 때, $|\overrightarrow{AD}|$의 값은?

(가) $|\overrightarrow{AB}| = 2,\ \overrightarrow{AB} + \overrightarrow{CD} = \vec{0}$
(나) $|\overrightarrow{BD}| = |\overrightarrow{BA} - \overrightarrow{BC}| = 6$

① $2\sqrt{5}$ ② $2\sqrt{6}$ ③ $2\sqrt{7}$ ④ $4\sqrt{2}$ ⑤ 6

205

어느 세 점도 한 직선 위에 있지 않은 네 점 O, A, B, C에 대하여 삼각형 OAC의 무게중심 G가 선분 AB 위에 있다. 실수 a, b에 대하여 $\overrightarrow{OC} = a\overrightarrow{OA} + b\overrightarrow{OB}$ 일 때, $a+b$의 값은?

① $\dfrac{1}{2}$ ② 1   ③ $\dfrac{3}{2}$ ④ 2   ⑤ $\dfrac{5}{2}$

206

평면 위의 점 P와 $\triangle ABC$에 대하여 $3\overrightarrow{AP} = 2\overrightarrow{AB} + \overrightarrow{AC}$ 가 성립한다. 이때, $\overrightarrow{BP} = k\overrightarrow{BC}$ 를 만족시키는 k의 값은?

① $\dfrac{1}{4}$ ② $\dfrac{1}{3}$ ③ $\dfrac{1}{2}$ ④ $\dfrac{2}{3}$ ⑤ $\dfrac{4}{3}$

207

삼각형 ABC에서 $\overline{AB} = 4$, $\angle B = 90°$, $\angle C = 30°$ 이다. 점 P가 $\overrightarrow{PB} + \overrightarrow{PC} = \vec{0}$를 만족시킬 때, $|\overrightarrow{PA}|^2$의 값을 구하시오.

208

평면 위에 길이가 2인 선분 AB와 점 C가 있다. $\overrightarrow{AB} \cdot \overrightarrow{BC} = 0$이고 $|\overrightarrow{AB} + \overrightarrow{AC}| = 8$일 때, $|\overrightarrow{BC}|$의 값은?

① 2 ② $2\sqrt{2}$ ③ 3 ④ $2\sqrt{3}$ ⑤ $4\sqrt{3}$

209

실수 t에 대하여 좌표평면 위의 두 점 A$(2, 2)$, B$(4, t)$와 직선 $y = t$위의 점 C가 있다. $\overrightarrow{AB} \perp \overrightarrow{OC}$일 때, $|\overrightarrow{BC}|$의 최솟값을 m라 할 때, $100m$의 값을 구하시오. (단, O는 원점이다.)

210

좌표평면에서 두 점 O$(0, 0)$, A$(2, 4)$에 대하여 $|\overrightarrow{PO} + \overrightarrow{PA}|^2 = 4$를 만족시키는 점 P에 대하여 $|\overrightarrow{OP}|$의 최댓값을 M, 최솟값을 m이라 하자. $M \times m$의 값을 구하시오.

211

삼각형 ABC와 등식 $\overrightarrow{PA} + 3\overrightarrow{PB} - 2\overrightarrow{PC} = 0$를 만족시키는 점 P에 대하여 직선 AP와 직선 BC의 교점을 D라 하자. 사각형 $APBC$의 넓이가 48일 때, 삼각형 CDP의 넓이는?

① 8 　　② 12 　　③ 16 　　④ 24 　　⑤ 36

212

그림과 같이 $3\overline{AB} = 2\overline{BC}$인 삼각형 ABC에 대하여 선분 AB를 $3:1$로 내분하는 점을 D이라 하고, $\angle ABC$의 이등분선이 선분 CA와 만나는 점을 E, 선분 BE가 선분 CD와 만나는 점을 F라 하자. $\overrightarrow{AF} = m\overrightarrow{AB} + n\overrightarrow{AC}$일 때, $m+n$의 값은?

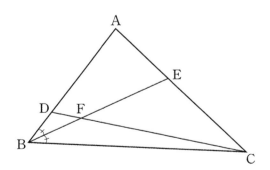

① $\dfrac{1}{2}$ 　② $\dfrac{4}{7}$ 　③ $\dfrac{9}{14}$ 　④ $\dfrac{5}{7}$ 　⑤ $\dfrac{11}{14}$

213

그림과 같이 한 변의 길이가 2인 마름모 $ABCD$에 대하여 $\left| \overrightarrow{AD} - \dfrac{1}{2}\overrightarrow{BD} \right| = \sqrt{2}$일 때, $\left| \overrightarrow{BD} \right|$의 값은?

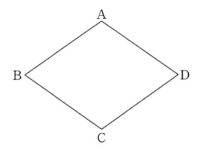

① $\sqrt{6}$ 　② $\sqrt{7}$ 　③ $2\sqrt{2}$ 　④ 3 　⑤ $\sqrt{10}$

214

평면 위의 서로 다른 네 점 O, A, B, C에 대하여

$$\overrightarrow{OA} = 2\vec{a} + \vec{b}, \quad \overrightarrow{OB} = \vec{a} - \vec{b}, \quad \overrightarrow{OC} = 3\vec{a} - k\vec{b}$$

일 때, 세 점 A, B, C가 한 직선 위에 있도록 하는 상수 k의 값은? (단, 두 벡터 $\vec{a}$와 $\vec{b}$는 영벡터가 아니고 서로 평행하지 않다.)

① -3 　② -2 　③ -1 　④ 1 　⑤ 2

유형 2 평면벡터의 내적

출제유형 | (1) 평면벡터의 크기와 두 벡터가 이루는 각의 크기를 이용하여 두 벡터의 내적을 구하는 문제가 출제된다.

(2) 성분으로 나타낸 평면벡터의 내적을 구하는 문제가 출제된다.

(3) 주어진 도형의 기하학적 성질과 관련하여 평면벡터의 내적의 최댓값 또는 최솟값을 구하는 문제가 출제된다.

출제유형잡기 | (1) 두 평면벡터의 크기와 두 평면벡터가 이루는 각의 크기를 이용하여 문제를 해결한다.

(2) 성분으로 나타낸 두 평면벡터의 내적을 구하는 방법을 이용하여 문제를 해결한다.

(3) 다음의 성질을 이용하여 문제를 해결한다.

(1) 세 벡터 $\vec{a}$, $\vec{b}$, $\vec{c}$에 대하여
$\vec{a} \cdot (\vec{b} + \vec{c}) = \vec{a} \cdot \vec{b} + \vec{a} \cdot \vec{c}$

(2) $\angle C = 90°$인 $\triangle ABC$에서
$\overrightarrow{AB} \cdot \overrightarrow{AC} = |\overrightarrow{AC}|^2$, $\overrightarrow{BA} \cdot \overrightarrow{BC} = |\overrightarrow{BC}|^2$

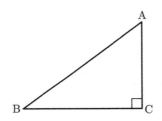

215

2024학년도 6월 평가원

그림과 같이 한 변의 길이가 1인 정사각형 ABCD에서

$$(\overrightarrow{AB} + k\overrightarrow{BC}) \cdot (\overrightarrow{AC} + 3k\overrightarrow{CD}) = 0$$

일 때, 실수 k의 값은?

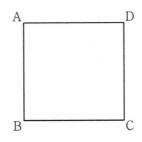

① 1   ② $\dfrac{1}{2}$ ③ $\dfrac{1}{3}$ ④ $\dfrac{1}{4}$ ⑤ $\dfrac{1}{5}$

216

2023학년도 11월 수능

좌표평면에서 세 벡터

$$\vec{a} = (2, 4),\ \vec{b} = (2, 8),\ \vec{c} = (1, 0)$$

에 대하여 두 벡터 $\vec{p}$, $\vec{q}$가

$$(\vec{p} - \vec{a}) \cdot (\vec{p} - \vec{b}) = 0,\ \vec{q} = \frac{1}{2}\vec{a} + t\vec{c}\ (t\text{는 실수})$$

를 만족시킬 때, $|\vec{p} - \vec{q}|$의 최솟값은?

① $\dfrac{3}{2}$ ② 2   ③ $\dfrac{5}{2}$ ④ 3   ⑤ $\dfrac{7}{2}$

217

좌표평면 위의 점 $A(3, 0)$에 대하여

$$(\overrightarrow{OP} - \overrightarrow{OA}) \cdot (\overrightarrow{OP} - \overrightarrow{OA}) = 5$$

를 만족시키는 점 P가 나타내는 도형과 직선 $y = \dfrac{1}{2}x + k$가 오직 한 점에서 만날 때, 양수 k의 값은? (단, O는 원점이다.)

① $\dfrac{3}{5}$　② $\dfrac{4}{5}$　③ 1　④ $\dfrac{6}{5}$　⑤ $\dfrac{7}{5}$

219

그림과 같이 한 변의 길이가 1인 정육각형 $ABCDEF$에서 $|\overrightarrow{AE} + \overrightarrow{BC}|$의 값은?

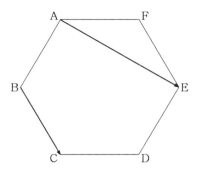

① $\sqrt{6}$　② $\sqrt{7}$　③ $2\sqrt{2}$　④ 3　⑤ $\sqrt{10}$

218

$\overline{AD} = 2$, $\overline{AB} = \overline{CD} = \sqrt{2}$, $\angle ABC = \angle BCD = 45°$인 사다리꼴 $ABCD$가 있다. 두 대각선 AC와 BD의 교점을 E, 점 A에서 선분 BC에 내린 수선의 발을 H, 선분 AH와 선분 BD의 교점을 F라 할 때, $\overrightarrow{AF} \cdot \overrightarrow{CE}$의 값은?

① $-\dfrac{1}{9}$　② $-\dfrac{2}{9}$　③ $-\dfrac{1}{3}$　④ $-\dfrac{4}{9}$　⑤ $-\dfrac{5}{9}$

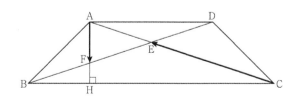

220

좌표평면에서 세 벡터

$$\vec{a} = (3, 0), \quad \vec{b} = (1, 2), \quad \vec{c} = (4, 2)$$

에 대하여 두 벡터 $\vec{p}$, $\vec{q}$가

$$\vec{p} \cdot \vec{a} = \vec{a} \cdot \vec{b}, \quad |\vec{q} - \vec{c}| = 1$$

을 만족시킬 때, $|\vec{p} - \vec{q}|$의 최솟값은?

① 1　② 2　③ 3　④ 4　⑤ 5

221

두 벡터 $\vec{a}$, $\vec{b}$가 이루는 각이 $60°$ 이다. $\vec{b}$ 의 크기는 1이고, $\vec{a} - 3\vec{b}$ 의 크기가 $\sqrt{13}$ 일 때, $\vec{a}$의 크기는?

① 1   ② 3   ③ 4   ④ 5   ⑤ 7

222

아래 그림의 어두운 영역에 속하는 모든 점 A 에 대하여 두 벡터 $\overrightarrow{OA}$ 와 $\overrightarrow{OB}$ 의 내적이 $\overrightarrow{OA} \cdot \overrightarrow{OB} \leq 0$ 을 만족시키는 점 B 가 있다.

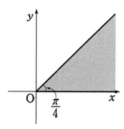

이러한 모든 점 B 의 영역을 좌표평면 위에 바르게 나타낸 것은? (단, 어두운 부분의 경계선은 포함한다.)

① 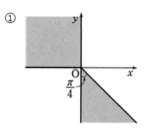   ②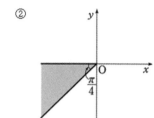

③ 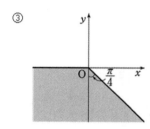   ④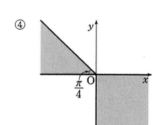

⑤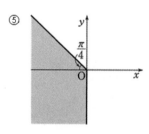

223

그림과 같이 한 변의 길이가 1인 정육각형 ABCDEF에서 $(\overrightarrow{AB}+\overrightarrow{AE}) \cdot (\overrightarrow{AF}+\overrightarrow{AC})$의 값은?

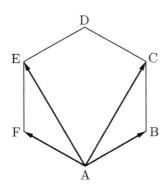

① 4   ② $\dfrac{9}{2}$ ③ 5   ④ $\dfrac{11}{2}$ ⑤ 6

224

두 평면벡터 $\vec{a}$, $\vec{b}$ 가

$$|\vec{a}|=1 \,,\; |\vec{b}|=2 \,,\; |2\vec{a}-\vec{b}|=\sqrt{5}$$

를 만족시킬 때, 두 평면벡터 $\vec{a}$, $\vec{b}$ 가 이루는 각을 θ 라 하자. $\cos\theta$ 의 값은?

① $\dfrac{1}{8}$ ② $\dfrac{3}{16}$ ③ $\dfrac{1}{4}$ ④ $\dfrac{5}{16}$ ⑤ $\dfrac{3}{8}$

225

선분 AB를 지름으로 하는 원 O 위의 한 점 P에 대하여 $\overline{AB}=10$, $\overline{BP}=6$일 때, 내적 $\overrightarrow{AB} \cdot \overrightarrow{AP}$를 구하시오.

226

좌표평면 위의 두 점 $A(-6, 0)$, $B(0, 6)$에 대하여 x축 위의 점 P가 $\overrightarrow{PA} \cdot \overrightarrow{PB}=16$을 만족시킨다. $\overrightarrow{PQ} \cdot \overrightarrow{BQ}=0$인 점 Q에 대하여 $|\overrightarrow{AQ}|$의 최댓값은?

① $5+\sqrt{13}$ ② $6+\sqrt{13}$
③ $\sqrt{58}+3$ ④ $\sqrt{58}+\sqrt{10}$
⑤ $\sqrt{58}+\sqrt{13}$

227

점 A$(1, 1)$와 원 C : $x^2 + (y-1)^2 = 1$ 위의 점 X 에 대하여 $\overrightarrow{OA} \cdot \overrightarrow{OX}$ 의 최댓값은?

① $\sqrt{2}$　　　② $\sqrt{2}+1$　　　③ $\sqrt{2}+2$

④ $\sqrt{3}$　　　⑤ $\sqrt{3}+1$

229

평면 위에 세 벡터 $\vec{a} = (5, 0)$, $|\vec{b}| = 3$, $|\vec{c}| = 1$ 에 대해, $\vec{p} = \vec{a} + \vec{b} + \vec{c}$ 이다. $\vec{p} \cdot \vec{a} = 10$ 를 만족하는 $\vec{p}$ 의 자취의 길이를 l 일 때, l^2 의 값을 구하시오.

228

좌표평면 위에 세 점 A$(1, 0)$, B$(5, 0)$, C$(3, 4)$ 가 존재한다. 점 P(x, y) 는 $\overrightarrow{AP} \cdot \overrightarrow{BP} = 5$ 를 만족할 때, 내적 $\overrightarrow{OC} \cdot \overrightarrow{OP}$ 의 최댓값을 M, 최솟값을 m 이라 할 때, $M + m$ 의 값을 구하시오. (단, O 는 원점이다.)

230

좌표평면 위에 두 점 A$(2, 1)$, B$(2, 4)$ 에 대하여 점 C 가 다음 조건을 만족시킨다.

(가) $\overrightarrow{OC} = k\overrightarrow{OA} + \overrightarrow{OB}$

(나) 삼각형 ABC 는 직각삼각형이다.

조건을 만족시키는 모든 k 값의 합은? (단, O 는 원점이다.)

① -3　　　② $-\dfrac{18}{5}$　　　③ $-\dfrac{21}{5}$

④ $-\dfrac{24}{5}$　　　⑤ $-\dfrac{27}{5}$

231

좌표평면에서 점 A(3, 4)에 대하여 $\overrightarrow{AP} \cdot \overrightarrow{AP} = k$ 를 만족시키는 점 P가 나타내는 도형이 원점을 지날 때, 양수 k의 값을 구하시오.

232

$\overline{AC} = \overline{BC} = 2$, $\angle C = 90°$인 직각이등변삼각형 ABC가 있다. 점 B를 중심으로 하고 반지름의 길이가 1인 원 위를 움직이는 점 P에 대하여 $\overrightarrow{AC} \cdot \overrightarrow{AP}$의 최댓값을 구하시오.

233

선분 AB를 지름으로 하는 원 위에 $\overline{AC} = 3$, $\overline{AD} = 5$가 되는 점 C, D를 각각 잡는다. 이때, $\overrightarrow{AB} \cdot (\overrightarrow{AC} + \overrightarrow{AD})$의 값은? (단, $\overline{AB} > 5$)

① 30   ② 32   ③ 34

④ 36   ⑤ 38

234

그림과 같이 한 변의 길이가 1인 정육각형 ABCDEF에서 선분 DE의 중점을 M이라 하자.
$\left| \dfrac{1}{2}\overrightarrow{AB} - 3\overrightarrow{CM} \right|$의 값은?

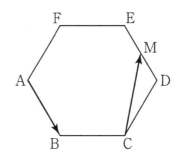

① $\sqrt{15}$ ② 4   ③ $\sqrt{17}$

④ $3\sqrt{2}$ ⑤ $\sqrt{19}$

235

삼각형 ABC의 무게중심을 G, 선분 BC의 중점을 M이라 할 때, 점 A, B, C, G, M이 다음 조건을 만족시킨다.

(가) $|\overrightarrow{AB}| = 3$, $|\overrightarrow{AC}| = 2$

(나) $\overrightarrow{GM} \cdot \overrightarrow{GC} = -\dfrac{5}{18}$

삼각형 ABC의 외접원의 넓이가 $\dfrac{q}{p}\pi$일 때, $p+q$의 값을 구하시오. (단, p와 q는 서로소인 자연수이다.)

236

세 벡터 $\vec{a}$, $\vec{b}$, $\vec{c}$가 다음 조건을 만족시킨다.

(가) $\vec{a} \parallel \vec{c}$, $\vec{b} \perp \vec{c}$
(나) $\vec{a} \cdot \vec{c} = 8$
(다) $(\vec{a}+\vec{c}) \cdot (\vec{a}-\vec{c}) = -12$

이때 내적 $(\vec{a}+\vec{c}) \cdot (\vec{b}+\vec{c})$의 값은?

① 20　　② 22　　③ 24　　④ 26　　⑤ 28

237

$\overline{AB} = 4$, $\overline{AD} = 2\sqrt{3}$ 인 직사각형 ABCD 의 둘레 또는 내부를 움직이는 점 P 가 있다.
$(\overrightarrow{PA}+\overrightarrow{PD}) \cdot (\overrightarrow{PB}+\overrightarrow{PC}) = 0$ 을 만족시키는 점 P 가 나타내는 도형의 길이는?

① $\dfrac{8}{3}\pi$　　② 3π　　③ $\dfrac{10}{3}\pi$　　④ $\dfrac{11}{3}\pi$　　⑤ 4π

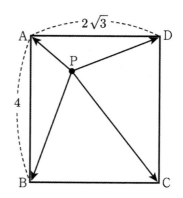

238

삼각형 OAB에서 선분 AB를 2 : 1로 내분하는 점을 D 라 하고, 점 D를 직선 OA에 대하여 대칭이동한 점을 E 라 하자. $\overrightarrow{OA} = \vec{a}$, $\overrightarrow{OB} = \vec{b}$라 하면 $|\vec{a}| = 6$, $\vec{a} \cdot \vec{b} = 9$이다. $\overrightarrow{OE} = p\vec{a}+q\vec{b}$라 할 때, $p+q$의 값은? (단, p, q는 실수이다.)

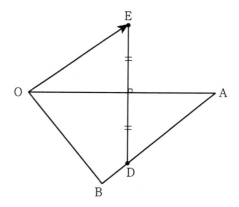

① $-\dfrac{13}{12}$　　② $-\dfrac{7}{6}$　　③ 0　　④ $\dfrac{4}{3}$　　⑤ $\dfrac{17}{12}$

239

반지름의 길이가 1인 원에 내접하는 사각형 $ABCD$가 다음 조건을 만족시킨다.

> (가) $\overrightarrow{AC} \cdot \overrightarrow{BD} = 0$
> (나) $\overrightarrow{AB} + \overrightarrow{AD} + 2(\overrightarrow{CB} + \overrightarrow{CD}) = \vec{0}$

선분 BD의 길이는?

① $\dfrac{3\sqrt{2}}{4}$　　② $\dfrac{4\sqrt{2}}{5}$　　③ $\sqrt{2}$

④ $\sqrt{3}$　　⑤ $\dfrac{4\sqrt{2}}{3}$

240

그림과 같이 한 변의 길이가 1인 정육각형 $ABCDEF$가 있다. $|3\overrightarrow{CF} - 4\overrightarrow{CE}|$의 값은?

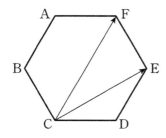

① $\sqrt{3}$　② $2\sqrt{3}$　③ $\sqrt{5}$　④ $2\sqrt{5}$　⑤ $\sqrt{7}$

241

평면 위의 한 정점 $\overrightarrow{OA} = \vec{a}$, $|\vec{a}| = 2$이고 $\overrightarrow{OB} = \vec{b}$에 대하여

$$|\vec{a} \cdot \vec{b}| \le 2, \quad |\vec{a} + \vec{b}| \le \sqrt{2}$$

를 만족하는 점 B의 영역의 넓이의 값은? (단, 점 O, A, B는 같은 평면 위에 있다.)

① $\dfrac{\pi}{3} - 1$　　② $\dfrac{\pi}{2} - 1$　　③ $\dfrac{\pi}{2} + 1$

④ $\dfrac{\pi}{3} + 1$　　⑤ $\dfrac{\pi}{4} + 1$

유형 3 벡터로 나타낸 도형의 방정식

출제유형 | 좌표평면에서 매개변수 또는 벡터로 나타낸 직선의 방정식을 구하거나 방향벡터를 이용하여 두 직선이 이루는 각의 크기를 구하는 문제가 출제된다. 또한 좌표평면에서 벡터로 나타낸 원의 방정식을 구하는 문제가 출제된다.

출제유형잡기 | (1) 좌표평면에서 두 직선이 이루는 각의 크기를 구하거나 두 직선이 서로 수직일 조건은 직선의 방향벡터를 이용하여 문제를 해결한다.
(2) 좌표평면에서 벡터로 나타낸 원의 방정식을 구하는 방법을 이용하여 문제를 해결한다.

242 2023학년도 6월 모평

좌표평면에서 두 직선

$$\frac{x-2}{3} = \frac{1-y}{4}, \quad 5x-1 = \frac{5y-1}{2}$$

가 이루는 예각의 크기를 θ 라 할 때, $\cos\theta$ 의 값은?

① $\dfrac{\sqrt{5}}{5}$ ② $\dfrac{\sqrt{6}}{5}$ ③ $\dfrac{\sqrt{7}}{5}$ ④ $\dfrac{2\sqrt{2}}{5}$ ⑤ $\dfrac{3}{5}$

243 2022학년도 11월 수능

좌표평면에서 두 직선

$$\frac{x+1}{2} = y-3, \quad x-2 = \frac{y-5}{3}$$

가 이루는 예각의 크기를 θ 라 할 때, $\cos\theta$ 의 값은?

① $\dfrac{1}{2}$ ② $\dfrac{\sqrt{5}}{4}$ ③ $\dfrac{\sqrt{6}}{4}$

④ $\dfrac{\sqrt{7}}{4}$ ⑤ $\dfrac{\sqrt{2}}{2}$

244

좌표평면에서 두 직선

$$\frac{x+1}{4} = \frac{y-1}{3}, \quad \frac{x+2}{-1} = \frac{y+1}{3}$$

이 이루는 예각의 크기를 θ 라 할 때, $\cos\theta$ 의 값은?

① $\dfrac{\sqrt{6}}{10}$ ② $\dfrac{\sqrt{7}}{10}$ ③ $\dfrac{\sqrt{2}}{5}$

④ $\dfrac{3}{10}$ ⑤ $\dfrac{\sqrt{10}}{10}$

245

좌표평면 위의 점 $(6, 3)$ 을 지나고 벡터 $\vec{u} = (2, 3)$ 에 평행한 직선이 x 축과 만나는 점을 A, y 축과 만나는 점을 B 라 할 때, $\overline{AB}^2$ 의 값을 구하시오.

246

좌표평면 위의 점 $(4, 1)$ 을 지나고 벡터 $\vec{n} = (1, 2)$ 에 수직인 직선이 x 축, y 축과 만나는 점의 좌표를 각각 $(a, 0)$, $(0, b)$ 라 하자. $a + b$ 의 값을 구하시오.

247

좌표평면에서 두 점 A$(-2, 0)$, B$(3, 3)$ 에 대하여

$$(\overrightarrow{OP} - \overrightarrow{OA}) \cdot (\overrightarrow{OP} - 2\overrightarrow{OB}) = 0$$

을 만족시키는 점 P 가 나타내는 도형의 길이는?
(단, O 는 원점이다.)

① 6π ② 7π ③ 8π ④ 9π ⑤ 10π

248

두 점 $A(-3, k)$, $B(k, 5)$를 지나는 직선과 직선 $\dfrac{x-1}{3} = 2 - y$가 서로 수직일 때, k^2의 값을 구하시오.

249

좌표평면에서 다음 두 직선이 이루는 각의 크기를 θ라고 할 때, $\cos\theta$의 값은? $\left(\text{단, } 0 \le \theta \le \dfrac{\pi}{2}\right)$

$$\dfrac{x-2}{3} = \dfrac{1-y}{4}, \; 3 - x = \dfrac{1-y}{2}$$

① $\dfrac{\sqrt{5}}{5}$ ② $\dfrac{\sqrt{10}}{5}$ ③ $\dfrac{3\sqrt{5}}{10}$

④ $\dfrac{2\sqrt{5}}{5}$ ⑤ $\dfrac{3\sqrt{10}}{10}$

250

좌표평면 위의 점 $(-4, 2)$을 지나고 벡터 $\vec{n} = (2, 1)$에 수직인 직선이 x축, y축과 만나는 점의 좌표를 각각 $(a, 0)$, $(0, b)$라 하자. $a^2 + b^2$의 값을 구하시오.

251

좌표평면 위의 점 $(2, -1)$을 지나고 벡터 $\vec{u} = (4, -3)$에 평행한 직선 l이 있다. 직선 l과 원점 사이의 거리는?

① $\dfrac{1}{5}$ ② $\dfrac{2}{5}$ ③ $\dfrac{3}{5}$ ④ $\dfrac{4}{5}$ ⑤ 1

252

좌표평면 위의 점 $(1, 4)$을 지나고 벡터 $\vec{n} = (2, 1)$에 수직인 직선이 x축, y축과 만나는 점의 좌표를 각각 $(a, 0)$, $(0, b)$라 하자. $a + b$의 값은?

① 7   ② 8   ③ 9   ④ 10   ⑤ 11

253

세 벡터 $\vec{a}$, $\vec{b}$, $\vec{c}$가 다음 조건을 모두 만족시킬 때, 두 벡터 $\vec{a}$와 $\vec{b}$가 이루는 각의 크기를 θ라 할 때, $\cos\theta$의 값은?

| (가) $|\vec{a}| = 3$, $|\vec{b}| = 5$, $|\vec{c}| = 7$ |
| (나) $\vec{a} + \vec{b} + \vec{c} = \vec{0}$ |

① $\dfrac{1}{2}$ ② $\dfrac{\sqrt{2}}{2}$ ③ $\dfrac{\sqrt{3}}{2}$

④ $\dfrac{3}{4}$ ⑤ $\dfrac{4}{5}$

254

타원 $\dfrac{x^2}{25} + \dfrac{y^2}{9} = 1$의 두 초점 F, F′과 타원 위의 한 점 P에 대하여 $\overrightarrow{FP} \cdot \overrightarrow{F'P}$의 최댓값을 구하시오.

255

두 직선 $m : x - y + k = 0$, $m' : x - y - k = 0$이 방향벡터가 $\vec{u} = (2, -1)$인 직선 l과 만나는 두 점을 각각 A, B라 하자. $\overline{AB} = 4$일 때, $k^2 = \dfrac{q}{p}$이다. $p + q$의 값을 구하시오. (단, p, q는 서로소인 자연수이다.)

256

좌표평면에서 두 직선

$$x - 1 = \frac{y+2}{2}, \ \frac{x-1}{3} = 2 - y$$

가 이루는 예각의 크기를 θ라 할 때, $\cos\theta$의 값은?

① $\dfrac{\sqrt{2}}{10}$　　② $\dfrac{\sqrt{5}}{10}$　　③ $\dfrac{\sqrt{2}}{5}$

④ $\dfrac{\sqrt{5}}{5}$　　⑤ $\dfrac{\sqrt{2}}{2}$

257

두 점 $C(-\sqrt{3}, \ 2)$, $P(x, \ y)$의 위치벡터를 각각 $\vec{c}$, $\vec{p}$라고 하면 $(\vec{p} - \vec{c}) \cdot (\vec{p} - \vec{c}) = 7$이다. 점 P가 나타내는 도형 위의 점에서 $|\vec{p}|$가 최대인 점을 A라 할 때, A에서 점 P가 나타내는 도형에 접하는 직선의 y절편을 구하시오.

258

2024학년도 11월 수능 30

좌표평면에 한 변의 길이가 4인 정삼각형 ABC가 있다. 선분 AB를 1 : 3으로 내분하는 점을 D, 선분 BC를 1 : 3으로 내분하는 점을 E, 선분 CA를 1 : 3으로 내분하는 점을 F라 하자. 네 점 P, Q, R, X가 다음 조건을 만족시킨다.

(가) $|\overrightarrow{DP}| = |\overrightarrow{EQ}| = |\overrightarrow{FR}| = 1$
(나) $\overrightarrow{AX} = \overrightarrow{PB} + \overrightarrow{QC} + \overrightarrow{RA}$

$|\overrightarrow{AX}|$의 값이 최대일 때, 삼각형 PQR의 넓이를 S라 하자. $16S^2$의 값을 구하시오. [4점]

259

2024학년도 11월 수능 30–변형

좌표평면에 한 변의 길이가 4인 정사각형 ABCD가 있다. 네 점 P, Q, R, X가 다음 조건을 만족시킨다.

(가) $|\overrightarrow{BP}| = |\overrightarrow{CQ}| = |\overrightarrow{DR}| = 1$
(나) $\overrightarrow{AX} = \overrightarrow{PC} + \overrightarrow{QD} + \overrightarrow{RB}$

$|\overrightarrow{AX}|$의 값이 최대일 때, 삼각형 PQR의 넓이를 S라 하자. S^2의 값을 구하시오. [4점]

좌표평면에서 $\overrightarrow{AB} = \overrightarrow{AC}$ 이고 $\angle BAC = \dfrac{\pi}{2}$ 인

직각삼각형 ABC에 대하여 두 점 P, Q가 다음 조건을 만족시킨다.

(가) 삼각형 APQ는 정삼각형이고,

    $9|\overrightarrow{PQ}|\overrightarrow{PQ} = 4|\overrightarrow{AB}|\overrightarrow{AB}$ 이다.

(나) $\overrightarrow{AC} \cdot \overrightarrow{AQ} < 0$

(다) $\overrightarrow{PQ} \cdot \overrightarrow{CB} = 24$

선분 AQ 위의 점 X에 대하여 $|\overrightarrow{XA} + \overrightarrow{XB}|$ 의 최솟값을

m 이라 할 때, m^2 의 값을 구하시오. [4점]

좌표평면에 두 정삼각형 ABC, APQ가 다음 조건을 만족시킨다.

(가) $-4|\overrightarrow{PQ}|\overrightarrow{PQ} = |\overrightarrow{BC}|\overrightarrow{BC}$

(나) $\overrightarrow{AP} \cdot \overrightarrow{AC} = -7$

선분 AP 위의 점 X에 대하여 $|\overrightarrow{XC} - 3\overrightarrow{XA}|$ 의

최솟값을 m 이라 할 때, m^2 의 값을 구하시오. [4점]

262

직선 $2x+y=0$ 위를 움직이는 점 P 와 타원 $2x^2+y^2=3$ 위를 움직이는 점 Q 에 대하여

$$\overrightarrow{\mathrm{OX}} = \overrightarrow{\mathrm{OP}} + \overrightarrow{\mathrm{OQ}}$$

를 만족시키고, x 좌표와 y 좌표가 모두 0 이상인 모든 점 X 가 나타내는 영역의 넓이는 $\dfrac{q}{p}$ 이다. $p+q$ 의 값을 구하시오. (단, O 는 원점이고, p 와 q 는 서로소인 자연수이다.) [4점]

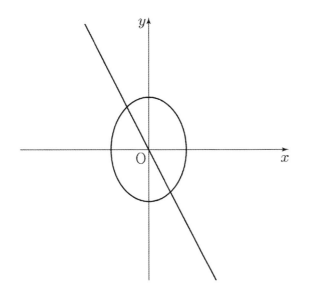

263

직선 $x-2y=0$ 위를 움직이는 점 P 와 포물선 $y^2=12x$ 위를 움직이는 점 Q 에 대하여

$$\overrightarrow{\mathrm{OX}} = 2\overrightarrow{\mathrm{OP}} + \overrightarrow{\mathrm{OQ}}$$

를 만족시키고, 제2 사분면 위에 있는 모든 점 X 가 나타내는 영역의 넓이를 구하시오. (단, O 는 원점이다.) [4점]

그림과 같이 한 평면 위에서 서로 평행한 세 직선 l_1, l_2, l_3 가 평행한 두 직선 m_1, m_2 와 A, B, C, X, O, Y 에서 만나고 있다.

$\overrightarrow{OA} = \vec{a}$, $\overrightarrow{OB} = \vec{b}$, $\overrightarrow{OC} = \vec{c}$ 라고 할 때,

$\overrightarrow{AP} = (\vec{c} - \vec{b} - \vec{a})t$ (t 는 실수)를 만족시키는 점 P 가 나타내는 도형은?

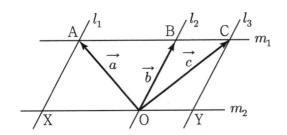

① 직선 AY   ② 직선 AO   ③ 직선 AX
④ 직선 AB   ⑤ 직선 CX

그림과 같이 한 평면 위에서 서로 평행한 두 직선 m_1, m_2 가 있다. 직선 m_1 위의 점 O 에서 직선 m_2 위에 일정한 간격으로 떨어져 있는 네 점 A, B, C, D가 있다. $\overrightarrow{OA} = \vec{a}$, $\overrightarrow{OB} = \vec{b}$, $\overrightarrow{OC} = \vec{c}$, $\overrightarrow{OD} = \vec{d}$ 라고 할 때, $\overrightarrow{OX} = (\vec{a} + \vec{b}) + t(2\vec{c} + \vec{d})$ (t 는 상수)를 만족시키는 점 X 가 직선 OC 위에 있을 때, t 의 값은? [4점]

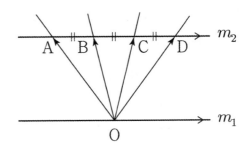

① 1   ② 2   ③ 3
④ 4   ⑤ 5

평면 위의 두 점 O_1, O_2 사이의 거리가 1일 때, O_1, O_2를 각각 중심으로 하고 반지름의 길이가 1인 두 원의 교점을 A, B라 하자. 호 AO_2B 위의 점 P와 호 AO_1B 위의 점 Q에 대하여 두 벡터 $\overrightarrow{O_1P}$, $\overrightarrow{O_2Q}$ 의 내적 $\overrightarrow{O_1P} \cdot \overrightarrow{O_2Q}$ 의 최댓값을 M, 최솟값을 m 이라 할 때, $M+m$ 의 값은?

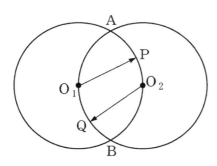

① -1 　　② $-\dfrac{1}{2}$ 　　③ 0 　　④ $\dfrac{1}{4}$ 　　⑤ 1

세 원 $C_1 : (x+1)^2 + y^2 = 1$, $C_2 : x^2 + y^2 = 1$, $C_3 : (x-1)^2 + y^2 = 1$의 각 중심을 O_1, O_2, O_3라 하자. 원 C_1과 원 C_2의 두 교점을 A, B라 하고 원 C_2와 원 C_3의 두 교점을 C, D라 할 때, 호 AO_2B위의 점 P와 호 CO_2D위의 점 Q에 대하여 두 벡터 $\overrightarrow{O_1P}$, $\overrightarrow{O_3Q}$ 의 내적 $\overrightarrow{O_1P} \cdot \overrightarrow{O_3Q}$ 의 최댓값을 M이라 하자. $100M$의 값을 구하시오. [4점]

평면에서 그림과 같이 $\overline{AB} = 1$이고 $\overline{BC} = \sqrt{3}$인 직사각형 ABCD와 정삼각형 EAD가 있다. 점 P가 선분 AE 위를 움직일 때, 옳은 것만을 〈보기〉에서 있는 대로 고른 것은? [4점]

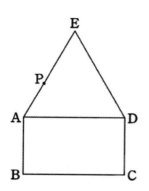

| 보기 |

ㄱ. $|\overrightarrow{CB} - \overrightarrow{CP}|$의 최솟값은 1이다.

ㄴ. $\overrightarrow{CA} \cdot \overrightarrow{CP}$의 값은 일정하다.

ㄷ. $|\overrightarrow{DA} + \overrightarrow{CP}|$의 최솟값은 $\frac{7}{2}$이다.

---

① ㄱ   ② ㄷ   ③ ㄱ, ㄴ

④ ㄴ, ㄷ   ⑤ ㄱ, ㄴ, ㄷ

그림과 같이 한 평면 위에 $\overline{AD} = 6$인 직사각형 ABCD와 중심이 D이고 반지름의 길이가 $\frac{1}{2}\overline{CD}$인 원 C가 있다. 직사각형 ABCD와 같은 평면 위에 있는 점 P가 다음 조건을 만족시킨다.

(가) $\overrightarrow{AP} = \overrightarrow{BC} + \frac{1}{2}\overrightarrow{AB} - \frac{1}{2}\overrightarrow{BD}$

(나) 삼각형 ABP의 넓이는 6이다.

원 C위의 점 Q에 대하여 $|\overrightarrow{AP} + \overrightarrow{AQ}|$의 최댓값을 M, 최솟값을 m이라 할 때, $M \times m$의 값을 구하시오. [4점]

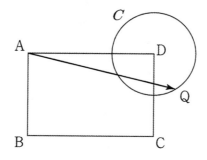

270

그림과 같이 평면 위에 정삼각형 ABC와 선분 AC 를 지름으로 하는 원 O가 있다. 선분 BC 위의 점 D 를 $\angle \mathrm{DAB} = \dfrac{\pi}{15}$ 가 되도록 정한다. 점 X 가 원 O위를 움직일 때, 두 벡터 $\overrightarrow{\mathrm{AD}}, \ \overrightarrow{\mathrm{CX}}$ 의 내적 $\overrightarrow{\mathrm{AD}} \ \boldsymbol{\cdot} \ \overrightarrow{\mathrm{CX}}$ 의 값이 최소가 되도록 하는 점 X 를 점 P 라 하자.

$\angle \mathrm{ACP} = \dfrac{q}{p}\pi$일 때, $p + q$ 의 값을 구하시오. (단, p와 q는 서로소인 자연수이다.) [4점]

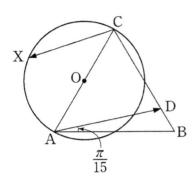

271

평면 위에 한 변의 길이가 4인 정삼각형 ABC와 선분 AC 를 지름으로 하는 원 O가 있다. 점 X 가 선분 BC 위를 움직이고, 점 Y 가 원 O위를 움직일 때, 두 벡터 $\overrightarrow{\mathrm{AX}}, \ \overrightarrow{\mathrm{CY}}$ 의 내적 $\overrightarrow{\mathrm{AX}} \ \boldsymbol{\cdot} \ \overrightarrow{\mathrm{CY}}$ 의 값이 최대가 되도록 하는 점 X 를 P 라하고 점 Y 를 Q 라 하자. 정해진 점 P와 점 Q 에 대하여 삼각형 APQ의 넓이를 S라 할 때, $15S^2$ 의 값을 구하시오. [4점]

272

한 변의 길이가 2인 정삼각형 ABC의 꼭짓점 A에서 변 BC에 내린 수선의 발을 H라 하자. 점 P가 선분 AH 위를 움직일 때, $|\overrightarrow{PA} \cdot \overrightarrow{PB}|$의 최댓값은 $\dfrac{q}{p}$이다. $p+q$의 값을 구하시오. (단, p와 q는 서로소인 자연수이다.) [4점]

273

좌표평면에서

세 점 A$(2\sqrt{3}, 0)$, B$(0, 2)$, C$(2\sqrt{3}, 2)$에 대하여 삼각형 OAB에 내접하는 원을 C_1, 삼각형 ACB에 내접하는 원을 C_2라 하자. 원 C_1 위의 점 P와 원 C_2 위의 점 Q에 대하여 $|\overrightarrow{OP} + \overrightarrow{OQ}|$의 최댓값을 M, 최솟값을 m이라 하자, $3M^2 + m^2$의 값을 구하시오. (단, 점 O는 원점이다.) [4점]

그림과 같이 선분 AB 위에 $\overline{AE} = \overline{DB} = 2$ 인 두 점 D, E 가 있다. 두 선분 AE, DB 를 각각 지름으로 하는 두 반원의 호 AE, DB 가 만나는 점을 C 라 하고, 선분 AB 위에 $\overline{O_1A} = \overline{O_2B} = 1$ 인 두 점을 O_1, O_2 라 하자. 호 AC 위를 움직이는 점 P 와 호 DC 위를 움직이는 점 Q 에 대하여 $\left| \overrightarrow{O_1P} + \overrightarrow{O_2Q} \right|$ 의 최솟값이 $\frac{1}{2}$ 일 때, 선분 AB 의 길이는 $\frac{q}{p}$ 이다. $p+q$ 의 값을 구하시오. (단, $1 < \overline{O_1O_2} < 2$ 이고, p 와 q 는 서로소인 자연수이다.) [4점]

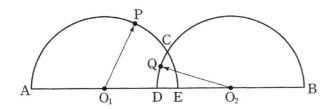

그림과 같이 선분 O_1O_2 위에 $\overline{O_1A} = \overline{O_2C} = 1$ 인 두 점 A, C 가 있다. 두 선분 O_1A, O_2C 를 각각 반지름으로 하는 두 사분원의 호 AB, CD 가 만나는 점을 E 라 하고, 두 사분원의 중심을 각각 O_1, O_2 라 하자. 호 AE 위를 움직이는 점 P 와 호 DE 위를 움직이는 점 Q 에 대하여 $\left| \overrightarrow{O_1P} + \overrightarrow{O_2Q} \right|$ 의 최댓값이 $\frac{4}{\sqrt{5}}$ 일 때, 선분 O_1O_2 의 길이는 $\frac{q}{p}$ 이다. $p+q$ 의 값을 구하시오. (단, $1 < \overline{O_1O_2} < 2$ 이고, p 와 q 는 서로소인 자연수이다.) [4점]

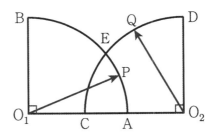

직사각형 $ABCD$ 의 내부의 점 P 가

$$\overrightarrow{PA} + \overrightarrow{PB} + \overrightarrow{PC} + \overrightarrow{PD} = \overrightarrow{CA}$$

를 만족시킨다. 〈보기〉에서 옳은 것만을 있는 대로 고른 것은? [4점]

| 보기 |

ㄱ. $\overrightarrow{PB} + \overrightarrow{PD} = 2\overrightarrow{CP}$

ㄴ. $\overrightarrow{AP} = \dfrac{3}{4}\overrightarrow{AC}$

ㄷ. 삼각형 ADP 의 넓이가 3 이면 직사각형 $ABCD$ 의 넓이는 8 이다.

① ㄱ   ② ㄷ   ③ ㄱ, ㄴ

④ ㄴ, ㄷ   ⑤ ㄱ, ㄴ, ㄷ

중심이 O 인 원의 둘레를 4등분하는 점을 차례로 A, B, C, D 라고 할 때, 원의 내부의 점 O 가 아닌 임의의 점 P에 대하여

$$\overrightarrow{PA} + \overrightarrow{PB} + \overrightarrow{PC} + \overrightarrow{PD} = k\overrightarrow{PO}$$

가 성립한다. 이때 실수 k 의 값을 구하시오. [4점]

중심이 O 인 원의 둘레를 4등분하는 점을 차례로 A, B, C, D 라고 할 때, 원의 내부의 점 O 가 아닌 임의의 점 P에 대하여

278

2018학년도 6월 모평

좌표평면에서 중심이 O이고 반지름의 길이가 1인 원 위의 한 점을 A, 중심이 O이고 반지름의 길이가 3인 원 위의 한 점을 B라 할 때, 점 P가 다음 조건을 만족시킨다.

(가) $\overrightarrow{OB}\cdot\overrightarrow{OP}=3\overrightarrow{OA}\cdot\overrightarrow{OP}$
(나) $\lvert\overrightarrow{PA}\rvert^2+\lvert\overrightarrow{PB}\rvert^2=20$

$\overrightarrow{PA}\cdot\overrightarrow{PB}$의 최솟값은 m이고 이때 $\lvert\overrightarrow{OP}\rvert=k$이다. $m+k^2$의 값을 구하시오. [4점]

279

2018학년도 6월 모평-변형

반지름의 길이가 2, 5인 두 원이 평면 위의 한 점 O에서 외접한다. 반지름의 길이가 2인 원 위의 한 점을 A, 반지름의 길이가 5인 원 위의 한 점을 B라 할 때, 점 P가 다음 조건을 만족시킨다.

(가) $\overrightarrow{OB}\cdot\overrightarrow{OP}=\overrightarrow{OA}\cdot\overrightarrow{OP}$
(나) $\lvert\overrightarrow{PA}\rvert^2+\lvert\overrightarrow{PB}\rvert^2=200$

$\overrightarrow{PA}\cdot\overrightarrow{PB}$의 최솟값은 m이고 이때 $\lvert\overrightarrow{OP}\rvert=k$이다. $m+k^2$의 값을 구하시오. [4점]

좌표평면에서 원점 O 가 중심이고 반지름의 길이가 1 인 원 위의 세 점 A_1, A_2, A_3 에 대하여

$$|\overrightarrow{OX}| \leq 1 \text{ 이고 } \overrightarrow{OX} \cdot \overrightarrow{OA_k} \geq 0 \quad (k = 1, 2, 3)$$

을 만족시키는 모든 점 X 의 집합이 나타내는 도형을 D 라 하자. 〈보기〉에서 옳은 것만을 있는 대로 고른 것은? [4점]

| 보기 |

ㄱ. $\overrightarrow{OA_1} = \overrightarrow{OA_2} = \overrightarrow{OA_3}$ 이면 D 의 넓이는 $\dfrac{\pi}{2}$ 이다.

ㄴ. $\overrightarrow{OA_2} = -\overrightarrow{OA_1}$ 이고 $\overrightarrow{OA_3} = \overrightarrow{OA_1}$ 이면 D 는 길이가 2인 선분이다.

ㄷ. $\overrightarrow{OA_1} \cdot \overrightarrow{OA_2} = 0$ 인 경우에, D 의 넓이가 $\dfrac{\pi}{4}$ 이면 점 A_3 은 D 에 포함되어 있다.

---

① ㄱ   ② ㄷ   ③ ㄱ, ㄴ
④ ㄴ, ㄷ   ⑤ ㄱ, ㄴ, ㄷ

좌표평면에서 원점 O 가 중심이고 반지름의 길이가 1인 원 위의 세 점 A_1, A_2, A_3에 대하여

$$|\overrightarrow{OX}| \leq 1 \text{이고 } \overrightarrow{OX} \cdot \overrightarrow{OA_k} \geq 0 \ (k = 1, 2, 3)$$

을 만족시키는 모든 점 X 의 집합이 나타내는 도형을 D라 하자. $\overrightarrow{OA_1} \cdot \overrightarrow{OA_2} = 0$, $\overrightarrow{OA_3} /\!/ \overrightarrow{A_1 A_2}$일 때, D의 넓이는? [4점]

① $\dfrac{\pi}{12}$ ② $\dfrac{\pi}{8}$ ③ $\dfrac{\pi}{4}$ ④ $\dfrac{\pi}{3}$ ⑤ $\dfrac{\pi}{2}$

좌표평면 위에 $\overline{AB}=5$ 인 두 점 A, B 를 각각 중심으로 하고 반지름의 길이가 5 인 두 원을 각각 O_1, O_2 라 하자. 원 O_1 위의 점 C 와 원 O_2 위의 점 D 가 다음 조건을 만족시킨다.

(가) $\cos(\angle CAB)=\dfrac{3}{5}$

(나) $\overrightarrow{AB}\cdot\overrightarrow{CD}=30$ 이고 $|\overrightarrow{CD}|<9$ 이다.

선분 CD 를 지름으로 하는 원 위의 점 P 에 대하여 $\overrightarrow{PA}\cdot\overrightarrow{PB}$ 의 최댓값이 $a+b\sqrt{74}$ 이다. $a+b$ 의 값을 구하시오. (단, a, b 는 유리수이다.) [4점]

좌표평면 위에 $\overline{AB}=4$ 인 두 점 A, B 를 각각 중심으로 하고 반지름의 길이가 4 인 두 원을 각각 O_1, O_2 라 하자. 원 O_1 위의 점 C 와 원 O_2 위의 점 D 가 다음 조건을 만족시킨다.

(가) $\cos(\angle CAB)=\dfrac{3}{4}$

(나) $\overrightarrow{AB}\cdot\overrightarrow{CD}=16$

선분 CD 를 지름으로 하는 원 위의 점 P 에 대하여 $\overline{CD}<5$ 일 때, $\overrightarrow{PA}\cdot\overrightarrow{PB}$ 의 최솟값을 m, $\overline{CD}>5$ 일 때, $\overrightarrow{PA}\cdot\overrightarrow{PB}$ 의 최댓값을 M이라 할 때, $m+M$ 의 값은 $a+b\sqrt{11}$ 이다. $a+b$ 의 값을 구하시오.(단, a, b 는 정수이다.) [4점]

284

좌표평면 위의 두 점 $A(6, 0)$, $B(8, 6)$에 대하여 점 P 가

$$|\overrightarrow{PA} + \overrightarrow{PB}| = \sqrt{10}$$

을 만족시킨다.

$\overrightarrow{OB} \cdot \overrightarrow{OP}$ 의 값이 최대가 되도록 하는 점 P 를 Q 라 하고, 선분 AB 의 중점을 M 이라 할 때, $\overrightarrow{OA} \cdot \overrightarrow{MQ}$ 의 값은? (단, O 는 원점이다.) [4점]

① $\dfrac{6\sqrt{10}}{5}$ 　　② $\dfrac{9\sqrt{10}}{5}$ 　　③ $\dfrac{12\sqrt{10}}{5}$

④ $3\sqrt{10}$ 　　⑤ $\dfrac{18\sqrt{10}}{5}$

285

x축 위의 점 $A(a, 0)$와 제1사분면에 있는 점 B 에 대하여 점 P 가

$$|\overrightarrow{PA} + \overrightarrow{PB}| = 4$$

을 만족시킨다. 삼각형 OAB는 정삼각형일 때, $\overrightarrow{OB} \cdot \overrightarrow{OP}$ 의 값이 최대가 되도록 하는 점 P 를 Q 라 하자. 선분 AB 의 중점을 M 이라 할 때, $\overrightarrow{OA} \cdot \overrightarrow{MQ} = 4$이다. a의 값을 구하시오. (단, $a > 0$이고 O 는 원점이다.) [4점]

286

좌표평면 위에 두 점 A$(3, 0)$, B$(0, 3)$과 직선 $x = 1$ 위의 점 P$(1, a)$가 있다. 점 Q가 중심각의 크기가 $\frac{\pi}{2}$인 부채꼴 OAB의 호 AB 위를 움직일 때, $|\overrightarrow{OP} + \overrightarrow{OQ}|$의 최댓값을 $f(a)$라 하자. $f(a) = 5$가 되도록 하는 모든 실수 a의 값의 곱은? (단, O는 원점이다.) [4점]

① $-5\sqrt{3}$ ② $-4\sqrt{3}$ ③ $-3\sqrt{3}$
④ $-2\sqrt{3}$ ⑤ $-\sqrt{3}$

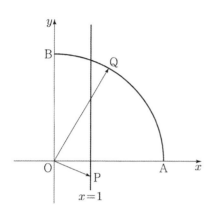

287

좌표평면 위에 두 점 A$(-2, 0)$, B$(0, 2)$과 직선 $x = 3$ 위의 점 P$(3, a)$가 있다. 점 Q가 중심각의 크기가 $\frac{\pi}{2}$인 부채꼴 OAB의 호 AB 위를 움직일 때, $|\overrightarrow{OP} + \overrightarrow{OQ}|$의 최솟값을 $f(a)$라 하자. $f(a) = 2$가 되도록 하는 모든 실수 a의 값의 곱을 α라 할 때, α^2의 값을 구하시오. (단, O는 원점이다.) [4점]

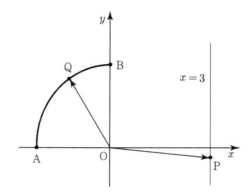

좌표평면 위에 두 점 A $(1,\ 0)$, B $(0,\ 1)$이 있다.

중심각의 크기가 $\dfrac{\pi}{2}$인 부채꼴 OAB의 호 AB 위를

움직이는 점 X와 함수 $y=(x-2)^2+1$ $(2 \le x \le 3)$의 그래프 위를 움직이는 점 Y에 대하여

$$\overrightarrow{OP}=\overrightarrow{OY}-\overrightarrow{OX}$$

를 만족시키는 점 P가 나타내는 영역을 R라 하자. 점 O로부터 영역 R에 있는 점까지의 거리의 최댓값을 M, 최솟값을 m이라 할 때, M^2+m^2의 값은? (단, O는 원점이다.) [4점]

① $16-2\sqrt{5}$ ② $16-\sqrt{5}$ ③ 16

④ $16+\sqrt{5}$ ⑤ $16+2\sqrt{5}$

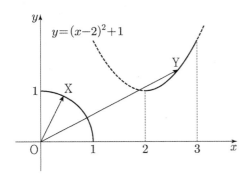

좌표평면 위에 두 점 A $(1,\ 0)$, B $(0,\ 1)$이 있다. 중심각의 크기가 $\dfrac{\pi}{2}$인 부채꼴 OAB의 호 AB 위를 움직이는 점 X와 함수 $y=(x-1)^2+2$ $(1 \le x \le 2)$의 그래프 위를 움직이는 점 Y에 대하여 $\overrightarrow{OP}=\overrightarrow{OY}-\overrightarrow{OX}$를 만족시키는 점 P가 나타내는 영역을 R라 하자. 영역 R에 포함되는 점 $(x,\ y)$에 대하여 $x+2y$의 최댓값을 M, 최솟값을 m이라 할 때, $M+m$의 값은? (단, O는 원점이다.) [4점]

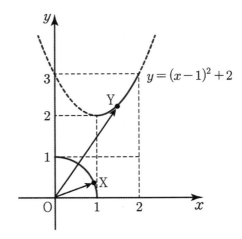

① $8-\sqrt{5}$ ② $10-\sqrt{5}$ ③ $12-\sqrt{5}$

④ $12+\sqrt{5}$ ⑤ $12+2\sqrt{5}$

290

한 원 위에 있는 서로 다른 네 점 A, B, C, D가 다음 조건을 만족시킬 때, $|\overrightarrow{AD}|^2$의 값은? [4점]

> (가) $|\overrightarrow{AB}| = 8$, $\overrightarrow{AC} \cdot \overrightarrow{BC} = 0$
>
> (나) $\overrightarrow{AD} = \dfrac{1}{2}\overrightarrow{AB} - 2\overrightarrow{BC}$

① 32   ② 34   ③ 36   ④ 38   ⑤ 40

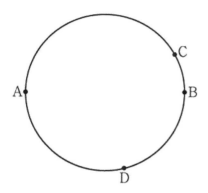

291

한 원 위에 있는 서로 다른 네 점 A, B, C, D가 다음 조건을 만족시킬 때, $|\overrightarrow{BD}|$의 값은? [4점]

> (가) $|\overrightarrow{AB}| = 6$, $\overrightarrow{AC} \cdot \overrightarrow{BC} = 0$
>
> (나) $2\overrightarrow{AD} - \overrightarrow{AB} + 6\overrightarrow{BC} = \vec{0}$

① $\sqrt{15}$ ② 4   ③ $\sqrt{17}$ ④ $3\sqrt{2}$ ⑤ $\sqrt{19}$

한 원 위에 있는 서로 다른 네 점 A, B, C, D가 다음

평면벡터
Level 3

292

2024학년도 6월 평가원 28

좌표평면의 네 점 A(2, 6), B(6, 2), C(4, 4), D(8, 6)에 대하여 다음 조건을 만족시키는 모든 점 X의 집합을 S라 하자.

(가) $\{(\overrightarrow{OX}-\overrightarrow{OD})\cdot\overrightarrow{OC}\}\times\{|\overrightarrow{OX}-\overrightarrow{OC}|-3\}=0$
(나) 두 벡터 $\overrightarrow{OX}-\overrightarrow{OP}$와 $\overrightarrow{OC}$가 서로 평행하도록 하는 선분 AB 위의 점 P가 존재한다.

집합 S에 속하는 점 중에서 y좌표가 최대인 점을 Q, y좌표가 최소인 점을 R이라 할 때, $\overrightarrow{OQ}\cdot\overrightarrow{OR}$의 값은? (단, O는 원점이다.) [4점]

① 25 ② 26 ③ 27 ④ 28 ⑤ 29

293

2024학년도 6월 평가원 28-변형

좌표평면의 네 점 A(3, 7), B(7, 3), C(5, 5), D(9, 7)에 대하여 다음 조건을 만족시키는 모든 점 X의 집합을 S라 하자.

(가) $\{(\overrightarrow{OX}-\overrightarrow{OD})\cdot\overrightarrow{OC}\}\times\{|\overrightarrow{OX}-\overrightarrow{OC}|-4\}=0$
(나) 두 벡터 $\overrightarrow{OX}-\overrightarrow{OP}$와 $\overrightarrow{OC}$가 서로 평행하도록 하는 선분 AB 위의 점 P가 존재한다.

집합 S에 속하는 점 중에서 y좌표가 최대인 점을 Q, y좌표가 최소인 점을 R라 할 때, $|\overrightarrow{QR}|$의 값은? [4점]

① 9 ② $\sqrt{82}$ ③ $\sqrt{83}$ ④ $2\sqrt{21}$ ⑤ $\sqrt{85}$

평면 α 위에 $\overline{AB} = \overline{CD} = \overline{AD} = 2$,

$\angle ABC = \angle BCD = \dfrac{\pi}{3}$ 인 사다리꼴 ABCD가 있다.

다음 조건을 만족시키는 평면 α 위의 두 점 P, Q에 대하여 $\overrightarrow{CP} \cdot \overrightarrow{DQ}$ 의 값을 구하시오. [4점]

(가) $\overrightarrow{AC} = 2(\overrightarrow{AD} + \overrightarrow{BP})$

(나) $\overrightarrow{AC} \cdot \overrightarrow{PQ} = 6$

(다) $2 \times \angle BQA = \angle PBQ < \dfrac{\pi}{2}$

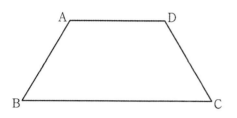

평면 α 위에

$\overline{AB} = \overline{CD} = \overline{AD} = 2$, $\angle ABC = \angle BCD = \dfrac{\pi}{3}$ 인

등변사다리꼴 ABCD가 있다. 다음 조건을 만족시키는 평면 α 위의 두 점 P, Q에 대하여 $\overrightarrow{CB} \cdot \overrightarrow{DQ}$ 의 값을 구하시오. [4점]

(가) $\overrightarrow{AC} = (2\overrightarrow{AD} + \overrightarrow{BP})$

(나) $\overrightarrow{AC} \cdot \overrightarrow{PQ} = 6$

(다) $2 \times \angle BQA = \angle PBQ < \dfrac{\pi}{2}$

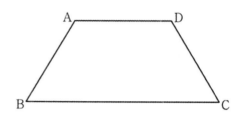

좌표평면 위에 두 점 $A(-2, 2)$, $B(2, 2)$가 있다.

$$(|\overrightarrow{AX}| - 2)(|\overrightarrow{BX}| - 2) = 0, \quad |\overrightarrow{OX}| \geq 2$$

를 만족시키는 점 X가 나타내는 도형 위를 움직이는 두 점 P, Q가 다음 조건을 만족시킨다.

> (가) $\vec{u} = (1, 0)$에 대하여
> $(\overrightarrow{OP} \cdot \vec{u})(\overrightarrow{OQ} \cdot \vec{u}) \geq 0$이다.
> (나) $|\overrightarrow{PQ}| = 2$

$\overrightarrow{OY} = \overrightarrow{OP} + \overrightarrow{OQ}$를 만족시키는 점 Y의 집합이 나타내는 도형의 길이가 $\dfrac{q}{p}\sqrt{3}\,\pi$일 때, $p+q$의 값을 구하시오. (단, O는 원점이고, p와 q는 서로소인 자연수이다.) [4점]

한 평면 위의 서로 다른 네 점 A, B, C, P가 다음 조건을 만족시킨다.

> (가) $|\overrightarrow{PA} + \overrightarrow{PB}| = 2|\overrightarrow{AB}| = 8$
> (나) $|\overrightarrow{AC}| = 3$이고
> $\overrightarrow{AB} \cdot \overrightarrow{AC} = \dfrac{1}{2}|\overrightarrow{AB}|^2$이다.

$\overrightarrow{PB} \cdot \overrightarrow{PC}$의 최댓값을 구하시오. [4점]

좌표평면에서 한 변의 길이가 4인 정육각형 $ABCDEF$의 변 위를 움직이는 점 P가 있고, 점 C를 중심으로 하고 반지름의 길이가 1인 원 위를 움직이는 점 Q가 있다. 두 점 P, Q와 실수 k에 대하여 점 X가 다음 조건을 만족시킬 때, $|\overrightarrow{CX}|$의 값이 최소가 되도록 하는 k의 값을 α, $|\overrightarrow{CX}|$의 값이 최대가 되도록 하는 k의 값을 β라 하자.

> (가) $\overrightarrow{CX} = \dfrac{1}{2}\overrightarrow{CP} + \overrightarrow{CQ}$
>
> (나) $\overrightarrow{XA} + \overrightarrow{XC} + 2\overrightarrow{XD} = k\overrightarrow{CD}$

$\alpha^2 + \beta^2$의 값을 구하시오. [4점]

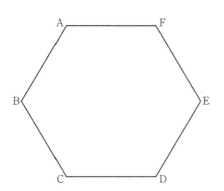

좌표평면에서 한 변의 길이가 4인 정오각형 $ABCDE$의 변 위를 움직이는 점 P가 있고, 점 C를 중심으로 하고 반지름의 길이가 1인 원 위를 움직이는 점 Q가 있다. 두 점 P, Q와 실수 k에 대하여 점 X가 다음 조건을 만족시킬 때, 점 X가 나타내는 도형의 길이는 $a + b\sqrt{5}$이다. $a + b$의 값을 구하시오. (단, a와 b는 유리수이다.) [4점]

> (가) $\overrightarrow{CX} = \dfrac{1}{2}\overrightarrow{CP} + \overrightarrow{CQ}$
>
> (나) $\overrightarrow{XB} + \overrightarrow{XD} = k\overrightarrow{CD}$

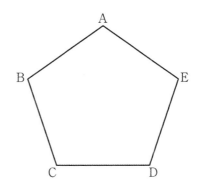

좌표평면에서 $\overrightarrow{OA} = \sqrt{2}$, $\overrightarrow{OB} = 2\sqrt{2}$ 이고
$\cos(\angle AOB) = \dfrac{1}{4}$ 인 평행사변형 OACB에 대하여 점 P가 다음 조건을 만족시킨다.

> (가) $\overrightarrow{OP} = s\overrightarrow{OA} + t\overrightarrow{OB}$ ($0 \le s \le 1$, $0 \le t \le 1$)
> (나) $\overrightarrow{OP} \cdot \overrightarrow{OB} + \overrightarrow{BP} \cdot \overrightarrow{BC} = 2$

점 O를 중심으로 하고 점 A를 지나는 원 위를 움직이는 점 X에 대하여 $|3\overrightarrow{OP} - \overrightarrow{OX}|$의 최댓값과 최솟값을 각각 M, m이라 하자. $M \times m = a\sqrt{6} + b$일 때, $a^2 + b^2$의 값을 구하시오.
(단, a, b는 유리수이다.) [4점]

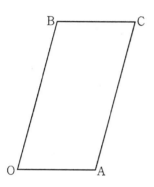

좌표평면에서 $\overrightarrow{OA} = 2$, $\overrightarrow{OB} = 4$ 이고
$\angle AOB = \dfrac{\pi}{2}$ 직사각형 OACB에 대하여 점 P가 다음 조건을 만족시킨다.

> (가) $\overrightarrow{AP} = s\overrightarrow{AB} + t\overrightarrow{AC}$
> $\left(0 \le s \le \dfrac{1}{2},\ 0 \le t \le \dfrac{1}{2}\right)$
> (나) $3\overrightarrow{OP} \cdot \overrightarrow{BC} + \overrightarrow{AP} \cdot \overrightarrow{AB} = 20$

점 O를 중심으로 하고 점 A를 지나는 원 위를 움직이는 점 X에 대하여 $|2\overrightarrow{OP} + \overrightarrow{OX}|$의 최댓값과 최솟값을 각각 M, m이라 하자. $M + m = a\sqrt{2} + b\sqrt{10}$ 일 때, $a^2 + b^2$의 값을 구하시오. (단, O는 원점이고 a와 b는 정수이다.) [4점]

좌표평면에서 세 점 $A(-3,\ 1)$, $B(0,\ 2)$, $C(1,\ 0)$에 대하여 두 점 P, Q가

$$|\overrightarrow{AP}| = 1,\ \ |\overrightarrow{BQ}| = 2,\ \ \overrightarrow{AP} \cdot \overrightarrow{OC} \geq \frac{\sqrt{2}}{2}$$

를 만족시킬 때, $\overrightarrow{AP} \cdot \overrightarrow{AQ}$의 값이 최소가 되도록 하는 두 점 P, Q를 각각 P_0, Q_0이라 하자. 선분 AP_0 위의 점 X에 대하여 $\overrightarrow{BX} \cdot \overrightarrow{BQ_0} \geq 1$일 때, $|\overrightarrow{Q_0 X}|^2$의 최댓값은 $\dfrac{q}{p}$이다. $p+q$의 값을 구하시오. (단, O는 원점이고, p와 q는 서로소인 자연수이다.) [4점]

좌표평면 위의 두 점 $A(-1,\ \sqrt{3}\,)$, $B(-2,\ 0)$에 대하여 두 점 P, Q가 다음 조건을 만족시킨다.

> (가) $|\overrightarrow{AP}| = 2$
> (나) $\overrightarrow{OP} = k\overrightarrow{OQ}$ 인 실수 k가 존재한다.
> (다) $\overrightarrow{OP} \cdot \overrightarrow{OQ} = -4$

점 Q가 나타내는 도형 위의 점 X가 $|\overrightarrow{OB} \cdot \overrightarrow{OX}| \leq 4$을 만족시킬 때, 점 X가 나타내는 도형의 길이를 l이라 하자. $3l^2$의 값을 구하시오. (단, O는 원점이고 $k \neq 0$, $k \neq 1$인 상수이다.) [4점]

좌표평면 위의 네 점 A $(2, 0)$, B $(0, 2)$, C $(-2, 0)$,

D $(0, -2)$를 꼭짓점으로 하는 정사각형 ABCD의 네 변 위의 두 점 P, Q가 다음 조건을 만족시킨다.

(가) $(\overrightarrow{PQ} \cdot \overrightarrow{AB})(\overrightarrow{PQ} \cdot \overrightarrow{AD}) = 0$

(나) $\overrightarrow{OA} \cdot \overrightarrow{OP} \geq -2$이고 $\overrightarrow{OB} \cdot \overrightarrow{OP} \geq 0$이다.

(다) $\overrightarrow{OA} \cdot \overrightarrow{OQ} \geq -2$이고 $\overrightarrow{OB} \cdot \overrightarrow{OQ} \leq 0$이다.

점 R $(4, 4)$에 대하여 $\overrightarrow{RP} \cdot \overrightarrow{RQ}$의 최댓값을 M, 최솟값을 m이라 할 때, $M+m$의 값을 구하시오. (단, O는 원점이다.) [4점]

좌표평면에서 곡선

$C_1 : y = 1 + \sqrt{1 - (1-x)^2} \ (1 \leq x \leq 2)$과 곡선

$C_2 : y = 1 - \sqrt{1 - (1-x)^2} \ (0 \leq x \leq 1)$가 있다. 점 A가 곡선 C_2위를 점 B가 곡선 C_1위를 각각 움직일 때 $\overrightarrow{OX} = \overrightarrow{OB} - \overrightarrow{OA}$ 를 만족하는 점 X가 나타내는 영역을 D_1, $\overrightarrow{OY} = \overrightarrow{OA} - \overrightarrow{OB}$ 를 만족하는 점 Y가 나타내는 영역을 D_2라 하자. 영역 D_1에 속하는 점 P, 영역 D_2에 속하는 점 Q 그리고 점 R $(-4, 4)$에 대하여 $\overrightarrow{PQ} \cdot \overrightarrow{OR} = 0$일 때, $\overrightarrow{RP} \cdot \overrightarrow{RQ}$의 최댓값을 M, 최솟값을 m이라 하자. $M+m$의 값을 구하시오. (단, O는 원점이다.) [4점]

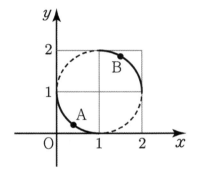

306

평면에서 그림의 오각형 ABCDE가 $\overline{AB} = \overline{BC}$, $\overline{AE} = \overline{ED}$, $\angle B = \angle E = 90°$를 만족시킬 때, 옳은 것만을 〈보기〉에서 있는 대로 고른 것은? [4점]

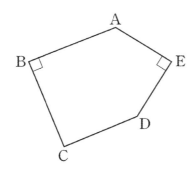

| 보기 |

ㄱ. 선분 BE 의 중점 M 에 대하여 $\overrightarrow{AB} + \overrightarrow{AE}$ 와 $\overrightarrow{AM}$ 은 서로 평행하다.
ㄴ. $\overrightarrow{AB} \cdot \overrightarrow{AE} = -\overrightarrow{BC} \cdot \overrightarrow{ED}$
ㄷ. $|\overrightarrow{BC} + \overrightarrow{ED}| = |\overrightarrow{BE}|$

① ㄱ   ② ㄷ   ③ ㄱ, ㄴ
④ ㄴ, ㄷ   ⑤ ㄱ, ㄴ, ㄷ

307

그림과 같이 한 평면 위에 직사각형 ABCD와 정삼각형 CDE 그리고 선분 AB를 지름으로 하는 반원이 있다. $\overline{AB} = 2$, $\overline{BC} = 1$일 때, 호 AB위의 점 P와 정삼각형 CDE에 내접하는 원 위의 점 Q 에 대하여 보기 중 옳은 것만을 있는 대로 고른 것은? [4점]

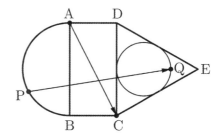

| 보기 |

ㄱ. 선분 AB의 중점을 M이라 하고 정삼각형 CDE에 내접하는 원의 중심을 R이라 하면 $|\overrightarrow{MR}| = 1 + \dfrac{\sqrt{3}}{3}$이다.
ㄴ. $\overrightarrow{DA} \cdot \overrightarrow{DE} = -\sqrt{15}$
ㄷ. $\overrightarrow{AC} \cdot \overrightarrow{PQ}$ 의 최댓값은 $(1 + \sqrt{5})\left(1 + \dfrac{\sqrt{3}}{3}\right)$이다.

① ㄱ   ② ㄴ   ③ ㄱ, ㄴ
④ ㄱ, ㄷ   ⑤ ㄱ, ㄴ, ㄷ

좌표평면에서 넓이가 9인 삼각형 ABC의 세 변 AB, BC, CA 위를 움직이는 점을 각각 P, Q, R라 할 때,

$$\overrightarrow{AX} = \frac{1}{4}(\overrightarrow{AP} + \overrightarrow{AR}) + \frac{1}{2}\overrightarrow{AQ}$$

를 만족시키는 점 X가 나타내는 영역의 넓이가 $\frac{q}{p}$이다. $p+q$의 값을 구하시오. (단, p와 q는 서로소인 자연수이다.) [4점]

좌표평면에서 반지름의 길이가 4인 사분원 OAB에서 선분 OA, OB 위를 움직이는 점을 각각 P, Q라 하고 호 AB 위를 움직이는 점을 R이라 할 때,

$$\overrightarrow{OX} = \frac{1}{4}(\overrightarrow{OP} + \overrightarrow{OQ}) + \frac{1}{2}\overrightarrow{OR}$$

를 만족시키는 점 X가 나타내는 영역의 넓이를 구하시오. [4점]

좌표평면에서 곡선 $C: y = \sqrt{8-x^2}\,(2 \leq x \leq 2\sqrt{2})$ 위의 점 P 에 대하여 $\overline{OQ} = 2$, $\angle POQ = \dfrac{\pi}{4}$ 를 만족시키고 직선 OP 의 아랫부분에 있는 점을 Q 라 하자.

점 P 가 곡선 C 위를 움직일 때, 선분 OP 위를 움직이는 점 X 와 선분 OQ 위를 움직이는 점 Y 에 대하여

$$\overrightarrow{OZ} = \overrightarrow{OP} + \overrightarrow{OX} + \overrightarrow{OY}$$

를 만족시키는 점 Z 가 나타내는 영역을 D라 하자. 영역 D에 속하는 점 중에서 y축과의 거리가 최소인 점을 R 라 할 때, 영역 D에 속하는 점 Z 에 대하여 $\overrightarrow{OR} \cdot \overrightarrow{OZ}$의 최댓값과 최솟값의 합이 $a + b\sqrt{2}$ 이다. $a + b$의 값을 구하시오. (단, O 는 원점이고, a와 b는 유리수이다.) [4점]

좌표평면에서 곡선

$C: y = \sqrt{4-x^2}\,(\sqrt{3} \leq x \leq 2)$위의 점 P 에 대하여 $\overline{OQ} = 2$, $\angle POQ = \dfrac{\pi}{3}$를 만족시키고 직선 OP 의 윗부분에 있는 점을 Q 라 하자. 점 P 가 곡선 C 위를 움직일 때, 선분 OP 위를 움직이는 점 X 와 선분 OQ 위를 움직이는 점 Y 에 대하여

$$\overrightarrow{OZ} = \overrightarrow{OP} + \overrightarrow{OX} + \overrightarrow{OY}$$

를 만족시키는 점 Z 가 나타내는 영역을 D라 하자. 영역 D에 속하는 점 중에서 y축과의 거리가 최소인 점들 중 y좌표가 최대인 점을 R 라 할 때, 영역 D에 속하는 점 Z 에 대하여 $\overrightarrow{OR} \cdot \overrightarrow{OZ}$ 의 최댓값과 최솟값의 합이 $a + b\sqrt{3}$이다. $a + b$의 값을 구하시오. (단, O 는 원점이고, a와 b는 유리수이다.) [4점]

기출과 변형
·
기하

3

공간도형

공간도형
Level 1

유형 1 삼수선의 정리

출제유형 | (1) 공간에서 도형의 성질을 이용하여 직선과 직선 직선과 평 면, 평면과 평면이 이루는 각의 크기를 구하는 문제가 출제된다.

(2) 공간도형에서 삼수선의 정리를 이용하여 직선의 위치 관계를 파악하고 선분의 길이, 도형의 넓이 등을 구하는 문제가 출제된다.

출제유형잡기 | (1) 직선과 직선이 이루는 각, 직선과 평면이 이루는 각, 평면과 평면이 이루는 각의 정의를 이용할 수 있도록 직선 또는 평면을 적절히 나타내어 구하는 각이 포함되는 직각삼각형을 만들어 각의 크기를 구한다.

(2) 입체도형의 성질과 모서리, 면. 꼭짓점이 어떤 위치 관계에 있는지 파악하고 이를 바탕으로 삼수선의 정리를 이용하여 수직인 두 직선 또는 직각삼각형을 찾아 문제를 해결한다.

312

2023학년도 11월 수능

좌표공간에 직선 AB를 포함하는 평면 α가 있다. 평면 α 위에 있지 않은 점 C에 대하여 직선 AB와 직선 AC가 이루는 예각의 크기를 θ_1이라 할 때 $\sin\theta_1 = \dfrac{4}{5}$이고, 직선 AC와 평면 α가 이루는 예각의 크기는 $\dfrac{\pi}{2} - \theta_1$이다. 평면 ABC와 평면 α가 이루는 예각의 크기를 θ_2라 할 때, $\cos\theta_2$의 값은?

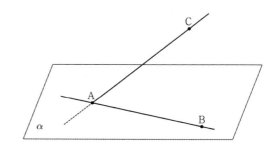

① $\dfrac{\sqrt{7}}{4}$ ② $\dfrac{\sqrt{7}}{5}$ ③ $\dfrac{\sqrt{7}}{6}$ ④ $\dfrac{\sqrt{7}}{7}$ ⑤ $\dfrac{\sqrt{7}}{8}$

313

그림과 같이 밑면의 반지름의 길이가 4, 높이가 3인 원기둥이 있다. 선분 AB는 이 원기둥의 한 밑면의 지름이고 C, D는 다른 밑면의 둘레 위의 서로 다른 두 점이다. 네 점 A, B, C, D가 다음 조건을 만족시킬 때, 선분 CD의 길이는?

(가) 삼각형 ABC의 넓이는 16이다.
(나) 두 직선 AB, CD는 서로 평행하다.

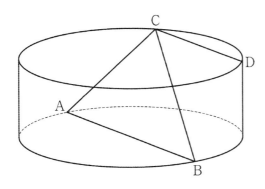

① 5   ② $\dfrac{11}{2}$ ③ 6   ④ $\dfrac{13}{2}$ ⑤ 7

314

그림과 같이 $\overline{AD} = 3$, $\overline{DB} = 2$, $\overline{DC} = 2\sqrt{3}$ 이고

$\angle ADB = \angle ADC = \angle BDC = \dfrac{\pi}{2}$ 인 사면체

ABCD가 있다. 선분 BC 위를 움직이는 점 P에 대하여 $\overline{AP} + \overline{DP}$ 의 최솟값은?

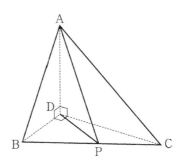

① $3\sqrt{3}$ ② $\dfrac{10\sqrt{3}}{3}$ ③ $\dfrac{11\sqrt{3}}{3}$

④ $4\sqrt{3}$ ⑤ $\dfrac{13\sqrt{3}}{3}$

315

그림과 같이 한 모서리의 길이가 4인 정육면체 ABCD − EFGH가 있다. 선분 AD의 중점을 M이라 할 때, 삼각형 MEG의 넓이는?

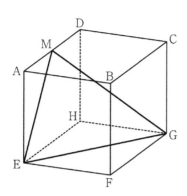

① $\dfrac{21}{2}$

② 11

③ $\dfrac{23}{2}$

④ 12

⑤ $\dfrac{25}{2}$

316

그림과 같이 모든 모서리의 길이가 1인 정사각뿔이 있다. 모서리 EC 위를 움직이는 점 P에 대하여 ∠BPD = θ라 할 때, cos θ의 최댓값과 최솟값의 합은?

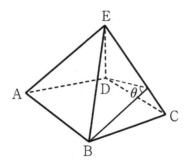

① $-\dfrac{1}{3}$

② $-\dfrac{\sqrt{3}}{6}$

③ 0

④ $\dfrac{\sqrt{3}}{6}$

⑤ $\dfrac{1}{3}$

317

그림과 같이 정육면체에서 임의의 세 꼭짓점을 택하여 삼각형을 만들 때, 그림과 같은 정삼각형과 합동인 삼각형을 만들 수 있는 방법의 수는?

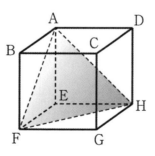

① 4   ② 6   ③ 8   ④ 12   ⑤ 24

318

다음은 어떤 정육면체의 전개도이다.

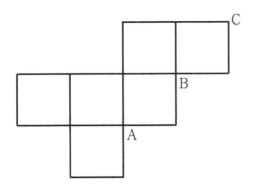

원래의 정육면체에서 ∠ABC의 크기는?

① 30° ② 45° ③ 60° ④ 90° ⑤ 120°

319

사면체 ABCD 의 네 모서리 BC, CD, DB, AD 의 중점을 각각 P, Q, R, S라고 할 때, 두 사면체 APQR 와 SQDR 의 부피의 비는?

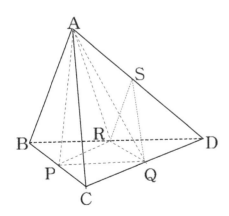

① 1 : 1 　② 2 : 1 　③ 3 : 1
④ 3 : 2 　⑤ 4 : 1

320

그림과 같이 삼각기둥에서 두 정사각형 ABFE 와 CDEF 의 한 변의 길이는 1이다. ∠AED = θ일 때, 선분 BD 의 길이를 θ의 함수로 나타낸 것은?

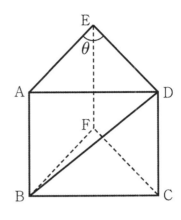

① $\sqrt{3-2\cos\theta}$ 　② $\sqrt{3+2\cos\theta}$
③ $\sqrt{3}$ 　④ $\sqrt{3-2\sin\theta}$
⑤ $\sqrt{3+2\sin\theta}$

321

거리가 1인 두 평행한 평면으로 반지름의 길이가 1인 구를 잘라서 얻어진 두 단면의 넓이의 합의 최댓값은?

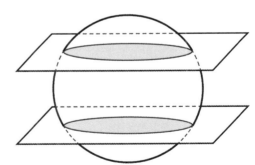

① $\frac{1}{2}\pi$ 　② $\frac{3}{4}\pi$ 　③ π 　④ $\frac{3}{2}\pi$ 　⑤ 2π

322

사면체 ABCD 에서 변 AB 의 길이는 5 , 삼각형 ABC 의 넓이는 20, 삼각형 ABD 의 넓이는 15 이다. 삼각형 ABC 와 삼각형 ABD 가 이루는 각의 크기가 30° 일 때 사면체 ABCD 의 부피를 구하시오.

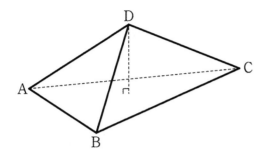

323

그림과 같이 정육면체 위에 정사각뿔을 올려놓은 도형이 있다. 이 도형의 모든 모서리의 길이가 2이고, 면 PAB와 면 AEFB가 이루는 각의 크기가 θ일 때, $\cos\theta$의 값은?

$\left(\text{단, } \dfrac{\pi}{2} < \theta < \pi\right)$

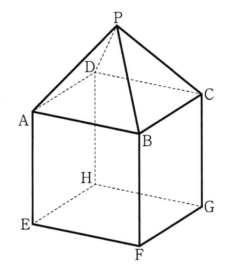

① $-\dfrac{\sqrt{6}}{3}$ ② $-\dfrac{\sqrt{3}}{3}$ ③ $-\dfrac{1}{3}$

④ $-\dfrac{\sqrt{3}}{2}$ ⑤ $-\dfrac{\sqrt{2}}{2}$

324

그림은 $\overline{AC} = \overline{AE} = \overline{BE}$ 이고

$\angle DAC = \angle CAB = 90°$ 인 사면체의 전개도이다.

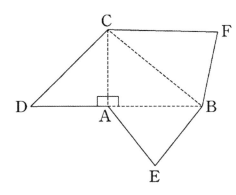

이 전개도로 사면체를 만들 때, 세 점 D, E, F 가
합쳐지는 점을 P 라 하자. 사면체 PABC 에 대하여 옳은
것만을 〈보기〉에서 있는 대로 고른 것은? [4점]

| 보기 |

ㄱ. $\overline{CP} = \sqrt{2} \cdot \overline{BP}$

ㄴ. 직선 AB 와 직선 CP 는 꼬인 위치에 있다.

ㄷ. 선분 AB 의 중점을 M이라 할 때, 직선 PM 과
　　직선 BC 는 서로 수직이다.

① ㄱ　　　　② ㄷ　　　　③ ㄱ, ㄴ

④ ㄴ, ㄷ　　　⑤ ㄱ, ㄴ, ㄷ

325

사면체 ABCD 의 면 ABC , ACD 의 무게중심을 각각
P , Q 라고 하자. 〈보기〉에서 두 직선이 꼬인 위치에 있는
것을 모두 고르면?

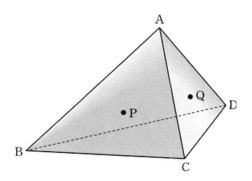

| 보기 |

ㄱ. 직선 CD 와 직선 BQ

ㄴ. 직선 AD 와 직선 BC

ㄷ. 직선 PQ 와 직선 BD

① ㄴ　　　　② ㄷ　　　　③ ㄱ, ㄴ

④ ㄱ, ㄷ　　　⑤ ㄱ, ㄴ, ㄷ

326

정육면체 ABCD − EFGH에서 평면 AFG와 평면AGH가 이루는 각의 크기를 θ라 할 때, $\cos^2\theta$의 값은?

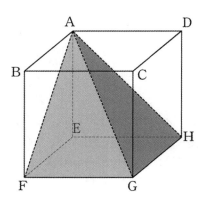

① $\dfrac{1}{6}$ ② $\dfrac{1}{5}$ ③ $\dfrac{1}{4}$ ④ $\dfrac{1}{3}$ ⑤ $\dfrac{1}{2}$

327

사면체 ABCD에서 모서리 CD의 길이는 10, 면 ACD의 넓이는 40이고, 면 BCD와 면 ACD가 이루는 각의 크기는 30°이다. 점 A에서 평면 BCD에 내린 수선의 발을 H라 할 때, 선분 AH의 길이는?

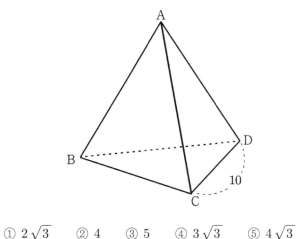

① $2\sqrt{3}$ ② 4 ③ 5 ④ $3\sqrt{3}$ ⑤ $4\sqrt{3}$

328

평면 α 위에 $\angle A = 90°$이고 $\overline{BC} = 6$인 직각이등변삼각형 ABC가 있다. 평면 α 밖의 한 점 P에서 이 평면까지의 거리가 4이고, 점 P에서 평면 α에 내린 수선의 발이 점 A일 때, 점 P에서 직선 $\overline{BC}$까지의 거리는?

① $3\sqrt{2}$ ② 5 ③ $3\sqrt{3}$

④ $4\sqrt{2}$ ⑤ 6

329   2015학년도 11월 수능

평면 α 위에 있는 서로 다른 두 점 A, B를 지나는
직선을 l이라 하고, 평면 α 위에 있지 않은 점 P에서
평면 α에 내린 수선의 발을 H라 하자.
$\overline{AB} = \overline{PA} = \overline{PB} = 6$, $\overline{PH} = 4$일 때, 점 H와 직선 l
사이의 거리는?

① $\sqrt{11}$ ② $2\sqrt{3}$ ③ $\sqrt{13}$ ④ $\sqrt{14}$ ⑤ $\sqrt{15}$

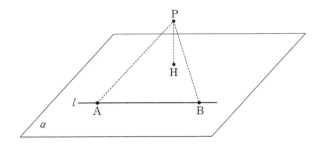

331   2019학년도 9월 모평

그림과 같이 평면 α 위에 넓이가 24인 삼각형 ABC가
있다. 평면 α 위에 있지 않은 점 P에서 평면 α에 내린
수선의 발을 H, 직선 AB에 내린 수선의 발을 Q라
하자. 점 H가 삼각형 ABC의 무게중심이고,
$\overline{PH} = 4$, $\overline{AB} = 8$일 때, 선분 PQ의 길이는?

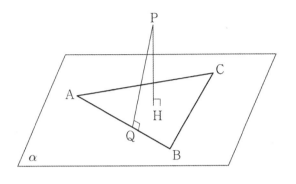

① $3\sqrt{2}$ ② $2\sqrt{5}$ ③ $\sqrt{22}$

④ $2\sqrt{6}$ ⑤ $\sqrt{26}$

330   2018학년도 9월 모평

$\overline{AB} = 8$, $\angle ACB = 90°$ 인 삼각형 ABC에 대하여 점
C를 지나고 평면 ABC에 수직인 직선 위에
$\overline{CD} = 4$ 인 점 D가 있다. 삼각형 ABD의 넓이가
20일 때, 삼각형 ABC의 넓이를 구하시오.

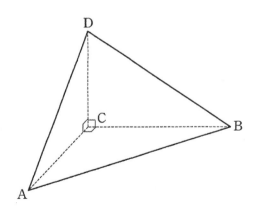

332

좌표공간에 한 직선 위에 있지 않은 세 점 A, B, C가 있다. 다음 조건을 만족시키는 평면 α에 대하여 각 점 A, B, C와 평면 α 사이의 거리 중에서 가장 작은 값을 $d(\alpha)$라 하자.

(가) 평면 α는 선분 AC와 만나고, 선분 BC와도 만난다.

(나) 평면 α는 선분 AB와 만나지 않는다.

위의 조건을 만족시키는 평면 α 중에서 $d(\alpha)$가 최대가 되는 평면을 β라 할 때, 〈보기〉에서 옳은 것만을 있는 대로 고른 것은? [4점]

| 보기 |

ㄱ. 평면 β는 세 점 A, B, C를 지나는 평면과 수직이다.

ㄴ. 평면 β는 선분 AC의 중점 또는 선분 BC의 중점을 지난다.

ㄷ. 세 점이 A$(2, 3, 0)$, B$(0, 1, 0)$, C$(2, -1, 0)$일 때, $d(\beta)$는 점 B와 평면 β 사이의 거리와 같다.

---

① ㄱ   ② ㄷ   ③ ㄱ, ㄴ

④ ㄴ, ㄷ   ⑤ ㄱ, ㄴ, ㄷ

333

공간에서 수직으로 만나는 두 평면 α, β의 교선 위에 두 점 A, B가 있다. 평면 α 위에 $\overline{AC} = 2\sqrt{29}$, $\overline{BC} = 6$인 점 C와 평면 β 위에 $\overline{AD} = \overline{BD} = 6$인 점 D가 있다.

$\angle ABC = \dfrac{\pi}{2}$일 때, 직선 CD와 평면 α가 이루는 예각의 크기를 θ라 하자. $\cos\theta$의 값은?

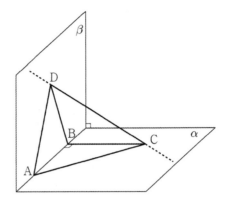

① $\dfrac{\sqrt{3}}{2}$ ② $\dfrac{\sqrt{7}}{3}$ ③ $\dfrac{\sqrt{29}}{6}$

④ $\dfrac{\sqrt{30}}{6}$ ⑤ $\dfrac{\sqrt{31}}{6}$

334

그림과 같이 $\overline{BC} = \overline{CD} = 3$이고 $\angle BCD = 90°$인 사면체 ABCD가 있다. 점 A에서 평면 BCD에 내린 수선의 발을 H라 할 때, 점 H는 선분 BD를 1 : 2로 내분하는 점이다. 삼각형 ABC의 넓이가 6일 때, 삼각형 AHC의 넓이는?

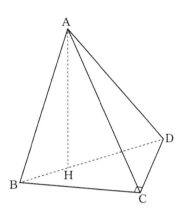

① $2\sqrt{3}$ ② $\dfrac{5\sqrt{3}}{2}$ ③ $3\sqrt{3}$

④ $\dfrac{7\sqrt{3}}{2}$ ⑤ $4\sqrt{3}$

335

한 변의 길이가 4인 정삼각형 BCD를 한 면으로 하는 사면체 ABCD가 다음 조건을 만족시킬 때, 이 사면체의 부피를 V라 할 때, V^2의 값을 구하시오.

(가) $\overline{AB} = \overline{AD}$

(나) 두 평면 ABC와 ACD는 서로 수직이다.

(다) 두 평면 BCD와 ABD는 서로 수직이다.

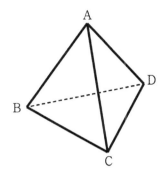

336

그림과 같이 $\overline{AB} = 1$, $\overline{BC} = \overline{BF} = 2$인 직육면체 ABCD − EFGH가 있다. 꼭짓점 F에서 직선 AG까지의 최단거리는?

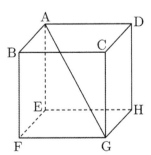

① $\dfrac{2\sqrt{3}}{3}$ ② $\dfrac{4}{3}$ ③ $\dfrac{2\sqrt{5}}{3}$

④ $\dfrac{3\sqrt{3}}{2}$ ⑤ $\dfrac{3\sqrt{5}}{2}$

337

그림과 같이 평면 α 위에 서로 다른 두 점 A, B가 있다.
$\angle APB = \dfrac{\pi}{2}$ 이고 평면 α 위에 있지 않은 점 P에서 평면 α에 내린 수선의 발을 H, 점 H에서 직선 AB에 내린 수선의 발을 Q라 하자. $\overline{PB} = 3\overline{PA}$, $\overline{QH} = 3\overline{PH}$일 때,
$\dfrac{\overline{PH}}{\overline{PA}}$의 값은?

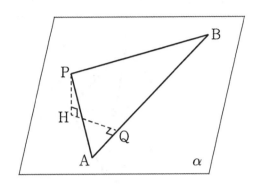

① $\dfrac{1}{5}$ ② $\dfrac{3}{10}$ ③ $\dfrac{2}{5}$

④ $\dfrac{1}{2}$ ⑤ $\dfrac{3}{5}$

338

공간에서 이루는 각의 크기가 $60°$인 두 평면 α, β의 교선 위에 두 점 A, B가 있다. 평면 α 위에 $\overline{AC} = 2\sqrt{29}$, $\overline{BC} = 6$인 점 C와 평면 β 위에 $\overline{AD} = \overline{BD} = 6$인 점 D가 있다. $\angle ABC = \dfrac{\pi}{2}$일 때, 직선 CD와 평면 α가 이루는 예각의 크기를 θ라 하자. $\cos\theta$의 값은?

① $\dfrac{\sqrt{3}}{2}$ ② $\dfrac{\sqrt{7}}{3}$ ③ $\dfrac{\sqrt{29}}{6}$

④ $\dfrac{\sqrt{30}}{6}$ ⑤ $\dfrac{\sqrt{31}}{6}$

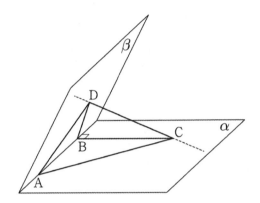

339

원기둥의 높이가 4 이고 밑면의 반지름의 길이가 4 인
직원기둥에 대하여 그림과 같이 지름 AB 의 중심으로부터
2 만큼 떨어지고 점 B 와 가까운 점 P 와 지름 CD 가
밑면인 원주 위에 $\overline{CE} = 4$ 을 만족하는 직선 CE 와의
거리는? (단, 선분 AB 와 선분 CD 는 평행하다.)

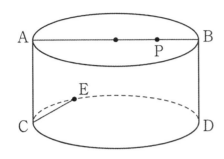

① $\sqrt{39}$ ② $2\sqrt{10}$ ③ $\sqrt{41}$

④ $\sqrt{42}$ ⑤ $\sqrt{43}$

유형 2 정사영의 길이와 넓이

출제유형 | 입체도형에서 정사영의 정의를 이용하여 도형의 길이, 넓이, 각에 대한 삼각함수의 값을 구하는 문제가 출제된다.

출제유형잡기 | 주어진 입체도형에서 성립하는 여러 가지 성질을 이용하여 정사영의 길이 또는 넓이를 구한다.

340 　　　　　　　　　　　　　2024학년도 11월 수능

좌표공간에 평면 α가 있다. 평면 α 위에 있지 않은 서로 다른 두 점 A, B의 평면 α 위로의 정사영을 각각 A′, B′이라 할 때,

$$\overline{AB} = \overline{A'B'} = 6$$

이다. 선분 AB의 중점 M의 평면 α 위로의 정사영을 M′이라 할 때,

$$\overline{PM'} \perp \overline{A'B'}, \ \overline{PM'} = 6$$

이 되도록 평면 α 위에 점 P를 잡는다.

삼각형 A′B′P의 평면 ABP 위로의 정사영의 넓이가 $\dfrac{9}{2}$일 때, 선분 PM의 길이는?

① 12　　② 15　　③ 18　　④ 21　　⑤ 24

341 　　　　　　　　　　　　　2004학년도 6월 모평

그림과 같이 직육면체 ABCDEFGH와 한 변의 길이가 1인 　 정사면체 PQRS가 평면 α 위에 놓여 있다. 변 GH와 변 RS가 평행할 때, 삼각형 PRS의 평면 CGHD 위로의 정사영의 넓이는?

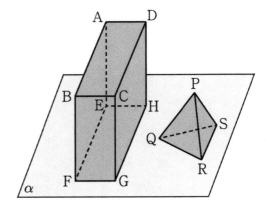

① $\dfrac{\sqrt{3}}{2}$　② $\dfrac{\sqrt{2}}{3}$　③ $\dfrac{\sqrt{6}}{6}$　④ $\dfrac{\sqrt{3}}{8}$　⑤ $\dfrac{\sqrt{6}}{12}$

342

한 모서리의 길이가 3인 정육면체 ABCD − EFGH의 세 모서리 AD, BC, FG 위에 $\overline{DP} = \overline{BQ} = \overline{GR} = 1$인 세 점 P, Q, R이 있다. 평면 PQR와 평면 CGHD가 이루는 각의 크기를 θ 라 할 때, $\cos\theta$ 의 값은? (단,

$0 < \theta < \dfrac{\pi}{2}$)

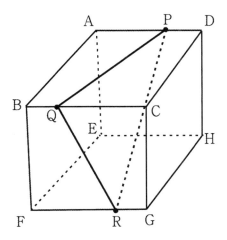

① $\dfrac{\sqrt{10}}{5}$ ② $\dfrac{\sqrt{10}}{10}$ ③ $\dfrac{\sqrt{11}}{11}$

④ $\dfrac{2\sqrt{11}}{11}$ ⑤ $\dfrac{3\sqrt{11}}{11}$

343

그림과 같이 태양광선이 지면과 60°의 각을 이루면서 비추고 있다. 한 변의 길이가 4인 정사각형의 중앙에 반지름의 길이가 1인 원 모양의 구멍이 뚫려 있는 판이 있다. 이 판은 지면과 수직으로 서 있고 태양광선과 30°의 각을 이루고 있다. 판의 밑변을 지면에 고정하고 판을 그림자 쪽으로 기울일 때 생기는 그림자의 최대 넓이를 S라 하자. S의 값을 $\dfrac{\sqrt{3}\,(a+b\pi)}{3}$라 할 때, $a + b$의 값을 구하시오. (단, a, b는 정수이고 판의 두께는 무시한다.) [4점]

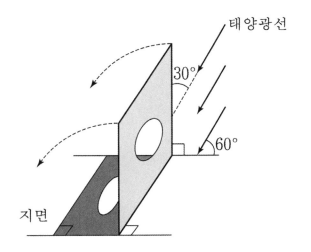

344

그림과 같이 한 모서리의 길이가 4인 정팔면체가 있다. 삼각형 ABC의 평면 BCDE 위로의 정사영을 K라 하자. 도형 K의 평면 CFD 위로의 정사영의 넓이를 S라 할 때 $3S^2$의 값을 구하시오.

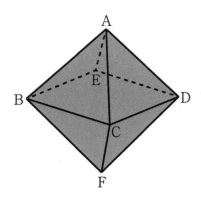

345

한 모서리의 길이가 a인 정사면체의 A – BCD에서 삼각형 ABC의 평면 BCD 위로의 정사영의 넓이는? (단, a는 상수이다.)

① $\dfrac{\sqrt{3}}{3}a^2$ ② $\dfrac{\sqrt{3}}{4}a^2$ ③ $\dfrac{\sqrt{3}}{6}a^2$

④ $\dfrac{\sqrt{3}}{8}a^2$ ⑤ $\dfrac{\sqrt{3}}{12}a^2$

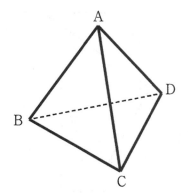

346

그림과 같이 모서리 OA를 제외한 모든 모서리의 길이가 12인 사면체 OABC가 있다. 정삼각형 OBC에 내접하는 원의 평면 ABC 위로의 정사영의 넓이가 6π일 때, 모서리 OA의 길이는?

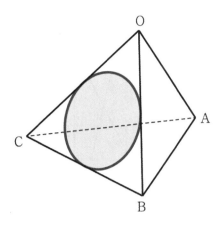

① $6\sqrt{2}$ ② $6\sqrt{3}$ ③ 12

④ $6\sqrt{5}$ ⑤ $6\sqrt{6}$

347

그림과 같이 모든 모서리의 길이가 8인 사각뿔 O−ABCD와 두 모서리 OA, OD의 중점 M, N에 대하여 사각형 MBCN의 평면 OAD 위로의 정사영의 넓이를 S라 할 때, S^2의 값을 구하시오.

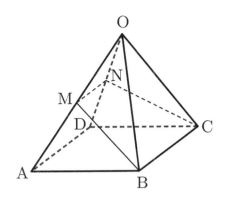

출제유형 | (1) 좌표공간에서 제시된 조건을 만족시키는 점의 좌표를 구하거나 선분의 길이를 구하는 문제가 출제된다.
(2) 좌표공간에서 선분의 내분점과 외분점 및 삼각형의 무게중심의 좌표를 구하는 문제가 출제된다.

출제유형잡기 | (1) 좌표공간에서 주어진 점의 좌표축 또는 좌표평면에 대하여 대칭인 점의 좌표, 좌표축 또는 좌표평면에 내린 수선의 발의 좌표를 구하여 문제를 해결한다. 또한, 두 점 사이의 거리를 이용하여 점의 좌표 또는 선분의 길이를 구한다.
(2) 선분의 내분점과 외분점에 대한 정의를 이용하여 좌표를 구한다. 삼각형의 무게중심의 뜻과 내분점을 구하는 방법을 이용하여 무게중심의 좌표를 구한다.

348

그림과 같이 $\overline{AB} = 3$, $\overline{AD} = 3$, $\overline{AE} = 6$인 직육면체 ABCD $-$ EFGH가 있다. 삼각형 BEG의 무게중심을 P라 할 때, 선분 DP의 길이는?

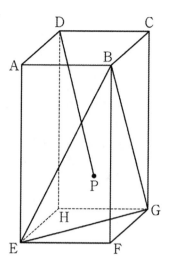

① $2\sqrt{5}$ ② $2\sqrt{6}$ ③ $2\sqrt{7}$
④ $4\sqrt{2}$ ⑤ 6

349

2024학년도 11월 수능

좌표공간의 두 점 $A(a, -2, 6)$, $B(9, 2, b)$에 대하여 선분 AB의 중점의 좌표가 $(4, 0, 7)$일 때, $a+b$의 값은?

① 1   ② 3   ③ 5   ④ 7   ⑤ 9

350

2024학년도 9월 평가원

좌표공간의 점 $A(6, 8, 2)$를 xy평면에 대하여 대칭이동한 점을 B라 할 때, 선분 AB의 길이는?

① 1   ② 2   ③ 3   ④ 4   ⑤ 5

351

2023학년도 11월 수능

좌표공간의 점 $A(2, 2, -1)$을 x축에 대하여 대칭이동한 점을 B라 하자. 점 $C(-2, 1, 1)$에 대하여 선분 BC의 길이는?

① 1   ② 2   ③ 3   ④ 4   ⑤ 5

352

2023학년도 9월 모평

좌표공간의 두 점 $A(a, 1, -1)$, $B(-5, b, 3)$에 대하여 선분 AB의 중점의 좌표가 $(8, 3, 1)$일 때, $a+b$의 값은?

① 20   ② 22   ③ 24   ④ 26   ⑤ 28

좌표공간의 세 점
A$(3, 0, 0)$, B$(0, 3, 0)$, C$(0, 0, 3)$ 에 대하여 선분
BC 를 $2 : 1$ 로 내분하는 점을 P , 선분 AC를 $1 : 2$ 로
내분하는 점을 Q 라 하자. 점 P , Q 의 xy 평면 위로의
정사영을 각각 P$'$, Q$'$이라 할 때, 삼각형 OP$'$Q$'$의
넓이는? (단, O 는 원점이다.)

① 1   ② 2   ③ 3   ④ 4   ⑤ 5

좌표공간의 세 점 A$(a, 0, b)$, B$(b, a, 0)$,
C$(0, b, a)$ 에 대하여 $a^2 + b^2 = 4$ 일 때, 삼각형
ABC 의 넓이의 최솟값은? (단, $a > 0$ 이고 $b > 0$ 이다.)

① $\sqrt{2}$ ② $\sqrt{3}$ ③ 2   ④ $\sqrt{5}$ ⑤ 3

좌표공간의 세 점

355

그림과 같이 좌표공간에서 한 변의 길이가 4인 정육면체를 한 변의 길이가 2인 8개의 정육면체로 나누었다. 이 중 그림의 세 정육면체 A, B, C 안에 반지름의 길이가 1인 구가 각각 내접하고 있다. 3개의 구의 중심을 연결한 삼각형의 무게중심의 좌표를 (p, q, r)라 할 때, $p+q+r$의 값은?

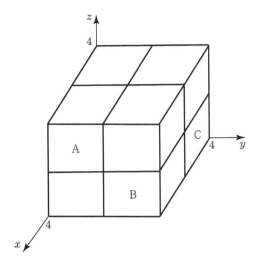

① 6   ② $\dfrac{19}{3}$ ③ $\dfrac{20}{3}$ ④ 7   ⑤ $\dfrac{22}{3}$

356

좌표공간에서 점 $P(-3, 4, 5)$를 yz평면에 대하여 대칭이동한 점을 Q 라 하자. 선분 PQ 를 $2:1$로 내분하는 점의 좌표를 (a, b, c)라 할 때, $a+b+c$의 값을 구하시오.

357

좌표공간에서 점 $P(0, 3, 0)$과 점
$A(-1, 1, a)$ 사이의 거리는 점 P 와 점
$B(1, 2, -1)$사이의 거리의 2배이다. 양수 a의 값은?

① $\sqrt{7}$ ② $\sqrt{6}$ ③ $\sqrt{5}$ ④ 2   ⑤ $\sqrt{3}$

359

좌표공간에 점 $A(9, 0, 5)$가 있고, xy 평면 위에 타원
$\dfrac{x^2}{9} + y^2 = 1$ 이 있다. 타원 위의 점 P 에 대하여 $\overline{AP}$ 의
최댓값을 구하시오.

358

좌표공간에서 두 점 $A(a, 1, 3)$, $B(a+6, 4, 12)$에
대하여 선분 AB를 $1 : 2$로 내분하는 점의 좌표가
$(5, 2, b)$이다. $a+b$의 값은?

① 7   ② 8   ③ 9   ④ 10   ⑤ 11

360

좌표공간에서 두 점 $A(a, 5, 2)$, $B(-2, 0, 7)$에
대하여 선분 AB 를 $3 : 2$로 내분하는 점의 좌표가
$(0, b, 5)$이다. $a+b$의 값은?

① 1   ② 2   ③ 3   ④ 4   ⑤ 5

361 2015학년도 11월 수능

좌표공간에서 두 점 $A(2, a, -2)$, $B(5, -3, b)$에 대하여 선분 AB를 $2:1$로 내분하는 점이 x축 위에 있을 때, $a+b$의 값은?

① 10 ② 9 ③ 8 ④ 7 ⑤ 6

362 2016학년도 9월 모평

좌표공간의 점 $P(2, 2, 3)$을 yz평면에 대하여 대칭이동시킨 점을 Q라 하자. 두 점 P와 Q 사이의 거리는?

① 1 ② 2 ③ 3 ④ 4 ⑤ 5

363 2016학년도 11월 수능

좌표공간에서 세 점 $A(a, 0, 5)$, $B(1, b, -3)$, $C(1, 1, 1)$을 꼭짓점으로 하는 삼각형의 무게중심의 좌표가 $(2, 2, 1)$일 때, $a+b$의 값은?

① 6 ② 7 ③ 8 ④ 9 ⑤ 10

364 2017학년도 9월 모평

좌표공간에서 두 점 $A(1, 3, -6)$, $B(7, 0, 3)$에 대하여 선분 AB를 $2:1$로 내분하는 점의 좌표가 $(a, b, 0)$이다. $a+b$의 값은?

① 6 ② 7 ③ 8 ④ 9 ⑤ 10

365

좌표공간의 두 점 $A(1, a, -6)$, $B(-3, 2, b)$ 에 대하여 선분 AB 를 $3:2$ 로 외분하는 점이 x축 위에 있을 때, $a+b$의 값은?

① -1 ② -2 ③ -3 ④ -4 ⑤ -5

366

좌표공간의 두 점 $A(2, 0, 4)$, $B(5, 0, a)$ 에 대하여 선분 AB 를 $2:1$ 로 내분하는 점이 x 축 위에 있을 때, a 의 값은?

① -1 ② -2 ③ -3 ④ -4 ⑤ -5

367

좌표공간의 두 점 $A(1, 6, 4)$, $B(a, 2, -4)$ 에 대하여 선분 AB를 $1:3$으로 내분하는 점의 좌표가 $(2, 5, 2)$이다. a의 값은?

① 1 ② 3 ③ 5 ④ 7 ⑤ 9

368

좌표공간에 있는 점 $A(2, 4, 1)$를 x축과 y축 위로 내린 수선의 발을 각각 B, C 라 할 때, 삼각형 ABC의 넓이는 S이다. S^2 의 값을 구하시오.

369

좌표공간에 있는 네 점 $A(1, 0, 0)$, $B(0, 2, 0)$,

$C(0, 0, 3)$, $D(0, 0, -4)$를 꼭짓점으로 하는
사면체 $ABCD$ 의 부피는?

① $\dfrac{5}{3}$ ② 2 ③ $\dfrac{7}{3}$ ④ $\dfrac{8}{3}$ ⑤ 3

370

좌표공간에 점 $(0, 5, 0)$을 지나며 xy평면에 놓여있는
직선 l이 있다. 점 $A(1, -2, 12)$에서 직선 l에 내린
수선의 발을 H라 할 때, $\overline{AH} = 13$이다. 직선 l이 x축의
양의 방향과 이루는 각의 크기를 θ라 할 때, $\tan\theta$의

값은? $\left(\text{단}, 0 < \theta < \dfrac{\pi}{2}\right)$

① $\dfrac{\sqrt{3}}{3}$ ② $\dfrac{3}{4}$ ③ 1

④ $\dfrac{4}{3}$ ⑤ $\sqrt{3}$

유형 4 구의 방정식

출제유형 | 좌표공간에서 구의 방정식, 구와 좌표축 또는 구의 좌표평면과의 관계를 묻는 문제가 출제된다.

출제유형잡기 | 좌표공간에서 구와 관련된 문제는 좌표평면에서의 원과 관련된 문제에서 경험한 상황과 많이 유사하므로 평면에서의 원의 방정식에서 성립하는 여러 가지 성질을 구의 방정식에 확장시키고 적용하여 문제를 해결한다.

371

2009학년도 9월 모평

다음 조건을 만족하는 점 P 전체의 집합이 나타내는 도형의 둘레의 길이는?

> 좌표공간에서 점 P를 중심으로 하고 반지름의 길이가 2인 구가 두 개의 구 $x^2 + y^2 + z^2 = 1$, $(x-2)^2 + (y+1)^2 + (z-2)^2 = 4$에 동시에 외접한다.

① $\dfrac{2\sqrt{5}}{3}\pi$ ② $\sqrt{5}\,\pi$ ③ $\dfrac{5\sqrt{5}}{3}\pi$

④ $2\sqrt{5}\,\pi$ ⑤ $\dfrac{8\sqrt{5}}{3}\pi$

372

좌표공간에서

구 $S : x^2 + y^2 + z^2 + ax + by + cz + d = 0$이 원점 O와 두 점 $A(2, 0, 0)$, $B(0, -4, 0)$을 지난다. xy평면이 구 S의 부피를 이등분할 때, $a + b + c + d$의 값은? (단, a, b, c, d는 상수이다.)

① 1 ② 2 ③ 3 ④ 4 ⑤ 5

373

원점 O와 두 점 $P(2, 1, 2\sqrt{5})$, $Q(2, 1, -2\sqrt{5})$을 지나는 구가 있다. 선분 PQ는 원점 O를 지나는 구의 지름과 만날 때, 이 구의 겉넓이는 $a\pi$이다. a의 값을 구하시오.

374

좌표공간에서 두 점 $A(0, 0, 1)$, $B(1, 1, 1)$을 지나는 직선이 구 $(x-1)^2 + y^2 + z^2 = 4$와 만나는 두 점을 P, Q라 한다. 이 구의 중심을 C라 할 때, 삼각형 CPQ의 넓이는?

① $\dfrac{\sqrt{6}}{2}$ ② $\dfrac{4}{3}$ ③ $\sqrt{2}$ ④ $\dfrac{\sqrt{15}}{2}$ ⑤ $\sqrt{3}$

375

좌표공간에서 점 $A(2, 0, 0)$을 지나는 평면이 구 $(x-3)^2 + (y-2)^2 + z^2 = 1$과 접할 때, 접점의 z좌표의 최댓값은?

① $\dfrac{\sqrt{5}}{5}$　　　② $\dfrac{2\sqrt{5}}{5}$　　　③ $\dfrac{4\sqrt{5}}{5}$

④ $\sqrt{5}$　　　⑤ $\dfrac{6\sqrt{5}}{5}$

376

좌표공간에서 구 S는 y축과 z축에 동시에 접하고 두 점 $(2, 0, 0)$, $(6, 0, 0)$을 지난다. 구 S의 반지름의 길이는?

① $\sqrt{7}$　② 5　③ $2\sqrt{7}$　④ $3\sqrt{7}$　⑤ 8

좌표공간에서 구 S와 xy평면이 만나서 생기는 원의 방정식은 $(x+1)^2+(y-2)^2=16$, $z=0$이고, 구 S와 xz평면이 만나서 생기는 원의 방정식은 $(x+1)^2+(z-3)^2=21$, $y=0$이다. 이때, 구 S와 yz평면이 만나서 생기는 원의 넓이는?

① 18π ② 20π ③ 22π ④ 24π ⑤ 25π

좌표공간에서 구 S가 다음 조건을 만족시킨다.

> (가) 구 S는 x축과 점 $(1,\ 0,\ 0)$에서 접하고, y축과 점 $(0,\ 1,\ 0)$에서 접한다.
>
> (나) 구 S는 z축과 두 점에서 만나고 두 교점 사이의 거리는 2이다.

구 S 위를 움직이는 점 P와 z축 사이의 거리의 최댓값은?

① $\sqrt{3}+1$ ② $\sqrt{3}+\sqrt{2}$ ③ $2\sqrt{3}$
④ $\sqrt{3}+2$ ⑤ $\sqrt{3}+\sqrt{5}$

379

보트가 남쪽에서 북쪽으로 $10\,m$/초의 등속도로 호수 위를 지나가고 있다. 수면 위 $20\,m$ 의 높이에 동서로 놓인 다리 위를 자동차가 서쪽에서 동쪽으로 $20\,m$/초의 등속도로 달리고 있다. 아래 그림과 같이 지금 보트는 수면 위의 점 P 에서 남쪽 $40\,m$, 자동차는 다리 위의 점 Q 에서 서쪽 $30\,m$ 지점에 각각 위치해 있다. 보트와 자동차 사이의 거리가 최소가 될 때의 거리는? (단, 자동차와 보트의 크기는 무시하고, 선분 PQ 는 보트와 자동차의 경로에 각각 수직이다.)

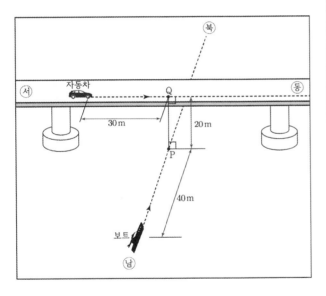

① $21\,m$ ② $24\,m$ ③ $27\,m$ ④ $30\,m$ ⑤ $33\,m$

380

그림과 같이 한 모서리의 길이가 6인 정육면체 $\mathrm{ABCD-EFGH}$에서 선분 DG 위에 $\overline{\mathrm{DM}} : \overline{\mathrm{MG}} = 1 : 2$인 점 M , 모서리 EH 위에 $\overline{\mathrm{EN}} : \overline{\mathrm{NH}} = 1 : 2$인 점 N 과 선분 DF 위에 $\overline{\mathrm{DL}} : \overline{\mathrm{LF}} = 1 : 2$인 점 L 이 있다. 두 점 P, Q 는 각각 L, M를 출발하여 선분 LF, MN을 따라 각각 일정한 속도로 움직여 4초 후에 각각 F, N 에 도착했다. 두 점 P, Q 사이의 거리의 최솟값을 구하시오. [4점]

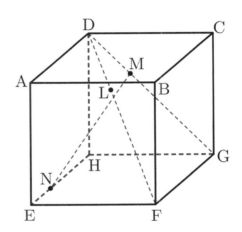

좌표공간에 반구 $(x-5)^2 + (y-4)^2 + z^2 = 9$,
$z \geq 0$ 가 있다. y 축을 포함하는 평면 α 가 반구와 접할
때, α 와 xy 평면이 이루는 각을 θ 라 하자. 이때,
$30\cos\theta$ 의 값을 구하시오. (단, $0 < \theta < \dfrac{\pi}{2}$) [4점]

좌표공간에 구 $C : x^2 + (y-12)^2 + (z-3)^2 = 25$과
xy평면이 만나서 생기는 도형을 C_1라 하자. xy평면과
x축을 교선으로 갖는 평면 α와 구 C가 만나 생기는
도형을 C_2라 할 때, 도형 C_2의 평면 xy위로의 정사영을
D라 하면 D는 도형 C_1에 포함된다. 평면 α중 D의
넓이가 최대가 되는 평면을 β라 할 때, 도형 C_1의 평면
β위로의 정사영의 넓이는? [4점]

① 8π ② $\dfrac{48}{5}\pi$ ③ $\dfrac{56}{5}\pi$ ④ $\dfrac{64}{5}\pi$ ⑤ $\dfrac{72}{5}\pi$

383

좌표공간에서 xy 평면, yz 평면, zx 평면은 공간을 8개의 부분으로 나눈다. 이 8개의 부분 중에서

구 $(x+2)^2 + (y-3)^2 + (z-4)^2 = 24$ 가 지나는 부분의 개수는? [4점]

① 8   ② 7   ③ 6   ④ 5   ⑤ 4

384

좌표공간에 있는 구

$S : (x-a)^2 + (y-b)^2 + (z-c)^2 = r^2$ 와 xy 평면, yz 평면, zx 평면이 만나서 생기는 원을 각각 C_1, C_2, C_3이라 할 때, 세 원 C_1, C_2, C_3은 다음 조건을 만족시킨다.

> (가) 두 원 C_1, C_2은 한 점에서만 만나고 두 원의 넓이의 합은 10π이다.
> (나) 원 C_3의 반지름의 길이는 2이다.

$a^2 + b^2 + c^2 + r^2$의 값을 구하시오. [4점]

서로 수직인 두 평면 α, β의 교선을 l이라 하자. 반지름의 길이가 6인 원판이 두 평면 α, β와 각각 한 점에서 만나고 교선 l에 평행하게 놓여 있다. 태양광선이 평면 α와 30°의 각을 이루면서 원판의 면에 수직으로 비출 때, 그림과 같이 평면 β에 나타나는 원판의 그림자의 넓이를 S라 하자. S의 값을 $a+b\sqrt{3}\pi$라 할 때, $a+b$의 값을 구하시오. (단, a, b는 자연수이고 원판의 두께는 무시한다.) [4점]

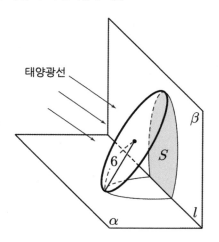

그림과 같이 직사각형 모양의 판자 ABCD와 직사각형 모양의 판자 BEFC가 θ의 각을 이루고 있고, 판자 ABCD는 지면과 평행하다. 또, 원 모양의 원판 C가 지면과 평행하게 두 판자 위쪽에 떠 있고, 햇빛은 지면과 $\dfrac{\pi}{3}$의 각을 이루면서 비추고 있다. 원판 C의 중심 O를 지나고 햇빛과 평행한 직선이 선분 BC와 점 O′에서 만나고 $\overline{OO'} \perp \overline{BC}$이다. 이때, 두 판자에 생기는 원판 C의 그림자의 넓이 중 판자 ABCD에 생기는 넓이는 2π이고 판자 BEFC에 생기는 그림자의 넓이는 π이다. $\theta = \dfrac{q}{p}\pi$일 때, $p+q$의 값을 구하시오. (단, p와 q는 서로소인 자연수이고 점 E, F는 지면에 있으며 원판 C의 그림자는 두 판자의 밖으로 벗어나지 않는다.) [4점]

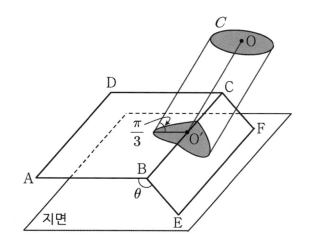

387

그림과 같이 반지름의 길이가 6인 반구가 평면 α 위에 놓여 있다. 반구와 평면 α 가 만나서 생기는 원의 중심을 O 라 하자. 중심 O 로부터 거리가 $2\sqrt{3}$ 이고 평면 α 와 $45°$의 각을 이루는 평면으로 반구를 자를 때, 반구에 나타나는 단면의 평면 α 위로의 정사영의 넓이는 $\sqrt{2}\,(a+b\pi)$이다. $a+b$ 의 값을 구하시오. (단, a, b 는 자연수이다.) [4점]

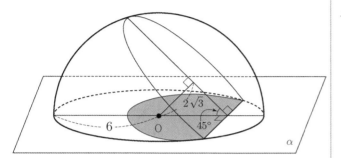

388

밑면의 반지름의 길이가 1이고 모선의 밑면이 이루는 예각의 크기가 $\dfrac{\pi}{4}$ 인 원뿔이 있다. 이 원뿔의 꼭짓점을 지나는 평면 α 와 이 원뿔이 만나서 생기는 도형을 A 라 할 때, A 는 정삼각형이다. 도형 A 의 한 변이 밑면을 나눈 부분 중 큰 부분을 도형 B 라 할 때, 도형 B 의 평면 α 위로의 정사영의 넓이는 $\sqrt{3}\,(a\pi+b)$이다. $\dfrac{1}{ab}$ 의 값을 구하시오. (단, a와 b는 유리수이다.) [4점]

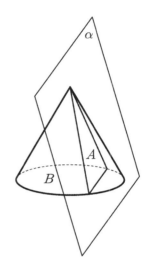

한 변의 길이가 6인 정사면체 OABC가 있다. 세 삼각형 △OAB, △OBC, △OCA에 각각 내접하는 세 원의 평면 ABC 위로의 정사영을 각각 S_1, S_2, S_3이라 하자. 그림과 같이 세 도형 S_1, S_2, S_3으로 둘러싸인 어두운 부분의 넓이를 S라 할 때, $(S+\pi)^2$의 값을 구하시오. [4점]

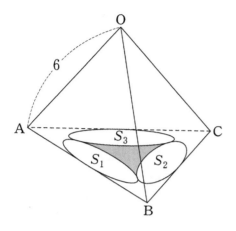

그림과 같이 한 모서리의 길이가 6인 정사각뿔 A−BCDE에서 네 옆면 삼각형 ABC, ACD, ADE, AEB에 내접하는 원을 각각 C_1, C_2, C_3, C_4이라 하고, 네 원 C_1, C_2, C_3, C_4 위의 점 중에서 꼭짓점 A에 가장 가까운 점을 각각 P_1, P_2, P_3, P_4라 하자. 사각형 $P_1 P_2 P_3 P_4$의 평면 ABC 위로의 정사영을 P이라 하고 도형 P의 평면 BCDE 위로의 정사영의 넓이는 $\dfrac{q}{p}$이다. $p+q$의 값을 구하시오. (단, p, q는 서로소인 자연수이다.) [4점]

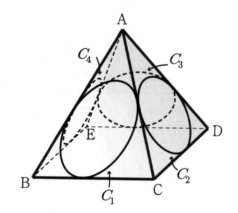

391

중심이 O 이고 반지름의 길이가 1인 구에 내접하는 정사면체 ABCD 가 있다. 두 삼각형 BCD, ACD 의 무게중심을 각각 F, G 라 할 때, 〈보기〉에서 옳은 것만을 있는 대로 고른 것은? [4점]

| 보기 |

ㄱ. 직선 AF 와 직선 BG 는 꼬인 위치에 있다.

ㄴ. 삼각형 ABC 의 넓이는 $\dfrac{3\sqrt{3}}{4}$ 보다 작다.

ㄷ. $\angle AOG = \theta$ 일 때, $\cos\theta = \dfrac{1}{3}$ 이다.

① ㄴ   ② ㄷ   ③ ㄱ, ㄴ
④ ㄴ, ㄷ   ⑤ ㄱ, ㄴ, ㄷ

392

그림과 같이 정삼각형 ABC 가 밑면으로 하고 $\overline{OA} = \overline{OB} = \overline{OC}$ 이고 두 평면 OAB 와 ABC 가 이루는 예각의 크기가 $\dfrac{\pi}{3}$ 인 삼각뿔 O − ABC 가 있다. 두 평면 OAB 와 OBC 가 이루는 예각의 크기를 θ 라 할 때, $\cos\theta$ 의 값은? [4점]

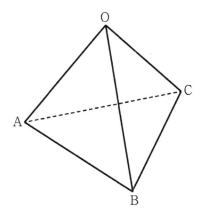

① $\dfrac{1}{8}$ ② $\dfrac{1}{7}$ ③ $\dfrac{1}{6}$ ④ $\dfrac{1}{5}$ ⑤ $\dfrac{1}{4}$

393

그림과 같이 반지름의 길이가 모두 $\sqrt{3}$ 이고 높이가 서로 다른 세 원기둥이 서로 외접하며 한 평면 α 위에 놓여 있다. 평면 α 와 만나지 않는 세 원기둥의 밑면의 중심을 각각 P, Q, R라 할 때, 삼각형 QPR는 이등변삼각형이고, 평면 QPR와 평면 α 가 이루는 각의 크기는 60°이다. 세 원기둥의 높이를 각각 8, a, b라 할 때, $a+b$의 값을 구하시오. (단, $8 < a < b$) [4점]

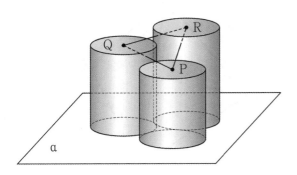

394

다음 그림과 같이 삼각기둥 $A'B'C' - ABC$ 가 있다. 삼각기둥 $A'B'C' - ABC$ 의 밑면은 한 변의 길이가 4인 정삼각형 ABC이고 평면 α에 포함된다.
$\overline{AA'} = \overline{BB'} = \overline{CC'} = 6$이고 선분 CC'의 중점을 M이라 할 때, 평면 $A'MB$와 평면 α가 이루는 예각을 θ라 하자. $\tan\theta$의 값은? [4점]

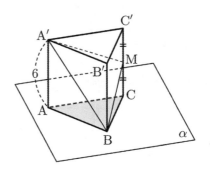

① $\dfrac{3}{2}$ ② 2 ③ $\dfrac{5}{2}$ ④ 3 ⑤ $\dfrac{7}{2}$

395

그림과 같이 반지름의 길이가 r 인 구 모양의 공이 공중에 있다. 벽면과 지면은 서로 수직이고, 태양광선이 지면과 크기가 θ 인 각을 이루면서 공을 비추고 있다. 태양광선과 평행하고 공의중심을 지나는 직선이 벽면과 지면의 교선 l 과 수직으로 만난다. 벽면에 생긴 공의 그림자 위의 점에서 교선 l 까지 거리의 최댓값을 a 라하고, 지면에 생기는 공의 그림자 위의 점에서 교선 l 까지 거리의 최댓값을 b 라 하자. 옳은 것만을 〈보기〉에서 있는 대로 고른 것은? [4점]

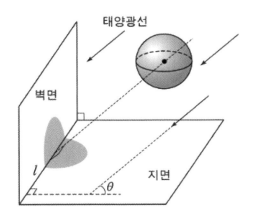

| 보기 |

ㄱ. 그림자와 교선 l 의 공통부분의 길이는 $2r$ 이다.

ㄴ. $θ = 60°$ 이면 $a < b$ 이다.

ㄷ. $\dfrac{1}{a^2} + \dfrac{1}{b^2} = \dfrac{1}{r^2}$

① ㄱ
② ㄴ
③ ㄱ, ㄷ
④ ㄴ, ㄷ
⑤ ㄱ, ㄴ, ㄷ

396

그림과 같이 두 평면 $α$, $β$ 가 이루는 각의 크기가 60° 일 때 각의 크기가 120° 인 부분에서 두 평면 $α$, $β$ 의 교선을 l 이라 하자. 반지름의 길이가 4인 구에 태양 광선이 평면 $α$ 와 30° 인 각을 이루면서 비추고, 구의 중심을 지나고 태양 광선과 평행한 직선은 직선 l 과 수직으로 만난다. 두 평면 $α$, $β$ 에 생긴 구의 그림자의 넓이의 합을 구하시오. [4점]

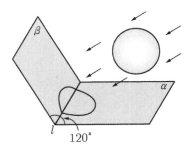

① $16π$
② $18π$
③ $20π$
④ $22π$
⑤ $24π$

같은 평면 위에 있지 않고 서로 평행한 세 직선 l, m, n이 있다. 직선 l 위의 두 점 A, B, 직선 m 위의 점 C, 직선 n 위의 점 D가 다음 조건을 만족시킨다.

(가) $\overline{AB} = 2\sqrt{2}$, $\overline{CD} = 3$

(나) $\overline{AC} \perp l$, $\overline{AC} = 5$

(다) $\overline{BD} \perp l$, $\overline{BD} = 4\sqrt{2}$

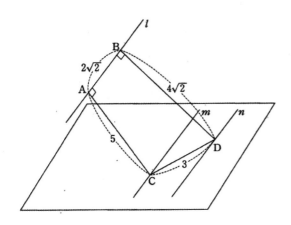

두 직선 m, n을 포함하는 평면과 세 점 A, C, D를 포함하는 평면이 이루는 각의 크기를 θ라 할 때, $90\cos^2\theta$의 값을 구하시오. $\left(\text{단, } 0 < \theta < \dfrac{\pi}{2}\right)$ [4점]

마주 보는 평면이 서로 평행한 평행육면체 ABCD − EFGH가 다음 조건을 만족시킨다.

(가) $\overline{AB} \perp \overline{AE}$ 이고, $\overline{AB} \perp \overline{BG}$ 이다.

(나) $\overline{AB} = 2$, $\overline{AE} = \sqrt{13}$, $\overline{EH} = 3$, $\overline{AH} = 4$

□ADHE와 □AEGC가 이루는 예각을 θ라 할 때, $\cos\theta$의 값은?

① $\dfrac{1}{2}$　　　② $\dfrac{2}{3}$　　　③ $\dfrac{3\sqrt{30}}{20}$

④ $\dfrac{3\sqrt{30}}{16}$　　　⑤ $\dfrac{2\sqrt{5}}{5}$

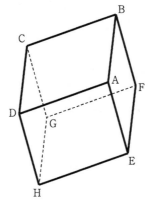

그림과 같이 중심 사이의 거리가 $\sqrt{3}$ 이고 반지름의 길이가 1인 두 원판과 평면 α가 있다. 각 원판의 중심을 지나는 직선 l은 두 원판의 면과 각각 수직이고, 평면 α와 이루는 각의 크기가 $60°$ 이다. 태양광선이 그림과 같이 평면 α에 수직인 방향으로 비출 때, 두 원판에 의해 평면 α에 생기는 그림자의 넓이는? (단, 원판의 두께는 무시한다.) [4점]

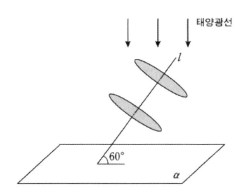

① $\dfrac{\sqrt{3}}{3}\pi + \dfrac{3}{8}$ ② $\dfrac{2}{3}\pi + \dfrac{\sqrt{3}}{4}$ ③ $\dfrac{2\sqrt{3}}{3}\pi + \dfrac{1}{8}$

④ $\dfrac{4}{3}\pi + \dfrac{\sqrt{3}}{16}$ ⑤ $\dfrac{2\sqrt{3}}{3}\pi + \dfrac{3}{4}$

그림과 같이 반지름의 길이가 4인 반구가 밑면이 평면 α 위에 오도록 놓여있다. 반구의 중심을 지나고, 평면 α와 $15°$의 각을 이루는 평면 β에 의하여 이 반구가 두 부분으로 나뉘어질 때, 부피가 큰 쪽의 입체를 A라 하자.

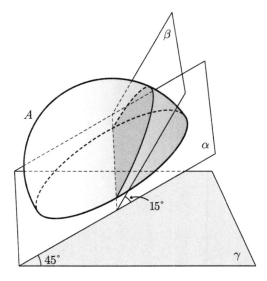

평면 α와 $45°$의 각을 이루고 평면 β와 $60°$의 각을 이루는 평면을 γ라고 할 때, 입체도형 A의 평면 γ 위로의 정사영의 넓이를 S라 할 때, $\dfrac{S}{\pi}$의 값을 구하시오.

[4점]

그림과 같이 평면 α 위에 점 A 가 있고, α 로부터의 거리가 각각 1, 3인 두 점 B, C 가 있다. 선분 AC 를 1 : 2로 내분하는 점 P 에 대하여 $\overline{BP} = 4$ 이다. 삼각형 ABC 의 넓이가 9일 때, 삼각형 ABC 의 평면 α 위로의 정사영의 넓이를 S 라 하자. S^2 의 값을 구하시오. [4점]

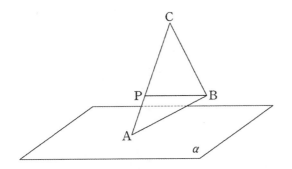

그림과 같이 반지름의 길이가 4 인 구 S 와 평면 α 가 접한다. 구 S 의 중심 O 에서 평면 β 에 내린 수선의 발을 O$'$, 구 S 와 평면 β 가 만나서 생기는 도형을 C 라 하자. 선분 OO$'$ 의 길이가 $2\sqrt{3}$ 이고, 도형 C 의 평면 α 위로의 정사영을 C' 라 할 때, C' 의 넓이가 $\dfrac{3}{2}\pi$ 이다.

C' 의 β 위로의 정사영의 넓이는? $\left($ 단, $0 \le \theta \le \dfrac{\pi}{2} \right)$

[4점]

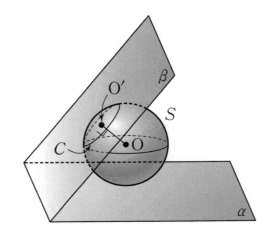

① $\dfrac{3}{8}\pi$ ② $\dfrac{7}{16}\pi$ ③ $\dfrac{\pi}{2}$ ④ $\dfrac{9}{16}\pi$ ⑤ $\dfrac{5}{8}\pi$

그림과 같이 밑면의 반지름의 길이가 7 인 원기둥과
밑면의 반지름의 길이가 5 이고 높이가 12 인 원뿔이 평면
α 위에 놓여 있고, 원뿔의 밑면의 둘레가 원기둥의 밑면의
둘레에 내접한다. 평면 α 와 만나는 원기둥의 밑면의
중심을 O, 원뿔의 꼭짓점을 A 라 하자. 중심이 B이고
반지름의 길이가 4 인 구 S 가 다음 조건을 만족시킨다.

(가) 구 S는 원기둥과 원뿔에 모두 접한다.
(나) 두 점 A, B의 평면 α 위로의 정사영이 각각
  A′, B′일 때, $\angle A'OB' = 180\,^\circ$ 이다.

직선 AB와 평면 α 가 이루는 예각의 크기를 θ 라 할 때,
$\tan \theta = p$ 이다. $100\,p$ 의 값을 구하시오. (단, 원뿔의
밑면의 중심과 점 A′은 일치한다.) [4점]

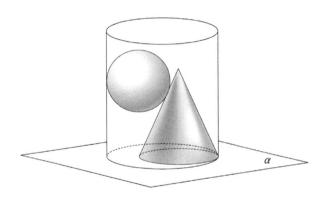

그림과 같이 좌표공간에서 정사면체 A−BCD와 구 S는
xy평면 위에 놓여 있다. 삼각형 ABC 의 무게중심을
G 라 할 때, 구 S 는 정사면체 A−BCD 의 면 ABC 와
점 G 에서 접한다. 두 점 A, B 의 좌표는 각각
$(3,\ \sqrt{3},\ 2\sqrt{6})$, $(3,\ 3\sqrt{3},\ 0)$ 이고 점 C 의 x좌표가
양수일 때, 구 S의 중심 E 의 좌표는 $(a,\ b,\ c)$이다.
$\dfrac{abc}{\sqrt{2}}$ 의 값을 구하시오. (단, 삼각형 BCD 가 xy평면에
포함되고 점 E 는 정사면체 A−BCD 의 외부에 있다.)
[4점]

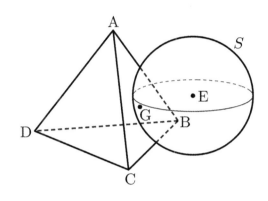

반지름의 길이가 2 인 구의 중심 O 를 지나는 평면을 α 라 하고, 평면 α 와 이루는 각이 $45°$ 인 평면을 β 라 하자. 평면 α 와 구가 만나서 생기는 원을 C_1, 평면 β 와 구가 만나서 생기는 원을 C_2 라 하자. 원 C_2 의 중심 A 와 평면 α 사이의 거리가 $\dfrac{\sqrt{6}}{2}$ 일 때, 그림과 같이 다음 조건을 만족하도록 원 C_1 위에 점 P, 원 C_2 위에 두 점 Q, R 를 잡는다.

(가) $\angle QAR = 90°$
(나) 직선 OP 와 직선 AQ 는 서로 평행이다.

평면 PQR 와 평면 AQPO 가 이루는 각을 θ 라 할 때, $\cos^2\theta = \dfrac{q}{p}$ 이다. $p+q$ 의 값을 구하시오. (단, p 와 q 는 서로소인 자연수이다.) [4점]

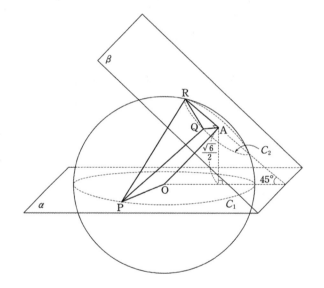

반지름의 길이가 $\dfrac{4}{3}$ 인 구의 중심 O 를 지나는 평면을 α 라 하고, 평면 α 와 이루는 각이 $30°$ 인 평면을 β 라 하자. 평면 α 와 구가 만나서 생기는 원을 C_1, 평면 β 와 구가 만나서 생기는 원을 C_2 라 하자. 원 C_2 의 중심 A 와 평면 α 사이의 거리가 1일 때, 그림과 같이 다음 조건을 만족하도록 원 C_1 위에 점 P, 원 C_2 위에 두 점 Q, R 를 잡는다.

(가) $\angle QAR = 90°$
(나) 직선 OP 와 직선 AQ 는 서로 평행이다.

평면 PQR 와 평면 AQPO 가 이루는 각을 θ 라 할 때, $\cos^2\theta = \dfrac{q}{p}$ 이다. $p+q$ 의 값을 구하시오. (단, p 와 q 는 서로소인 자연수이다.) [4점]

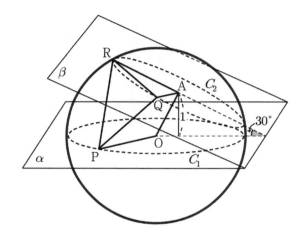

407

좌표공간에 있는 원기둥이 다음 조건을 만족시킨다.

> (가) 높이는 8이다.
> (나) 한 밑면의 중심은 원점이고 다른 밑면은 평면
> $z = 10$ 과 오직 한 점 $(0, 0, 10)$ 에서 만난다.

이 원기둥의 한 밑면의 xy평면에 평행하고 z좌표가 10인 평면 위로의 정사영의 넓이는? [4점]

① $\dfrac{139}{5}\pi$ ② $\dfrac{144}{5}\pi$ ③ $\dfrac{149}{5}\pi$ ④ $\dfrac{154}{5}\pi$ ⑤ $\dfrac{159}{5}\pi$

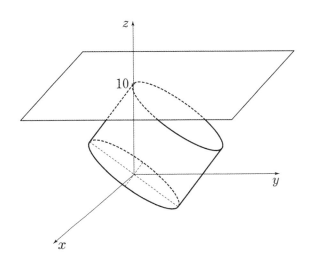

408

좌표공간에서 두 점 $A(1, -3, 2)$, $B(-1, 3, -2)$를 지름의 양 끝점으로 하는 구 C와 $\overline{AC} = \sqrt{5}$ 을 만족시키는 구 C 위의 점 C가 있다. 또한 직선 AC를 포함하는 평면을 α라 하고 점 B에서 평면 α에 내린 수선의 발을 H라 할 때, 선분 AH는 구 C가 평면 α와 만나서 생기는 원의 지름이고 $\overline{BH} = 7$이다. 삼각형 ABH의 평면 BCH 위로의 정사영의 넓이는 $\dfrac{q}{p}\sqrt{2}$이다. $p+q$의 값을 구하시오. (단, p와 q는 서로소인 자연수이다.) [4점]

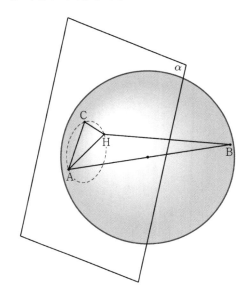

좌표공간에서 구

$$S : (x-1)^2 + (y-1)^2 + (z-1)^2 = 4$$

위를 움직이는 점 P가 있다. 점 P에서 구 S에 접하는 평면이 구 $x^2 + y^2 + z^2 = 16$과 만나서 생기는 도형의 넓이의 최댓값은 $(a + b\sqrt{3})\pi$이다. $a + b$의 값을 구하시오. (단, a, b는 자연수이다.) [4점]

좌표공간에서 반지름의 길이가 3이고 x축과 두 점 P$(1,\ 0,\ 0)$, Q$(3,\ 0,\ 0)$에서 만나는 구 S가 있다. 구 S의 중심의 y좌표가 최소일 때, 점 A$\left(0,\ \sqrt{2},\ 4\right)$에서 구 S 위의 점까지의 거리의 최댓값을 M, 최솟값을 m이라 하자. $M \times m$의 값은? [4점]

① 26   ② 27   ③ 28   ④ 29   ⑤ 30

411 2013학년도 11월 수능

그림과 같이 $\overline{AB} = 9$, $\overline{AD} = 3$인 직사각형 ABCD 모양의 종이가 있다. 선분 AB 위의 점 E와 선분 DC 위의 점 F를 연결하는 선을 접는 선으로 하여, 점 B의 평면 AEFD 위로의 정사영이 점 D가 되도록 종이를 접었다. $\overline{AE} = 3$일 때, 두 평면 AEFD와 EFCB가 이루는 각의 크기가 θ이다. $60\cos\theta$의 값을 구하시오.

(단, $0 < \theta < \dfrac{\pi}{2}$이고, 종이의 두께는 고려하지 않는다.)

[4점]

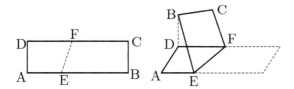

412 2013학년도 11월 수능-변형

그림과 같이 한 변의 길이가 10인 정사각형 ABCD에서 선분 AD의 중점을 M에 대하여 사각형 ABCD를 선분 CM을 접는 선으로 하여 두 평면 DCM과 ABCM이 수직이 되도록 접어서 만든 도형이 있다. 이때, 선분 BD의 길이를 l이라 하자. l^2의 값을 구하시오. [4점]

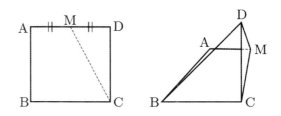

413 2014학년도 11월 수능

좌표공간에서 중심의 x좌표, y좌표, z좌표가 모두 양수인 구 S가 x축과 y축에 각각 접하고, z축과 서로 다른 두 점에서 만난다. 구 S가 xy평면과 만나서 생기는 원의 넓이가 64π이고 z축과 만나는 두 점 사이의 거리가 8일 때, 구 S의 반지름의 길이는? [4점]

① 11   ② 12   ③ 13   ④ 14   ⑤ 15

414 2014학년도 11월 수능-변형

좌표공간에서 반지름의 길이가 $2\sqrt{5}$인 구가 xy평면과 만나서 생기는 원 C_1과 yz평면과 만나서 생기는 원 C_2가 한 점에서 만나고, zx평면과 만나서 생기는 원 C_3과 C_2는 두 점 P, Q에서 만난다. 원 C_1의 넓이가 4π이고 선분 PQ의 길이가 2일 때, 구의 중심과 원점 사이의 거리를 d 하자. d^2의 값을 구하시오. [4점]

415

그림과 같이 평면 α 위에 놓여 있는 서로 다른 네 구 S, S_1, S_2, S_3 이 다음 조건을 만족시킨다.

(가) S의 반지름의 길이는 3이고, S_1, S_2, S_3 의
  반지름의 길이는 1이다.
(나) S_1, S_2, S_3 은 모두 S에 접한다.
(다) S_1은 S_2와 접하고, S_2 는 S_3 과 접한다.

S_1, S_2, S_3 의 중심을 각각 O_1, O_2, O_3 이라 하자. 두 점 O_1, O_2 를 지나고 평면 α 에 수직인 평면을 β, 두 점 O_2, O_3 을 지나고 평면 α 에 수직인 평면이 S_3 과 만나서 생기는 단면을 D 라 하자. 단면 D 의 평면 β 위로의 정사영의 넓이를 $\dfrac{q}{p}\pi$ 라 할 때, $p+q$ 의 값을 구하시오. (단, p와 q는 서로소인 자연수이다.) [4점]

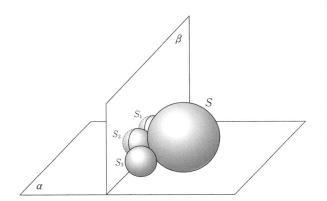

416

그림과 같이 평면 α 위에 있는 반구 S와 세 구 S_1, S_2, S_3가 다음 조건을 만족시킨다.

(가) 세 구의 반지름의 길이와 반구의 반지름의
  길이는 모두 2이다.
(나) 세 구는 모두 α에 접하고 반 구 S의 밑면은 α에
  포함된다.
(다) S_1은 S_2, S_3와 접하며 반 구 S는 S_2, S_3와
  접하고 S_2, S_3의 중심사이 거리는 $4\sqrt{2}$ 이다.

S, S_1, S_2, S_3 의 중심을 각각 O, O_1, O_2, O_3 이라 하자. 세 점 O, O_2, O_3 을 지나는 평면을 β라 하자. 구 S_1의 평면 β 위로의 정사영을 P, P의 α위로의 정사영을 Q라 하자. 도형 P, Q의 넓이를 각각 m, n이라 할 때, $m+n$의 값은? [4점]

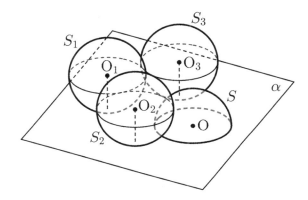

① 4π ② $(4+\sqrt{2})\pi$ ③ $(9+\sqrt{2})\pi$

④ $(4+2\sqrt{2})\pi$ ⑤ $(4+3\sqrt{2})\pi$

좌표공간에 구 $S : x^2 + y^2 + z^2 = 50$과 점 $\mathrm{P}(0, 5, 5)$가 있다. 다음 조건을 만족시키는 모든 원 C에 대하여 C의 xy평면 위로의 정사영의 넓이의 최댓값을 $\dfrac{q}{p}\pi$라 하자. $p+q$의 값을 구하시오. (단, p와 q는 서로소인 자연수이다.) [4점]

(가) 원 C는 점 P를 지나는 평면과 구 S가 만나서 생긴다.
(나) 원 C의 반지름의 길이는 1이다.

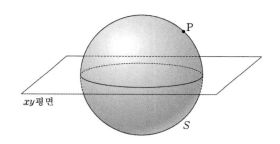

좌표공간에 반지름의 길이가 같고 서로 외접하는 두 구 $S : x^2 + y^2 + z^2 = 25$와 $T : x^2 + (y-10)^2 + z^2 = 25$가 있다. 구 S 위에 있는 점 $\mathrm{P}(0, 4, 3)$를 지나는 평면을 α라 하자. 다음 조건을 만족시키는 모든 원 C와 D에 대하여 원 C의 xy평면 위로의 정사영의 넓이가 최대일 때 원 D의 xy평면 위로의 정사영의 넓이는 $\dfrac{q}{p}\sqrt{2}\,\pi$이다. $p+q$의 값을 구하시오. (단, p와 q는 서로소인 자연수이다.) [4점]

(가) 원 C는 평면 α와 구 S가 만나서 생기고 지름의 길이는 $\sqrt{2}$이다.
(나) 원 D는 평면 α와 구 T가 만나서 생긴다.

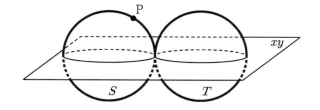

그림과 같이 $\overline{AB}=9$, $\overline{BC}=12$,

$\cos(\angle ABC)=\dfrac{\sqrt{3}}{3}$ 인 사면체 $ABCD$에 대하여 점

A의 평면 BCD 위로의 정사영을 P라 하고 점 A에서
선분 BC에 내린 수선의 발을 Q라 하자.

$\cos(\angle AQP)=\dfrac{\sqrt{3}}{6}$일 때, 삼각형 BCP의 넓이는

k이다. k^2의 값을 구하시오. [4점]

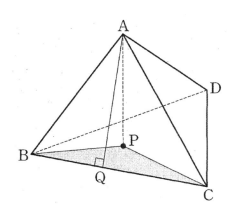

두 평면 α, β의 교선 위에 두 점 A, B가 있고
$\overline{AB}=7$이다. 평면 α 위의 점 C에 대하여 삼각형
ABC는 $\angle C=90^\circ$인 직각삼각형이고, 점 C의 평면
β 위로의 정사영을 C'이라 할 때, $\overline{AC'}=5$,

$\cos(\angle AC'B)=-\dfrac{1}{5}$이다. 두 평면 α, β가 이루는 각의

크기를 θ라 할 때, $\sin^2\theta=\dfrac{q}{p}$이다. $p+q$의 값을

구하시오. $\left(\text{단, } 0<\theta<\dfrac{\pi}{2}\text{이고, } p\text{와 } q\text{는 서로소인}\right.$

$\left.\text{자연수이다.}\right)$ [4점]

그림과 같이 직선 l을 교선으로 하고 이루는 각의 크기가 $\dfrac{\pi}{4}$인 두 평면 α와 β가 있고, 평면 α 위의 점 A와 평면 β 위의 점 B가 있다. 두 점 A, B에서 직선 l에 내린 수선의 발을 각각 C, D라 하자. $\overline{AB}=2$, $\overline{AD}=\sqrt{3}$이고 직선 AB와 평면 β가 이루는 각의 크기가 $\dfrac{\pi}{6}$일 때, 사면체 ABCD의 부피는 $a+b\sqrt{2}$이다. $36(a+b)$의 값을 구하시오. (단, a, b는 유리수이다.) [4점]

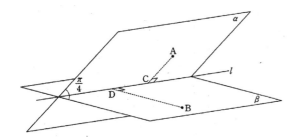

그림과 같이 직선 l을 교선으로 하고 이루는 각의 크기가 $\dfrac{\pi}{3}$인 두 평면 α와 β가 있고, 평면 α 위의 점 A와 평면 β 위의 점 B가 있다. 두 점 A, B에서 직선 l에 내린 수선의 발을 각각 C, D라 하자. $\overline{AB}=3\sqrt{2}$, $\overline{AD}=4$이고 직선 AB와 평면 β가 이루는 각의 크기가 $\dfrac{\pi}{4}$일 때, 사면체 ABCD의 부피는? [4점]

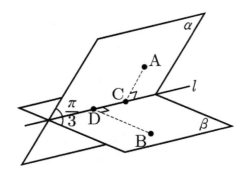

① $\sqrt{3}+\sqrt{5}$ ② $2+\sqrt{5}$ ③ $2\sqrt{5}$
④ $\sqrt{5}+\sqrt{6}$ ⑤ $2\sqrt{6}$

좌표공간에 서로 수직인 두 평면 α 와 β 가 있다. 평면 α 위의 두 점 A, B 에 대하여 $\overline{AB} = 3\sqrt{5}$ 이고 직선 AB 는 평면 β 에 평행하다. 점 A 와 평면 β 사이의 거리가 2 이고, 평면 β 위의 점 P 와 평면 α 사이의 거리는 4 일 때, 삼각형 PAB 의 넓이를 구하시오. [4점]

공간에서 이루는 각의 크기가 60°인 두 평면 α, β의 교선 위에 두 점 A, B가 있다. 평면 α 위에 $\overline{AC} = 2\sqrt{29}$, $\overline{BC} = 6$인 점 C와 평면 β 위에 $\overline{AD} = \overline{BD} = 6$인 점 D가 있다. $\angle ABC = \dfrac{\pi}{2}$일 때, 직선 CD와 평면 α가 이루는 예각의 크기를 θ라 하자. $\cos\theta$의 값은? [4점]

① $\dfrac{\sqrt{3}}{2}$ ② $\dfrac{\sqrt{7}}{3}$ ③ $\dfrac{\sqrt{29}}{6}$ ④ $\dfrac{\sqrt{30}}{6}$ ⑤ $\dfrac{\sqrt{31}}{6}$

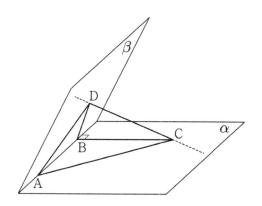

좌표공간에 구 $S : x^2 + y^2 + (z-1)^2 = 1$ 과 xy 평면 위의 원 $C : x^2 + y^2 = 4$ 가 있다. 구 S 와 점 P 에서 접하고 원 C 위의 두 점 Q, R 를 포함하는 평면이 xy 평면과 이루는 예각의 크기가 $\dfrac{\pi}{3}$ 이다. 점 P 의 z 좌표가 1 보다 클 때, 선분 QR 의 길이는? [4점]

① 1   ② $\sqrt{2}$ ③ $\sqrt{3}$ ④ 2   ⑤ $\sqrt{5}$

좌표공간에 구 $S : x^2 + y^2 + (z-\sqrt{3})^2 = 3$ 과 xy 평면 위의 원 $C : x^2 + y^2 = 4$ 가 있다. 구 S 와 점 P 에서 접하고 원 C 위의 두 점 Q, R 를 포함하는 평면이 xy 평면과 이루는 예각의 크기가 $\dfrac{\pi}{3}$ 이다. 점 P 의 z 좌표가 1 보다 작을 때, $\overline{QR}^2$ 의 값을 구하시오. [4점]

한 변의 길이가 12인 정삼각형 BCD를 한 면으로 하는 사면체 ABCD의 꼭짓점 A에서 평면 BCD에 내린 수선의 발을 H라 할 때, 점 H는 삼각형 BCD의 내부에 놓여 있다. 삼각형 CDH의 넓이는 삼각형 BCH의 넓이의 3배, 삼각형 DBH의 넓이는 삼각형 BCH의 넓이의 2배이고, $\overline{AH} = 3$이다. 선분 BD의 중점을 M, 점 A에서 선분 CM에 내린 수선의 발을 Q라 할 때, 선분 AQ의 길이는? [4점]

① $\sqrt{11}$　② $2\sqrt{3}$　③ $\sqrt{13}$　④ $\sqrt{14}$　⑤ $\sqrt{15}$

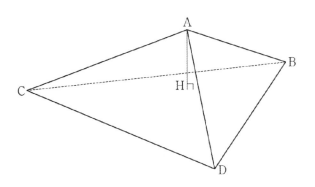

한 변의 길이가 20인 정삼각형 BCD를 한 면으로 하는 사면체 ABCD의 꼭짓점 A에서 평면 BCD에 내린 수선의 발을 H라 할 때, 점 H는 삼각형 BCD의 내부에 놓여 있다. 삼각형 CDH의 넓이는 삼각형 BCH의 넓이의 4배, 삼각형 DBH의 넓이는 삼각형 BCH의 넓이의 3배이고 $\overline{AH} = 8$이다. 선분 BD의 중점을 M, 점 A에서 선분 CM에 내린 수선의 발을 Q라 할 때, 삼각형 AHQ의 넓이를 구하시오. [4점]

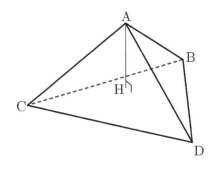

그림과 같이 한 변의 길이가 4이고 $\angle BAD = \dfrac{\pi}{3}$ 인

마름모 ABCD 모양의 종이가 있다. 변 BC와 변 CD의
중점을 각각 M과 N이라 할 때, 세 선분 AM, AN,
MN을 접는 선으로 하여 사면체 PAMN이 되도록
종이를 접었다. 삼각형 AMN의 평면 PAM 위로의

정사영의 넓이는 $\dfrac{q}{p}\sqrt{3}$ 이다. $p+q$의 값을 구하시오.

(단, 종이의 두께는 고려하지 않으며 P 는 종이를 접었을
때 세 점 B, C, D 가 합쳐지는 점이고, p와 q는
서로소인 자연수이다.) [4점]

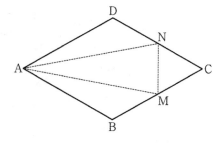

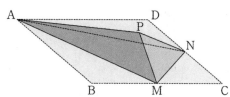

그림과 같이 평면 α 위의 $\overline{AB} = 4$, $\overline{BC} = 3$,
$\angle ABC = 90\,^\circ$ 인 삼각형 ABC와 평면 α 밖의 점 P 가
다음 조건을 만족시킨다.

(가) $\overline{PC} = 4$, $\angle ACP = 60\,^\circ$

(나) $\overline{AB} \perp \overline{PC}$

삼각형 ACP의 평면 BCP 위로의 정사영의 넓이가 S일
때, S^2의 값을 구하시오. [4점]

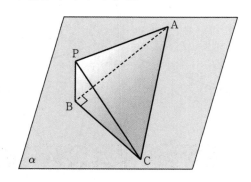

431

좌표공간에 중심이 $A(0, 0, 1)$이고 반지름의 길이가 4인 구 S가 있다. 구 S가 xy평면과 만나서 생기는 원을 C라 하고, 점 A에서 선분 PQ까지의 거리가 2가 되도록 원 C 위에 두 점 P, Q를 잡는다. 구 S가 선분 PQ를 지름으로 하는 구 T와 만나서 생기는 원 위에서 점 B가 움직일 때, 삼각형 BPQ의 xy평면 위로의 정사영의 넓이의 최댓값은? (단, 점 B의 z좌표는 양수이다.) [4점]

① 6 ② $3\sqrt{6}$ ③ $6\sqrt{2}$ ④ $3\sqrt{10}$ ⑤ $6\sqrt{3}$

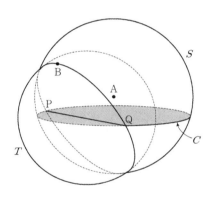

432

좌표공간에 중심이 $A(0, 0, \sqrt{2})$이고 반지름의 길이가 $4\sqrt{5}$인 구 S가 있다. 구 S가 xy평면과 만나서 생기는 원을 C_1라 하고 점 A에서 선분 PQ까지의 거리가 $2\sqrt{2}$가 되도록 원 C_1 위에 두 점 P, Q를 잡는다. 구 S가 선분 P, Q를 지름으로 하는 구 T와 만나서 생기는 원과 평행하면서 구 T에 접하는 평면이 구 S과 만나서 생기는 단면을 원 C_2라 하자. 원 C_1과 원 C_2가 만나는 두 점을 M, N이라 할 때, 원 C_2 위를 움직이는 점 B에 대하여 삼각형 BMN의 xy평면 위로의 정사영의 넓이의 최댓값은? (단, 선분 PQ의 중점과 구 T의 중심은 일치한다.) [4점]

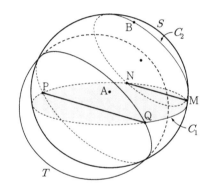

① $12 + 12\sqrt{2}$　　　② $14 + 12\sqrt{2}$
③ $16 + 12\sqrt{2}$　　　④ $18 + 12\sqrt{2}$
⑤ $20 + 12\sqrt{2}$

그림과 같이 서로 다른 두 평면 α, β의 교선 위에
$\overline{AB} = 18$인 두 점 A, B가 있다. 선분 AB를 지름으로
하는 원 C_1이 평면 α 위에 있고, 선분 AB를 장축으로
하고 두 점 F, F$'$을 초점으로 하는 타원 C_2가 평면 β
위에 있다.

원 C_1 위의 한 점 P에서 평면 β에 내린 수선의 발을
H라 할 때, $\overline{HF'} < \overline{HF}$이고 $\angle HFF' = \dfrac{\pi}{6}$이다. 직선
HF와 타원 C_2가 만나는 점 중 H와 가까운 점을 Q라
하면, $\overline{FH} < \overline{FQ}$이다.

점 H를 중심으로 하고 점 Q를 지나는 평면 β 위의 원은
반지름의 길이가 4이고 직선 AB에 접한다. 두 평면
α, β가 이루는 각의 크기를 θ라 할 때, $\cos\theta$의 값은?
(단, 점 P는 평면 β 위에 있지 않다.) [4점]

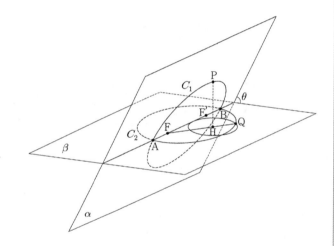

① $\dfrac{2\sqrt{66}}{33}$ ② $\dfrac{4\sqrt{69}}{69}$ ③ $\dfrac{\sqrt{2}}{3}$

④ $\dfrac{4\sqrt{3}}{15}$ ⑤ $\dfrac{2\sqrt{78}}{39}$

그림과 같이 두 평면 α, β가 이루는 예각의 크기가
$30°$이고 길이가 2인 선분 A_1B_1이 평면 α 위에
존재한다. 선분 A_1B_1과 두 평면의 교선이 이루는 예각의
크기는 $60°$이다. 두 점 A_1, B_1의 평면 β 위로의
정사영을 각각 A_2, B_2라 하고, 두 점 A_2, B_2의 평면 α
위로의 정사영을 각각 A_3, B_3라 하자. $\triangle A_1B_2B_3$의
넓이는? [4점]

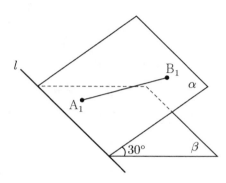

① $\dfrac{\sqrt{11}}{5}$ ② $\dfrac{2\sqrt{3}}{5}$ ③ $\dfrac{\sqrt{43}}{32}$

④ $\dfrac{\sqrt{43}}{16}$ ⑤ $\dfrac{3\sqrt{43}}{32}$

좌표공간에 정사면체 ABCD가 있다. 정삼각형 BCD의 외심을 중심으로 하고 점 B를 지나는 구를 S라 하자. 구 S와 선분 AB가 만나는 점 중 B가 아닌 점을 P, 구 S와 선분 AC가 만나는 점 중 C가 아닌 점을 Q, 구 S와 선분 AD가 만나는 점 중 D가 아닌 점을 R라 하고, 점 P에서 구 S에 접하는 평면을 α라 하자. 구 S의 반지름의 길이가 6일 때, 삼각형 PQR의 평면 α 위로의 정사영의 넓이는 k이다. k^2의 값을 구하시오. [4점]

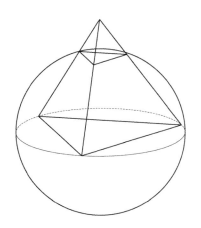

좌표공간에 정삼각형 ABC의 외심을 중심으로 하고 점 A를 지나는 구를 S_1이라 하자. 구 S_1과 구 S_2는 점 P에서 외접하고 있다. 직선 AP와 구 S_2의 교점 중 P가 아닌 점을 Q라 하자. 구 S_1의 반지름이 4이고 구 S_2의 반지름이 1일 때, 선분 AQ의 평면 QBC로의 정사영의 길이는 l이다. $l^2 = \dfrac{q}{p}$일 때, $p+q$의 값을 구하시오. (단, p와 q는 서로소인 자연수) [4점]

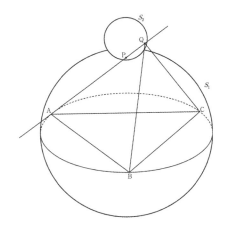

437

좌표공간에 두 개의 구

$S_1 : x^2 + y^2 + (z-2)^2 = 4, \quad S_2 : x^2 + y^2 + (z+7)^2 = 49$

가 있다. 점 $A(\sqrt{5},\, 0,\, 0)$을 지나고 zx평면에 수직이며, 구 S_1과 z좌표가 양수인 한 점에서 접하는 평면을 α라 하자. 구 S_2가 평면 α와 만나서 생기는 원을 C라 할 때, 원 C위의 점 중 z좌표가 최소인 점을 B라 하고 구 S_2와 점 B에서 접하는 평면을 β라 하자. 원 C의 평면 β위로의 정사영의 넓이가 $\dfrac{q}{p}\pi$일 때, $p+q$의 값을 구하시오. (단 p와 q는 서로소인 자연수이다.) [4점]

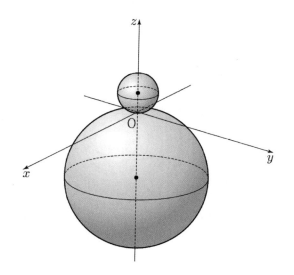

438

좌표공간에 두 개의 구 $S_1 : x^2 + y^2 + (z-3)^2 = 9$, $S_2 : x^2 + y^2 + (z+9)^2 = 81$ 가 있다. 그림과 같이 태양광선이 xy평면과 $60°$의 각을 이루며 비출 때, 구 S_1의 그림자가 구 S_2에 생기는 점 중 점 O로부터 거리가 가장 먼 점을 A라 하자. 또, 점 A와 두 구의 중심을 포함하는 평면에 수직이고 점 A를 지나고 구 S_1과 x좌표가 양수인 점에서 접하는 평면을 α라 하고 평면 β는 평면 α와 평행하고 구 S_1과 접하는 평면(단, $\alpha \neq \beta$)이라 할 때, 평면 β와 그림자의 교점을 B라 하자. 이때, 평면 β와 구 S_2의 교점 중 z좌표가 최소인 점을 C라 하고 구 S_2와 점 C에서 접평면을 γ라 하자. 선분 AB의 평면 γ 위로의 정사영의 길이가 a일 때, a^2의 값을 구하시오. [4점]

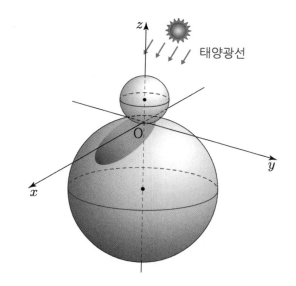

태양광선

좌표공간에 중심이 $C(2, \sqrt{5}, 5)$이고 점 $P(0, 0, 1)$을 지나는 구

$$S : (x-2)^2 + (y-\sqrt{5})^2 + (z-5)^2 = 25$$

가 있다. 구 S가 평면 OPC와 만나서 생기는 원 위를 움직이는 점 Q, 구 S 위를 움직이는 점 R에 대하여 두 점 Q, R의 xy평면 위로의 정사영을 각각 Q_1, R_1이라 하자. 삼각형 OQ_1R_1의 넓이가 최대가 되도록 하는 두 점 Q, R에 대하여 삼각형 OQ_1R_1의 평면 PQR 위로의 정사영의 넓이는 $\frac{q}{p}\sqrt{6}$ 이다. $p+q$의 값을 구하시오.

(단, O는 원점이고 세 점 O, Q_1, R_1은 한 직선 위에 있지 않으며, p와 q는 서로소인 자연수이다.) [4점]

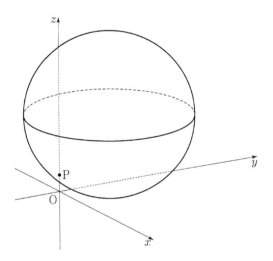

좌표공간에 점 $P(0, \sqrt{11}, 0)$와 중심이 $C(2, 2\sqrt{11}, 2)$이고 반지름의 길이가 $3\sqrt{2}$ 인 구 S가 있다. 구 S가 평면 OPC와 만나서 생기는 원 위를 움직이는 점 Q, 구 S 위를 움직이는 점 R에 대하여 두 점 Q, R의 xz평면 위로의 정사영을 각각 Q_1, R_1이라 하자. 삼각형 OQ_1R_1의 넓이가 최대가 되도록 하는 두 점 Q, R에 대하여 삼각형 OQ_1R_1의 평면 PQR 위로의 정사영의 넓이를 S라 하자. $8S$의 값을 구하시오. (단, O는 원점이고 세 점 O, Q_1, R_1은 한 직선 위에 있지 않다.) [4점]

그림과 같이 한 변의 길이가 8인 정사각형 ABCD에 두 선분 AB, CD를 각각 지름으로 하는 두 반원이 붙어 있는 모양의 종이가 있다. 반원의 호 AB의 삼등분점 중 점 B에 가까운 점을 P라 하고, 반원의 호 CD를 이등분하는 점을 Q라 하자. 이 종이에서 두 선분 AB와 CD를 접는 선으로 하여 두 반원을 접어 올렸을 때 두 점 P, Q에서 평면 ABCD에 내린 수선의 발을 각각 G, H라 하면 두 점 G, H는 정사각형 ABCD의 내부에 놓여 있고, $\overline{PG} = \sqrt{3}$, $\overline{QH} = 2\sqrt{3}$이다. 두 평면 PCQ와 ABCD가 이루는 각의 크기가 θ일 때, $70 \times \cos^2\theta$의 값을 구하시오. (단, 종이의 두께는 고려하지 않는다.) [4점]

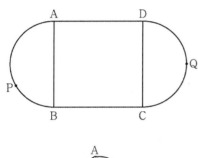

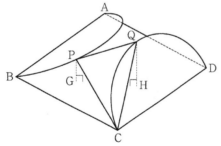

그림과 같이 한 변의 길이가 $4\sqrt{3}$인 정삼각형 ABC에 선분 AB의 중점 M에 대하여 두 선분 BM, AC를 각각 지름으로 하는 두 반원이 붙어 있는 모양의 종이가 있다. 반원의 호 BM을 이등분하는 점을 P라 하고, 반원의 호 AC를 이등분하는 점을 Q라 하자. 이 종이에서 두 선분 AB와 AC를 접는 선으로 하여 두 반원을 접어 올렸을 때 두 점 P, Q에서 평면 ABC에 내린 수선의 발을 각각 G, H라 하면 두 점 G, H는 정삼각형 ABC의 내부에 놓여 있고 $\overline{PG} = \sqrt{2}$, $\overline{QH} = 2\sqrt{2}$이다. 두 평면 PCQ와 ABC가 이루는 각의 크기가 θ일 때, $60 \times \cos^2\theta$의 값을 구하시오. (단, 종이의 두께는 고려하지 않는다.) [4점]

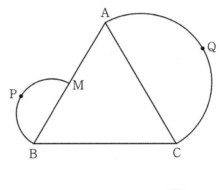

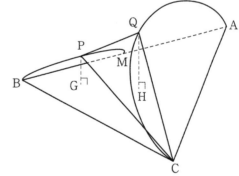

랑데뷰
기출과 변형

기하

해설

기출문제와 그 문제들의 유사 변형 문제로 구성됨.문제집으로 가장 효과적인 기출문제 공부법을 제시한다.

황보백 지음

RANDEZVOUS

orbibooks

랑데뷰★수학

기출과 변형

기하

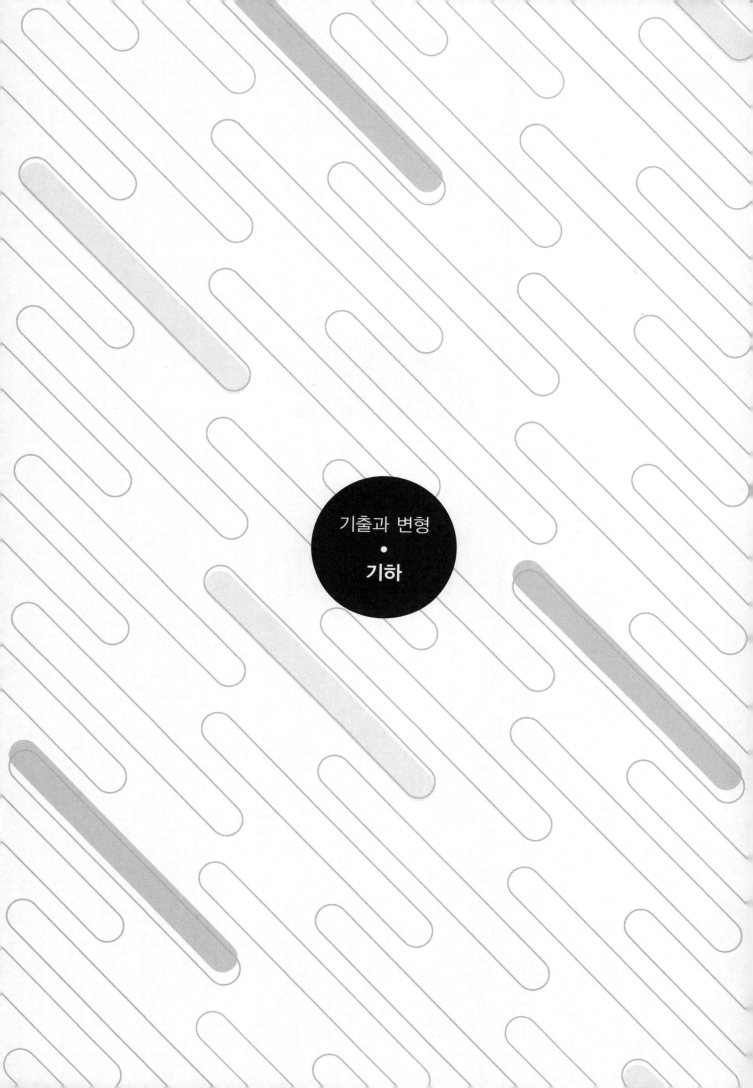

기출과 변형

•

기하

빠른 정답

1 이차곡선

Level 1

유형 1 포물선의 정의와 활용

1	③	2	③	3	①	4	③	5	③
6	③	7	②	8	①	9	①	10	①
11	136	12	④	13	①	14	②	15	①
16	①	17	59	18	③	19	②		

유형 2 포물선과 직선

20	①	21	②	22	12	23	④	24	①
25	10	26	②	27	③	28	④	29	④

유형 3 타원의 정의와 활용

30	④	31	⑤	32	③	33	②	34	①
35	②	36	⑤	37	41	38	①	39	④
40	32	41	32	42	103	43	④	44	③
45	④	46	6	47	④	48	①	49	⑤
50	⑤	51	③	52	①	53	④	54	⑤
55	6	56	⑤	57	⑤	58	8		

유형 4 타원과 직선

59	③	60	④	61	⑤	62	17	63	④
64	⑤	65	⑤	66	①	67	⑤	68	④
69	③	70	200	71	4	72	⑤	73	②
74	①								

유형 5 쌍곡선의 정의와 활용

75	③	76	③	77	①	78	③	79	④
80	④	81	③	82	①	83	⑤	84	②
85	①	86	19	87	④	88	③	89	⑤
90	③	91	④	92	②	93	⑤	94	10
95	③								

유형 6 쌍곡선과 직선

96	①	97	②	98	②	99	③	100	④
101	③	102	②	103	④	104	④	105	32
106	52	107	①	108	①	109	②	110	④
111	④	112	8						

Level 2

113	11	114	145	115	17	116	80	117	80
118	16	119	②	120	⑤	121	①	122	②
123	⑤	124	④	125	①	126	③	127	③
128	③	129	③	130	②	131	39	132	③
133	③	134	③	135	8	136	④	137	32
138	③	139	⑤	140	③	141	128	142	④
143	①	144	④	145	②	146	③	147	14
148	①	149	15	150	⑤	151	105	152	16
153	②	154	88	155	12	156	③	157	④
158	⑤	159	⑤	160	①	161	104	162	10
163	③	164	60	165	22	166	14	167	①
168	③	169	12	170	34	171	29	172	12
173	116	174	13	175	③	176	④	177	14
178	11	179	11	180	2	181	90	182	22
183	⑤	184	②						

Level 3

185	23	186	52	187	80	188	288	189	5
190	64	191	⑤	192	③				

2 평면벡터

유형 1 평면벡터의 연산

193	②	194	⑤	195	④	196	②	197	①
198	①	199	15	200	③	201	③	202	⑤
203	④	204	④	205	④	206	②	207	28
208	⑤	209	350	210	4	211	⑤	212	⑤
213	③	214	①						

유형 2 평면벡터의 내적

215	②	216	②	217	③	218	④	219	②
220	②	221	③	222	⑤	223	①	224	⑤
225	64	226	④	227	②	228	18	229	28
230	②	231	25	232	6	233	③	234	⑤
235	209	236	③	237	①	238	③	239	⑤
240	②	241	②						

유형 3 벡터로 나타낸 도형의 방정식

242	①	243	⑤	244	⑤	245	52	246	9
247	⑤	248	1	249	①	250	45	251	②
252	③	253	①	254	9	255	41	256	①
257	7								

258	147	259	64	260	27	261	21	262	13
263	36	264	①	265	③	266	②	267	50
268	⑤	269	93	270	17	271	180	272	7
273	96	274	19	275	13	276	⑤	277	4
278	7	279	44	280	⑤	281	②	282	31
283	22	284	③	285	4	286	③	287	21
288	①	289	③	290	⑤	291	①		

292	⑤	293	②	294	12	295	8	296	17
297	28	298	8	299	4	300	100	301	20
302	45	303	64	304	48	305	64	306	⑤
307	④	308	53	309	5	310	24	311	20

유형 1		삼수선의 정리							
312	①	313	③	314	①	315	④	316	①
317	③	318	③	319	②	320	①	321	④
322	20	323	①	324	⑤	325	③	326	③
327	②	328	②	329	①	330	12	331	②
332	⑤	333	②	334	②	335	32	336	③
337	②	338	①	339	⑤				

유형 2		정사영의 길이와 넓이							
340	⑤	341	③	342	⑤	343	30	344	16
345	⑤	346	②	347	48				

유형 3		공간좌표							
348	②	349	④	350	④	351	⑤	352	④
353	①	354	②	355	②	356	10	357	①
358	③	359	13	360	⑤	361	④	362	④
363	④	364	①	365	①	366	②	367	③
368	21	369	③	370	④				

유형 4		구의 방정식							
371	⑤	372	②	373	125	374	④	375	②
376	③	377	④	378	②				

379	④	380	2	381	24	382	④	383	③
384	26	385	34	386	5	387	15	388	24
389	27	390	5	391	④	392	①	393	25
394	①	395	③	396	⑤	397	30	398	③
399	⑤	400	12	401	45	402	④	403	32
404	36	405	10	406	10	407	②	408	9
409	13	410	④	411	40	412	120	413	②
414	35	415	11	416	④	417	9	418	45
419	162	420	194	421	12	422	①	423	15
424	①	425	④	426	12	427	③	428	15
429	8	430	11						

431	①	432	①	433	⑤	434	⑤	435	24
436	213	437	127	438	8	439	23	440	100
441	40	442	20						

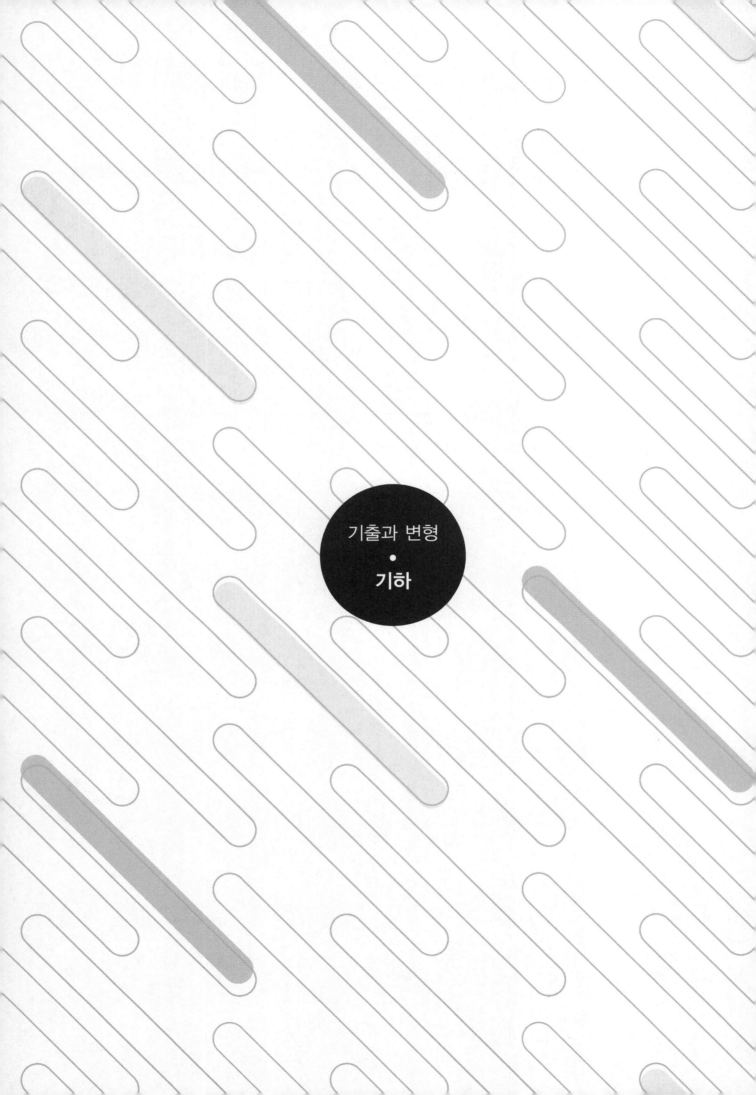

기출과 변형
·
기하

상세 해설

$$\frac{1}{2} \times \overline{AB} \times \overline{BD'} = \frac{1}{2} \times 18 \times 12\sqrt{2} = 108\sqrt{2}$$

유형 1 포물선의 정의와 활용

001 정답 ③

F(2, 0)이고, 준선은 직선 $x=-2$이다.
준선이 x축과 만나는 점을 E라 하고,
두 점 C, D에서 준선에 내린 수선의 발을 각각 C′, D′이라
하자.

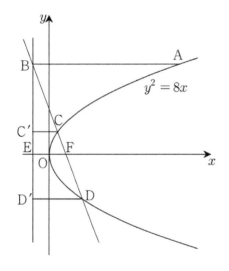

포물선의 정의에 의하여
$$\overline{CF} = \overline{CC'}, \ \overline{DF} = \overline{DD'}$$
이때 $\overline{BC} = \overline{CD}$이므로
$$\overline{CC'} = \frac{1}{2} \times \overline{DD'}$$
$\overline{CC'} = k(k>0)$이라 하면 $\overline{DD'} = 2k$
$\overline{BC} = \overline{CD} = k+2k = 3k$
$\overline{BF} = 3k+k = 4k$
두 닮은 삼각형 BCC′, BFE에서
$\overline{EF} = 4$이므로
$3k : k = 4k : 4$에서 $k=3$
삼각형 BDD′에서
$\overline{BD} = 18$, $\overline{DD'} = 6$이므로
$\overline{BD'} = 12\sqrt{2}$
또 삼각형 BFE에서 $\overline{BE} = 8\sqrt{2}$
점 B의 y좌표가 $8\sqrt{2}$이므로
$(8\sqrt{2})^2 = 8x$에서 점 A의 x좌표는 16
따라서 삼각형 ABD의 넓이는

002 정답 ③

포물선 $y^2 = 4px$에서 초점 F의 좌표는 $(p, 0)$
이고, 준선의 방정식은 $x=-p$이다.
포물선 위의 세 점 P_1, P_2, P_3에서 포물선의 준선에 내린
수선의 발을 각각 H_1, H_2, H_3이라 하자.

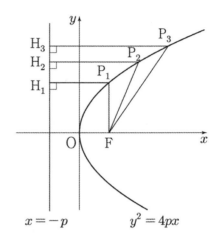

세 점 P_1, P_2, P_3의 x좌표가 각각
p, $2p$, $3p$
이므로
포물선의 성질에 의해
$$\overline{FP_1} = \overline{H_1P_1} = p+p = 2p,$$
$$\overline{FP_2} = \overline{H_2P_2} = p+2p = 3p,$$
$$\overline{FP_3} = \overline{H_3P_3} = p+3p = 4p$$
이다.
$\overline{FP_1} + \overline{FP_2} + \overline{FP_3} = 27$에서
$2p+3p+4p = 27$
$9p = 27$
따라서 $p=3$

003 정답 ①

포물선 $y^2 = -12x$의 준선의 방정식은 $x=3$
포물선 $y^2 = -12(x-1)$은 포물선 $y^2 = -12x$를 x축의
방향으로 1만큼 평행이동한 곡선이므로 포물선
$y^2 = -12(x-1)$의 준선은 직선 $x=3$을 x축의 방향으로
1만큼 평행이동한 직선이다.
따라서 $k = 3+1 = 4$

004 정답 ③

포물선 $(y-2)^2=8(x+2)$는 포물선 $y^2=8x$를 x축의
방향으로 -2만큼, y축의 방향으로 2만큼 평행이동한 것이다.
이때 포물선 $y^2=8x$의 초점이 점 $(2, 0)$, 준선이 직선
$x=-2$이므로 포물선 $(y-2)^2=8(x+2)$의 초점은 점
A$(0, 2)$,
준선은 직선 $x=-4$이다.
점 P에서 준선 $x=-4$에 내린 수선의 발을 H, 준선이 x축과
만나는 점을 B라 하면
$$\overline{OP}+\overline{PA}=\overline{OP}+\overline{PH}\geq\overline{OB}$$
이 값이 최소가 되는 점 P_0은 포물선 $(y-2)^2=8(x+2)$와
x축이 만나는 점이다.

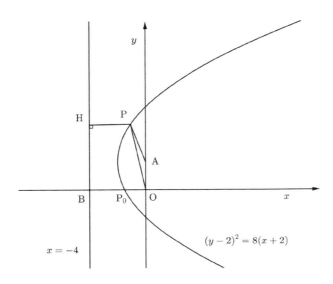

이때
$$\overline{OQ}+\overline{QA}=\overline{OP_0}+\overline{P_0A} \qquad \cdots\cdots \text{㉠}$$
에서
$\overline{OP_0}+\overline{P_0A}=\overline{OB}=4$이므로 ㉠은
$$\overline{OQ}+\overline{QA}=4$$
그러므로 점 Q는 두 점 A, O를 초점으로 하고 거리의 합이 4인
타원 위의 점이다.
점 Q의 y좌표가 가장 큰 점은 이 타원이 y축의 양의 방향과
만나는 점이므로 이 점을 $Q_1(0, a)$라 하면 $\overline{OQ_1}+\overline{Q_1A}=4$에서
$$a+(a-2)=4$$
$$a=3$$
또, 점 Q의 y좌표가 가장 작은 점은 이 타원이 y축의 음의
방향과 만나는 점이므로 이 점을 $Q_2(0, b)$라 하면
$$\overline{OQ_2}+\overline{Q_2A}=4$$
에서
$$(0-b)+(2-b)=4$$
$$b=-1$$
따라서 $M=3$, $m=-1$이므로
$$M^2+m^2=3^2+(-1)^2=10$$

005 정답 ③

초점이 점 $F\left(\dfrac{1}{3}, 0\right)$이고 준선이 직선 $x=-\dfrac{1}{3}$인
포물선의 방정식은 $y^2=\dfrac{4}{3}x$
이 포물선 위에 점 $(a, 2)$가 있으므로
$$2^2=\dfrac{4}{3}\times a$$
따라서 $a=3$

[다른 풀이]

점 $(a, 2)$가 초점이 점 $F\left(\dfrac{1}{3}, 0\right)$이고 준선이 직선 $x=-\dfrac{1}{3}$인
포물선 위에 있으므로 A$(a, 2)$라 하면 선분 AF의 길이와 점
A에서 직선 $x=-\dfrac{1}{3}$까지의 거리가 같다. 즉,
$$\sqrt{\left(a-\dfrac{1}{3}\right)^2+(2-0)^2}=\left|a-\left(-\dfrac{1}{3}\right)\right|$$
$$\left(a-\dfrac{1}{3}\right)^2+4=\left(a+\dfrac{1}{3}\right)^2$$
$$a^2-\dfrac{2}{3}a+\dfrac{1}{9}+4=a^2+\dfrac{2}{3}a+\dfrac{1}{9}$$
$$\dfrac{4}{3}a=4$$
따라서 $a=3$

006 정답 ③

두 점 A, C의 x좌표를 각각 x_1, x_2라 하면
$$\overline{AB}=x_1+p$$
이때 $\overline{AB}=\overline{BF}$이므로
$$\overline{BF}=x_1+p \qquad \cdots\cdots \text{㉠}$$
한편, 점 C에서 포물선의 점근선에 내린 수선의 발을 C$'$이라
하면
$$\overline{CF}=\overline{CC'}=x_2+p \qquad \cdots\cdots \text{㉡}$$

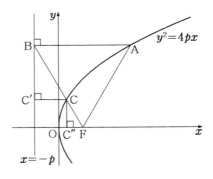

이때 $\overline{BC}+3\overline{CF}=6$이므로 ㉠과 ㉡에서
$$\overline{BC}+3\overline{CF}=\overline{BF}+2\overline{CF}$$
$$=(x_1+p)+2(x_2+p)$$
$$=x_1+2x_2+3p$$

$=6$　　$\cdots\cdots$ⓒ

한편, $\overline{AB}=\overline{BF}$ 이고 포물선의 정의에 의해

$\overline{AF}=\overline{AB}$ 이므로 삼각형 ABF는 정삼각형이다.

그러므로

$\angle OFB=60°$

이때

$\overline{BF}\cos 60°=2p$

$\overline{CF}\cos 60°=p-x_2$

이므로

$(x_1+p)\times\dfrac{1}{2}=2p,$

$(x_2+p)\times\dfrac{1}{2}=p-x_2$

즉, $x_1=3p$, $x_2=\dfrac{1}{3}p$　　$\cdots\cdots$ⓔ

ⓔ을 ⓒ에 대입하면

$3p+\dfrac{2}{3}p+3p=6,$ $\dfrac{20}{3}p=6$

따라서 $p=\dfrac{9}{10}$

007 정답 ②

점 P의 좌표를 (x_1, y_1)이라고 하면, 접선의 방정식은

$y_1 y=\dfrac{1}{2}(x+x_1)$

이 식에 $y=0$을 대입하면 $x=-x_1$이므로 교점 T의 좌표는

$(-x_1, 0)$이다.

$y^2=4\times\dfrac{1}{4}\times x$ 에서 초점 F의 좌표는 $\left(\dfrac{1}{4}, 0\right)$이므로

$\overline{FT}=x_1+\dfrac{1}{4}$

$\overline{FP}=\sqrt{\left(x_1-\dfrac{1}{4}\right)^2+y_1{}^2}=\sqrt{x_1{}^2-\dfrac{1}{2}x_1+\dfrac{1}{16}+x_1}$ $(\because$

$y_1{}^2=x_1)$

$\quad=\sqrt{x_1{}^2+\dfrac{1}{2}x_1+\dfrac{1}{16}}=\sqrt{\left(x_1+\dfrac{1}{4}\right)^2}$

$\quad=x_1+\dfrac{1}{4}$

008 정답 ①

[그림 : 이현일T]

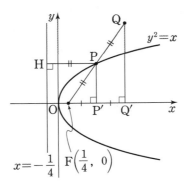

$\overline{HP}=4$이므로 $P'\left(\dfrac{15}{4}, 0\right)$

또한, $\overline{FP'}=\overline{P'Q'}$이므로 $Q'\left(\dfrac{29}{4}, 0\right)$

009 정답 ①

$y=\log_2(x+a)+b$의 점근선은 $x=-a$,

포물선 $y^2=x$의 준선은 $x=-\dfrac{1}{4}$이므로 $a=\dfrac{1}{4}$

$y=\log_2(x+a)+b$가

$y^2=x$의 초점 $\left(\dfrac{1}{4}, 0\right)$을 지나므로

$0=\log_2\left(\dfrac{1}{4}+\dfrac{1}{4}\right)+b=\log_2\dfrac{1}{2}+b=-1+b$

$\therefore b=1$

$\therefore a+b=\dfrac{5}{4}$

010 정답 ①

포물선 $y^2=12x$에서 초점 F의 좌표는 $F(3, 0)$이고,

$F(3, 0)$을 지나는 직선은

$y=a(x-3)$ (a는 상수)

한편, 준선은 $x=-3$이고, $\overline{AC}=4$이므로, 점 A의 x좌표는

1이다.

점 $A(1, \sqrt{12})$가 직선 $y=a(x-3)$위의 점이므로

$\sqrt{12}=-2a,$ $a=-\sqrt{3}$

$\therefore y=-\sqrt{3}(x-3)$

직선 $y=-\sqrt{3}(x-3)$과 포물선 $y^2=12x$를 연립하면

$\{-\sqrt{3}(x-3)\}^2=12x$

$x^2-10x+9=0$

$(x-1)(x-9)=0$

즉, 점 B의 x좌표는 9이다.

따라서, 선분 BD의 길이는 $9+3=12$ 이다

011 정답 136

[그림 : 이호진T]

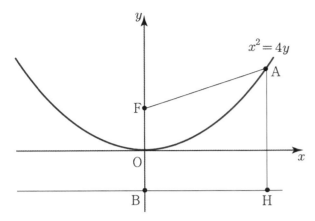

점 A가 $x^2 = 4y$ 위에 있고 F는 초점이므로
점 A에서 $y = -1$에 내린 수선의 발을 H라 할 때
포물선 정의에 의해 $\overline{AF} = 10$이면 $\overline{AH} = 10$이므로
점 A의 y좌표는 9이고, x좌표는 ± 6이다.
두 경우 모두 $\overline{AB}$의 길이는 같고
$\overline{AB} = \sqrt{6^2 + 10^2} = \sqrt{136}$ 이므로
$\therefore a^2 = 136$

012 정답 ④

포물선 정의에 의해 $F(2, 0)$이고, 준선은 $x = -2$이다.
P에서 준선까지의 거리도 4이므로
점 P의 x좌표는 2이고 $b^2 = 8a$이므로
$\therefore a = 2,\ b = 4$
$\therefore 6$

013 정답 ①

포물선 $y^2 = 12x$의 준선의 방정식은 $x = -3$이고,
포물선 위의 점에서 초점까지의 거리는 준선까지의 거리와
같으므로 점 P와 준선 $x = -3$ 사이의 거리가 9이어야 한다.
따라서 점 P의 x좌표를 a라 하면
$a - (-3) = 9$이므로 $a = 6$

014 정답 ②

포물선 $y^2 - 4y - ax + 4 = 0$
즉, $(y-2)^2 = ax$의 그래프는 포물선 $y^2 = ax$의 그래프를
y축의 방향으로 2만큼 평행이동한 것이다.
이때, 포물선 $y^2 = ax$의 초점의 좌표가 $\left(\dfrac{a}{4}, 0\right)$이므로 포물선
$(y-2)^2 = ax$의 초점의 좌표는 $\left(\dfrac{a}{4}, 2\right)$이다.

따라서 $\dfrac{a}{4} = 3,\ 2 = b$. 즉, $a = 12,\ b = 2$이므로
$a + b = 12 + 2 = 14$

015 정답 ①

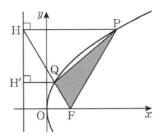

점 Q에서 포물선의 준선 $x = -p$에 내린 수선의 발을 H′이라
하면 점 Q는 포물선 위의 점이므로
$\overline{QF} = \overline{QH'}$
조건 (가)에서 $\overline{QF} : \overline{QH} = 1 : 2$이므로
$\cos(\angle HFO) = \cos(\angle HQH') = \dfrac{\overline{QH'}}{\overline{QH}} = \dfrac{1}{2}$
그러므로 $\angle HFO = 60°$
$\overline{PH} /\!/ \overline{OF}$이므로 $\angle PHF = \angle HFO = 60°$
이때 삼각형 PHF는 $\overline{PF} = \overline{PH}$인 이등변삼각형이므로
$\angle PFH = \angle PHF = 60°$
$\angle FPH = 180° - (60° + 60°) = 60°$이므로
삼각형 PHF는 정삼각형이다.
이때 초점 F의 좌표가 $(p, 0)$이므로
$\overline{FH} = 4p$
조건 (나)에서 삼각형 PQF의 넓이는 정삼각형 PHF의 넓이의
$\dfrac{1}{3}$이므로
$\dfrac{1}{3} \times \dfrac{\sqrt{3}}{4} \times (4p)^2 = \dfrac{8\sqrt{3}}{3},\ p^2 = 2$
따라서 $p > 0$이므로 $p = \sqrt{2}$

016 정답 ①

포물선 $x^2 = 8(y+2)$에서
초점 F의 좌표는 $(0, 0)$, 준선의 방정식은 $y = -4$
점 P의 좌표를 (a, b) $(a > 0,\ b > 0)$이라 하자.
점 P는 포물선 위의 점이므로 $\overline{PF} = \overline{PH}$
$\overline{PH} + \overline{PF} = 40$에서 $\overline{PF} = \overline{PH} = 20$
$\overline{PH} = |b - (-4)| = 20$에서 $b = 16$
$\overline{PF} = \sqrt{a^2 + 16^2} = 20$에서 $a = 12$
점 $P(12, 16)$은 포물선 $y^2 = 4px$ 위의 점이므로
$16^2 = 48p$

따라서 $p = \dfrac{16}{3}$

017 정답 59

포물선 $y^2 = 4x$ 와 직선 $y = n$ 의 교점 P_n 의 x 좌표를 x_n 이라

하면 $n^2 = 4x_n$ 에서 $x_n = \dfrac{n^2}{4}$ 이고 점 P_n 에서 포물선

$y^2 = 4x$ 의 준선 $x = -1$ 에 내린 수선의 발을 H_n 이라 하면

$\overline{H_n P_n} = 1 + x_n = 1 + \dfrac{n^2}{4}$

$\overline{FP_n} = \overline{H_n P_n}$ 이므로 $a_n = 1 + \dfrac{n^2}{4}$

따라서

$$\sum_{n=1}^{8} a_n = \sum_{n=1}^{8} \left(1 + \dfrac{n^2}{4} \right)$$
$$= 8 + \dfrac{1}{4} \times \dfrac{8 \times 9 \times 17}{6}$$
$$= 8 + 51 = 59$$

018 정답 ③

포물선 $y^2 = 4x$ 에서 초점 F의 좌표는 $(1, 0)$, 준선의 방정식은
$x = -1$ 이다.

두 점 A, B의 x 좌표를 각각 α, β 라 하고, 두 점 A, B에서
준선에 내린 수선의 발을 각각 A′, B′ 이라 하면

$\overline{AA'} = 1 + \alpha$, $\overline{BB'} = 1 + \beta$

$\overline{AB} = \overline{AA'} + \overline{BB'}$ 이므로

$8 = (1 + \alpha) + (1 + \beta)$

$\therefore \alpha + \beta = 6$ $\qquad \cdots\cdots$ ㉠

직선 l 의 기울기를 m 이라 하면 $l : y = m(x-1)$

$y^2 = 4x$ 와 $y = m(x-1)$ 을 연립하면

$m^2(x-1)^2 = 4x$

$m^2 x^2 - (2m^2 + 4)x + m^2 = 0$

이때, α, β 는 $m^2 x^2 - (2m^2 + 4)x + m^2 = 0$의 두 근이므로

$\alpha + \beta = \dfrac{2m^2 + 4}{m^2} = 6$ ($\because$ ㉠)

$2m^2 + 4 = 6m^2$

$\therefore m = 1$

019 정답 ②

[그림 : 이현일T]

원의 중심을 $A(a, 1)$ 라 하고, 점 P에서 포물선의 준선
$x = -1$ 에 내린 수선의 발을 H, 원과 x 축이 만나는 점을 B라
하자.

포물선의 정의에 의하여 $\overline{PF} = \overline{PH}$ 이고

$\overline{AQ} = 1$ 이므로 $\overline{QP} = \overline{QP} + \overline{AQ} - 1$ 이다.

따라서 $\overline{QP} + \overline{PF} = \overline{QP} + \overline{AQ} - 1 + \overline{PH}$ 이므로

$\overline{AQ} + \overline{QP} + \overline{PH} - 1$ 의 최솟값은 5이다.

$\overline{AQ} + \overline{QP} + \overline{PH}$ 는 그림과 같이 네 점 A, Q, P, H가 일직선
위에 있을 때 최소이고 $\overline{AQ} + \overline{QP} + \overline{PH}$ 의 최솟값은 $\overline{AH}$ 이므로

$\overline{AH} = a - (-1) = a + 1$ 이다.

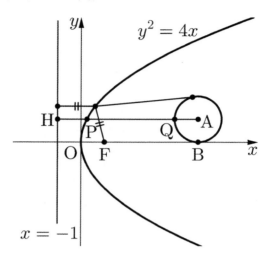

따라서 $\overline{AQ} + \overline{QP} + \overline{PH} - 1 \geq \overline{AH} - 1 = 5$ 에서

$\overline{AH} = 6$ 이므로 $a = 5$ 이다.

유형 2 포물선과 직선

020 정답 ①

$y^2 = 4x$ 에 접하고 기울기가 3인 접선의 방정식을

$y = 3x + a$ 라 하고, $x = \dfrac{y^2}{4}$ 을 대입하면

$y = 3 \cdot \dfrac{y^2}{4} + a \Rightarrow 3y^2 - 4y + 4a = 0$ 에서

$\dfrac{D}{4} = 4 - 12a = 0$ $\quad \therefore a = \dfrac{1}{3}$

즉, 접선의 방정식은 $y = 3x + \dfrac{1}{3}$ $\cdots$ ㉠

$y = 3x + 2$ 를 x 축의 방향으로 k 만큼 평행 이동시키면,

$y = 3(x-k) + 2 = 3x - 3k + 2$ $\cdots$ ㉡

㉠, ㉡에서 $-3k + 2 = \dfrac{1}{3}$

$\therefore k = \dfrac{5}{9}$

021 정답 ②

점 $P(a, b)$가 포물선 $y^2 = 4x$ 위의 점이므로

$b^2 = 4a$ $\cdots$ ㉠

또, 점 P에서의 접선은 $by = 2(x+a)$이므로

이 접선이 x축과 만나는 점 Q의 좌표는 $Q(-a, 0)$

이때, $\overline{PQ} = 4\sqrt{5}$에서 $\overline{PQ}^2 = 80$

$4a^2 + b^2 = 80$, $4a^2 + 4a = 80$ ($\because$ ㉠)

$a^2 + a - 20 = 0$, $(a-4)(a+5) = 0$

$\therefore a = 4$ ($\because a > 0$)

㉠에서 $b^2 = 16$

$\therefore a^2 + b^2 = 16 + 16 = 32$

022 정답 12

포물선의 초점을 F라 하면

$y^2 = 4 \cdot \dfrac{n}{4} \cdot x$에서 $F\left(\dfrac{n}{4}, 0\right)$

접선 l의 방정식은 $ny = \dfrac{n}{2}(x+n)$

$\therefore l : 2y = x + n$

$d = \dfrac{\left|0 - \dfrac{n}{4} - n\right|}{\sqrt{5}} = \dfrac{\dfrac{5}{4}n}{\sqrt{5}} = \dfrac{\sqrt{5}}{4}n \geq \sqrt{40}$

$\therefore n \geq \dfrac{4\sqrt{40}}{\sqrt{5}} = 8\sqrt{2} = \sqrt{128} = 11.\times\times\times$

따라서 n의 최솟값은 12이다.

023 정답 ④

두 직선 l_1, l_2의 기울기 m_1, m_2 ($m_1 < m_2$)가 방정식

$2x^2 - 3x + 1 = 0$의 두 근이므로

$2x^2 - 3x + 1 = (2x-1)(x-1) = 0$에서

$x = \dfrac{1}{2}$ 또는 $x = 1$

$\therefore m_1 = \dfrac{1}{2}$, $m_2 = 1$

즉 두 직선 l_1, l_2의 기울기는 각각 $\dfrac{1}{2}$, 1라고 할 수 있다.

두 직선 l_1, l_2는 포물선 $y^2 = 8x$의 접선이므로

(i) 기울기 $m_1 = \dfrac{1}{2}$인 접선 l_1의 방정식은

$y = \dfrac{1}{2}x + \dfrac{2}{\dfrac{1}{2}} = \dfrac{1}{2}x + 4$

(ii) 기울기 $m_2 = 1$인 접선 l_2의 방정식은

$y = x + 2$

두 직선의 방정식을 연립하면 $x = 4$

따라서 구하는 교점의 x좌표는 4이다.

024 정답 ①

꼭짓점의 좌표가 $(0, 0)$이고 초점이 $(a_n, 0)$인 포물선은

$y^2 = 4a_n x$이고 기울기가 n인 접선의 방정식은

$y = nx + \dfrac{a_n}{n}$이다. 따라서 $\dfrac{a_n}{n} = n+1$이고

$a_n = n(n+1)$이다.

$\therefore \displaystyle\sum_{n=1}^{5} a_n = \sum_{n=1}^{5} n(n+1) = 70$

025 정답 10

포물선 $y^2 = 20x$에 접하고 기울기가 $\dfrac{1}{2}$인

접선의 방정식은 $y = \dfrac{1}{2}x + 10$이므로 y절편은 10

026 정답 ②

점 $P(x_1, y_1)$라 하면 주어진 접선의 방정식은

$y_1 y = 2(x + x_1)$이고 x절편이 -2이므로

$x_1 = -2$

또한 $y_1 = 2\sqrt{2}$

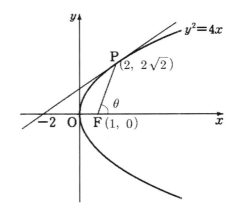

직선 PF의 기울기를 $\tan\theta$라 하면

$\tan\theta = \dfrac{2\sqrt{2} - 0}{2 - 1} = 2\sqrt{2}$

따라서 $\cos\theta = \dfrac{1}{3}$

$\therefore \cos(\angle PFO) = \cos(\pi - \theta) = -\cos\theta = -\dfrac{1}{3}$

027 정답 ③

포물선 $y^2 = 4x$ 위의 점 $A(4, 4)$에서의 접선의 방정식은

$4y = 2(x + 4)$

$y = \dfrac{1}{2}x + 2$ $\cdots$ ㉠

이때, 포물선의 준선의 방정식은 $x=-1$이므로 D$(-1,\ 0)$

또, ㉠에 $x=-1$을 대입하면 B$\left(-1,\ \dfrac{3}{2}\right)$

또, ㉠에 $y=0$을 대입하면

C$(-4,\ 0)$

따라서 삼각형 BCD의 넓이를 S라 하면

$$S=\frac{1}{2}\times\overline{\mathrm{CD}}\times\overline{\mathrm{BD}}=\frac{1}{2}\times3\times\frac{3}{2}=\frac{9}{4}$$

028 정답 ④

점 P는 x축 위의 점이고 포물선 $y^2=6x$는 x축에 대하여 대칭이므로 두 접점 Q와 R도 x축에 대하여 대칭이다.

점 P의 좌표를 $(a,\ 0)$, 점 Q의 좌표를 $(x_1,\ y_1)$이라 하면 점 Q에서의 포물선의 접선의 방정식은 $y_1 y=3(x+x_1)$이고, 점 P가 이 접선 위의 점이므로

$0=3(a+x_1)$, 즉 $x_1=-a$이다.

점 R의 x좌표도 $x_1=-a$이므로

삼각형 PRQ의 무게중심의 x좌표는

$\dfrac{a+(-a)+(-a)}{3}=-\dfrac{a}{3}$이다.

포물선의 방정식으로부터 초점의 x좌표는 $\dfrac{3}{2}$이므로

$$-\frac{a}{3}=\frac{3}{2},\ a=-\frac{9}{2}$$

즉, 점 P의 좌표는 $\left(-\dfrac{9}{2},\ 0\right)$이다.

두 점 Q, R는 모두 포물선 위의 점이므로

$y_1{}^2=6x_1$에서 $y_1{}^2=6\times\dfrac{9}{2}=27$

$y_1=3\sqrt{3}$ 또는 $y_1=-3\sqrt{3}$

$\overline{\mathrm{QR}}=3\sqrt{3}-(-3\sqrt{3})=6\sqrt{3}$

따라서 삼각형 PRQ의 넓이는

$$\frac{1}{2}\times6\sqrt{3}\times\left\{\frac{9}{2}-\left(-\frac{9}{2}\right)\right\}=27\sqrt{3}$$

029 정답 ④

포물선 $y^2=4x$ 위의 점 $(9,\ 6)$에서의 접선의 방정식은

$6y=2(x+9)$

준선의 방정식이 $x=-1$이므로 $a=-1$

점 $(-1,\ b)$가 접선 위의 점이므로 $b=\dfrac{8}{3}$

따라서 $a+b=\dfrac{5}{3}$

유형 3 타원의 정의와 활용

030 정답 ④

타원 C의 장축의 길이가 24이고

$\overline{\mathrm{F'P}}=\overline{\mathrm{F'F}}=12-(-4)=16$이므로 타원의 정의에 의하여

$\overline{\mathrm{FP}}+\overline{\mathrm{F'P}}=\overline{\mathrm{FP}}+16=24$, $\overline{\mathrm{FP}}=8$

점 F$'(-4,\ 0)$이 타원 $\dfrac{x^2}{a^2}+\dfrac{y^2}{b^2}=1$의 한 초점이고 이 타원의 중심은 원점이므로 나머지 한 초점은 A$(4,\ 0)$이다. 또한, 타원의 방정식에서

$a^2-b^2=4^2=16$ ······ ㉠

이다.

점 Q는 선분 F$'$P의 중점이므로

$\overline{\mathrm{F'Q}}=8$

이때

$\overline{\mathrm{AF'}}:\overline{\mathrm{FF'}}=\overline{\mathrm{QF'}}:\overline{\mathrm{PF'}}$이므로 삼각형 QF$'$A와 삼각형 PF$'$F는 닮음비가 $1:2$인 닮은 도형이다.

즉, $\overline{\mathrm{QA}}:\overline{\mathrm{PF}}=1:2$이고 $\overline{\mathrm{PF}}=8$이므로

$\overline{\mathrm{QA}}=4$

즉, $\overline{\mathrm{F'Q}}+\overline{\mathrm{QA}}=8+4=12$이므로

타원 $\dfrac{x^2}{a^2}+\dfrac{y^2}{b^2}=1$의 장축의 길이는 12이다.

$2a=12$에서 $a=6$이므로 $a^2=36$

㉠에 대입하면 $b^2=20$

따라서 $\overline{\mathrm{PF}}+a^2+b^2=8+36+20=64$

[참고]

점 P가 제1사분면에 있다고 가정하면 다음과 같이 그림으로 나타낼 수 있다.

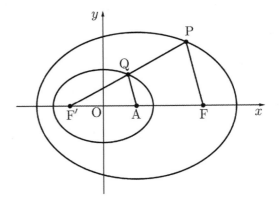

031 정답 ⑤

$\overline{\mathrm{AF'}}=5$, $\overline{\mathrm{AF}}=3$이므로 피타고라스 정리에 의하여

$\overline{\mathrm{FF'}}{}^2=\overline{\mathrm{AF'}}{}^2-\overline{\mathrm{AF}}{}^2=5^2-3^2=16$

$\therefore \overline{FF'} = 4$

타원의 두 초점의 좌표를 각각 $F(c, 0)$, $F'(-c, 0)$ $(c > 0)$
이라 하면 $2c = 4$이므로 $c = 2$이고,

타원의 성질에 의하여 $c^2 = a^2 - 5$이므로 $a^2 = 9$이다.

$\therefore a = 3$

타원의 정의에 의하여 장축의 길이는 $2a$와 같으므로
6이다.

따라서 삼각형 $PF'F$의 둘레의 길이는

$(\overline{PF'} + \overline{PF}) + \overline{FF'} = 6 + 4 = 10$

이다.

032 정답 ③

두 점 A, B를 초점으로 하는 타원을 $\dfrac{x^2}{a^2} + \dfrac{y^2}{b^2} = 1$라 두자.

문제의 조건을 만족하려면 직선 $y = \dfrac{1}{2}x + 3$과 타원

$\dfrac{x^2}{a^2} + \dfrac{y^2}{b^2} = 1$이 $(-2, 2)$에서 접해야 한다.

점 $(-2, 2)$에서의 접선 $\dfrac{-2x}{a^2} + \dfrac{2y}{b^2} = 1 \rightarrow y = \dfrac{b^2}{a^2}x + \dfrac{b^2}{2}$의

계수를 $y = \dfrac{1}{2}x + 3$과 비교하면, $b^2 = 6$, $a^2 = 12$

타원의 초점 $(c, 0)$ $(c > 0)$에 대하여 $c^2 = a^2 - b^2 = 6$

$\therefore c = \sqrt{6}$ $(\because c > 0)$

033 정답 ②

$\overline{AF} = p$, $\overline{AF'} = q$라 하면 타원의 정의에 의하여

$p + q = 2 \times 8 = 16$

원 C가 두 직선 AF, AF'과 접하는 두 점을 각각 P, Q, 원
C의 반지름의 길이를 r라 하면

$\overline{BP} = \overline{BQ} = r$

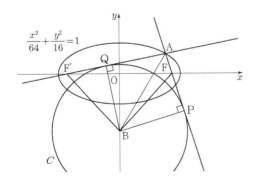

사각형 $AFBF'$의 넓이를 삼각형 ABF와 삼각형 ABF'으로
나누어 생각하면

$\dfrac{1}{2} \times p \times r + \dfrac{1}{2} \times q \times r = 72$

따라서

$r = 72 \times \dfrac{2}{p + q} = 72 \times \dfrac{2}{16} = 9$

034 정답 ①

삼각형 BFA에서 $\overline{AF} = 5$

이때, 삼각형 F'AO와 삼각형 F'BF는 길이의 비가 $1 : 2$인 닮은
삼각형이다.

$\overline{AB} = 5$

$\overline{BF} = 2\overline{AO} = 2a$

그러므로 삼각형 BFA의 둘레의 길이는

$5 + 5 + 2a = 10 + 2a$ $\cdots$ ㉠

한편, 직각삼각형 F'PF에서 $\overline{PF} = p$라 하면

$\overline{F'P} = 10 - p$이므로

$(10 - p)^2 = p^2 + (2c)^2$

$p^2 - 20p + 100 = p^2 + 4c^2$

$20p = 100 - 4c^2$

$p = 5 - \dfrac{1}{5}c^2$

한편, 삼각형 F'BP의 둘레의 길이는

$\overline{F'B} + \overline{BP} + \overline{PF'}$

$= 10 + (2a - p) + (10 - p)$

$= 20 + 2a - 2p$ $\cdots$ ㉡

삼각형 BPF'와 삼각형 BFA의 둘레의 길이의 차가 4이므로
㉠과 ㉡에서

$(20 + 2a - 2p) - (2a + 10) = 4$

$10 - 2p = 4$, $p = 3$

이때, $p = 5 - \dfrac{1}{5}c^2$이므로 대입하면

$3 = 5 - \dfrac{1}{5}c^2$

$c^2 = 10$, $c = \sqrt{10}$

또, $a = \sqrt{5^2 - c^2} = \sqrt{15}$

따라서, 삼각형 AFF'의 넓이는

$\dfrac{1}{2} \times 2c \times a = ac = \sqrt{15} \times \sqrt{10} = 5\sqrt{6}$

035 정답 ②

[그림 : 이호진T]

주어진 이차곡선을 변형하면

$(x - 2)^2 + 9y^2 = 9$이므로

$\dfrac{(x - 2)^2}{3^2} + y^2 = 1$

$\dfrac{x^2}{3^2} + y^2 = 1$을 x축의 방향으로 2만큼 평행이동한 곡선이므로

그래프는 그림과 같다.

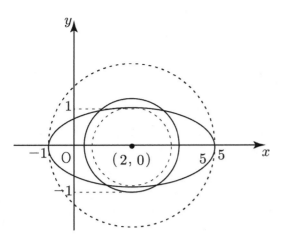

따라서 중심이 $(2, 0)$인 원과 서로 다른 네 점에서 만나려면
타원과 원이 $(2, 1)$, $(2, -1)$에서 내접하는 경우의 반지름의
길이가 1이고 $(5, 0)$, $(-1, 0)$에서 외접하는 경우의 반지름의
길이가 3이므로 $1 < a < 3$

036 정답 ⑤

[그림 : 최성훈T]

$y = \dfrac{1}{2}x - 1$에서 F$(2, 0)$, A$(0, -1)$이므로

$\dfrac{x^2}{a^2} + \dfrac{y^2}{b^2} = 1$에서 F$(2, 0)$이고, $b = 1$이다.

$k^2 = a^2 - b^2$에서 $4 = a^2 - 1$이므로 $a^2 = 5$

$a > 0$이므로 $a = \sqrt{5}$에서 장축의 길이는 $2a = 2\sqrt{5}$

037 정답 41

[그림 : 이정배T]

타원 $\dfrac{x^2}{a^2} + \dfrac{y^2}{b^2} = 1$일 때, 타원의 정의에 의하여

$\overline{\mathrm{PF}} + \overline{\mathrm{PF}'} = 2a$ ··· ㉠

초점이 F$(3, 0)$, F$'(-3, 0)$이므로

$a^2 - b^2 = 3^2$ ··· ㉡

또한 점 P를 중심으로 하는 원의 반지름의 길이를 r 라 하면
$\overline{\mathrm{PF}} = r + 1$, $\overline{\mathrm{PF}'} = 9 - r$

㉠에서 $r + 1 + 9 - r = 2a$

$2a = 10$

$\therefore a = 5$

㉡에서 $5^2 - b^2 = 3^2$

$\therefore b^2 = 25 - 9 = 16$

$\therefore a^2 + b^2 = 5^2 + 16 = 41$

038 정답 ①

[그림 : 이정배T]

타원의 정의에 의하여 점 P, Q에서 두 초점 사이의 거리가 각각
16, 24 (장축의 길이)이므로

$\overline{\mathrm{PF}} + \overline{\mathrm{PF}_1} = 16$ ··· ①

$\overline{\mathrm{PF}} + \overline{\mathrm{PF}_2} = 24$ ··· ②

$\overline{\mathrm{QF}} + \overline{\mathrm{QF}_1} = 16$ ··· ③

$\overline{\mathrm{QF}} + \overline{\mathrm{QF}_2} = 24$ ··· ④

①$-$②하면 $|\overline{\mathrm{PF}_1} - \overline{\mathrm{PF}_2}| = 8$

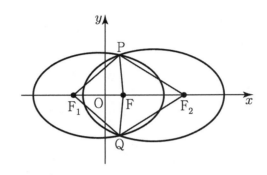

③$-$④하면 $|\overline{\mathrm{QF}_1} - \overline{\mathrm{QF}_2}| = 8$

$|\overline{\mathrm{PF}_1} - \overline{\mathrm{PF}_2}| + |\overline{\mathrm{QF}_1} - \overline{\mathrm{QF}_2}| = 8 + 8 = 16$

039 정답 ④

정육각형의 한 내각의 크기는 $120°$이므로 색칠한
이등변삼각형에서 길이가 같은 두 변의 길이를 a라 하면 6개의
삼각형의 넓이의 합은

$6 \times \dfrac{1}{2} \times a^2 \sin 120° = \dfrac{3\sqrt{3}}{2}a^2 = 6\sqrt{3}$

$\therefore a = 2$ $(\because a > 0)$

따라서 주어진 타원의 장축의 길이는 10이고 두 초점 사이의
거리는 $10 - 2 \times 2 = 6$이다. 따라서 이 타원과 합동이고 중심이
원점이고 장축이 x축 위에 있는 타원의 방정식은 $\dfrac{x^2}{5^2} + \dfrac{y^2}{b^2} = 1$

이때, 초점의 좌표는 $(\pm 3, 0)$이어야 하므로

$5^2 - b^2 = 3^2$

$\therefore b^2 = 16$

따라서 구하는 타원의 단축의 길이는

$2 \times |b| = 2 \times 4 = 8$

040 정답 32

[그림 : 이현일T]

타원의 정의로부터

$\overline{\mathrm{PF}} + \overline{\mathrm{PF}'} = 12$ ··· ㉠

또, $\overline{\mathrm{OP}} = \overline{\mathrm{OF}}$ 이므로 아래 그림과 같이 점 P는 중심이 원점이고
지름의 길이가 $\overline{\mathrm{FF}'}$인 원 위의 점이다.

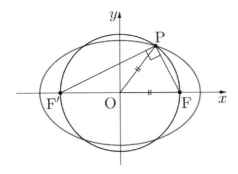

이 때, $\angle \mathrm{FPF}' = 90°$ 이고

$\overline{\mathrm{FF}'} = 2\sqrt{36-16} = 2\sqrt{20}$ 이므로

$\overline{\mathrm{PF}}^2 + \overline{\mathrm{PF}'}^2 = 80 \cdots \text{ⓛ}$

따라서 ㉠과 ⓛ으로부터

$$\overline{\mathrm{PF}} \times \overline{\mathrm{PF}'} = \frac{1}{2}\left\{(\overline{\mathrm{PF}} + \overline{\mathrm{PF}'})^2 - (\overline{\mathrm{PF}}^2 + \overline{\mathrm{PF}'}^2)\right\}$$

$$= \frac{1}{2}(12^2 - 80) = 32$$

041 정답 32

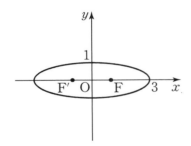

$\dfrac{x^2}{3^2} + \dfrac{y^2}{1^2} = 1$의 두 초점을 $\mathrm{F}'(-k,\ 0)$, $\mathrm{F}(k,\ 0)\,(k>0)$ 라

하면

$k^2 = 3^2 - 1^2$

$\therefore\ k = 2\sqrt{2}$

$d = 4\sqrt{2}$

$\therefore\ d^2 = 32$

042 정답 103

[그림 : 배용제T]

$\overline{\mathrm{PF}'} = m$, $\overline{\mathrm{PF}} = n$ 이라 하면

타원의 정의에 의해

$m + n = 10 \cdots \text{㉠}$

선분 PQ와 x축의 교점을 R 라 하면

$\overline{\mathrm{PR}} = \frac{1}{2}\overline{\mathrm{PQ}} = \sqrt{10}$

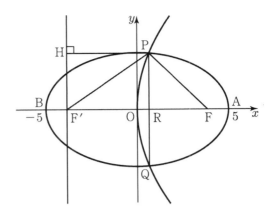

직각삼각형 $\mathrm{PF}'\mathrm{R}$ 에서

$\overline{\mathrm{F}'\mathrm{R}} = \sqrt{m^2-10}$

점 F' 을 지나고 x축에 수직인 직선을 l 이라 하면 l 은 포물선의 준선이고, 점 P 에서 l 에 내린 수선의 발을 H 라 하면 포물선의 정의에 의해 $\overline{\mathrm{PH}} = \overline{\mathrm{PF}}$ 이다.

$\overline{\mathrm{PF}} = \overline{\mathrm{PH}} = \overline{\mathrm{F}'\mathrm{R}} = \sqrt{m^2-10}$ 이므로

$n = \sqrt{m^2-10}$ 에서

$n^2 = m^2 - 10 \cdots \text{ⓛ}$

㉠에서 $n = 10 - m$ 이므로 ⓛ에 대입하면

$(10-m)^2 = m^2 - 10$

$m^2 - 20m + 100 = m^2 - 10$

$20m = 110$, $m = \dfrac{11}{2}$

$n = 10 - m = \dfrac{9}{2}$

$\therefore\ mn = \dfrac{11}{2} \times \dfrac{9}{2} = \dfrac{99}{4}$

$\therefore\ p + q = 4 + 99 = 103$

043 정답 ④

[그림 : 배용제T]

조건을 만족하는 타원의 방정식을

$\dfrac{x^2}{a^2} + \dfrac{y^2}{b^2} = 1\ (a > b > 0)$ 라 하면

$2a = 10$, $2b = 6$ $\therefore\ a = 5$, $b = 3$

따라서, 두 초점 F, F'의 좌표를 각각 $(c, 0)$, $(-c, 0)\,(c>0)$라

하면

$\mathrm{F}\left(\sqrt{5^2 - 3^2}, 0\right)$, $\mathrm{F}'\left(-\sqrt{5^2 - 3^2}, 0\right)$

즉, $\mathrm{F}(4, 0)$, $\mathrm{F}'(-4, 0)$ 이다.

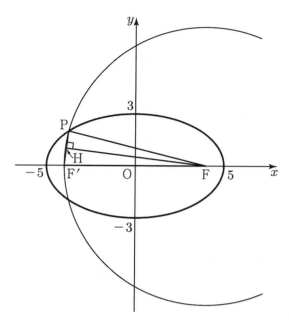

이때, $\overline{FF'}=\overline{FP}=8$, $\overline{PF}+\overline{PF'}=10$이므로

$\overline{F'P}=2$ 이고 점 F에서 선분 PF'에 내린 수선의 발을 H라 하면

$\overline{FH}=\sqrt{8^2-1^2}=3\sqrt{7}$

따라서 구하고자 하는 삼각형 PFF'의 넓이는

$\dfrac{1}{2}\times 2\times 3\sqrt{7}=3\sqrt{7}$

044 정답 ③

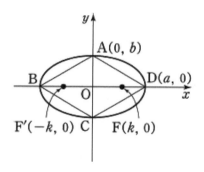

마름모 ABCD를 그림처럼 놓고 점 A, D의 좌표를 각각 $(0,\ b)$, $(a,\ 0)$이라 하자.

그리고 초점을 $F(k,\ 0)$ $(k>0)$이라 하자.

$\overline{AD}=10$이므로 $a^2+b^2=100$ ⋯㉠

$k=5\sqrt{2}$이므로 $(5\sqrt{2})^2+b^2=a^2$ ⋯㉡

㉠+㉡에서

$50+2b^2=100$

$\therefore b=5,\ a=5\sqrt{3}$

마름모 ABCD의 넓이는

$4\times\left(\dfrac{1}{2}ab\right)=50\sqrt{3}$ 이다.

045 정답 ④

원점에서 초점까지의 거리를 c라고 하면

$\angle OFB=\dfrac{\pi}{3}$이므로

$\therefore b=\sqrt{3}\,c$

$c^2=a^2-b^2=a^2-3c^2$

$\therefore a=2c$

$\triangle AFB=\dfrac{(a+c)b}{2}=\dfrac{3\sqrt{3}\,c^2}{2}=6\sqrt{3}$

$\therefore c=2,\ a=4,\ b=2\sqrt{3}$

$\therefore a^2+b^2=28$

046 정답 6

$4x^2+9y^2-18y-27=0$을 표준형으로 바꾸면

$4x^2+9(y^2-2y+1)-36=0$

$4x^2+9(y-1)^2=36$

$\dfrac{x^2}{9}+\dfrac{(y-1)^2}{4}=1$

따라서 초점은 $y=1$위에 존재하고

초점의 좌표를 $(c,\ 1)$라 하면

$c^2=9-4=5$이므로

$\therefore c=\sqrt{5}$

$\therefore p=\sqrt{5},\ q=1$

$\therefore p^2+q^2=6$

047 정답 ④

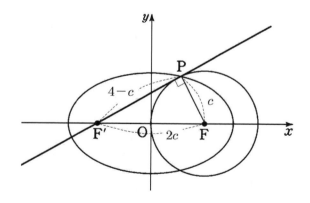

$\overline{PF}=c$ 이므로 타원의 정의에 의해

$\overline{PF'}=4-c$, $\overline{FF'}=2c$

타원과 원의 교점 P에서 원의 접선이 F'을 지나므로

$\triangle F'FP$ 는 $\angle P$ 가 직각인 직각삼각형이다.

$\overline{F'F}^2=\overline{F'P}^2+\overline{FP}^2$이므로

$4c^2=c^2+(4-c)^2$

$c=2\sqrt{3}-2\ (\because c<4)$

048 정답 ①

타원 $\dfrac{(x-2)^2}{a}+\dfrac{(y-2)^2}{4}=1$의 두 초점의 좌표가 $(6,\ b)$,

$(-2,\ b)$이므로 이 타원의 중심은 $(2,\ b)$이다.

한편 타원 $\dfrac{(x-2)^2}{a}+\dfrac{(y-2)^2}{4}=1$은 타원

$\dfrac{x^2}{a}+\dfrac{y^2}{4}=1$을 x축의 방향으로 2만큼, y축의 방향으로 2만큼

평행이동시킨 것이다.

타원 $\dfrac{x^2}{a}+\dfrac{y^2}{4}=1$의 중심이 $(0,\ 0)$이므로 점 $(0,\ 0)$을 x축의

방향으로 2만큼, y축의 방향으로 2만큼 평행이동시키면 점

$(2,\ 2)$이다.

이때, 두 점 $(2,\ b)$와 $(2,\ 2)$가 일치해야 하므로

$b=2$

한편, 타원 $\dfrac{x^2}{a}+\dfrac{y^2}{4}=1$의 초점의 좌표를 $(c,\ 0)$, $(-c,\ 0)$ (단,

$c>0$) 이라 하면 $c=4$이므로

$a=2^2+4^2=20$

따라서

$ab=20\times 2=40$

049 정답 ⑤

[그림 : 이정배T]

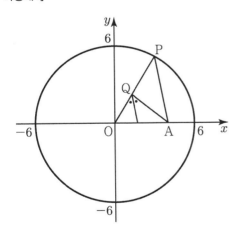

$\overline{AP}\,/\!/\,\overline{BQ}$ 이므로 $\angle AQB=\angle QAP$,

$\angle OQB=\angle QPA$

따라서, $\angle QAP=\angle QPA$ 이므로

삼각형 QAP 는 $\overline{QA}=\overline{QP}$ 인 이등변삼각형이고,

$\overline{OQ}+\overline{QB}=\overline{OQ}+\overline{QP}=\overline{OP}=6$

따라서, 점 Q 는 두 점 O, Q 에 이르는 거리의 합이 6으로

일정하다.

점 Q 의 좌표를 $(x,\ y)$ 라 하면

$\overline{OQ}+\overline{QA}=\sqrt{x^2+y^2}+\sqrt{(x-4)^2+y^2}=6$

$\sqrt{(x-4)^2+y^2}=6-\sqrt{x^2+y^2}$

양변을 제곱하여 정리하면

$x^2-8x+16+y^2=36-12\sqrt{x^2+y^2}+x^2+y^2$

$3\sqrt{x^2+y^2}=2x+5$

양변을 제곱하면

$9x^2+9y^2=4x^2+20x+25$

$5(x-2)^2+9y^2=45$

따라서, 점 Q 의 자취는

$\dfrac{(x-2)^2}{9}+\dfrac{y^2}{5}=1$ (단, $y\neq 0$) 이므로

$X\subset\left\{(x,y)\left|\ \dfrac{(x-2)^2}{9}+\dfrac{y^2}{5}=1\right.\right\}$

050 정답 ⑤

타원의 방정식을 $\dfrac{x^2}{a^2}+\dfrac{y^2}{b^2}=1\ (b>a>0)$이라 하자.

두 초점의 좌표가 $(0,\ 3)$, $(0,\ -3)$이므로

$b^2-a^2=9$ $\cdots\cdots$ ㉠

타원이 y축과 만나는 점 $(0,\ 7)$은 장축의 한 끝점이므로

$b=7$

㉠에서 $a=2\sqrt{10}$

따라서 타원의 단축의 길이는 $2a=4\sqrt{10}$

051 정답 ③

타원 $\dfrac{x^2}{25}+\dfrac{y^2}{9}=1$의 두 초점의 좌표는

$(4,\ 0)$, $(-4,\ 0)$

이고 장축의 길이가 10이므로

$\overline{PF}+\overline{PF'}=10$, $\overline{FF'}=2\times 4=8$ $\cdots\cdots$ ㉠

세 선분 PF, PF′, FF′의 길이가 이 순서대로 등차수열을

이루므로

$2\overline{PF'}=\overline{PF}+\overline{FF'}$ $\cdots\cdots$ ㉡

㉠, ㉡에서

$\overline{PF}=2(10-\overline{PF})-8$

$\overline{PF}=4$이므로 $\overline{PF'}=6$

$\overline{PF'}<\overline{FF'}$이므로 점 P 의 x좌표를 t라 할 때,

$0<t<4$

점 P에서 선분 FF′에 내린 수선의 발을 H라 하면

$\overline{HF}=4-t$, $\overline{HF'}=4+t$

$\overline{PH}^2=\overline{PF'}^2-\overline{HF'}^2=\overline{PF}^2-\overline{HF}^2$에서

$6^2-(4+t)^2=4^2-(4-t)^2$

$t=\dfrac{5}{4}$

따라서 점 P 의 x좌표는 $\dfrac{5}{4}$이다.

052 정답 ①

직선 $x=-c$는 포물선의 준선이므로 $\overline{PQ}=\overline{FP}=8$

삼각형 FPQ의 넓이가 24이고 $\angle F'QP=\dfrac{\pi}{2}$이므로

$\dfrac{1}{2}\times 8\times\overline{F'Q}=24$에서 $\overline{F'Q}=6$

직각삼각형 PQF'에서 $\overline{F'P}=\sqrt{8^2+6^2}=10$

따라서 타원의 장축의 길이는

$\overline{FP}+\overline{F'P}=8+10=18$

053 정답 ④

타원의 두 초점을 $F(c,0)$, $F'(-c,0)\,(c>0)$

이라 하면 $49-24=c^2$이므로 $c=5$

$\overline{PF}=m$, $\overline{PF'}=n$이라 하면 타원의 정의에 의하여

$m+n=14$

$\overline{FF'}=10$에서 삼각형 FPF'는 직각삼각형이므로

$m^2+n^2=10^2$

$m^2+n^2=(m+n)^2-2mn$

$10^2=14^2-2mn\Rightarrow 2mn=96\Rightarrow mn=48$

따라서 삼각형 FPF'의 넓이는 $\dfrac{1}{2}mn=24$

054 정답 ⑤

원의 반지름의 길이를 $c\,(c>0)$라 하고 두 초점의 좌표는 각각

$F(c,0)$, $F'(-c,0)$이고, 단축의 길이가 $2c$이므로

$2c=2$에서 $c=1$이다.

장축의 길이는 $2\sqrt{c^2+c^2}=2\sqrt{2}c$에서 $2\sqrt{2}$이다.

055 정답 6

$\dfrac{x^2}{a}+\dfrac{y^2}{16}=1$에서

$c=\sqrt{16-a}$이므로 $F(0,\sqrt{16-a})$,
$F'(0,-\sqrt{16-a})$

타원의 장축의 길이는 $2\times\sqrt{16}=8$이므로

$\overline{PF}+\overline{PF'}=8$

$\overline{PF}=2$이므로 $\overline{PF'}=6$

$\angle FPF'=\dfrac{\pi}{2}$이므로

$\overline{FF'}^2=\overline{PF}^2+\overline{PF'}^2$에서

$(2\sqrt{16-a})^2=2^2+6^2$

$4(16-a)=40$이므로

$a=6$

056 정답 ⑤

$A(3,0)$, $B(-3,0)$, $C(0,3)$, $D(0,-3)$이라 하자.

조건을 만족시키는 타원의 방정식을

$\dfrac{x^2}{a^2}+\dfrac{y^2}{b^2}=1\,(b>a>0)$이라 하면 점 A가 타원 위의 점이므로

$\dfrac{3^2}{a^2}=1$에서 $a^2=9$이다.

$\dfrac{x^2}{9}+\dfrac{y^2}{b^2}=1$에서 초점의 좌표가 $C(0,3)$, $D(0,-3)$이므로

$b^2-9=3^2$에서 $b^2=18$

따라서 타원의 방정식은 $\dfrac{x^2}{9}+\dfrac{y^2}{18}=1$이다.

$(k,3)$을 지나므로

$\dfrac{k^2}{9}+\dfrac{1}{2}=1$에서 $k^2=\dfrac{9}{2}$이다.

057 정답 ⑤

$A(0,-t)$에서 y축 대칭인 포물선에 그은 두 접선이 이루는

예각의 크기가 $\dfrac{\pi}{3}$이므로 점 P를 제1사분면의 점이라 할 때

직선 PA가 x축의 양의 방향과 이루는 각은 $\dfrac{\pi}{3}$이다.

따라서 직선 PA의 기울기는 $\tan\dfrac{\pi}{3}=\sqrt{3}$

따라서 직선 PA의 방정식은

$y=\sqrt{3}x-(\sqrt{3})^2p=\sqrt{3}x-3p$이다.

===================================

[추가 해설]-유승희T

$P(x_1,y_1)$, $Q(-x_1,y_1)$(단, $x_1>0$)이라 놓으면

접선 AP의 방정식은 $x_1x=2p(y+y_1)$이므로

기울기가 $\dfrac{x_1}{2p}=\sqrt{3}$이므로 $x_1=2\sqrt{3}p$이고

$x_1^2=4py_1$에서 $y_1=3p$이다.

따라서, 접선 AP의 방정식은

$2\sqrt{3}px=2p(y+3p)$에서 $y=\sqrt{3}x-3p$이다.

===================================

따라서 $t=3p$

그러므로 $F(\sqrt{3}p,0)$, $F'(-\sqrt{3}p,0)$

직선 PA를 포물선에 대입하면

$x^2-4\sqrt{3}px+12p^2=0\Rightarrow$따라서 $(x-2\sqrt{3}p)^2=0$에서 점

P의 x좌표가 $2\sqrt{3}p$이다.

따라서 $P(2\sqrt{3}p,3p)$

초점이 F, F'이고 점 P를 지나는 타원의 장축의 길이가

$4\sqrt{3}+12$이므로 $\overline{PF}+\overline{PF'}=4\sqrt{3}+12$

$\sqrt{(\sqrt{3}p)^2+(3p)^2}+\sqrt{(3\sqrt{3}p)^2+(3p)^2}$

$= 2\sqrt{3}p + 6p = (2\sqrt{3}+6)p = 4\sqrt{3}+12$에서

$p = 2$

따라서 $t = 6$

$p + t = 2 + 6 = 8$

058 정답 8

타원 $P_1 : \dfrac{x^2}{a^2} + \dfrac{y^2}{b^2} = 1$에서 $a^2 - b^2 = 4$이므로

$b^2 = a^2 - 4$이다.

따라서 $P_1 : \dfrac{x^2}{a^2} + \dfrac{y^2}{a^2 - 4} = 1$

$x = \dfrac{a}{2}$를 대입하면 $\dfrac{1}{4} + \dfrac{y^2}{a^2 - 4} = 1$에서

$y^2 = \dfrac{3}{4}a^2 - 3$이다.

$A\left(\dfrac{1}{2}a, \sqrt{\dfrac{3}{4}a^2 - 3} \right)$

$\overline{OA}^2 = 6$이므로 $\dfrac{1}{4}a^2 + \left(\dfrac{3}{4}a^2 - 3 \right) = 6 \Rightarrow a^2 = 9$

따라서 $a = 3$ $(\because a > 2)$

$l_1 = \overline{AF_1{}'} + \overline{AF_1} + \overline{F_1F_1{}'} = 6 + 4 = 10$

타원 P_2의 장축의 길이를 k라 두면

$l_2 = \overline{AF_2{}'} + \overline{AF_2} + \overline{F_2F_2{}'} = k + 6$

$l_2 - l_1 = 6$에서 $k = 10$이다.

타원 P_2의 초점의 좌표가 $(3, 0)$, $(-3, 0)$이므로

$P_2 : \dfrac{x^2}{25} + \dfrac{y^2}{16} = 1$

따라서 타원 P_2의 단축의 길이는 8이다.

 유형 4 타원과 직선

059 정답 ③

점 $(\sqrt{3}, -2)$는 타원 $\dfrac{x^2}{a^2} + \dfrac{y^2}{6} = 1$ 위의 점이므로

$\dfrac{(\sqrt{3})^2}{a^2} + \dfrac{(-2)^2}{6} = 1$

$\dfrac{3}{a^2} = 1 - \dfrac{2}{3} = \dfrac{1}{3}$

$a^2 = 9$

타원 $\dfrac{x^2}{9} + \dfrac{y^2}{6} = 1$ 위의 점 $(\sqrt{3}, -2)$에서의 접선의 방정식은

$\dfrac{\sqrt{3}x}{9} + \dfrac{-2y}{6} = 1$

$y = \dfrac{\sqrt{3}}{3}x - 3$

따라서 접선의 기울기는 $\dfrac{\sqrt{3}}{3}$

060 정답 ④

점 $(2, 1)$이 타원 $\dfrac{x^2}{a^2} + \dfrac{y^2}{b^2} = 1$ 위에 있으므로

$\dfrac{4}{a^2} + \dfrac{1}{b^2} = 1$ ······㉠

타원 $\dfrac{x^2}{a^2} + \dfrac{y^2}{b^2} = 1$ 위의 점 $(2, 1)$에서의 접선의 방정식은

$\dfrac{2x}{a^2} + \dfrac{y}{b^2} = 1$

즉, $y = -\dfrac{2b^2}{a^2}x + b^2$

이고, 주어진 조건에 의하여 접선의 기울기가 $-\dfrac{1}{2}$이므로

$-\dfrac{2b^2}{a^2} = -\dfrac{1}{2}$

$a^2 = 4b^2$

이것을 ㉠에 대입하면

$\dfrac{4}{4b^2} + \dfrac{1}{b^2} = 1$

$b^2 = 2$, $a^2 = 8$

그러므로 주어진 타원의 방정식은

$\dfrac{x^2}{8} + \dfrac{y^2}{2} = 1$

타원의 두 초점을 각각 $F(c, 0)$, $F'(-c, 0)$ $(c > 0)$이라 하면

$c^2 = 8 - 2 = 6$

이므로

$c = \sqrt{6}$

따라서 구하는 두 초점 사이의 거리는

$\overline{FF'} = 2c = 2\sqrt{6}$

061 정답 ⑤

타원 $\dfrac{x^2}{8} + \dfrac{y^2}{4} = 1$ 위의 점 $(2, \sqrt{2})$에서의 접선의 방정식은

$\dfrac{2x}{8} + \dfrac{\sqrt{2}y}{4} = 1$

이므로 이 직선의 x절편은 4이다.

062 정답 17

타원 $\dfrac{x^2}{a^2} + \dfrac{y^2}{b^2} = 1$의 초점의 좌표가 $(\pm b, 0)$이므로

$a^2 - b^2 = b^2$

$\therefore a^2 = 2b^2 \cdots \bigcirc$

또, 타원 $\dfrac{x^2}{a^2}+\dfrac{y^2}{b^2}=1$에 접하고 기울기가 $\dfrac{1}{2}$인 접선의 y절편이

± 1이므로 $\pm\sqrt{\dfrac{a^2}{4}+b^2}=\pm 1 \cdots \bigcirc$

$\bigcirc$, $\bigcirc$을 연립하여 풀면 $a^2=\dfrac{4}{3}$, $b^2=\dfrac{2}{3}$

$\therefore a^2 b^2 = \dfrac{8}{9}$

$\therefore p+q=17$

063 정답 ④

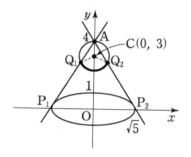

위의 그림처럼 점 A에서 타원에 그은 두 접선의 접점을 각각 P_1, P_2라고 하면, 점 P가 타원 위에서 움직일 때, 점 Q의 자취는 원 위의 점 Q_1에서 Q_2까지이다.

$y=mx\pm\sqrt{a^2m^2+b^2}$에서 $4=\pm\sqrt{5m^2+1}$

$\therefore m^2=3$, $m=\pm\sqrt{3}$

$\therefore \angle OAP_1 = \angle OAP_2 = \dfrac{\pi}{6}$

원의 중심을 C라고 하면

$\angle Q_1 C Q_2 = 2\times\angle Q_1 A Q_2 = \dfrac{2\pi}{3}$

따라서, 점 Q가 나타내는 도형의 길이는 부채꼴 CQ_1Q_2에서

$1\times\left(\dfrac{2}{3}\pi\right)=\dfrac{2}{3}\pi$

064 정답 ⑤

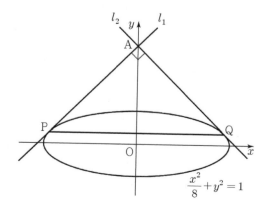

두 점 P, Q는 y축에 대하여 대칭이므로 삼각형 APQ는 직각이등변삼각형이고 직선 l_1의 기울기는 1이다.

타원 C에 접하고 기울기가 1인 직선 l_1의 방정식은

$y=x+\sqrt{8\times 1^2+1}=x+3$

타원 C와 직선 $y=x+3$이 만나는 점 P의 x좌표를 k라 하면

$\dfrac{k^2}{8}+(k+3)^2=1$

$9k^2+48k+64=(3k+8)^2=0$에서 $k=-\dfrac{8}{3}$

따라서 선분 PQ의 길이는 $\dfrac{8}{3}\times 2=\dfrac{16}{3}$

065 정답 ⑤

타원 $\dfrac{x^2}{16}+\dfrac{y^2}{8}=1$에 접하고 기울기가 2인 직선의 방정식은

$y=2x\pm\sqrt{16\times 2^2+8}$, $y=2x\pm 6\sqrt{2}$

두 직선의 y절편은 각각 $6\sqrt{2}$, $-6\sqrt{2}$이다.

따라서 $\overline{AB}=12\sqrt{2}$

066 정답 ①

타원 $\dfrac{x^2}{3}+\dfrac{y^2}{2}=1$의 접선의 기울기를 m이라 하면

$y=mx+n$이라 할 때 두 식을 연립하여 x에 대한 이차방정식을 세우고 $D=0$조건으로 $n=\pm\sqrt{3m^2+2}$을 구할 수 있다.

따라서 접선의 방정식은 $y=mx\pm\sqrt{3m^2+2} \cdots \bigcirc$

$\bigcirc$에서

$(y-mx)^2=3m^2+2$

$y^2-2xym+x^2m^2=3m^2+2$

$(x^2-3)m^2-2xym+(y^2-2)=0 \qquad \cdots \bigcirc$

타원의 두 접선이 서로 수직으로 만나므로 $\bigcirc$의 m에 대한 이차방정식의 두 근의 곱은 -1이다.

즉, $\dfrac{y^2-2}{x^2-3}=-1$이므로

$y^2-2=-x^2+3$

$\therefore x^2+y^2=5$

따라서 접선의 교점의 자취는 중심이 원점이고 반지름의 길이가 $\sqrt{5}$인 원이므로 구하는 자취의 길이는 $2\sqrt{5}\pi$이다.

[랑데뷰팁]

타원 $\dfrac{x^2}{a^2}+\dfrac{y^2}{b^2}=1$ 밖의 점 $P(x, y)$에서 타원에 그은 두 접선이 수직일 때 점 P의 자취는 $x^2+y^2=a^2+b^2$이다.

067 정답 ⑤

$y=mx$을 타원의 방정식에 대입하면

$\dfrac{x^2}{9a^2}+\dfrac{m^2x^2}{a^2}=1 \rightarrow (1+9m^2)x^2=9a^2$

$\qquad\qquad \rightarrow x=\pm\dfrac{3a}{\sqrt{1+9m^2}}$

점 P는 제1사분면 위의 점이고 $y=mx$가 지나므로

$P\left(\dfrac{3a}{\sqrt{1+9m^2}},\ \dfrac{3am}{\sqrt{1+9m^2}}\right)$이다.

$\dfrac{x^2}{9a^2}+\dfrac{y^2}{a^2}=1 \rightarrow x^2+9y^2=9a^2$ 위의 점 P에서의 접선 l_2의

방정식은

$l_2:\ \dfrac{3a}{\sqrt{1+9m^2}}x+\dfrac{27am}{\sqrt{1+9m^2}}y=9a^2$

따라서 직선 l_2의 기울기는 $-\dfrac{1}{9m}$이다.

$\therefore\ n=-\dfrac{1}{9m}$ 이다.

$m-n$

$=m+\dfrac{1}{9m}$

$\geq 2\sqrt{m\times\dfrac{1}{9m}}$

$=\dfrac{2}{3}$

068 정답 ④

타원 $x^2+\dfrac{y^2}{4}=1$ 에 접하고 기울기가 m 인 직선의 방정식은

$y=mx\pm\sqrt{m^2+4}$

위의 직선이 점 $(2,\ 3)$ 을 지나므로

$3=2m\pm\sqrt{m^2+4}$

$3-2m=\pm\sqrt{m^2+4}$

양변을 제곱하면

$4m^2-12m+9=m^2+4$

$3m^2-12m+5=0$

위의 이차방정식의 두 실근이 접선의 기울기이다.

두 접선이 x축의 양의 방향과 이루는 각의 크기를 각각 $\alpha,\ \beta$ 라

하면

근과 계수의 관계에 의하여

$\tan\alpha+\tan\beta=4,\ \tan\alpha\tan\beta=\dfrac{5}{3}$

이므로

$(\tan\alpha-\tan\beta)^2=(\tan\alpha+\tan\beta)^2-4\tan\alpha\tan\beta$

$\qquad\qquad\qquad =16-\dfrac{20}{3}=\dfrac{28}{3}$

$|\tan\alpha-\tan\beta|=\sqrt{\dfrac{28}{3}}=\dfrac{2\sqrt{21}}{3}$

069 정답 ③

점 P의 좌표를 $(x_1,\ y_1)$이라 하면 타원 $\dfrac{x^2}{9}+\dfrac{y^2}{16}=1$ 위의 점

$P(x_1,\ y_1)$에서의 접선의 방정식은 $\dfrac{x_1x}{9}+\dfrac{y_1y}{16}=1$이므로

기울기 $m_1=-\dfrac{16x_1}{9y_1}$

포물선 $y^2=4px$ 위의 점 $P(x_1,\ y_1)$에서의 접선의 방정식은

$y_1y=2p(x+x_1)$이므로 기울기 $m_2=\dfrac{2p}{y_1}$

$m_1m_2=-\dfrac{16x_1}{9y_1}\times\dfrac{2p}{y_1}=-\dfrac{32x_1p}{9y_1^2}$

한편, 점 P는 포물선 위의 점이므로 $y_1^2=4px_1$

$\therefore\ m_1m_2=-\dfrac{32px_1}{9\times 4px_1}=-\dfrac{8}{9}$

070 정답 200

(i) 기울기가 1이고 타원 $\dfrac{x^2}{4}+y^2=1$에 접하는 직선의 방정식은

$y=x\pm\sqrt{4\cdot 1^2+1}$ 즉, $y=x\pm\sqrt{5}$

주어진 타원의 접점에 점 P가 위치할 때 $\triangle ABP$의 넓이는

최대이다.

이때 점 P에서 직선 $y=x$까지의 거리는 원점에서 직선

$y=x\pm\sqrt{5}$ 까지의 거리와 같다.

따라서 거리는 $\dfrac{|\pm\sqrt{5}|}{\sqrt{1^2+(-1)^2}}=\dfrac{\sqrt{10}}{2}$

(ii) $\dfrac{x^2}{4}+y^2=1$과 $y=x$를 연립하면

$\dfrac{5}{4}x^2=1$에서 $x=\pm\dfrac{2\sqrt{5}}{5}$

$A\left(\dfrac{2\sqrt{5}}{5},\ \dfrac{2\sqrt{5}}{5}\right),\ B\left(-\dfrac{2\sqrt{5}}{5},\ -\dfrac{2\sqrt{5}}{5}\right)$

$\therefore\ \overline{AB}=\dfrac{4\sqrt{10}}{5}$

따라서 (i)과 (ii)의 결과로부터

$S=\dfrac{1}{2}\times\dfrac{4\sqrt{10}}{5}\times\dfrac{\sqrt{10}}{2}=2$

그러므로 $100S=200$

071 정답 4

점 $(k,\ 2k)$에서 타원 $x^2+\dfrac{y^2}{2^2}=1$에 그은 접선의 기울기를

m이라 하면 접선의 방정식은

$y=mx\pm\sqrt{m^2+4}$

이 접선이 점 $P(k,\ 2k)$를 지나므로

$2k=mk\pm\sqrt{m^2+4},\ 2k-mk=\pm\sqrt{m^2+4}$

위 식의 양변을 제곱하면

$4k^2 - 4k^2 m + m^2 k^2 = m^2 + 4$

$(k^2 - 1)m^2 - 4k^2 m + 4k^2 - 4 = 0$

따라서 두 접선의 기울기의 곱은 이차방정식의 근과 계수의

관계에 의하여 $\dfrac{4k^2 - 4}{k^2 - 1} = 4$

072 정답 ⑤

[그림 : 이정배T]

다음 그림과 같은 상황이다.

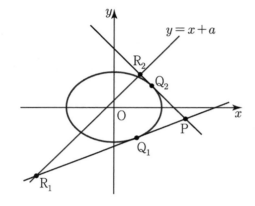

점 P에서 타원에 그은 접선 중 기울기가 양수인 접선과의 접점을
Q_1, 이때의 점 R를 R_1이라 하고, 기울기가 음수인 접선과의
접점을 Q_2, 이때의 점 R를 R_2라 하면 점 R가 나타내는 도형은
선분 $R_1 R_2$이다.

타원 위의 점에서의 접선의 기울기를 m이라 하면

접선의 방정식은 $y = mx \pm \sqrt{16m^2 + 9}$ 이고, 이 접선이 점 P를
지나므로

$-1 = 6m \pm \sqrt{16m^2 + 9}$,

$\pm \sqrt{16m^2 + 9} = -1 - 6m$

양변 제곱하면

$16m^2 + 9 = 36m^2 + 12m + 1$

정리하면 $20m^2 + 12m - 8 = 4(m+1)(5m-2) = 0$

$\therefore m = -1$ 또는 $m = \dfrac{2}{5}$

따라서 두 접선의 방정식은 $y = -x + 5$ 또는

$y = \dfrac{2}{5}x - \dfrac{17}{5}$ 이므로 점 R_2의 x좌표는 $\dfrac{5-a}{2}$ 이고, 점 R_1의

x좌표는 $\dfrac{-5a-17}{3}$ 이다.

따라서 직선 $y = x + a$의 기울기가 1이므로

$\overline{R_1 R_2} = \left(\dfrac{5-a}{2} - \dfrac{-5a-17}{3} \right)\sqrt{2} = \left(\dfrac{7a+49}{6} \right)\sqrt{2}$ 이고

$\dfrac{7a+49}{6}\sqrt{2} = 8\sqrt{2}$ 에서 $a = -\dfrac{1}{7}$ 이다.

073 정답 ②

점 P를 $P(x_1, y_1)$이라 하면 접선의 방정식은

$y_1 y = 2p(x + x_1)$

따라서 $Q(-x_1, 0)$이고 $F(p, 0)$이므로

$\overline{PF} = \sqrt{(x_1 - p)^2 + y_1^2} = x_1 + p$, $\overline{QF} = x_1 + p$

$\therefore \overline{PF} = \overline{QF}$

$\overline{PF} = \overline{QF}$이므로 $\angle PQF = \angle FPQ = \dfrac{\pi}{6}$이고,

삼각형 PQF의 넓이가 $9\sqrt{3}$이면

$\dfrac{1}{2} \times \overline{PF} \times \overline{QF} \times \sin \dfrac{2\pi}{3} = 9\sqrt{3}$

$\overline{PF} \times \overline{QF} = 36$

이므로 $\overline{PF} = \overline{QF} = 6$이다.

점 P에서 포물선 $y^2 = 4px$의 준선인 $x = -p$에 내린 수선의
발을 H라 하고 점 F에서 선분 PH에 내린 수선의 발을 I라
하자.

포물선의 성질에 의하여 $\overline{PF} = \overline{PH} = 6$이고, 삼각형 FPI에서

$\angle FPI = \dfrac{\pi}{3}$이므로

$\overline{PI} = 6 \times \cos \dfrac{\pi}{3} = 3$이다.

따라서 $\overline{PI} = 3$이고 $\overline{HI} = 2p$이므로 $p = \dfrac{3}{2}$이다.

074 정답 ①

타원 $\dfrac{x^2}{a^2} + \dfrac{y^2}{b^2} = 1$에 접하고, 기울기가 m인 접선의 방정식이

$y = mx \pm \sqrt{a^2 m^2 + b^2}$ 이므로 l_1, l_2의 방정식은

$y = mx \pm \sqrt{4m^2 + 1}$

접선 l_3, l_4는 접선 l_1, l_2를 y축에 대하여 대칭이동한 것이므로
l_3, l_4의 방정식은

$y = -mx \pm \sqrt{4m^2 + 1}$

네 직선의 x절편이 $\pm \dfrac{\sqrt{4m^2 + 1}}{m}$이고, y절편이

$\pm \sqrt{4m^2 + 1}$이므로 네 직선으로 둘러싸인 사각형의 넓이는

$4 \times \dfrac{1}{2} \times \dfrac{\sqrt{4m^2 + 1}}{m} \times \sqrt{4m^2 + 1} = 9$

$8m^2 - 9m + 2 = 0$

따라서 모든 m의 값의 곱은

$\dfrac{2}{8} = \dfrac{1}{4}$

유형 **5** 쌍곡선의 정의와 활용

075 정답 ③

$2a = 8$, $a = 4$

$\dfrac{b}{a} = 3$, $b = 12$

초점을 c라 하면 $c^2 = a^2 + b^2$

$c^2 = 16 + 144 = 160$, $c = \pm 4\sqrt{10}$

두 초점 사이의 거리는 $8\sqrt{10}$

076 정답 ③

쌍곡선 $\dfrac{x^2}{a^2} - \dfrac{y^2}{6} = 1$의 한 초점의 좌표가 $(3\sqrt{2}, 0)$이므로

$a^2 + 6 = 18$

$a^2 = 12$

$a > 0$이므로 $a = 2\sqrt{3}$

따라서 구하는 쌍곡선의 주축의 길이는

$2a = 2 \times 2\sqrt{3} = 4\sqrt{3}$

077 정답 ①

$x^2 - y^2 + 2y + a = 0$

$x^2 - (y^2 - 2y + 1) = -1 - a > 0$

$\therefore a < -1$

078 정답 ③

단축과 공전궤도가 만나는 한 지점과 태양 사이의 거리가 a이므로 공전궤도(타원)의 장축의 길이는 $2a$이다. 또한, 두 초점 사이의 거리가 $2c$이므로 장축과 공전궤도가 만나는 두 지점과 태양 사이의 거리는 각각 $a - c$와 $a + c$이다.

장축과 공전궤도가 만나는 두 지점에서의 속력의 비가 $3 : 5$이므로 속력을 각각 $3v$, $5v$라 하면, 거리와 속력의 곱의 값이 같아야 하므로

$3v(a + c) = 5v(a - c)$

$3a + 3c = 5a - 5c$

$8c = 2a$

$\therefore \dfrac{c}{a} = \dfrac{2}{8} = \dfrac{1}{4}$

079 정답 ④

타원의 방정식에서 초점은 x축 위에 있으므로 쌍곡선의

방정식을 $\dfrac{x^2}{a^2} - \dfrac{y^2}{b^2} = 1 (a > 0, b > 0)$이라 하면 두 꼭짓점 사이의

거리는 $2a$이고, 한 점근선의 방정식이 $y = \sqrt{35}\, x$이므로

$\dfrac{b}{a} = \sqrt{35}$

즉, $b = \sqrt{35}\, a \cdots \text{㉠}$

또한, 타원과 쌍곡선이 초점을 공유하므로

$a^2 + b^2 = 5^2 - 4^2$

$\therefore a^2 + b^2 = 9$

㉠을 대입하면 $a^2 + 35a^2 = 9$

$\therefore a = \sqrt{\dfrac{9}{36}} = \dfrac{3}{6} = \dfrac{1}{2}$

따라서, 쌍곡선의 두 꼭짓점 사이의 거리는

$2a = 2 \times \dfrac{1}{2} = 1$

080 정답 ④

$a^2 = 13 - b^2$이므로

$\therefore a^2 + b^2 = 13$

081 정답 ③

ㄱ. 점근선의 방정식은 $y = \pm x$ (참)

ㄴ. $x^2 - y^2 = 1$을 미분하면 $2x - 2yy' = 0$에서

$y' = \dfrac{x}{y} = \dfrac{x}{\sqrt{x^2 - 1}} \neq \pm 1$ (거짓)

ㄷ. $x^2 - y^2 = 1$ $\cdots \text{㉠}$

$y^2 = 4px$ $\cdots \text{㉡}$

㉠, ㉡에서

$x^2 - 4px - 1 = 0$

$x = 2p \pm \sqrt{4p^2 + 1}$

$p > 0$일 때,

$x = 2p + \sqrt{4p^2 + 1}$ 이므로 ㉡에서 y의 값은 두 개 존재한다.

$p < 0$일 때,

$x = 2p - \sqrt{4p^2 + 1}$ 이므로 ㉡에서 y의 값은 두 개 존재한다.

(참)

따라서, 옳은 것은 ㄱ, ㄷ이다.

082 정답 ①

점 (a, b)는 쌍곡선 $\dfrac{x^2}{5} - \dfrac{y^2}{4} = 1$ 위의 점이므로

$\dfrac{a^2}{5} - \dfrac{b^2}{4} = 1 \cdots \text{㉠}$

쌍곡선 $\dfrac{x^2}{5} - \dfrac{y^2}{4} = 1$의 두 초점의 좌표는

$F(3, 0)$, $F'(-3, 0)$이다.

이때, 사각형 $F'QFP$의 넓이는 합동인 두 삼각형 $F'QF$, FPF'의 넓이와 같으므로

$$\square F'QFP = 2 \times \triangle FPF' = 2 \times \frac{1}{2} \times \overline{FF'} \times \mid b \mid = 6|b| = 24$$

$$\therefore \mid b \mid = 4 \cdots \bigcirc$$

$\bigcirc$, $\bigcirc$에서 $a^2 = 25$이므로 $|a| = 5$

$$\therefore |a| + |b| = 5 + 4 = 9$$

083 정답 ⑤

초점 $(\pm 5, 0)$이고 점근선은 $y = \pm \frac{3}{4}$이므로 초점을 지나고

점근선에 평행한 직선은 $y = \frac{3}{4}(x \pm 5)$,

$y = -\frac{3}{4}(x \pm 5)$ 이므로 이 4개의 직선으로 둘러싸인 도형의

넓이는

$$4\left(\frac{1}{2} \times 5 \times \frac{15}{4}\right) = \frac{75}{2}$$

084 정답 ②

원 $(x-4)^2 + y^2 = r^2$과 쌍곡선 $x^2 - 2y^2 = 1$이 서로 다른 세
점에서 만나기 위한 양수 r의 최댓값은 원 $(x-4)^2 + y^2 = r^2$이
쌍곡선의 꼭짓점 $(-1, 0)$을 지날 때가 r이 최대가 된다.
따라서 $r^2 = 5$

$$\therefore r = 5$$

085 정답 ①

쌍곡선 $\dfrac{x^2}{a^2} - \dfrac{y^2}{b^2} = 1$의 점근선은

$y = \pm \dfrac{b}{a}x$이므로 한 점근선을 $y = \dfrac{b}{a}x$라 하면

이 점근선에 평행한 직선의 기울기는 $\dfrac{b}{a}$이다.

기울기가 $\dfrac{b}{a}$이고 타원 $\dfrac{x^2}{8a^2} + \dfrac{y^2}{b^2} = 1$에 접하는 직선의 방정식은

$$y = \frac{b}{a}x \pm \sqrt{8a^2 \times \left(\frac{b}{a}\right)^2 + b^2}$$

$$y = \frac{b}{a}x \pm 3b$$

$\therefore bx - ay + 3ab = 0$ 또는 $bx - ay - 3ab = 0$
이때, 원점과 두 직선 사이의 거리가 1이므로

$$\frac{|3ab|}{\sqrt{a^2 + b^2}} = 1$$

$$|3ab| = \sqrt{a^2 + b^2}$$

양변을 제곱하면

$$9a^2b^2 = a^2 + b^2$$

양변을 a^2b^2으로 나누면

$$9 = \frac{1}{b^2} + \frac{1}{a^2}$$

$$\therefore \frac{1}{a^2} + \frac{1}{b^2} = 9$$

086 정답 19

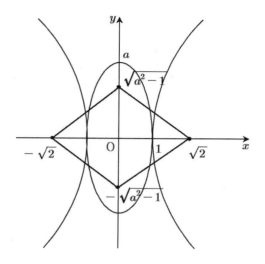

타원의 두 초점의 좌표는 $\left(0, \pm \sqrt{a^2 - 1}\right)$이고
쌍곡선의 두 초점의 좌표는 $\left(\pm \sqrt{2}, 0\right)$이므로

사각형의 넓이 $= \dfrac{1}{2} \times 2\sqrt{2} \times 2\sqrt{a^2 - 1} = 12$

$$2(a^2 - 1) = 36$$

$$a^2 - 1 = 18$$

$$\therefore a^2 = 19$$

087 정답 ④

두 초점이 x 축 위에 있는 쌍곡선의 방정식을

$\dfrac{x^2}{a^2} - \dfrac{y^2}{b^2} = 1$ (단, $a > 0$, $b > 0$)라 하면

(가) 조건에 의해 $a^2 + b^2 = 25$ 이고
(나) 조건에 의해 $a = b$ 이다.

연립하여 풀면 $a = \dfrac{5\sqrt{2}}{2}$ 이므로

주축의 길이 $= 2a = 5\sqrt{2}$ 이다.

088 정답 ③

$\overline{AF} = k$라 하면 정사각형의 대각선의 길이는
$\overline{AF'} = \sqrt{2}k$
한편, 주축의 길이가 2이므로 쌍곡선의 정의에 의해
$\overline{AF'} - \overline{AF} = 2$, $\overline{AF'} = \overline{AF} + 2$
즉, $\sqrt{2}k = k + 2$이므로

$$k = \frac{2}{\sqrt{2} - 1} = 2(\sqrt{2} + 1)$$

따라서 대각선의 길이는

$\overline{AF'} = \overline{AF} + 2 = k + 2 = 2\sqrt{2} + 2 + 2 = 4 + 2\sqrt{2}$

[다른 풀이]

주어진 쌍곡선의 방정식을

$\dfrac{x^2}{a^2} - \dfrac{y^2}{b^2} = 1$ $(a,\ b$는 양의 상수$)$라 하자.

쌍곡선의 주축의 길이가 2이므로

$2a = 2$에서 $a = 1$

따라서 $c = \sqrt{1 + b^2}$ 이고,

$F\left(\sqrt{1 + b^2},\ 0\right)$, $F'\left(-\sqrt{1 + b^2},\ 0\right)$이므로

$\overline{FF'} = 2\sqrt{1 + b^2}$

이때 사각형 $ABF'F$는 정사각형이므로 점 A의 좌표는

$\left(\sqrt{1 + b^2},\ 2\sqrt{1 + b^2}\right)$

이때 정사각형 $ABF'F$의 대각선의 길이는

$\overline{AF'} = \sqrt{2} \times \overline{FF'} = 2\sqrt{2}\sqrt{1 + b^2}$ $\qquad \cdots \ \text{㉠}$

이고, 쌍곡선의 정의에 의해

$\overline{AF'} = \overline{AF} + 2 = 2\sqrt{1 + b^2} + 2$ $\qquad \cdots \ \text{㉡}$

이므로 ㉠, ㉡에서

$2\sqrt{2}\sqrt{1 + b^2} = 2\sqrt{1 + b^2} + 2$

$\left(\sqrt{2} - 1\right)\sqrt{1 + b^2} = 1$

따라서 정사각형 $ABF'F$의 대각선의 길이는 ㉡에서

$2\left(\sqrt{2} + 1\right) + 2 = 4 + 2\sqrt{2}$

089 정답 ⑤

쌍곡선의 주축의 길이는 4이므로 $2a = 4$에 의해서 $a = 2$이다.

또한 점근선의 방정식이 $y = \pm\dfrac{5}{2}x$ 이므로 $\dfrac{b}{a} = \dfrac{5}{2}$

$b = \dfrac{5}{2}a = 5$이다.

따라서 $a^2 + b^2 = 2^2 + 5^2 = 29$

090 정답 ③

두 초점 사이의 거리가 $6\sqrt{6}$이므로 초점의 좌표는

$\left(-3\sqrt{6},\ 0\right)$ 와 $\left(3\sqrt{6},\ 0\right)$ 이다.

$a^2 + 36 = (3\sqrt{6})^2 = 54$이다

따라서 $a^2 = 54 - 36 = 18$이다.

091 정답 ④

$4x^2 - 8x - y^2 - 6y - 9 = 0$에서

$4(x - 1)^2 - (y + 3)^2 = 4$

$(x - 1)^2 - \dfrac{(y + 3)^2}{4} = 1$

쌍곡선 $(x - 1)^2 - \dfrac{(y + 3)^2}{4} = 1$은 쌍곡선 $x^2 - \dfrac{y^2}{4} = 1$을 x축의

방향으로 1만큼, y축의 방향으로 -3만큼
평행이동한 것이므로 이 쌍곡선의 점근선 중 기울기가 양수인
직선의 방정식은

$y - (-3) = 2(x - 1),\ y = 2x - 5$

직선 $y = 2x - 5$의 x절편, y절편이 각각 $\dfrac{5}{2}$, -5이다.

따라서 직선 $y = 2x - 5$와 x축, y축으로 둘러싸인 부분의
넓이는

$\dfrac{1}{2} \times \dfrac{5}{2} \times 5 = \dfrac{25}{4}$

092 정답 ②

$c^2 = 9 + 16 = 25$, $c = 5$에서 $\overline{FF'} = 2c = 10$이고

$\overline{FP} = \overline{FF'} = 10$

쌍곡선 $\dfrac{x^2}{9} - \dfrac{y^2}{16} = 1$의 주축의 길이가 6이므로

$\overline{F'P} - \overline{FP} = 6$, $\overline{F'P} = \overline{FP} + 6 = 16$

따라서 삼각형 $PF'F$의 둘레의 길이는

$\overline{F'P} + \overline{FF'} + \overline{FP} = 16 + 10 + 10 = 36$

093 정답 ⑤

쌍곡선의 방정식을 $\dfrac{x^2}{a^2} - \dfrac{y^2}{b^2} = 1\,(a > 0, b > 0)$이라 하면

$a^2 + b^2 = 16$ $\quad \cdots \text{㉠}$

주축의 길이가 6이므로 $a = 3$을 ㉠에 대입하여 구하면

$9 + b^2 = 16$, $b = \sqrt{7}$

점근선 중 기울기가 양수인 점근선 l의 방정식은 $y = \dfrac{\sqrt{7}}{3}x$

따라서 점 $F(4, 0)$과 직선 $\sqrt{7}x - 3y = 0$사이의 거리는

$\dfrac{|\sqrt{7} \times 4 - 3 \times 0|}{\sqrt{(\sqrt{7})^2 + (-3)^2}} = \dfrac{4\sqrt{7}}{4} = \sqrt{7}$

094 정답 10

쌍곡선의 중심이 원점이고, 한 점근선이
점 $P\left(2, \sqrt{21}\right)$을 지나므로 점근선의 방정식은

$y = \dfrac{\sqrt{21}}{2}x$ 또는 $y = -\dfrac{\sqrt{21}}{2}x$

이때 $a > 0$이므로

$\dfrac{\sqrt{a}}{2} = \dfrac{\sqrt{21}}{2}$ $\qquad \therefore a = 21$

그러므로 초점의 좌표는

$F\left(0, \sqrt{4 + 21}\right)$, $F'\left(0, -\sqrt{4 + 21}\right)$

즉, $F(0, 5)$, $F'(0, -5)$

따라서 삼각형 PFF'의 넓이는

$\dfrac{1}{2} \times \overline{FF'} \times |$점 P의 x좌표$| = \dfrac{1}{2} \times 10 \times 2 = 10$

095 정답 ③

쌍곡선 $\dfrac{x^2}{9}-\dfrac{y^2}{k}=1$의 두 초점 F, F$'$의 좌표는

F$(\sqrt{9+k},\ 0)$, F$'(-\sqrt{9+k},\ 0)$

쌍곡선 위의 점 P에 대하여 $|\overline{PF}-\overline{PF'}|=6$

양변을 각각 제곱하여 정리하면

$\overline{PF}^2+\overline{PF'}^2-2\times\overline{PF}\times\overline{PF'}=36$ $\cdots\bigcirc$

원점 O는 선분 FF$'$의 중점이고, $\overline{OP}^2=\overline{PF}\times\overline{PF'}$이므로

$\bigcirc$에서 $\overline{PF}^2+\overline{PF'}^2-2\overline{OP}^2=36$

이때 점 P의 좌표를 $(a,\ b)$라 하면

$(a-\sqrt{9+k})^2+b^2+(a+\sqrt{9+k})^2+b^2-2(a^2+b^2)=36$

$2(9+k)=36$

$\therefore\ k=9$

[다른 풀이] [이태형T–가토수학과학학원]
[그림 : 최성훈T]

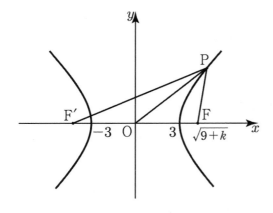

중선정리에서

$\overline{PF'}^2+\overline{PF}^2=2\left(\overline{OP}^2+\overline{OF}^2\right)$

$\overline{PF'}^2+\overline{PF}^2=2\times\overline{PF'}\times\overline{PF}+2(9+k)$

$\left(\overline{PF'}-\overline{PF}\right)^2=18+2k$

$36=18+2k$

$\therefore\ k=9$

 유형 6 쌍곡선과 직선

096 정답 ①

쌍곡선 $\dfrac{x^2}{7}-\dfrac{y^2}{6}$ 위의 점 $(7,\ 6)$에서의 접선의 방정식

$\dfrac{7x}{7}-\dfrac{6y}{6}=1$

즉, $y=x-1$

이다.

직선 $y=x-1$에서 $y=0$일 때,

$0=x-1$

$x=1$

따라서 구하는 x절편은 1

097 정답 ②

쌍곡선 $\dfrac{x^2}{a^2}-y^2=1$ 위의 점 $(2a,\ \sqrt{3})$에서의 접선은

$\dfrac{2ax}{a^2}-\sqrt{3}\,y=1$, $\dfrac{2x}{a}-\sqrt{3}\,y=1$이고 $y=-\sqrt{3}\,x+1$과

수직이므로

기울기의 곱이 -1

$\dfrac{2}{\sqrt{3}\,a}\times(-\sqrt{3})=-1$, $a=2$

098 정답 ②

쌍곡선 $x^2-\dfrac{y^2}{3}=1$와 직선 $y=x+1$이 만나는 점의 좌표는

$x^2-\dfrac{(x+1)^2}{3}=1$

$3x^2-x^2-2x-1=3$

$2x^2-2x-4=0$

$x^2-x-2=0$

$(x+1)(x-2)=0$

$\therefore\ x=-1$ 또는 $x=2$

A$(-1,\ 0)$, B$(2,\ 3)$이라 하자.

점 A에서의 접선의 방정식은 $x=-1$

점 B에서의 접선의 방정식은 $2x-\dfrac{3y}{3}=1$에서

$y=2x-1$이다.

두 접선의 교점은 C$(-1,\ -3)$

따라서 $\overline{AC}=3$

삼각형 ABC의 넓이는

$\dfrac{1}{2}\times3\times\{2-(-1)\}=\dfrac{9}{2}$

099 정답 ③

점 P$(4,\ k)$는 쌍곡선 $\dfrac{x^2}{a^2}-\dfrac{y^2}{b^2}=1$ 위의 점이므로

$\dfrac{16}{a^2}-\dfrac{k^2}{b^2}=1$ $\cdots\cdots\bigcirc$

점 P에서 쌍곡선에 그은 접선의 방정식은

$\dfrac{4x}{a^2}-\dfrac{ky}{b^2}=1$

이므로 두 점 Q와 R의 좌표는 각각

Q$\left(\dfrac{a^2}{4},\ 0\right)$, R$\left(0,\ -\dfrac{b^2}{k}\right)$

따라서 삼각형 QOR의 넓이는

$$A_1 = \frac{1}{2} \times \frac{a^2}{4} \times \left| -\frac{b^2}{k} \right| = \frac{a^2 b^2}{8k}$$

삼각형 PRS의 넓이는

$$A_2 = \frac{1}{2} \times \overline{PS} \times \overline{OS} = \frac{1}{2} \times k \times 4 = 2k$$

이므로

$A_1 : A_2 = 9 : 4$에서

$$\frac{a^2 b^2}{8k} : 2k = 9 : 4$$

$$36k^2 = a^2 b^2 \qquad \cdots\cdots\;\text{ⓛ}$$

ⓛ을 ㉠에 대입하여 정리하면

$$\frac{16}{a^2} - \frac{\frac{k^2}{36k^2}}{a^2} = 1, \;\text{즉}\; \frac{16}{a^2} - \frac{a^2}{36} = 1$$

$$a^4 + 36a^2 - 16 \times 36 = 0$$

$$(a^2 - 12)(a^2 + 48) = 0$$

$a^2 = 12$에서 $a = 2\sqrt{3}$이므로 주어진 쌍곡선의 주축의 길이는 $2a = 4\sqrt{3}$이다.

100 정답 ④

쌍곡선 $\frac{x^2}{a^2} - \frac{y^2}{16} = 1$의 점근선의 방정식은

$$y = \pm \frac{4}{a} x$$

이때 점근선 중 하나의 기울기가 3이고 $a > 0$이므로

$$\frac{4}{a} = 3$$

따라서 $a = \frac{4}{3}$

101 정답 ③

[그림 : 최성훈T]

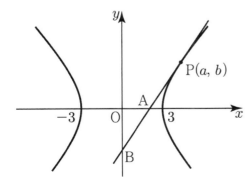

$P(a, b)$에서의 접선의 방정식은 $\frac{ax}{9} - \frac{by}{16} = 1$

접선은 $A\left(\frac{9}{a}, 0 \right)$, $B\left(0, -\frac{16}{b} \right)$을 지나므로

$\triangle OAB$의 넓이 $S = \frac{1}{2} \times \frac{9}{a} \times \frac{16}{b} = \frac{72}{ab}$

102 정답 ②

$\frac{x^2}{2} - y^2 = 1$ 위의 점 $(2, 1)$에서의 접선의 방정식은

$$\frac{2x}{2} - 1 \cdot y = 1, \; x - y = 1$$

$$\therefore \; y = x - 1$$

따라서 구하는 이 접선의 y절편은 -1이다.

103 정답 ④

쌍곡선 $\frac{x^2}{a} - \frac{y^2}{2} = 1$에 접하고 기울기가 3인 직선의 방정식은

$$y = 3x \pm \sqrt{a \times 3^2 - 2}$$

이때, $\sqrt{9a - 2} = 5$이어야 하므로 $9a - 2 = 25$

$$\therefore \; a = 3$$

이때 쌍곡선의 두 초점의 좌표는 $(\pm\sqrt{5}, 0)$이므로 구하는 두 초점 사이의 거리는 $2\sqrt{5}$이다.

104 정답 ④

접선 $y = mx + n$이 점 $(-1, 0)$을 지나므로

$0 = -m + n$에서 $m = n$

직선 $y = mx + m$과 쌍곡선 $x^2 - y^2 = 2$가 한 점에서 만나므로

방정식 $x^2 - (mx + m)^2 = 2$

즉, $(1 - m^2)x^2 - 2m^2 x - m^2 - 2 = 0$

의 판별식을 D라 하면

$$\frac{D}{4} = m^4 + (1 - m^2)(m^2 + 2) = 0$$

$$m^4 + m^2 + 2 - m^4 - 2m^2 = 0$$

$$m^2 = 2$$

$$\therefore \; m^2 + n^2 = m^2 + m^2 = 2 + 2 = 4$$

105 정답 32

접선 l의 방정식은

$$-6x - 2y = 32, \; 3x + y = -16 \;\cdots\text{㉠}$$

원점을 지나면서 ㉠과 수직인 직선의 방정식은

$$-x + 3y = 0, \; x - 3y = 0 \;\cdots\text{ⓛ}$$

㉠, ⓛ에서 $H\left(-\frac{24}{5}, -\frac{8}{5} \right)$

또한, 쌍곡선 $x^2 - y^2 = 32$와 ⓛ의 교점은 $Q(6, 2)$이다.

$$\therefore \; \overline{OH} \cdot \overline{OQ}$$

$$= \sqrt{\left(-\frac{24}{5} \right)^2 + \left(-\frac{8}{5} \right)^2} \times \sqrt{6^2 + 2^2}$$

$$= \frac{8\sqrt{10}}{5} \times 2\sqrt{10} = 32$$

106 정답 52

쌍곡선 $\dfrac{x^2}{12} - \dfrac{y^2}{8} = 1$ 위의 점 (a, b)에서의 접선의 방정식은

$$\frac{ax}{12} - \frac{by}{8} = 1$$

이고, 접선이 타원 $\dfrac{(x-2)^2}{4} + y^2 = 1$ 의 넓이를 이등분하므로

접선은 타원의 중심 $(2, 0)$을 지난다.

따라서, $\dfrac{2a}{12} - 0 = 1$ 에서 $a = 6$

또한, $\dfrac{a^2}{12} - \dfrac{b^2}{8} = 1$ 이므로

$\dfrac{36}{12} - \dfrac{b^2}{8} = 1$ 에서 $\dfrac{b^2}{8} = 2$, $b^2 = 16$

$\therefore a^2 + b^2 = 36 + 16 = 52$

107 정답 ①

점 $(b, 1)$이 쌍곡선 $x^2 - 4y^2 = a$ 위의 점이므로

$b^2 - 4 = a$ $\cdots$㉠

이 쌍곡선의 점근선은 $y = \pm\dfrac{1}{2}x$ 이고

점 $(b, 1)$에서의 접선의 방정식은 $bx - 4y = a$

즉 $y = \dfrac{b}{4}x - \dfrac{a}{4}$ 이다.

직선 $y = \dfrac{b}{4}x - \dfrac{a}{4}$ 와 직선 $y = -\dfrac{1}{2}x$ 가 수직이므로

$\dfrac{b}{4} \times \left(-\dfrac{1}{2}\right) = -1$

$\therefore b = 8$

$b = 8$을 ㉠에 대입하면 $a = 8^2 - 4 = 60$

$\therefore a + b = 60 + 8 = 68$

108 정답 ①

[그림 : 이호진T]

$\dfrac{x^2}{\frac{9}{4}} - \dfrac{y^2}{40} = 1$ 에서 원 C와 쌍곡선의 교점은 $R\left(\dfrac{3}{2}, 0\right)$이다.

$F(c, 0)$이라 두면 $c^2 = \dfrac{9}{4} + 40 = \dfrac{169}{4} = \left(\dfrac{13}{2}\right)^2$

$\therefore F\left(\dfrac{13}{2}, 0\right)$

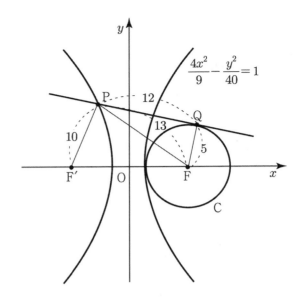

따라서, 원 C의 반지름의 길이 $r = \dfrac{13}{2} - \dfrac{3}{2} = 5$

$\overline{PF}^2 = \overline{PQ}^2 + \overline{FQ}^2 = 12^2 + 5^2 = 13^2$ $\left(\because \angle PQF = \dfrac{\pi}{2}\right)$

$\therefore \overline{PF} = 13$

쌍곡선의 정의에 의해 $\overline{PF'} = \overline{PF} - 3 = 10$

109 정답 ②

[그림 : 이호진T]

쌍곡선 $\dfrac{x^2}{8} - y^2 = 1$ 위의 점 $A(4, 1)$에서의 접선의 방정식은

$\dfrac{x}{2} - y = 1$이므로 x 축과 만나는 점은 $B(2, 0)$이다.

$F(3, 0)$이므로 삼각형 FAB의 넓이는 $\dfrac{1}{2} \times 1 \times 1 = \dfrac{1}{2}$이다.

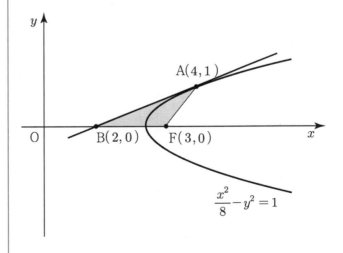

110 정답 ④

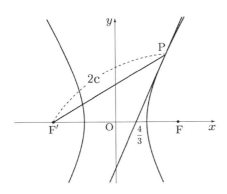

점 P의 좌표를 (x_1, y_1)이라 하면

점 P에서의 접선의 방정식은 $\dfrac{x_1 x}{4} - \dfrac{y_1 y}{k} = 1$

이 접선이 x축과 만나는 점의 x좌표는 $\dfrac{4}{x_1}$

$\dfrac{4}{x_1} = \dfrac{4}{3}$이므로 $x_1 = 3$

$\overline{PF'} = \overline{FF'}$이므로 $\sqrt{(3+c)^2 + y_1^2} = 2c$

$y_1^2 = 3c^2 - 6c - 9 \quad \cdots\cdots \bigcirc$

점 $P(3, y_1)$이 쌍곡선 위의 점이고

$k = c^2 - 4$이므로 $\dfrac{9}{4} - \dfrac{y_1^2}{c^2 - 4} = 1$

$y_1^2 = \dfrac{5}{4}(c^2 - 4) \quad \cdots\cdots \bigcirc$

두 식 $\bigcirc$, $\bigcirc$을 연립하면

$3c^2 - 6c - 9 = \dfrac{5}{4}(c^2 - 4)$

$7c^2 - 24c - 16 = 0$, $(7c+4)(c-4) = 0$

$c > 0$이므로 $c = 4$

따라서 $k = 12$

111 정답 ④

쌍곡선 $\dfrac{x^2}{9} - \dfrac{y^2}{16} = 1$ 위의 점 $P(a, b)\,(a > 3)$에서의 접선의

방정식은 $\dfrac{ax}{9} - \dfrac{by}{16} = 1$

이 직선이 x축과 만나는 점은 $y = 0$일 때

$\dfrac{ax}{9} = 1$ 즉, $x = \dfrac{9}{a}$

이 직선이 y축과 만나는 점은 $x = 0$일 때,

$-\dfrac{by}{16} = 1$ 즉, $y = -\dfrac{16}{b}$

세 점 $A\left(\dfrac{9}{a}, 0\right)$, $B\left(0, -\dfrac{16}{b}\right)$, $P(a, b)$에 대하여

점 A가 선분 PB의 중점이므로

$2 \times \dfrac{9}{a} = 0 + a$, $a^2 = 18$, $a = 3\sqrt{2}$

$2 \times 0 = b - \dfrac{16}{b}$, $b^2 = 16$, $b = \pm 4$

따라서 $|ab| = 12\sqrt{2}$

112 정답 8

쌍곡선 정의에서 $c^2 = 3 + 1 = 4$이다.

따라서 $c = 2$

쌍곡선 C_2의 점근선의 방정식은 $y = \pm \dfrac{1}{\sqrt{3}}x$이다.

이것을 C_1에 대입하면 $x^2 \pm \dfrac{a}{\sqrt{3}}x + 3 = 0$에서

중근을 가질 때 점근선이 포물선에 접하므로

$\dfrac{a^2}{3} - 12 = 0$

따라서 $a^2 = 36$, $a = 6$

$a + c = 8$

113 정답 11

두 점 P, Q는 모두 주축의 길이가 6인 쌍곡선 위의 점이고 조건 (가)와 쌍곡선의 정의에 의하여

$\overline{PF'} - \overline{PF} = 6$ ····· ㉠

$\overline{QF} - \overline{QF'} = 6$ ····· ㉡

조건 (다)에서 삼각형 PQF의 둘레의 길이가 28이고, ㉡에 의하여

$\overline{PF} + \overline{PQ} + \overline{QF} = \overline{PF} + \overline{PQ} + (\overline{QF'} + 6)$
$= \overline{PF} + (\overline{PQ} + \overline{QF'}) + 6$
$= \overline{PF} + \overline{PF'} + 6$
$\overline{PF} + \overline{PF'} + 6 = 28$
$\overline{PF} + \overline{PF'} = 22$ ····· ㉢

조건 (나)에서 삼각형 $PF'F$가 이등변삼각형이고 ㉠에서 $\overline{PF'} \neq \overline{PF}$이므로

$\overline{PF'} = \overline{FF'}$ 또는 $\overline{PF} = \overline{FF'}$이다.

(i) $\overline{PF'} = \overline{FF'}$인 경우

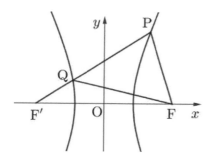

$\overline{FF'} = 2c$이므로 $\overline{PF'} = 2c$

㉠에 의하여

$\overline{PF} = \overline{PF'} - 6 = 2c - 6$

㉢에 의하여

$2c + (2c - 6) = 22$

$4c = 28$

$c = 7$

(ii) $\overline{PF} = \overline{FF'}$인 경우

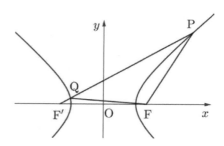

$\overline{FF'} = 2c$이므로 $\overline{PF} = 2c$

㉠에 의하여

$\overline{PF'} = \overline{PF} + 6 = 2c + 6$

㉢에 의하여

$2c + (2c + 6) = 22$

$4c = 16$

$c = 4$

(i), (ii)에서 조건을 만족시키는 모든 c의 값의 합은

$7 + 4 = 11$이다.

114 정답 145

[출제자 : 이소영T]

[그림 : 강민구T]

쌍곡선의 주축의 길이를 $2k\,(k > 0)$라 하자.

$\overline{PF'} = \overline{QF'} = 2a\,(a > 0)$라 하면

$\overline{PF'} - \overline{PF} = 2k$, $\overline{QF} - \overline{QF'} = 2k$이므로

$\overline{PF} = 2a - 2k$, $\overline{QF} = 2k + 2a$이다.

$|\,\overline{QF} - \overline{PF}\,| = 4k = 12$이므로 $k = 3$이다.

따라서 $\overline{PF} = 2a - 6$, $\overline{PF'} = 2a$가 된다.

이때, $\overline{PF'} = \overline{RF} + \overline{RF'}$이므로

$\overline{PR} + \overline{RF'} = \overline{RF} + \overline{RF'}$

$\overline{PR} = \overline{RF}$이 된다.

$\overline{PR} = \overline{RF} = b\,(b > 0)$라 하면 타원의 장축은

$\overline{RF'} + \overline{RF} = (2a - b) + b = 2a$가 됨을 알 수 있다.

$\triangle FF'R$의 둘레

$= \overline{RF} + \overline{FF'} + \overline{RF'} = b + 2c + 2a - b = 18$이므로 $a + c = 9$

····· ①

타원에서 초점을 구해보면 $a^2 - 3^2 = c^2$이므로 $a^2 - c^2 = 9$이고

$(a - c)(a + c) = 9$이므로

$a - c = 1$ ····· ②

①과 ②를 연립하면 $a = 5$, $c = 4$임을 알 수 있다.

이때, $\triangle PFR$의

둘레 $= \overline{PR} + \overline{PF} + \overline{PF} = b + 2a - 6 + b = 2a + 2b - 6 = 4 + 2b$

····· ③

b를 구하기 위해 △PF'F에서 ∠FPF'=θ라 하면

$\cos\theta=\dfrac{100+16-64}{2\cdot10\cdot4}=\dfrac{52}{80}=\dfrac{13}{20}$이므로 △PFR이 이등변

삼각형이므로 $\cos\theta=\dfrac{2}{b}=\dfrac{13}{20}$

$b=\dfrac{40}{13}$이 된다.

③에 대입하면 △PFR 둘레는 $\dfrac{132}{13}$이다.

따라서 $p+q=145$가 된다.

115 정답 17

타원 $\dfrac{x^2}{9}+\dfrac{y^2}{5}=1$의 한 초점이 F$(c,\ 0)$ $(c>0)$이므로 타원의

성질에 의해

$c^2=9-5=4$

$c>0$이므로 $c=2$이다.

타원 $\dfrac{x^2}{9}+\dfrac{y^2}{5}=1$의 다른 한 초점을

F'이라 하면 F'$(-2,\ 0)$이다.

점 P가 타원 위의 점이므로

타원의 성질에 의해

$\overline{PF}+\overline{PF'}=6$ ······ ㉠

이다.

이때,

$\overline{PQ}-\overline{PF}\geq6$ ······ ㉡

이므로

㉠, ㉡에서

$\overline{PQ}+\overline{PF'}\geq12$ ······ ㉢

이다.

한편, 원의 중심을 C라 하면 C$(2,\ 3)$이므로

$\overline{CF'}=\sqrt{(-2-2)^2+(0-3)^2}=5$이다.

이때, 주어진 조건을 만족시키는 타원 $\dfrac{x^2}{9}+\dfrac{y^2}{5}=1$과 중심이

C$(2,\ 3)$이고 반지름의 길이가 r인 원은 다음 그림과 같다.

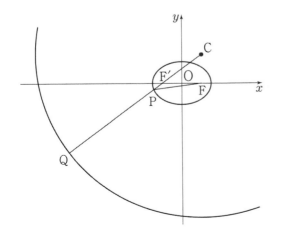

㉢에서 세 점 P, Q, F'이 일직선 위에 있을 때 $\overline{PQ}+\overline{PF'}$의

값이 최소이고, $\overline{PQ}+\overline{PF'}$의 값의 최솟값은 12이다.

따라서 $\overline{PQ}+\overline{PF'}$의 값이 최소일 때 원의 반지름의 길이 r의

값은

$r=\overline{CF'}+\overline{F'P}+\overline{PQ}$

$=5+12$

$=17$

116 정답 80

타원의 장축은 34이고 F$(8,\ 0)$이므로

$\overline{PQ}-\overline{PF}=\overline{PQ}+\overline{PF'}-34\geq20$에서

$\overline{PQ}+\overline{PF'}\geq54$이다. $\overline{PQ}+\overline{PF'}$의 최솟값은 아래 그림과 같이

$\overline{QF'}$이므로 $\overline{QF'}=54$이고 원의 중심 $(12,\ 24)$에서

F'$(-8,\ 0)$까지의 거리는 26이므로 반지름의 길이는

$54+26=80$이 된다.

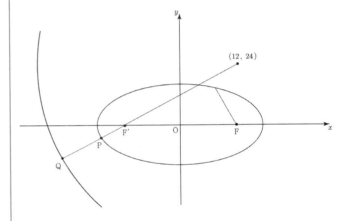

117 정답 80

쌍곡선 $C_1:x^2-\dfrac{y^2}{24}=1$의 주축의 길이는 2,

쌍곡선 $C_2:\dfrac{x^2}{4}-\dfrac{y^2}{21}=1$의 주축의 길이는 4,

두 쌍곡선 C_1, C_2의 초점은 모두 F$(5,\ 0)$, F'$(-5,\ 0)$이다.

점 P는 쌍곡선 C_1 위에 있는 제2사분면 위의 점이므로

$\overline{PF}=\overline{PF'}+2$ ······ ㉠

점 Q는 쌍곡선 C_2 위에 있는 제2사분면 위의 점이므로

$\overline{QF}=\overline{QF'}+4$ ······ ㉡

$\overline{PQ}+\overline{QF}$, $2\overline{PF'}$, $\overline{PF}+\overline{PF'}$이 이 순서대로

등차수열을 이루므로 등차중항의 성질에 의하여

$4\overline{PF'}=(\overline{PQ}+\overline{QF})+(\overline{PF}+\overline{PF'})$

이때 ㉡에 의하여

$\overline{PQ}+\overline{QF}=\overline{PQ}+\overline{QF'}+4=\overline{PF'}+4$

이므로

$4\overline{PF'}=\overline{PF'}+4+\overline{PF}+\overline{PF'}$

$2\overline{PF'} = 4 + \overline{PF}$

㉠을 대입하면

$2\overline{PF'} = 4 + (\overline{PF'} + 2)$

즉, $\overline{PF'} = 6$

삼각형 $PF'F$는 $\overline{PF'} = 6$, $\overline{FF'} = 10$,

$\overline{PF} = 8$인 직각삼각형이므로

$$\tan(\angle PF'F) = \frac{\overline{PF}}{\overline{PF'}} = \frac{4}{3}$$

따라서 직선 PQ의 기울기 m도 $\dfrac{4}{3}$이다.

$60m = 60 \times \dfrac{4}{3} = 80$

---

118 정답 16

[출제자: 이정배T]

$\overline{QF'} = \alpha$, $\overline{PQ} = \beta$라 하면 타원 C_1과 C_2의 장축의 길이는 각각 7과 11이므로 타원의 정의에 의하여

$\overline{QF} = 7 - \alpha$, $\overline{PF} = 11 - (\alpha + \beta)$

그러면 $\overline{QF} - \overline{PQ} = 7 - (\alpha + \beta)$, $\dfrac{\overline{PF'}}{2} = \dfrac{\alpha + \beta}{2}$,

$\overline{PF} = 11 - (\alpha + \beta)$는 이 순서대로 등차수열을 이루므로

$\alpha + \beta = 7 - (\alpha + \beta) + 11 - (\alpha + \beta)$

$\therefore \ \alpha + \beta = 6$

삼각형 $PF'F$는 $\overline{PF} = \overline{FF'} = 5$, $\overline{PF'} = 6$인 이등변삼각형이므로

$\angle PF'F = \theta$라 하면 $\cos\theta = \dfrac{3}{5}$이다.

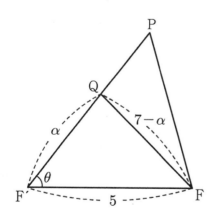

이때, 삼각형 QFF'에서 코사인법칙을 이용하면

$(7 - \alpha)^2 = \alpha^2 + 5^2 - 2 \times 5\alpha\cos\theta$

$49 - 14\alpha + \alpha^2 = \alpha^2 + 25 - 6\alpha$, $8\alpha = 24$

$\therefore \ \alpha = 3$

따라서 삼각형 $QF'F$는 직각삼각형이고 $\tan\theta = \dfrac{4}{3} = m$이므로

$12m = 16$이다.

---

119 정답 ②

그림과 같이 점 P에서 x축에 내린 수선의 발을 H, 선분 PP'이 y축과 만나는 점을 M이라 하자.

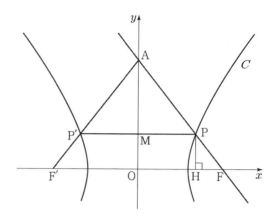

$\overline{AP} : \overline{PP'} = 5 : 6$이고 점 M은 선분 PP'의 중점이므로

$\overline{AP} : \overline{MP} = 5 : 3$

이고, 직각삼각형 AMP에서 $\dfrac{\overline{AM}}{\overline{MP}} = \dfrac{4}{3}$

즉, 직선 AF의 기울기는 $-\dfrac{4}{3}$이고 직선 AF'의 기울기는

$\dfrac{4}{3}$이므로 쌍곡선 C의 두 점근선의 기울기는 $\pm\dfrac{4}{3}$이다.

쌍곡선 C의 방정식을

$\dfrac{x^2}{a^2} - \dfrac{y^2}{b^2} = 1$ (단, $a > 0$, $b > 0$)

으로 놓으면 $\dfrac{b}{a} = \dfrac{4}{3}$이므로

$a = 3k$, $b = 4k$ (단, $k > 0$)

이라 하면 쌍곡선 C의 방정식은

$\dfrac{x^2}{9k^2} - \dfrac{y^2}{16k^2} = 1$ ㈠ ⋯⋯㉠

이때 점 F의 x좌표는

$\sqrt{9k^2 + 16k^2} = \sqrt{25k^2} = 5k$

이고, 직각삼각형 PHF에서 $\overline{PF} = 1$이므로

$\overline{HF} = \dfrac{3}{5}$, $\overline{PH} = \dfrac{4}{5}$

즉, 점 P의 좌표는

$P\left(5k - \dfrac{3}{5}, \ \dfrac{4}{5}\right)$

이고 이 점이 쌍곡선 C 위에 있으므로 ㉠에 대입하면

$\dfrac{\left(5k - \dfrac{3}{5}\right)^2}{9k^2} - \dfrac{\left(\dfrac{4}{5}\right)^2}{16k^2} = 1$

$25k^2 - 6k + \dfrac{9}{25} - \dfrac{9}{25} = 9k^2$

$16k^2 - 6k = 0$, $2k(8k - 3) = 0$

$k > 0$이므로 $k = \dfrac{3}{8}$

따라서 구하는 쌍곡선 C의 주축의 길이는

$$2a = 2 \times 3k = 6k = 6 \times \frac{3}{8} = \frac{9}{4}$$

120 정답 ⑤

[출제자 : 최성훈T]

$\mathrm{F}(5k,\ 0)$, $\mathrm{A}(11k,\ 0)$이라 하면 장축의 길이는 $22k$이다.

$\overline{\mathrm{FF'}} = \overline{\mathrm{FP}} = 10k$이므로 $\overline{\mathrm{PF'}} = 12k$

삼각형 $\mathrm{PF'F}$에서

$$\cos\angle\mathrm{PFF'} = \frac{(10k)^2 + (10k)^2 - (12k)^2}{2 \times 10k \times 10k} = \frac{7}{25}$$

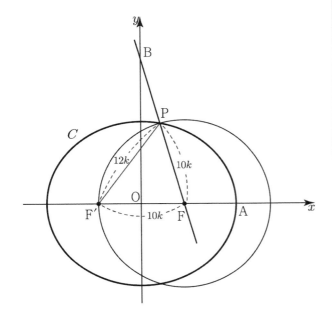

$\cos\angle\mathrm{BFO} = \dfrac{5k}{\overline{\mathrm{BF}}} = \dfrac{7}{25}$ 이므로 $\overline{\mathrm{BF}} = \dfrac{125k}{7}$

따라서 $\overline{\mathrm{BP}} = \overline{\mathrm{BF}} - \overline{\mathrm{PF}} = \dfrac{55k}{7} = 1$

따라서 $k = \dfrac{7}{55}$

$\therefore$ 장축의 길이는 $22k = 22 \times \dfrac{7}{55} = \dfrac{14}{5}$

121 정답 ①

포물선 $C_1 : y^2 = 4x$의 초점의 좌표는 $\mathrm{F}_1(1,\ 0)$이고
준선의 방정식은 $x = -1$이다.

점 A의 x좌표를 x_1이라 하자.

점 A에서 포물선 C_1의 준선 $x = -1$에 내린 수선의 발을
H_1이라 하면 포물선의 성질에 의해

$$\overline{\mathrm{AF}_1} = \overline{\mathrm{AH}_1} = x_1 + 1 \qquad \cdots\cdots \text{㉠}$$

포물선 $C_2 : (y-3)^2 = 4p\{x - f(p)\}$의 초점의 좌표는
$\mathrm{F}_2(p + f(p),\ 3)$이고 준선의 방정식은 $x = -p + f(p)$이다.

점 A에서 포물선 C_2의 준선 $x = -p + f(p)$에 내린 수선의
발을 H_2라 하면 포물선의 성질에 의해

$$\overline{\mathrm{AF}_2} = \overline{\mathrm{AH}_2} = x_1 + p - f(p) \qquad \cdots\cdots \text{㉡}$$

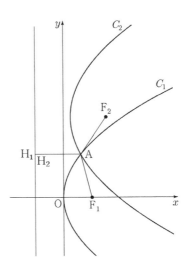

이때 $\overline{\mathrm{AF}_1} = \overline{\mathrm{AF}_2}$이므로 ㉠, ㉡에서

$$x_1 + 1 = x_1 + p - f(p)$$
$$f(p) - p + 1 = 0$$

$f(x) = (x + a)^2$이므로

$$(p + a)^2 - p + 1 = 0$$
$$p^2 + (2a - 1)p + (a^2 + 1) = 0 \qquad \cdots\cdots \text{㉢}$$

p에 대한 이차방정식 ㉢의 판별식을 D라 하자.

(i) $D < 0$일 때
㉢을 만족시키는 실수 p의 값은 존재하지 않는다.

(ii) $D = 0$일 때
$D = (2a - 1)^2 - 4(a^2 + 1) = 0$에서
$$a = -\frac{3}{4}$$
$a = -\dfrac{3}{4}$을 ㉢에 대입하면
$$p^2 - \frac{5}{2}p + \frac{25}{16} = 0$$
$$\left(p - \frac{5}{4}\right)^2 = 0$$
$$p = \frac{5}{4} \geq 1$$

(iii) $D > 0$일 때
$D = (2a - 1)^2 - 4(a^2 + 1) > 0$에서
$$a < -\frac{3}{4}$$
$g(p) = p^2 + (2a - 1)p + (a^2 + 1)$이라 하면
$g(1) = (a + 1)^2 \geq 0$
p에 대한 이차방정식 ㉢의 서로 다른 두 실근을
$\alpha,\ \beta\ (\alpha < \beta)$라 하면
$\alpha + \beta = 1 - 2a > 0$
$\alpha\beta = a^2 + 1 \geq 1$
이때 $1 \leq \alpha < \beta$이므로 $p \geq 1$인 p가 두 개 존재한다.

(i), (ii), (iii)에서 $a = -\dfrac{3}{4}$

122 정답 ②

[출제자: 김종렬T]
[그림 : 이호진T]

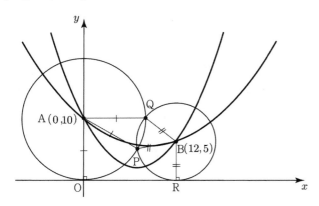

$A(0, 10)$,$B(12, 5)$, $R(12, 0)$ 이라 하면

그림에서 $\overline{PA} = \overline{OA} = 10$, $\overline{PB} = \overline{RB} = 5$ 이므로 A 와 B 는
모두 점 P 를 초점으로 하고 x 축을 준선으로 하는 포물선의
위의 점이다.

$\overline{QA} = \overline{OA} = 10$ 이므로 A 와 B 는 모두 점
Q 를 초점으로 하고 x 축을 준선으로 하는 포물선의 위의
점이다.

따라서 구하는 두 포물선의 교점은 주어진 두 원의 중심
A,B 이다. 따라서 구하는 거리는 $\overline{AB} = \sqrt{12^2 + 5^2} = 13$

123 정답 ⑤

두 점 F_1, F_2의 좌표가 각각
$F_1(p, a)$, $F_2(-1, 0)$
이고, $\overline{F_1 F_2} = 3$이므로
$(p+1)^2 + a^2 = 9$ $\cdots\cdots$ ㉠
그림과 같이 점 P 를 지나고 x축에 수직인 직선과 점 Q를
지나고 y축에 수직인 직선이 만나는 점을 R 라 하자.

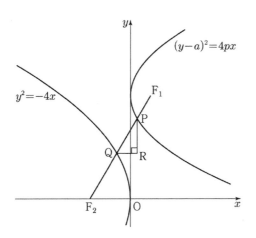

직선 PQ의 기울기는 직선 $F_1 F_2$의 기울기와 같은
$\dfrac{a}{p+1}$이므로 직각삼각형 PQR 에서 양수 t에 대하여
$\overline{PR} = at$, $\overline{QR} = (p+1)t$
로 놓을 수 있다.
이때 $\overline{PQ} = 1$이므로
$a^2 t^2 + (p+1)^2 t^2 = 1$
에서 $t^2 = \dfrac{1}{a^2 + (p+1)^2} = \dfrac{1}{9}$
즉, $t = \dfrac{1}{3}$
한편, 두 점 P, Q의 x좌표를 각각 x_1, x_2라 하면
$\overline{PF_1} = p + x_1$, $\overline{QF_2} = 1 - x_2$, $\overline{PF_1} + \overline{QF_2} = 2$ 이고
$x_1 - x_2 = (p+q)t = \dfrac{1}{3}(p+1)$이므로
$(p + x_1) + (1 - x_2) = 2$에서
$p = 1 - (x_1 - x_2) = 1 - \dfrac{1}{3}(p+1)$
즉, $p = \dfrac{1}{2}$
㉠에서
$\left(\dfrac{1}{2} + 1\right)^2 + a^2 = 9$
이므로
$a^2 = \dfrac{27}{4}$
따라서 $a^2 + p^2 = \dfrac{27}{4} + \dfrac{1}{4} = 7$

124 정답 ④

[그림 : 이정배T]

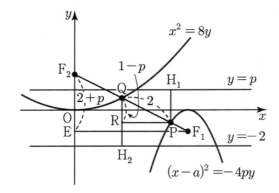

주어진 두 포물선의 방정식으로부터
$F_1(a, -p)$, $F_2(0, 2)$이다. 문제 조건에서 두 초점 사이의
거리가 5이므로
$a^2 + (2+p)^2 = 5^2$
$a^2 + p^2 = 21 - 4p \cdots$ ㉠
포물선 $(x-a)^2 = -4py$의 준선은 $y = p$이고 포물선 $x^2 = 8y$의
준선은 $y = -2$이다.

점 P에서 직선 $y=p$에 내린 수선의 발을 H_1이라 하고 점 Q에서 직선 $y=-2$에 내린 수선의 발을 H_2라 하자.

$\overline{F_1P}+\overline{F_2Q}=5-2=3$이므로 $\overline{PH_1}+\overline{QH_2}=3$

점 P에서 직선 QH_2에 내린 수선의 발을 R라 하면

$\overline{QR}=\overline{H_1P}+\overline{H_2Q}-(p+2)=3-(p+2)=1-p$

한편, F_1에서 y축에 내린 수선의 발을 E라 하면

$\overline{F_2E}=2+p$이고 삼각형 F_2EF_1과 삼각형 QRP은 닮은 관계이고 닮음비가 $5:2$이다.

따라서 $\overline{QR}=\dfrac{2}{5}\overline{F_2E}=\dfrac{2}{5}(2+p)$

그러므로

$1-p=\dfrac{2}{5}(2+p)$

$5-5p=4+2p$

$7p=1$

$\therefore\ p=\dfrac{1}{7}$

㉠에서 $a^2+p^2=21-\dfrac{4}{7}=\dfrac{143}{7}$

125 정답 ①

점 $P(2,3)$에서의 접선의 방정식은

$\dfrac{2x}{16}+\dfrac{3y}{12}=1$

$\dfrac{x}{8}+\dfrac{y}{4}=1$

그러므로 점 S의 좌표는 $(8,0)$이다.

한편, $c=\sqrt{16-12}=2$이므로

$F(2,0)$, $F'(-2,0)$

이때 두 삼각형 $F'FQ$, $F'SR$는 $\angle QF'F=\angle RF'S$이고 $\overline{FQ}/\!/\overline{SR}$이므로 닮은 삼각형이다.

한편, $\overline{F'F}=4$, $\overline{F'S}=10$이므로 두 삼각형 $F'FQ$, $F'SR$의 둘레의 길이의 비는 $2:5$

한편, 삼각형 $F'FQ$의 둘레의 길이는 타원의 정의에 의해

$\overline{FQ}+\overline{QF'}=2\times4=8$이므로

$\overline{FF'}+\overline{FQ}+\overline{QF'}=4+8=12$

따라서 구하는 삼각형 SRF'의 둘레의 길이를 l이라 하면 $12:l=2:5$ 이므로 $l=30$

126 정답 ③

단축의 길이가 2이므로 타원의 방정식

$\dfrac{x^2}{a^2}+\dfrac{y^2}{b^2}=1\ (a>b>0)$에서 $b=1$이다.

$\therefore\ \dfrac{x^2}{a^2}+y^2=1\ (a>1)$

$c^2=a^2-b^2=a^2-1$이므로 $c=\sqrt{a^2-1}$이고 이것을 타원의

방정식에 대입하면 $\dfrac{a^2-1}{a^2}+y^2=1$에서

$y=\pm\dfrac{1}{a}$이다.

따라서 $A\left(\sqrt{a^2-1},\dfrac{1}{a}\right)$, $B\left(\sqrt{a^2-1},-\dfrac{1}{a}\right)$

두 점 A, B가 x축 대칭이므로 두 점에서 접선의 교점은 x축 위에 있다.

점 A에서의 접선의 방정식을 구해보자.

$\dfrac{\sqrt{a^2-1}\,x}{a^2}+\dfrac{1}{a}y=1\cdots㉠$

㉠의 x축과 y축과의 교점을 각각 C, D라 하고 좌표를 구해보면

$C\left(\dfrac{a^2}{\sqrt{a^2-1}},0\right)$, $D(0,a)$

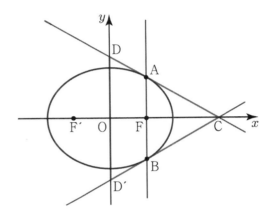

D의 x축 대칭인 점을 $D'(0,-a)$라 하면 삼각형 CDD'는 한 변의 길이가 $2a$인 정삼각형이다.

선분 OC가 정삼각형의 높이이므로

$\dfrac{\sqrt{3}}{2}\times2a=\dfrac{a^2}{\sqrt{a^2-1}}$

$\to\sqrt{3}=\dfrac{a}{\sqrt{a^2-1}}\to3a^2-3=a^2\to a^2=\dfrac{3}{2}$

따라서 $a=\dfrac{\sqrt{6}}{2}$

타원의 장축의 길이는 $2a=\sqrt{6}$이다.

127 정답 ③

그림과 같이 타원의 중심을 원점으로 하고
장축이 x축 위에 놓이도록 좌표축을 설정하자.

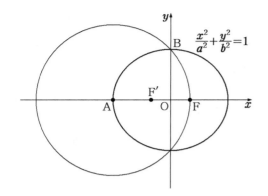

이때 타원의 장축의 길이가 $2a$이므로 타원의 방정식을
$\dfrac{x^2}{a^2}+\dfrac{y^2}{b^2}=1\,(b>0)$이라 하면 두 초점의 좌표는
$F'(-\sqrt{a^2-b^2},\,0)$, $F(\sqrt{a^2-b^2},\,0)$이다.
주어진 타원이 x축의 음의 방향과 만나는 점을 A,
y축의 양의 방향과 만나는 점을 B라 하면
두 점 A와 B의 좌표는 각각 $A(-a,\,0)$, $B(0,\,b)$이다.
점 A를 중심으로 하고 두 점 B와 F를 지나는 원의
반지름의 길이는 1이므로
$\overline{AB}=1$에서 $\sqrt{a^2+b^2}=1$
$b^2=1-a^2$ ······㉠
$\overline{AF}=1$에서 $\sqrt{a^2-b^2}+a=1$ ······㉡
㉠, ㉡에서
$\sqrt{a^2-(1-a^2)}=1-a$
이 식의 양변을 제곱하여 정리하면
$2a^2-1=1-2a+a^2$
$a^2+2a-2=0$
따라서 $a=-1+\sqrt{3}\ (\because a>0)$

128 정답 ③

[그림 : 이정배T]

그림과 같이 삼각형 ABC의 무게중심 G가 원점에 오고 점
A가 양의 y축에 오도록 놓으면 포물선의 꼭짓점이
$G(0,\,0)$이고 초점은 $A(0,\,2)$이므로 포물선의 방정식은
$x^2=4\times2\times y$
$\therefore x^2=8y\ \cdots$ ㉠

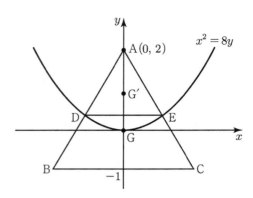

또, 직선 AB의 기울기는 $\tan60°=\sqrt{3}$이므로
직선 AB의 방정식은
$y=\sqrt{3}\,x+2\ \cdots$ ㉡
㉠, ㉡을 연립하면
$x^2=8(\sqrt{3}\,x+2)$
$\therefore x^2-8\sqrt{3}\,x-16=0$
$\therefore x=4\sqrt{3}\pm\sqrt{(4\sqrt{3})^2+16}=4\sqrt{3}\pm8$
따라서 점 D의 x좌표는
$x=4\sqrt{3}-8\ (\because x<0)$
$\overline{AD}=\dfrac{8-4\sqrt{3}}{\sin30°}$
$\therefore \overline{AD}=16-8\sqrt{3}$
정삼각형 ADE의 한 변의 길이가 $16-8\sqrt{3}$이므로
$\overline{AG'}=\dfrac{2}{3}\times\dfrac{\sqrt{3}}{2}\times(16-8\sqrt{3})=\dfrac{16\sqrt{3}-24}{3}$
$\overline{AG}=2$이므로
$\overline{G'G}=2-\dfrac{16\sqrt{3}-24}{3}=10-\dfrac{16}{3}\sqrt{3}$

129 정답 ③

$\overline{OB}=a$라 하면 $\overline{OA}=2-a$이므로
$A(-2+a,\,0)$, $B(a,\,0)$이다.
포물선 p_1의 방정식은 $y^2=8(x+2-a)$
포물선 p_2의 방정식은 $y^2=-4a(x-a)$이다.
따라서
$8(2-a)=4a^2$
$a^2+2a-4=0$
$\therefore a=-1+\sqrt{5}\ (\because a>0)$
따라서 $\triangle ABC$의 넓이는
$\therefore \dfrac{1}{2}\times2\times2a=2a=2(\sqrt{5}-1)$

두 포물선 p_1, p_2의 준선을 각각 l_1, l_2라 하자.

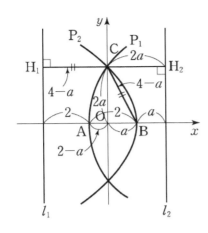

$\overline{OB} = a$라 하면 포물선의 정의에 의해 그림과 같이 각각의 길이가 결정된다.

직각삼각형 OBC에서 피타고라스 정리에 의해

$\sqrt{a^2 + (2a)^2} = 4 - a$

$a^2 + 2a - 4 = 0$

$\therefore a = -1 + \sqrt{5} \ (\because a > 0)$

따라서 $\triangle ABC$의 넓이는

$\therefore \dfrac{1}{2} \times 2 \times 2a = 2a = 2(\sqrt{5} - 1)$

130 정답 ②

[그림 : 최성훈T]

$\overline{OB} = a$라 하면 $\overline{OA} = 3 - a$이므로

$A(-3 + a, 0)$, $B(a, 0)$이다.

포물선 p_1의 방정식은 $y^2 = 12(x + 3 - a)$

포물선 p_2의 방정식은 $y^2 = -4a(x - a)$이다.

따라서 (나)에서 $\overline{OC}^2 = 2 \times \overline{OD}^2$이므로

$12(3 - a) = 2 \times 4a^2$

$9 - 3a = 2a^2$

$2a^2 + 3a - 9 = 0$

$(a + 3)(2a - 3) = 0$

$\therefore a = \dfrac{3}{2}$

그러므로

$p_1 : y^2 = 12\left(x + \dfrac{3}{2}\right)$

$p_2 : y^2 = -6\left(x - \dfrac{3}{2}\right)$

이다.

따라서 교점의 x좌표는 $12\left(x + \dfrac{3}{2}\right) = -6\left(x - \dfrac{3}{2}\right)$

$2x + 3 = -x + \dfrac{3}{2}$

$3x = -\dfrac{3}{2}$

$\therefore x = -\dfrac{1}{2}$

131 정답 39

[그림 : 최성훈T]

초점의 좌표는 $F(4, 0)$, $F'(-4, 0)$

점 P에서 x축에 내린 수선의 발을 H라 하고

$\overline{HF} = a$라 두면 $\overline{PH} = \sqrt{3}a$, $\overline{PF} = 2a$

타원의 장축의 길이가 12이므로

$\overline{PF'} = 12 - 2a$

$\overline{HF'} = \overline{FF'} - \overline{HF} = 8 - a$

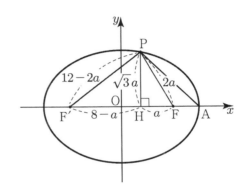

$\triangle PHF'$에서

$(12 - 2a)^2 = (\sqrt{3}a)^2 + (8 - a)^2$

$\therefore a = \dfrac{5}{2}$

$\overline{AH} = \overline{AF} + \overline{FH} = 2 + \dfrac{5}{2} = \dfrac{9}{2}$

$\overline{PH} = \dfrac{5\sqrt{3}}{2}$

$\overline{PA}^2 = \left(\dfrac{5}{2}\sqrt{3}\right)^2 + \left(\dfrac{9}{2}\right)^2 = 39$

132 정답 ③

[그림 : 이정배T]

$\overline{BD} = a$라 하고 $\angle ABD = \theta$라 하자.

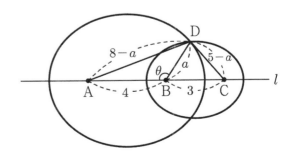

점 D는 장축의 길이가 8인 타원 E 위의 점이므로

타원 E의 정의에 의하여 $\overline{AD}=8-a$
같은 방법으로 점 D는 장축의 길이가 5인 타원 F 위의
점이므로 타원 F의 정의에 의하여
$\overline{CD}=5-a$
삼각형 ABD에서 코사인법칙에 의하여
$\overline{AD}^2=\overline{AB}^2+\overline{BD}^2-2\times\overline{AB}\times\overline{BD}\times\cos\theta$
이므로
$(8-a)^2=4^2+a^2-2\times4\times a\times\cos\theta$
$\therefore\ \cos\theta=\dfrac{16a-48}{8a}=\dfrac{2a-6}{a}$ $\cdots\textcircled{\tiny ㄱ}$
삼각형 CDB에서 코사인법칙에 의하여
$\overline{CD}^2=\overline{BC}^2+\overline{BD}^2-2\times\overline{BC}\times\overline{BD}\times\cos(\pi-\theta)$
이므로
$(5-a)^2=3^2+a^2+2\times3\times a\times\cos\theta$
$\therefore\ \cos\theta=\dfrac{16-10a}{6a}=\dfrac{8-5a}{3a}$ $\cdots\textcircled{\tiny ㄴ}$
$\textcircled{\tiny ㄱ}$, $\textcircled{\tiny ㄴ}$에서
$\dfrac{2a-6}{a}=\dfrac{8-5a}{3a}$, 즉 $6a-18=8-5a$
이므로
$11a=26$
$a=\dfrac{26}{11}$

133 정답 ③

[그림 : 최성훈T]

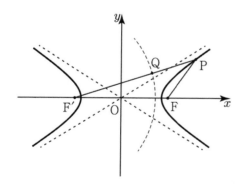

다음 그림에서 쌍곡선의 정의에 의하여
$\overline{PF'}-\overline{PF}=6$ 이고
$\overline{PF}=\overline{PQ}$ 이므로 $\overline{PF'}-\overline{PQ}=6$
따라서 점 Q는 점 F'으로부터 거리가 항상 6인 점이므로 점
F'을 중심으로 하고 반지름의 길이가 6인 원위의 점이다.
한편 주어진 쌍곡선의 점근선의 방정식이
$y=\pm\dfrac{\sqrt{3}}{3}x$ 이므로
점근선이 x축의 양의 방향과 이루는 각의 크기는
각각 $\dfrac{\pi}{6}$, $\dfrac{5\pi}{6}$ 이고 이때 $\angle PF'F=\theta$ 라 하면
$x>0$일 때 $0<\theta<\dfrac{\pi}{6}$ 이다.

따라서 점 Q가 움직이는 도형의 길이는 중심각의 크기가 $\dfrac{\pi}{3}$
이고 반지름의 길이가 6인 부채꼴의 호의 길이이므로
$6\times\dfrac{\pi}{3}=2\pi$

134 정답 ③

쌍곡선의 정의에 의하여 $\overline{F'P}-\overline{FP}=2\cdot4=8$
주어진 조건에 의하여 $\overline{PF}=\overline{PQ}$이므로 $\overline{PF'}-\overline{PQ}=8$ 즉,
$\overline{F'Q}=8$

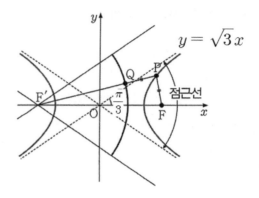

따라서 점 Q는 점 F'으로부터 거리가 항상 8인 점이므로 점
F'을 중심으로 하고 반지름의 길이가 8인 원 위의 점이다.
한편 주어진 쌍곡선의 점근선의 방정식이 $y=\pm\sqrt{3}x$이므로
점근선이 x축의 양의 방향과 이루는 각의 크기는 각각 $\dfrac{\pi}{3}$, $\dfrac{2}{3}\pi$
이때 $\angle PF'F=\theta$라 하면 $x>0$일 때, $0<\theta<\dfrac{\pi}{3}$이고 점
$P(x,y)$가 $x\to\infty$일 때, $\overline{F'P}$는 점근선 $y=\sqrt{3}x$와
평행해지므로 점 Q는 중심각의 크기가 $\dfrac{2}{3}\pi$이고 반지름의
길이가 8인 부채꼴의 호 위를 움직인다. (단, 양 끝점은 제외)
따라서 점 Q가 나타내는 도형의 길이는 반지름의 길이가 8이고
중심각의 크기가 $\dfrac{2}{3}\pi$인 부채꼴의 호의 길이와 같으므로
$8\times\dfrac{2}{3}\pi=\dfrac{16\pi}{3}$

135 정답 8

[그림 : 이정배T]

삼각형의 높이는 3이므로 $\overline{OG}=2$ 준선의 방정식은 $x=-2$
P에서 준선에 내린 수선의 발을 H라 하면 $\overline{GP}$와 x축이 이루는
각이 $60°$이므로 $\angle HPG=60°$, $\overline{PH}=\overline{PG}$이므로 삼각형
GPH는 정삼각형이다
준선과 x축이 만나는 점을 H'이라 하면 초점과 준선간의 거리
$\overline{GH'}=4$
$\overline{GP}=\overline{PH}=2\times\overline{GH'}=2\times4=8$

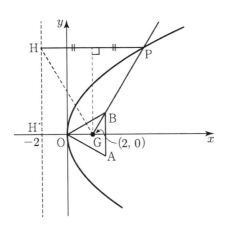

136 정답 ④

[출제자 : 오세준T]]

[그림 : 서태욱T]

포물선 $y^2 = 4x$의 초점 F의 좌표는 F$(1, 0)$이므로 점 D의 좌표는 $(1, 2)$

포물선 $(x-2a)^2 = \dfrac{9}{4}ay$에 대입하면

$(1-2a)^2 = \dfrac{9}{2}a$, $8a^2 - 17a + 2 = 0$, $(8a-1)(a-2) = 0$

$\therefore a = 2$ ($\because a$는 정수)

$\therefore (x-4)^2 = \dfrac{9}{2}y$

포물선 $y^2 = 4x$와 직선 $y = \dfrac{4}{3}x - \dfrac{4}{3}$의 교점을 구하면

$\left(\dfrac{4}{3}x - \dfrac{4}{3}\right)^2 = 4x$, $\dfrac{16}{9}(x^2 - 2x + 1) = 4x$, $4x^2 - 17x + 4 = 0$

$(4x-1)(x-4) = 0$

$\therefore x = \dfrac{1}{4}$ 또는 $x = 4$

따라서 A$(4, 4)$, B$\left(\dfrac{1}{4}, -1\right)$

포물선 $(x-4)^2 = \dfrac{9}{2}y$와 직선 $y = \dfrac{4}{3}x - \dfrac{4}{3}$의 교점을 구하면

$(x-4)^2 = 6x - 6$, $x^2 - 14x + 22 = 0$

$\therefore x = 7 \pm 3\sqrt{3}$

따라서 점 C$(7 - 3\sqrt{3}, 8 - 4\sqrt{3})$

점 A, C, F, B에서 x축에 내린 수선의 발을 각각 A′, C′, F′, B′라 하면

A′$(4, 0)$, C′$(7 - 3\sqrt{3}, 0)$, F′$(1, 0)$, B′$\left(\dfrac{1}{4}, 0\right)$

$\overline{A'C'} = -3 + 3\sqrt{3}$, $\overline{C'F'} = 6 - 3\sqrt{3}$, $\overline{F'B'} = \dfrac{3}{4}$

$\overline{AC} - \overline{CF} + 4\overline{FB} = \dfrac{5}{3}\left(\overline{A'C'} - \overline{C'F'} + 4\overline{F'B'}\right)$

$= \dfrac{5}{3}(-9 + 6\sqrt{3} + 3)$

$= -10 + 10\sqrt{3}$

137 정답 32

접점의 좌표를 (x_1, y_1)이라 하면

접선의 방정식은 $\dfrac{x_1 x}{8} + \dfrac{y_1 y}{2} = 1$이고

이 직선이 점 $(0, 2)$를 지나므로

$\dfrac{2y_1}{2} = 1$에서 $y_1 = 1$

타원과 $y = 1$을 연립시키면

$x = \pm 2$

P$(-2, 1)$, Q$(2, 1)$

$\therefore \overline{PQ}$의 길이는 4

타원의 다른 초점을 F′이라 하면

$\overline{FQ} = \overline{PF'}$에서

$\overline{PF} + \overline{FQ} = \overline{PF} + \overline{PF'} = 4\sqrt{2}$

구하는 길이는 $4\sqrt{2} + 4$

$a^2 + b^2 = 32$

138 정답 ③

[그림 : 최성훈T]

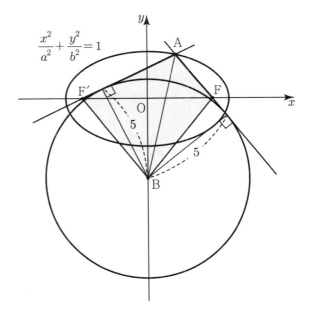

타원의 정의에 의해 $\overline{AF} + \overline{AF'} = 2a$이다.

사각형 AFBF′의 넓이

$=$(삼각형 ABF′의 넓이)$+$(삼각형 ABF의 넓이)

이고

(삼각형 ABF′의 넓이)$= \dfrac{1}{2} \times \overline{AF'} \times 5$

(삼각형 ABF의 넓이)$= \dfrac{1}{2} \times \overline{AF} \times 5$

따라서

$20 = \dfrac{5}{2} \times \left(\overline{AF'} + \overline{AF}\right)$

$\overline{AF} + \overline{AF'} = 8$

$2a = 8$이므로 $a = 4$이다.

139 정답 ⑤

$A(a^2, 2a)$, $B(b^2, 2b)$ (단, $b > a > 0$) 이라 하면
포물선의 정의에서 준선 $x = -1$ 에서 A, B 까지의 거리의
비도 $1 : 2$ 이다.
$a^2 + 1 : b^2 + 1 = 1 : 2$, $2a^2 - b^2 = -1$ … ㉠
$P(-1, 0)$ 과 A, B 의 기울기에서

$$\frac{2b - 2a}{b^2 - a^2} = \frac{2a}{a^2 + 1}, \quad ab = 1 \quad \cdots\cdots ㉡$$

㉠, ㉡ 을 연립하면 $a = \dfrac{1}{\sqrt{2}}$, $b = \sqrt{2}$ 이므로

$\therefore$ l 의 기울기는 $\dfrac{2\sqrt{2}}{3}$

140 정답 ③

[그림 : 이정배T]
그림과 같이 점 P 에서 포물선의 준선에 내린 수선의 발을 H,
준선과 x 축이 만나는 점을 R 라 하자. 한편, 포물선 $y^2 = 4x$은
꼭짓점이 원점이고 초점의 좌표가 $(1, 0)$ 이므로 준선의
방정식은 $x = -1$이다.

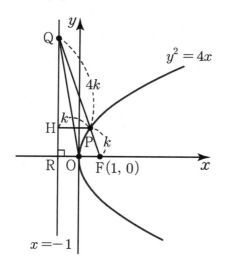

포물선의 정의에 의해 $\overline{PH} = \overline{PF}$ 이므로 주어진 조건에 의해
$\overline{PH} : \overline{PQ} = 1 : 4$이다.
이때, 삼각형 PQH 와 삼각형 FQR 는 닮음이고 $\overline{FR} = 2$이므로
$\overline{FQ} = 4\overline{FR} = 8$이다.
직각삼각형 FQR 에서 $\overline{QR} = \sqrt{8^2 - 2^2} = 2\sqrt{15}$

$\therefore \triangle OFQ = \dfrac{1}{2} \times \overline{OF} \times \overline{QR} = \dfrac{1}{2} \times 1 \times 2\sqrt{15} = \sqrt{15}$

141 정답 128

[그림 : 배용제T]

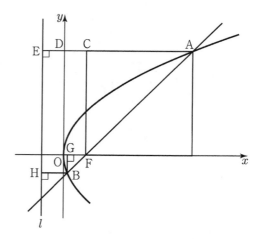

그림에서 제1사분면의 정사각형의 한 꼭짓점을 C, 점 A에서
y축과 준선 l에 내린 수선의 발을 각각 D, E 라 하고, 점 B에서
x축과 준선 l에 내린 수선의 발을 각각 G, H라 하자.
$\overline{AF} = \sqrt{2^2 + 2^2} = 2\sqrt{2}$, $\overline{AC} = 2$ 이므로
$\overline{CE} = \overline{AE} - \overline{AC} = \overline{AF} - \overline{AC}$
$\qquad = 2\sqrt{2} - 2 = 2(\sqrt{2} - 1)$
또한, $\overline{BF} = k$라 하면
$\overline{CE} = \overline{BH} + \overline{GF} = \overline{BF} + \overline{GF}$
$\qquad = k + \dfrac{\sqrt{2}}{2}k = \dfrac{k}{2}(2 + \sqrt{2})$
따라서, $\dfrac{k}{2}(2 + \sqrt{2}) = 2(\sqrt{2} - 1)$ 이므로
$k = \dfrac{4(\sqrt{2} - 1)}{2 + \sqrt{2}} = 6\sqrt{2} - 8$
$\therefore \overline{AB} = \overline{BF} + \overline{AF}$
$\qquad = (6\sqrt{2} - 8) + 2\sqrt{2}$
$\qquad = 8\sqrt{2} - 8$
$\therefore a^2 + b^2 = (-8)^2 + 8^2 = 128$

142 정답 ④

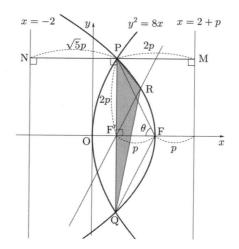

포물선 C의 꼭짓점과 초점 사이의 거리 $\overline{FF'}=p$라면 선분 PF'이 축과 수직이므로 $\overline{PF'}=2p$이고 포물선 C의 준선 $x=2+p$에 점 P에서 내린 수선의 발을 M, $x=-2$에 내린 수선의 발을 N이라면 포물선의 정의에 의해

$\overline{PM}=2p$, $\overline{PN}=\overline{PF}=\sqrt{5}\,p$

따라서 선분 MN의 길이에서

$(\sqrt{5}+2)p=4+p$

따라서 $p=\sqrt{5}-1$

직각삼각형 $PF'F$에서 $\angle PFF'=\theta$라면 $\cos\theta=\dfrac{1}{\sqrt{5}}$이고

포물선 C에서 선분 $F'R$의 길이는 $\dfrac{2p}{1+\cos\theta}$이므로

점 R에서 선분 PQ까지의 거리는

$2p-\dfrac{2p}{1+\cos\theta}=\dfrac{2p\cos\theta}{1+\cos\theta}$

따라서 삼각형 PQR의 넓이는

$\dfrac{1}{2}\times 4p\times\dfrac{2p\cos\theta}{1+\cos\theta}=4(\sqrt{5}-1)^2\times\dfrac{1}{1+\sqrt{5}}$

$=(\sqrt{5}-1)^3$

$=8\sqrt{5}-16$

143 정답 ①

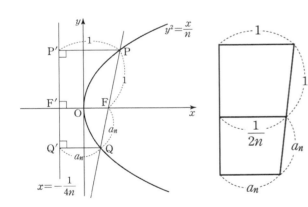

포물선 $y^2=\dfrac{x}{n}$의 초점은 $F\left(\dfrac{1}{4n},\ 0\right)$이다.

세 점 P, F, Q에서 준선 $x=-\dfrac{1}{4n}$에 내린 수선의 발을 각각 P′, F′, Q′이라 하면 $\overline{FF'}=\dfrac{1}{2n}$이고,

포물선의 정의에 의해 $\overline{PP'}=1$, $\overline{QQ'}=a_n$

$\dfrac{1}{2n}=\dfrac{1\times a_n+1\times a_n}{1+a_n}$, $\dfrac{1}{2n}=\dfrac{2a_n}{1+a_n}$

$4na_n=1+a_n$, $a_n(4n-1)=1$

$\therefore a_n=\dfrac{1}{4n-1}$

$\displaystyle\sum_{n=1}^{10}\dfrac{1}{a_n}=\sum_{n=1}^{10}(4n-1)=4\cdot\dfrac{10\cdot 11}{2}-10=210$

[다른 풀이]-닮음 이용

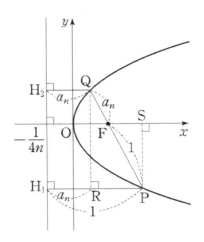

P에서 준선에 내린 수선의 발을 H_1
Q에서 준선에 내린 수선의 발을 H_2,
Q에서 PH_1에 내린 수선의 발을 R,
P에서 x축에 내린 수선의 발을 S라 하면

$\overline{PF}=1=\overline{PH_1}$, $\overline{FS}=1-\dfrac{1}{2n}$, $\overline{QF}=a_n=\overline{QH_2}$

$\triangle PQR \backsim \triangle FPS$

$\overline{PQ}:\overline{PR}=\overline{FP}:\overline{FS}$이고

$(1+a_n):(1-a_n)=1:\left(1-\dfrac{1}{2n}\right)$

$1-a_n=\left(1-\dfrac{1}{2n}\right)(1+a_n)=1-\dfrac{1}{2n}+\left(1-\dfrac{1}{2n}\right)a_n$

$\dfrac{1}{2n}=\left(2-\dfrac{1}{2n}\right)a_n$

$a_n=\dfrac{1}{4n-1}$

$\therefore \displaystyle\sum_{n=1}^{10}\dfrac{1}{a_n}=\sum_{n=1}^{10}(4n-1)=4\cdot\dfrac{10\cdot 11}{2}-10=220-10=210$

144 정답 ④

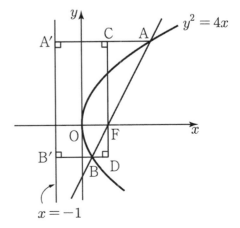

포물선 $y^2=4x$에서 $F(1,\ 0)$이고, 준선은 직선 $x=-1$이다.

두 점 A, B에서 준선에 내린 수선의 발을 각각 A′, B′이라 하고, 초점 F를 지나고 y축에 평행한 직선이 선분 AA′과 만나는 점을 C, 선분 BB′의 연장선과 만나는 점을 D라 하자. 삼각형 FAC와 삼각형 FBD가 서로 닮음이므로

$\overline{AF} : \overline{BF} = 3 : 1$에서 $\overline{AC} : \overline{BD} = 3 : 1$

$\overline{BD} = k$라 하면 $\overline{AC} = 3k$이므로

$\overline{AA'} = \overline{A'C} + \overline{AC} = 2 + 3k$

$\overline{BB'} = \overline{B'D} - \overline{BD} = 2 - k$

포물선의 정의에 의하여

$\overline{AF} = 2 + 3k$, $\overline{BF} = 2 - k$

$(2 + 3k) : (2 - k) = 3 : 1$

$6 - 3k = 2 + 3k$, $6k = 4$

$\therefore k = \dfrac{2}{3}$

$\overline{AB}$
$= \overline{AF} + \overline{BF}$
$= (2 + 3k) + (2 - k)$
$= 4 + 2k = 4 + \dfrac{4}{3} = \dfrac{16}{3}$

[랑데뷰팁]-정일권T

포물선의 초점 F를 지나는 직선이 포물선과 만나는 두 점을 A, B라 하고 F$(p, 0)$일 때, $\overline{AF} = a$, $\overline{BF} = b$이면 $p = \dfrac{ab}{a+b}$이다.

문제에서 $a = 3k$, $b = k$, $p = 1$이므로

$1 = \dfrac{3k^2}{3k + k}$, $1 = \dfrac{3k}{4}$

$\therefore k = \dfrac{4}{3}$

$\overline{AB} = 4k = \dfrac{16}{3}$

---

145 정답 ②

P$(k, 2)$로 두면 기울기가 m인 접선은

$y = mx \pm \sqrt{m^2 + 2}$이고 P$(k, 2)$를 지나므로

$2 = mk \pm \sqrt{m^2 + 2}$

$2 - mk = \pm \sqrt{m^2 + 2}$, $k^2m^2 - 4mk + 4 = m^2 + 2$

$(k^2 - 1)m^2 - 4km + 2 = 0$

두 근을 m_1, m_2라 두면 $m_1 \times m_2 = \dfrac{2}{k^2 - 1} = \dfrac{1}{3}$

$\therefore k^2 = 7$

---

146 정답 ③

[그림 : 이정배T]

점 M을 지나는 타원 $\dfrac{x^2}{3} + y^2 = 1$의 접선의 기울기를 m이라 하고, 그림과 같이 접점을 P′, P″이라 하면 두 직선 CP′, CP″의 방정식은 $y = mx - \sqrt{3m^2 + 1}$

이 직선이 점 C$(0, -2)$를 지나므로

$-2 = -\sqrt{3m^2 + 1}$, $3m^2 + 1 = 4$, $m = \pm 1$

$\therefore y = \pm x - 2$

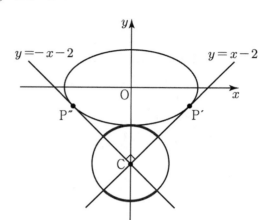

두 직선 CP′, CP″가 서로 수직이므로 두 점 Q, R가 각각 나타내는 도형의 길이는 원 C에서 중심각의 크기가 $\dfrac{\pi}{2}$인 호의 길이이다.

따라서 $2 \times 1 \times \dfrac{\pi}{2} = \pi$

---

147 정답 14

A(x_1, y_1)이라 두면 접선 $y_1 y = 8(x + x_1)$

$x = 0$이면 $y = \dfrac{8x_1}{y_1}$

y축과 교점 D$\left(0, \dfrac{8x_1}{y_1}\right)$

$y_1^2 = 16x_1$이므로 $\dfrac{y_1}{2} = \dfrac{8x_1}{y_1}$

$\therefore$ D$\left(0, \dfrac{y_1}{2}\right)$

따라서, △OAD의 무게중심

B$\left(\dfrac{0 + 0 + x_1}{3}, \dfrac{0 + \dfrac{y_1}{2} + y_1}{3}\right) = \left(\dfrac{x_1}{3}, \dfrac{y_1}{2}\right)$

$\dfrac{x_1}{3} = x$, $\dfrac{y_1}{2} = y$라 두면

$x_1 = 3x$, $y_1 = 2y$, $y_1^2 = 16x_1$이므로 $4y^2 = 16 \times 3x$

따라서, $y^2 = 12x$

$\overline{PQ} = \overline{PF} + \overline{QF} = (3 + x_1) + (3 + x_2) = 20$

$$x_1 + x_2 + 6 = 20$$
$$\therefore\ x_1 + x_2 = 14$$

148 정답 ①

[그림 : 이호진T]

점 P는 x축 위의 점이고 포물선 $y^2 = 4x$는 x축에 대하여 대칭이므로 두 접점 Q와 R도 x축에 대하여 대칭이다. 점 P의 좌표를 $(a, 0)$, 점 Q의 좌표를 (x_1, y_1)이라 하면 점 Q에서의 포물선의 접선의 방정식은 $y_1 y = 2(x + x_1)$이고, 점 P가 이 접선 위의 점이므로
$0 = 2(a + x_1)$, 즉 $x_1 = -a$이다.
점 R의 x좌표도 $x_1 = -a$이므로
삼각형 PRQ의 무게중심의 x좌표는
$\dfrac{a + (-a) + (-a)}{3} = -\dfrac{a}{3}$이다.
포물선의 방정식으로부터 초점의 x좌표는 1이므로
$-\dfrac{a}{3} = 1$, $a = -3$
즉, 점 P의 좌표는 $(-3, 0)$이다.
두 점 Q, R는 모두 포물선 위의 점이므로
$y_1{}^2 = 4x_1$에서 $y_1{}^2 = 4 \times 3 = 12$
$y_1 = 2\sqrt{3}$ 또는 $y_1 = -2\sqrt{3}$
$\overline{QR} = 2\sqrt{3} - (-2\sqrt{3}) = 4\sqrt{3}$
따라서 삼각형 PRQ의 넓이는
$\dfrac{1}{2} \times 4\sqrt{3} \times \{3 - (-3)\} = 12\sqrt{3}$

149 정답 15

접선과 x축의 교점을 M이라 하면,
$\overline{F'P} : \overline{PF} = \overline{F'M} : \overline{MF}$이므로 $2\sqrt{1^2 + k^2} = \sqrt{7^2 + k^2}$
$\therefore\ k^2 = 15$

150 정답 ⑤

$\angle FPF'$의 이등분선이 x축과 만나는 점이 Q이므로
$\overline{PF'} : \overline{PF} = \overline{F'Q} : \overline{QF} = 3 : 2$
$\overline{PF'} = 3k$, $\overline{PF} = k$ $(k > 0)$로 놓으면 타원의 정의에 의하여
$3k + 2k = 2a$, $a = \dfrac{5}{2}k$
따라서 초점 F의 x좌표는 $\sqrt{a^2 - \dfrac{a^2}{25}} = \dfrac{2\sqrt{6}\,a}{5} = \sqrt{6}\,k$이므로
$\overline{FF'} = 2\sqrt{6}\,k$라 하면 삼각형 $PF'F$에서 코사인법칙에 의하여
$\cos\theta = \dfrac{(3k)^2 + (2k)^2 - (2\sqrt{6}\,k)^2}{2 \times 3k \times 2k} = -\dfrac{11}{12}$

151 정답 105

타원의 정의에 의하여
$\overline{FP} + \overline{F'P} = 10$이므로 $\overline{FP} = 10 - \overline{F'P}$
$\overline{AP} - \overline{FP} = \overline{AP} - (10 - \overline{F'P})$
$\qquad\qquad = \overline{AP} + \overline{F'P} - 10 \geq \overline{AF'} - 10$
$\overline{AP} - \overline{FP}$의 최솟값이 1이므로
$\overline{AF'} = 11$, $F'(-4, 0)$이므로
$\overline{AF'} = \sqrt{16 + a^2} = 11$, $16 + a^2 = 121$에서 $a^2 = 105$

152 정답 16

다음 그림과 같이 x좌표가 양수인 초점을 F라 하면 쌍곡선의 정의에 의해 $\overline{PF'} - \overline{PF} = 8$이다.

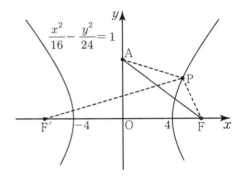

$\overline{PF'} = \overline{PF} + 8$에서
$\overline{AP} + \overline{PF'} = \overline{AP} + \overline{PF} + 8$
$\qquad\qquad\quad \geq \overline{AF} + 8$
$F(2\sqrt{10}, 0)$이므로 $\overline{AF} = \sqrt{(2\sqrt{10})^2 + (2\sqrt{6})^2} = 8$
따라서 $\overline{AP} + \overline{PF'} \geq 16$이다.

153 정답 ②

$\overline{FP} + \overline{F'P} = 14$
$9 + \overline{F'P} = 14$, $\overline{F'P} = 5$
$\triangle FPH$에서 $\overline{FP}^2 - \overline{PH}^2 = \overline{FH}^2$에서
$9^2 - \overline{PH}^2 = (6\sqrt{2})^2$에서 $\overline{PH} = 3$
따라서 $\overline{F'H} = 2$
$\overline{FF'} = 2\sqrt{49 - a}$
$\triangle FHF'$에서 $\overline{FH}^2 + \overline{F'H}^2 = \overline{FF'}^2$
$(6\sqrt{2})^2 + 2^2 = (2\sqrt{49 - a})^2$
$76 = 4(49 - a)$
$a = 30$

154 정답 88

[출제자 : 김수T]

[그림 : 이호진T]

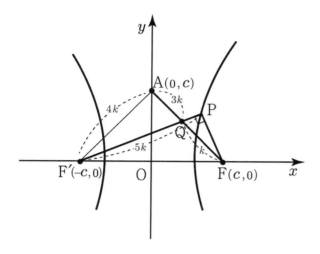

$\overline{AQ}=3k$, $\overline{QF}=k$ 이고 $\triangle AF'F$는 $\angle F'AF=\dfrac{\pi}{2}$를

만족시키는 직각이등변삼각형이다.

이때, $\overline{AF}=\overline{AF'}=4k$ 이고 $\overline{QF'}=5k$ 를 만족하면서

$\triangle PFQ$ 와 $\triangle AF'Q$은 닮음이다.

따라서 $\overline{QF}=k$ 이므로 $\overline{PQ}=\dfrac{3}{5}k$, $\overline{PF}=\dfrac{4}{5}k$ 이다.

$\triangle PFQ$ 의 둘레의 길이는 $\dfrac{12}{5}k=12$이므로 $k=5$이다.

$\overline{PF'}=\dfrac{28}{5}k=28$, $\overline{PF}=\dfrac{4}{5}k=4$ 이므로

주축의 길이 $2a=28-4=24$ 이고 $a=12$이다.

$\overline{FF'}=2c=\sqrt{28^2+4^2}=4\sqrt{7^2+1}=4\sqrt{50}=20\sqrt{2}$ 이므로

$c=10\sqrt{2}$ 이다.

$b^2=c^2-a^2=200-144=56$

$\therefore a^2-b^2=144-56=88$

155 정답 12

타원 $\dfrac{x^2}{9}+\dfrac{y^2}{4}=1$ 의 두 초점의 좌표는

$F(\sqrt{5},0)$, $F'(-\sqrt{5},0)$

점 P 가 타원 위의 점이므로

$\overline{PF}=a$, $\overline{PF'}=b$ 라 하면

$a+b=6$

$\therefore a=6-b$ $\cdots$㉠

삼각형 PFF'에서 $\angle FPF'=\dfrac{\pi}{2}$ 이므로

$\overline{PF}^2+\overline{PF'}^2=\overline{FF'}^2$

$a^2+b^2=(2\sqrt{5})^2$

위 식에 ㉠을 대입하면

$(6-b)^2+b^2=20$

$b^2-6b+8=0$

$(b-2)(b-4)=0$

$\therefore b=2$ 또는 $b=4$

이때, 점 P 가 제1사분면 위의 점이므로 $b=4$이다.

따라서, 삼각형 $QF'F$ 의 넓이는

$\dfrac{1}{2}\times\overline{QF}\times\overline{PF'}=\dfrac{1}{2}\times 6\times 4=12$

156 정답 ③

[그림 : 이정배T]

원의 반지름의 길이는 b이므로 $c=b$이고 $c^2=a^2-b^2$이므로

$a=\sqrt{2}c$

원의 할선의 성질에 의해

$\overline{F'R}\times\overline{F'Q}=\overline{FF'}^2=(2c)^2=16$

이므로 $c=2$. $\therefore a=2\sqrt{2}$

삼각형 QFF'의 둘레의 길이는 타원의 정의에 의해

$2a+2c=4\sqrt{2}+4$

157 정답 ④

[그림 : 이호진T]

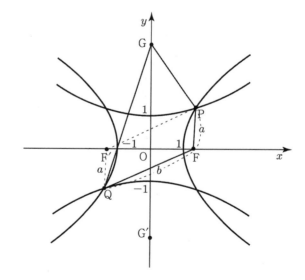

[그림 1]과 같이 $\overline{PF}=a$, $\overline{QF}=b$라 하면

점 F와 점 F', 점 P와 점 Q는 각각 원점에 대해 대칭이므로

$\overline{PF}=\overline{QF'}$이고 $\overline{PF}\,/\!/\,\overline{QF'}$이므로

□$PFQF'$은 평행사변형이다.

따라서 $\overline{PF}=\overline{QF'}=a$이고

쌍곡선의 정의에 의해

$\overline{QF}-\overline{QF'}=b-a=2$ $\cdots$㉠

이다.

주어진 조건에 의해

$\overline{PF}\times\overline{QF}=\overline{QF'}\times\overline{QF}=ab=4$ $\cdots$㉡

이므로

㉠, ㉡을 연립하면
$a = \sqrt{5} - 1$, $b = \sqrt{5} + 1$이다.

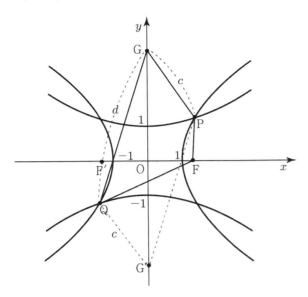

[그림 2]와 같이 $\overline{PG} = c$, $\overline{QG} = d$라 하면
점 G와 점 G′, 점 P와 점 Q는 각각 원점에 대해 대칭이므로
$\overline{PG} = \overline{QG'}$이고 $\overline{PG} \parallel \overline{QG'}$이므로
□PGQG′은 평행사변형이다.
따라서 $\overline{PG} = \overline{QG'} = c$이고
쌍곡선의 정의에 의해
$$\overline{QG} - \overline{QG'} = d - c = 2 \qquad \cdots ㉢$$
이다.
주어진 조건에 의해
$$\overline{PG} \times \overline{QG} = \overline{QG'} \times \overline{QG} = cd = 8 \quad \cdots ㉣$$
이므로
㉢, ㉣을 연립하면
$c = 2$, $d = 4$이다.
따라서 구하는 값은 $a + b + c + d = 6 + 2\sqrt{5}$이다.

158 정답 ⑤

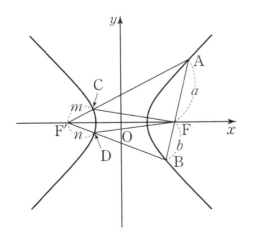

쌍곡선 $\dfrac{x^2}{9} - \dfrac{y^2}{16} = 1$에서 $\sqrt{9 + 16} = 5$이므로
F(5, 0), F′(−5, 0)이다.
이때, $\overline{AF} = a$, $\overline{CF'} = m$이라 하면 주축의 길이가
$2 \times 3 = 6$이므로 쌍곡선의 정의에 의하여 $\overline{AF'} = a + 6$이다.
따라서 $\overline{AC} = a + 6 - m$, $\overline{CF} = m + 6$이므로 삼각형 ACF 의
둘레의 길이는 $a + (a + 6 - m) + (m + 6) = 2a + 12$
마찬가지로 $\overline{BF} = b$, $\overline{DF'} = n$이라 하면
$\overline{BD} = b + 6 - n$, $\overline{DF} = n + 6$이므로 삼각형 BFD 의 둘레의
길이는
$b + (b + 6 - n) + (n + 6) = 2b + 12$
이때, $\overline{AB} = a + b = 10$이므로 두 삼각형 ACF, BFD 의 둘레의
길이의 합은
$(2a + 12) + (2b + 12) = 2(a + b) + 24 = 2 \times 10 + 24 = 44$

159 정답 ⑤

삼각형 PF′F 에서 $|\overline{PF'} - \overline{PF}| = 2$이므로
$\overline{FF'} = \overline{PF'}$인 경우와 $\overline{F'F} = \overline{PF}$인
두 개의 이등변삼각형이 생긴다.

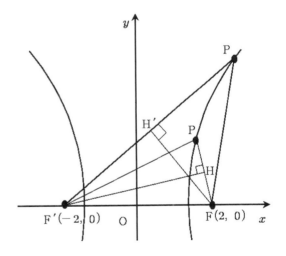

(i) $\overline{FF'} = \overline{PF'}$인 경우

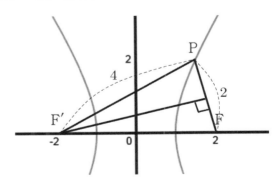

$\overline{FF'} = \overline{PF'} = 4$ $\overline{PF'} - \overline{PF} = 2$ 이므로 $\overline{PF} = 2$
F′에서 $\overline{PF}$ 에 내린 수선의 발을 H이라 하면
$\overline{F'H} = \sqrt{4^2 - 1^2} = \sqrt{15}$

삼각형 $PF'F$의 넓이

$= \dfrac{1}{2} \times \overline{PF} \times \overline{F'H} = \dfrac{1}{2} \times 2 \times \sqrt{15} = \sqrt{15}$

(ii) $\overline{F'F} = \overline{PF}$인 경우

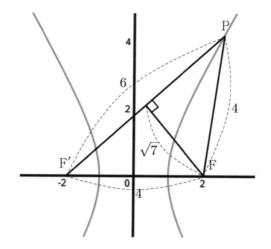

$\overline{F'F} = \overline{PF} = 4$, $\overline{PF'} - \overline{PF} = 2$이므로 $\overline{PF'} = 6$

F에서 $\overline{PF'}$에 내린 수선의 발을 H'이라 하면

$\overline{FH'} = \sqrt{4^2 - 3^2} = \sqrt{7}$

삼각형 $PF'F$의 넓이 $= \dfrac{1}{2} \times 6 \times \sqrt{7} = 3\sqrt{7}$

$\therefore$ 넓이 a 의 곱은 $\sqrt{15} \times 3\sqrt{7} = 3\sqrt{105}$

160 정답 ①

쌍곡선 $\dfrac{x^2}{a^2} - \dfrac{y^2}{b^2} = 1$의 두 초점의 좌표는

$F(\sqrt{a^2+b^2},\ 0)$, $F'(-\sqrt{a^2+b^2},\ 0)$

이고 주축의 길이는 $2a$이다.

삼각형 PQF가 정삼각형이므로 $\overline{PF} = \overline{PQ} = \overline{QF} = k$라 하면
쌍곡선의 정의에 의하여

$\overline{PF'} - \overline{PF} = 2a$, 즉 $\overline{PF'} = 2a + k$

$\therefore \overline{QF'} = \overline{PF'} - \overline{PQ} = (2a+k) - k = 2a$

같은 방법으로 $\overline{QF} - \overline{PF'} = 2a$에서

$k - 2a = 2a$

$\therefore k = 4a$

삼각형 $PF'F$의 넓이는 $6\sqrt{3}$ 이므로

$\dfrac{1}{2} \times \overline{PF'} \times \overline{PF} \times \sin 60°$

$= \dfrac{1}{2} \times 6a \times 4a \times \dfrac{\sqrt{3}}{2} = 6\sqrt{3}$

에서

$a^2 = 1$, $a = 1$

한편, $\overline{PF} = k = 4a = 4$, $\overline{PF'} = 2a + k = 6a = 6$,

$\overline{F'F} = 2\sqrt{a^2+b^2} = 2\sqrt{1+b^2}$, $\angle F'PF = 60°$이므로

삼각형 $PF'F$에서 코사인법칙에 의하여

$(2\sqrt{1+b^2})^2 = 4^2 + 6^2 - 2 \times 4 \times 6 \times \cos 60°$

$4(1+b^2) = 16 + 36 - 24 = 28$

따라서 $b^2 = 6$

$\therefore b = \sqrt{6}$

그러므로 $ab = \sqrt{6}$

161 정답 104

[그림 : 배용제T]

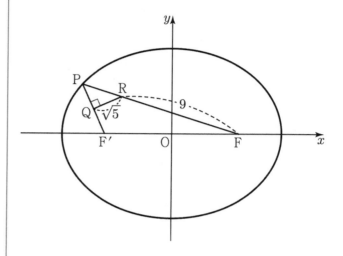

직각삼각형 PQR에서 $\overline{PR} = \dfrac{1}{3}\overline{RF} = 3$

이므로 $\overline{PQ} = \overline{QF'} = k$라 하면

$k^2 + 5 = 9$

$\therefore k = 2 \ (\because \ k > 0)$

이때

$\overline{PF'} = 2 \times 2 = 4$, $\overline{PF} = 3 + 9 = 12$ 이고

$\overline{PF} + \overline{PF'} = 12 + 4 = 16$

이므로 주어진 타원의 장축의 길이는 16이다.

따라서 $2a = 16$이므로 $a = 8$

직각삼각형 PQR에서 $\angle QPR = \theta$ 라 하면

$\cos\theta = \dfrac{2}{3}$, $\sin\theta = \dfrac{\sqrt{5}}{3}$

F'에서 PF에 내린 수선의 발을 H라고 하면

$\overline{F'H} = \overline{PF'} \times \sin\theta = \dfrac{4\sqrt{5}}{3}$

$\overline{FH} = \overline{PF} - \overline{PH} = \overline{PF} - \overline{PF'} \times \cos\theta = 12 - \dfrac{8}{3} = \dfrac{28}{3}$

$\overline{FF'} = \sqrt{\left(\dfrac{4\sqrt{5}}{3}\right)^2 + \left(\dfrac{28}{3}\right)^2} = 4\sqrt{6}$

따라서 $c = \dfrac{1}{2}\overline{FF'} = 2\sqrt{6}$이므로

$a^2 - b^2 = (2\sqrt{6})^2$

$b^2 = 64 - 24 = 40$

$\therefore a^2 + b^2 = 64 + 40 = 104$

$\overline{PF} = 12$, $\overline{PF'} = 4$, $\cos\theta = \dfrac{2}{3}$ 이므로

코사인 법칙에 의해

$$\overline{FF'}^2 = 12^2 + 4^2 - 2 \times 12 \times 4 \times \cos\theta$$
$$= 160 - 96 \times \dfrac{2}{3}$$
$$= 96$$
$$\therefore \overline{FF'} = 4\sqrt{6}$$

162 정답 10

[출제자: 이정배T]

점 P가 y축과 x축에 있을 때 각각 P_1, P_2라고 그때 점 Q와 R을 각각 Q_1과 Q_2, R_1과 R_2라 하면 선분QR의 자취는 그림과 같고 넓이는 평행사변형 $Q_1R_1R_2Q_2$와 같다.

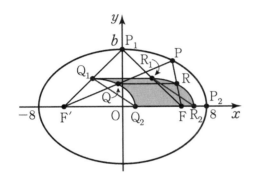

이때, 삼각형의 중점연결 성질에 의하여 평행사변형 $Q_1R_1R_2Q_2$의

(밑변의 길이)$= \overline{Q_2R_2} = \overline{Q_1R_1} = \dfrac{1}{2}\overline{F'F} = c$,

(높이)$= \dfrac{1}{2}b$

이므로 $\square Q_1R_1R_2Q_2 = \dfrac{1}{2}bc = 9$

$\therefore bc = 18$ ...... ㉠

점 P_2의 x좌표를 a라 하면

$$a^2 = b^2 + c^2$$
$$= (b+c)^2 - 2bc$$
$$= (b+c)^2 - 36$$
$$(b+c)^2 - 36 = 64$$
$$\therefore b+c = 10 \ (\because b+c > 0) \ \cdots\cdots ㉡$$

㉠, ㉡에서 $b = 5 \pm \sqrt{7}$ 이므로 합은 10이다.

163 정답 ③

원 C 의 반지름의 길이를 r 이라 할 때, 타원의 정의에 의하여 $\overline{FP} = 8 + r$ 이다.

선분 FQ의 길이가 최대일 때의 점 Q의 위치는 그림과 같다.

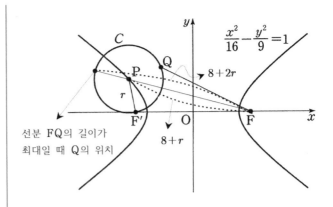

선분 FQ의 길이가
최대일 때 Q의 위치

위 그림에서 선분 FQ 의 길이의 최댓값은 $8 + 2r$ 이므로

$8 + 2r = 14$,

$\therefore r = 3$ 이다.

따라서 원 C 의 넓이는 9π 이다.

164 정답 60

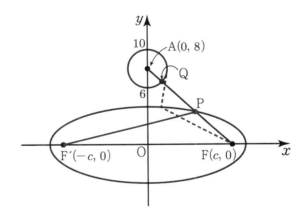

장축의 길이가 20이므로 $\therefore a = 10$

$\overline{PF'} - \overline{PQ} \leq 10 \leftarrow \overline{PF'} - \overline{PQ}$ 의 최댓값이 10

$\overline{PF'} + \overline{PF} = 20 \leftarrow$ 타원의 정의

두 식을 변변 빼면

$\overline{PQ} + \overline{PF} \geq 10$ 이고 $\overline{PQ} + \overline{PF} \geq \overline{FA} - 2$ 이므로

$\overline{FA} = 12$

$\therefore \overline{OF}^2 = 12^2 - 8^2 = 80$

$\dfrac{x^2}{100} + \dfrac{y^2}{b^2} = 1$ 에서 $100 - b^2 = \overline{OF}^2 = 80$ 이므로

$b^2 = 20$

$\therefore a^2 - 2b^2 = 60$

[추가 설명]–강동희T

$20 - (\overline{PQ} + \overline{PF})$ 의 값이 최대가 되기 위해서는 $\overline{PQ} + \overline{PA}$ 가 최소일 때다.

165 정답 22

타원 정의에 의해 장축의 길이는 12이고, 초점의 좌표는
$F(3, 0)$, $F'(-3, 0)$이다.

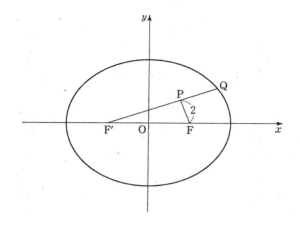

삼각형 PFQ의 둘레의 길이$= \overline{PF} + \overline{FQ} + \overline{QP}$
삼각형 PF$'$F의 둘레의 길이$= \overline{PF} + \overline{FF'} + \overline{F'P}$
$\overline{F'P} + \overline{PQ} + \overline{QF}$는 장축의 길이이므로
$\overline{F'P} + \overline{PQ} + \overline{QF} = 12$
$\overline{F'F} = 6$
주어진 조건에 의해 $\overline{PF} = 2$
따라서 두 삼각형의 둘레의 길이의 합은
$\overline{PF} + \overline{FQ} + \overline{QP} + \overline{PF} + \overline{FF'} + \overline{F'P}$
$= \overline{FQ} + \overline{QP} + \overline{PF'} + \overline{FF'} + 2\overline{PF}$
$= 12 + 6 + 4$
$\therefore \ 22$

166 정답 14

쌍곡선 $\dfrac{x^2}{9} - \dfrac{y^2}{16} = 1$의 두 초점은 $F(\sqrt{9+16}, 0)$,
$F'(-\sqrt{9+16}, 0)$
즉, $F(5, 0)$, $F'(-5, 0)$이다.
또한 쌍곡선의 정의에 의해 $\overline{PF'} - \overline{PF} = 2 \times 3 = 6$이다.
삼각형 PF$'$H의 둘레의 길이는
$\overline{PF'} + \overline{F'H} + \overline{PH} = \overline{PF'} + 9 + \overline{PH}$
삼각형 PFH의 둘레의 길이는
$\overline{PF} + \overline{FH} + \overline{PH} = \overline{PF} + 1 + \overline{PH}$
따라서 두 삼각형의 둘레의 차는
$\overline{PF'} - \overline{PF} + 8$
$= 6 + 8$
$= 14$

167 정답 ①

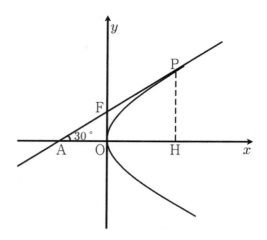

포물선 $y^2 = 4px$위의 점 (x_1, y_1)에서의 접선이 x축과 만나는
점의 좌표가 $(-x_1, 0)$이므로
점 P에서 x축에 내린 수선의 발을 H라 하면 $H(k, 0)$이다.
$\angle PAH = 30°$이므로
$\overline{FO} = \dfrac{k}{\sqrt{3}}$, $\overline{PH} = \dfrac{2k}{\sqrt{3}}$
$\overline{AF} = \overline{FP} = \dfrac{2k}{\sqrt{3}}$
$\overline{PF'} = \sqrt{k^2 + \left(\dfrac{3k}{\sqrt{3}}\right)^2} = 2k$ 이므로
타원의 장축의 길이는
$\overline{PF} + \overline{PF'} = \dfrac{2k}{\sqrt{3}} + 2k = 4\sqrt{3} + 12$
$\therefore k = 6 \cdots \text{㉠}$
또 점 $(6, 4\sqrt{3})$이 포물선 $y^2 = 4px$위의 점이므로
$(4\sqrt{3})^2 = 4p \times 6$
$\therefore p = 2 \cdots \text{㉡}$
㉠, ㉡에서
$p + k = 8$

168 정답 ③

[출제자 : 김경민T]

포물선 $x^2 = 4py$위의 점 (x_1, y_1)에서의 접선이 y축과 만나는
점의 좌표가 $(0, -y_1)$이므로 점 P에서 y축에 내린 수선의 발을
H라 하면 $H(0, k)$이다.
$\angle PAH = 30°$이므로 $\overline{FO} = \dfrac{k}{\sqrt{3}}$, $\overline{PH} = \dfrac{2k}{\sqrt{3}}$가 되어
$F'\left(-\dfrac{k}{\sqrt{3}}, 0\right)$, $F\left(\dfrac{k}{\sqrt{3}}, 0\right)$, $P\left(\dfrac{2k}{\sqrt{3}}, k\right)$이다.
$\overline{PF'} = \sqrt{\left(\dfrac{3k}{\sqrt{3}}\right)^2 + k^2} = 2k$, $\overline{PF} = \sqrt{\left(\dfrac{k}{\sqrt{3}}\right)^2 + k^2} = \dfrac{2k}{3}$
주축의 길이 $= 2k - \dfrac{2k}{\sqrt{3}} = 6 - 2\sqrt{3}$,

따라서 $k = 3$, $F(\sqrt{3}, 0)$이다.

한편 쌍곡선의 방정식을 $\dfrac{x^2}{a^2} - \dfrac{y^2}{b^2} = 1$라 하면

주축의 길이가 $6 - 2\sqrt{3}$이므로

$a^2 = (3 - \sqrt{3})^2 = 12 - 6\sqrt{3}$이고

$a^2 + b^2 = 3$이므로 $b^2 = 6\sqrt{3} - 9$이다.

따라서 $m^2 = \dfrac{b^2}{a^2} = \dfrac{6\sqrt{3} - 9}{12 - 6\sqrt{3}} = \dfrac{2\sqrt{3} - 3}{4 - 2\sqrt{3}}$이다.

169 정답 12

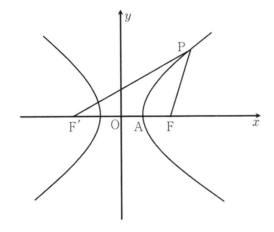

쌍곡선의 방정식을 $\dfrac{x^2}{a^2} - \dfrac{y^2}{b^2} = 1$ (단, $a > 0, b > 0$)이라 하면

점근선의 방정식은 $y = \pm\dfrac{b}{a}x$이므로

$\dfrac{b}{a} = \dfrac{4}{3}$

$b = \dfrac{4}{3}a$

조건 (가)에서

$\overline{PF'} > \overline{PF}$이고 점 P가 쌍곡선 위의 점이므로

$\overline{PF'} - \overline{PF} = 2a$

$\overline{PF} = \overline{PF'} - 2a = 30 - 2a$

이때, $16 \le \overline{PF} \le 20$이므로

$16 \le 30 - 2a \le 20$

$5 \le a \le 7 \cdots \bigcirc$

점 $A(a, 0)$이고 $F(c, 0)$이라면

$c = \sqrt{a^2 + b^2}$, $b = \dfrac{4}{3}a$이므로

$c = \dfrac{5}{3}a$

점 F의 좌표는 $\left(\dfrac{5}{3}a, 0\right)$

$\overline{AF} = \dfrac{5}{3}a - a = \dfrac{2}{3}a$

조건 (나)에서

선분 AF의 길이가 자연수이므로 a는 3의 배수이다 그런데
$5 \le a \le 7$이므로 $a = 6$

따라서 구하는 쌍곡선의 주축의 길이는

$2a = 12$

다른 풀이]-김진성T

점근선의 방정식 $y = \pm\dfrac{4}{3}x = \pm\dfrac{b}{a}x$이므로 $a = 3k, b = 4k$

$(k > 0)$라 하자.

또 초점 $F(c, 0)$에서 $c = \sqrt{a^2 + b^2} = 5k$가 된다.

$\overline{PF'} - \overline{PF} = 2a = 6k$이고 $\overline{PF'} = 30$이므로

조건(가)에서 $16 \le \overline{PF} \le 20$이고 $\dfrac{5}{3} \le k \le \dfrac{7}{3}$이다.

$\overline{AF} = 5k - 3k = 2k$가 자연수이므로 $k = 2$이고 쌍곡선의
주축길이는 $2a = 12$

170 정답 34

조건 (가)에서

$\overline{PF'} < \overline{PF}$이고 점 P가 쌍곡선 위의 점이므로

$\overline{PF} - \overline{PF'} = 2a$

$\overline{PF} = \overline{PF'} + 2a = 10 + 2a$

이때, $52 \le \overline{PF} \le 60$이므로

$52 \le 10 + 2a \le 60$

$21 \le a \le 25 \cdots \bigcirc$

조건 (나)에서 쌍곡선의 점근선의 방정식이 $y = \pm\dfrac{5}{12}x$이므로

$\dfrac{b}{a} = \dfrac{5}{12}$, $b = \dfrac{5}{12}a$이다.

점 $A(a, 0)$ $(a > 0)$라 하고 $F(c, 0)$이므로

$c = \sqrt{a^2 + b^2}$에서 $c^2 = a^2 + \dfrac{25}{144}a^2 = \dfrac{169}{144}a^2$

$\therefore c = \dfrac{13}{12}a$

따라서 $F\left(\dfrac{13}{12}a, 0\right)$, $F'\left(-\dfrac{13}{12}a, 0\right)$

조건 (다)에서 선분 AF의 길이와 선분 AF'의 길이가

자연수이므로 $\overline{AF} = \dfrac{1}{12}a$, $\overline{AF'} = \dfrac{25}{12}a$에서 a는 12의

배수이다.

(쌍곡선이 y축 대칭이므로 다른 꼭짓점을 $A'(-a, 0)$이라 할

때도 마찬가지다.)

$\bigcirc$에서 $21 \le a \le 25$이므로 $a = 24$

그러므로 $b = 10$

따라서 $a + b = 34$

171 정답 29

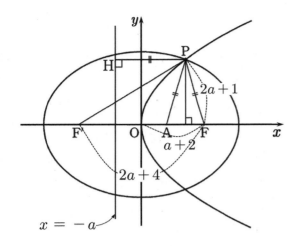

P 의 x 좌표는 $a+1$ 이고 포물선의 정의에 의하여
$\overline{PA} = \overline{PH} = \overline{PF} = 2a+1$ 이고,
$\overline{FF'} = \overline{PF'} = 2a+4$ 이다.
$\triangle PAF$ 와 $\triangle F'FP$ 는 닮음이므로
$2a+4 : 2a+1 = 2a+1 : 2$ 가 성립한다.
$\Rightarrow (2a+1)^2 = 2(2a+4)$
$\Rightarrow 4a^2 = 7$
$\therefore a = \dfrac{\sqrt{7}}{2}$ 이다.

한편 타원의 정의에 의하여 장축의 길이는
$\overline{F'P} + \overline{FP}$ 와 같다.
$\overline{F'P} + \overline{FP} = (2a+4) + (2a+1) = 4a+5 = 5 + 2\sqrt{7}$
따라서 $p=5$, $q=2$ 이므로 $p^2+q^2 = 29$ 이다.

[다른 풀이]

포물선의 방정식은 $y^2 = 4ax$ 이고, 점 P 의 x 좌표는
$a+1$ 이므로 $P(a+1, \sqrt{4a^2+4a})$ 이다.
점 P 에서 포물선의 준선 $x=-a$ 에 내린 수선의 발을 H 라고
하면
$\overline{PF} = \overline{PA} = \overline{PH} = 2a+1$
또한 F 의 x 좌표 c 는 $a+2$ 이고
$\overline{PF'} = \overline{FF'} = 2c = 2a+4$
따라서 장축의 길이는 $\overline{PF} + \overline{PF'} = 4a+5$
한편 $\overline{AF}$ 의 중점을 M 이라고 하면
$\overline{PF'}^2 = \overline{F'M}^2 + \overline{PM}^2$ 이므로
$(2a+4)^2 = (2a+3)^2 + \left(\sqrt{4a^2+4a}\right)^2$
$\therefore a = \dfrac{\sqrt{7}}{2}$
(장축의 길이) $= 4a+5 = 5+2\sqrt{7}$
$\therefore p=5, q=2$
$p^2+q^2 = 29$

172 정답 12

점 P 에서 x축에 내린 수선의 발을 H라 하면
$\overline{AH} = 2$
따라서 점 P 의 x좌표는 $a+2$이다.
포물선의 준선이 $x=-a$이므로 점 P 에서 준선까지 거리는
$a+(a+2) = 2a+2$이다.
따라서 포물선의 정의로 $\overline{PA} = \overline{PF} = 2a+2$
$\overline{FF'} = 2a+8$
$\overline{PF'} = \dfrac{1}{2}\overline{FF'} + 2a$이므로
$\overline{PF'} = (a+4) + 2a = 3a+4$

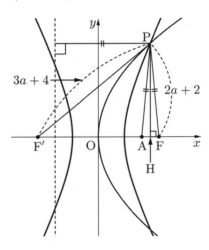

따라서 직각삼각형 PHA에서
$\overline{PH} = \sqrt{(2a+2)^2 - (2)^2} = \sqrt{4a^2+8a}$
직각삼각형 PF'H에서
$\overline{PH} = \sqrt{(3a+4)^2 - (2a+6)^2} = \sqrt{5a^2-20}$
따라서 $\sqrt{4a^2+8a} = \sqrt{5a^2-20}$
$a^2 - 8a - 20 = 0 \rightarrow (a+2)(a-10) = 0$
따라서 $a=10$
쌍곡선의 주축의 길이는
$\overline{PF'} - \overline{PF} = (3a+4) - (2a+2)$
$= a+2 = 12$

173 정답 116

원의 중심을 $A(0, a)$ 라 하고, 원과 직선 PF의 접점을 R 라
하자.
$\overline{PF'} = p$, $\overline{PQ} = \overline{PR} = q$, $\overline{RF} = r$ 라 하자.
$\overline{F'Q} = 5\sqrt{2}$ 이므로
$p+q = 5\sqrt{2}$ $\cdots$ ㉠
쌍곡선의 주축의 길이가
$2 \times 2\sqrt{2} = 4\sqrt{2}$
이므로 쌍곡선의 정의에 의해
$\overline{PF} - \overline{PF'} = q+r-p = 4\sqrt{2}$ $\cdots$ ㉡
$\overline{AQ} = \overline{AR}$, $\overline{AF} = \overline{AF'}$ 이고 $\angle AQF' = \angle ARF = 90°$ 이므로

두 삼각형 AQF′과 직각삼각형 ARF는 서로 합동이다.

따라서 $\overline{RF} = \overline{QF'}$이므로

$r = 5\sqrt{2}$ ··· ㉢

㉢을 ㉡에 대입하여 정리하면

$p - q = \sqrt{2}$ ··· ㉣

㉠, ㉣을 연립하면

$p = 3\sqrt{2}$, $q = 2\sqrt{2}$

따라서

$$\begin{aligned}
\overline{FP}^2 + \overline{F'P}^2 &= p^2 + (q+r)^2 \\
&= (3\sqrt{2})^2 + (7\sqrt{2})^2 \\
&= 18 + 98 = 116
\end{aligned}$$

174 정답 13

점 F에서 원 C에 그은 접선 중 직선 FP가 아닌 접선과 원 C의 교점을 Q′라 할 때, y축 위에 중심이 있는 원과 타원 그리고 초점의 좌표 모두 y축 대칭이므로 $\overline{F'Q} = \overline{FQ'} = 5$이다.

$\overline{PF}$와 원의 접점을 점 R라 하면 $\overline{FQ'} = \overline{FR} = 5$,

$\overline{PQ} = \overline{PR} = x$라 두면

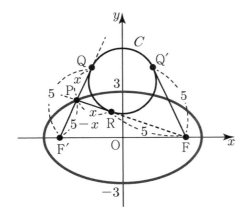

$\overline{F'P} = 5 - x$, $\overline{FP} = 5 + x$

타원 정의에서 $\overline{F'P} + \overline{FP} = 2a$이므로 $10 = 2a$에서

$a = 5$

따라서 초점의 좌표는 $(4, 0)$, $(-4, 0)$

$\therefore \overline{F'F} = 8$

$\therefore a + \overline{F'F} = 5 + 8 = 13$

175 정답 ③

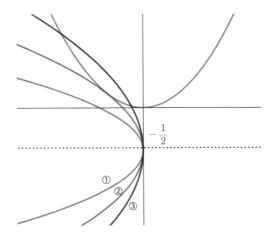

이차곡선 $\left(y + \dfrac{1}{2}\right)^2 = 4px$이 위 그림에서

① 의 경우 공통접선이 3개,

② 의 경우 공통접선이 2개,

③ 의 경우 공통접선이 1개 이므로

$\displaystyle\lim_{p \to k+} f(p) > f(k)$를 만족하는 경우는 p의 크기가 증가하며 ①

→ ② 임을 알 수 있다.

따라서 p는 음수이고 극한값 k는 두 이차곡선이 접할 때 p의 값이 된다.

두 곡선의 접점을 (x_1, y_1)이라고 하면

$x^2 = 2y$에서 $\dfrac{dy}{dx} = x_1$이고,

$\left(y + \dfrac{1}{2}\right)^2 = 4px$에서 $\dfrac{dy}{dx} = \dfrac{2p}{y_1 + \dfrac{1}{2}}$ 이므로 두 식을 연립하면

$2p = x_1\left(y_1 + \dfrac{1}{2}\right)$이고 이 식을 $\left(y_1 + \dfrac{1}{2}\right)^2 = 4px_1$에 대입하면

$y_1 = \dfrac{1}{6}$, $x_1 = \pm\dfrac{1}{\sqrt{3}}$ 가 된다. p가 음수이므로

$\therefore p = -\dfrac{\sqrt{3}}{9}$

176 정답 ④

$|p|$의 값이 커질수록 $(x+2)^2 = 4py$의 폭(포물선 $(x+2)^2 = 4py$과 $y = t$가 두 점에서 만날 때 x값의 차)이 커진다.

따라서 $p > 0$이고 두 포물선 $y^2 = 4x$와 $(x+2)^2 = 4py$이 한 점에서 접할 때(공통접선 2개)를 $p = k$라면 $p > k$이면 두 점에서 만나고(공통접선 1개) $0 < p < k$이면 만나지 않는다.(공통접선 3개)

따라서 $f(p)$의 그래프는 다음과 같다.

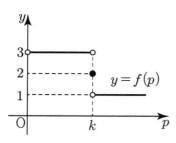

$\displaystyle\lim_{p \to k+} f(p) = 1 < f(k) = 2$ 이므로 조건을 만족한다.

따라서 $p > 0$ 이고 극한값 k는 두 이차곡선이 접할 때 p의 값이 된다.

두 곡선의 접점을 (x_1, y_1) 이라고 하면

$y^2 = 4x$ 에서

$y_1^2 = 4x_1$, 접선의 방정식은 $y_1 y = 2(x_1 + x)$ 이다.

두 식을 연립하면

$$y = \frac{2}{y_1}x + \frac{2x_1}{y_1} \;\to\; y = \frac{2}{y_1}x + \frac{y_1}{2} \cdots \text{㉠}$$

$(x+2)^2 = 4py$ 에서

$(x_1 + 2)^2 = 4py_1$, 접선의 방정식은

$(x_1 + 2)(x+2) = 2p(y_1 + y)$ 이다.

두 식을 연립하면

$$y + y_1 = \frac{(x_1 + 2)(x+2)}{2p} \;\to\; y + y_1 = \frac{2\sqrt{py_1}(x+2)}{2p}$$

$$\to\; y = \frac{\sqrt{y_1}}{\sqrt{p}}x + \frac{2\sqrt{y_1}}{\sqrt{p}} - y_1 \cdots \text{㉡}$$

㉠, ㉡에서

기울기 같다. $\Rightarrow \dfrac{2}{y_1} = \dfrac{\sqrt{y_1}}{\sqrt{p}}$,

y절편 같다. $\Rightarrow \dfrac{y_1}{2} = \dfrac{2\sqrt{y_1}}{\sqrt{p}} - y_1 \Rightarrow \dfrac{3y_1}{2} = \dfrac{4}{y_1}$

$\therefore\; y_1 = \sqrt{\dfrac{8}{3}}$

따라서 $x_1 > 0$ 이므로 $x_1 = \dfrac{2}{3}$

$4p = (x_1 + 2)y_1$ 이므로

$p = \dfrac{2}{3}\sqrt{\dfrac{8}{3}} = \dfrac{4\sqrt{2}}{3\sqrt{3}} = \dfrac{4\sqrt{6}}{9}$ 이다.

$p = \dfrac{4\sqrt{6}}{9}$ 일 때 다음 그림과 같이 공통접선이 2개다.

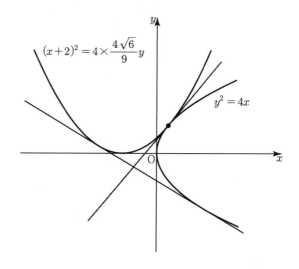

[다른 풀이]–이호진T

$y = \dfrac{1}{4p}(x+2)^2$ 에서 $|p| \uparrow \Rightarrow$ 폭 $\uparrow$

따라서 $\displaystyle\lim_{p \to k+} f(p) < f(k)$ 이려면 $k > 0$

조건을 만족시키는 k는 두 포물선이 접하는 상황일 때이다.

$x = \dfrac{1}{4}y^2$ 와 $x = \sqrt{4ky} - 2$ 가 제1사분면에서 접하는 경우이다.

따라서 $\dfrac{1}{4}y^2 = \sqrt{4ky} - 2$ 로부터

$z = \left(\dfrac{y^2}{4} + 2\right)^2$, $z = 4ky$ 가 제1사분면에서 접하면 된다.

$$\begin{cases} 4k = y_1\left(\dfrac{y_1^2}{4} + 2\right) \\ 4ky_1 = \left(\dfrac{y_1^2}{4} + 2\right)^2 \end{cases} \text{로부터 } y_1 = \dfrac{\sqrt{8}}{\sqrt{3}} \text{ 이고}$$

이때의 $k = \dfrac{4\sqrt{6}}{9}$ 이다.

177 정답 14

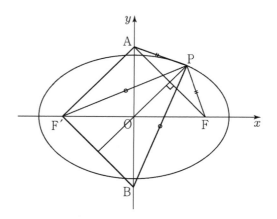

$\triangle \mathrm{AFP}$, $\triangle \mathrm{PF'B}$ 는 이등변삼각형이고 $y=x$ 에 대칭이므로
$\overline{\mathrm{AP}} = \overline{\mathrm{PF}}$, $\overline{\mathrm{PF'}} = \overline{\mathrm{PB}}$
사각형 $\mathrm{AF'BP}$ 의 둘레의 길이는
$\overline{\mathrm{AF'}} + \overline{\mathrm{F'B}} + \overline{\mathrm{PB}} + \overline{\mathrm{PA}}$
$= 3\sqrt{2} + 3\sqrt{2} + \overline{\mathrm{PF'}} + \overline{\mathrm{PF}}$
$= 6\sqrt{2} + 8$
$\therefore a+b = 14$

178 정답 11

$\overline{\mathrm{OF}} = \overline{\mathrm{OF'}}$ 이고 $\overline{\mathrm{OQ}}$ 가 공통이므로
삼각형 $\mathrm{OF'Q}$ 와 삼각형 OFQ 는 합동이다.
따라서 $\overline{\mathrm{QF}} = 6$
$\overline{\mathrm{PF}} = x$ 라 하면 (나)에서 $6-x = 2$ 이므로 $x = 4$ 이다.
$\overline{\mathrm{PF'}} + \overline{\mathrm{PF}} = 6+4 = 10$ 이므로
$2a = 10$ 이다.
$\therefore a = 5$
따라서 $\mathrm{Q}(0, -5)$
따라서 $\overline{\mathrm{OF}} = \sqrt{6^2 - 5^2} = \sqrt{11}$ 이다.
$c = \sqrt{11}$ 이므로 $c^2 = 11$

179 정답 11

타원 $\dfrac{x^2}{49} + \dfrac{y^2}{33} = 1$ 의 정의에 의하여
$\overline{\mathrm{F'P}} + \overline{\mathrm{PQ}} + \overline{\mathrm{FQ}} = 2 \times 7 = 14$ 이므로
$\overline{\mathrm{PQ}} + \overline{\mathrm{FQ}} = 14 - \overline{\mathrm{F'P}}$
따라서 $\overline{\mathrm{PQ}} + \overline{\mathrm{FQ}}$ 가 최대가 되기 위해서는 $\overline{\mathrm{F'P}}$ 가 최소가
되어야 한다.
원 $x^2 + (y-3)^2 = 4$ 의 중심을 $\mathrm{O'}(0, 3)$ 이라 하면
$\mathrm{F'}(-4, 0)$ 이므로
$\overline{\mathrm{F'P}} \geq \overline{\mathrm{F'O'}} - 2 = \sqrt{4^2 + 3^2} - 2 = 3$
$\overline{\mathrm{PQ}} + \overline{\mathrm{FQ}} = 14 - \overline{\mathrm{F'P}} \leq 14 - 3 = 11$
즉, $\overline{\mathrm{PQ}} + \overline{\mathrm{FQ}}$ 의 최댓값은 11

180 정답 2

$\dfrac{x^2}{10^2} - \dfrac{y^2}{\left(2\sqrt{11}\right)^2} = 1$ 에서 쌍곡선의 주축의 길이가
20이므로 $\overline{\mathrm{F'Q}} - \overline{\mathrm{FQ}} = 20$ 이다.
원 $x^2 + (y-5)^2 = 25$ 의 중심이 $(0, 5)$, 초점
$\mathrm{F'}(-12, 0)$ 이므로 원의 중심과 한 초점 $\mathrm{F'}$ 사이
거리는 13이다. 따라서 $8 \leq \overline{\mathrm{F'P}} \leq 18$
$\overline{\mathrm{PQ}} - \overline{\mathrm{FQ}} = \overline{\mathrm{F'Q}} - \overline{\mathrm{F'P}} - \overline{\mathrm{FQ}} = 20 - \overline{\mathrm{F'P}}$
$2 \leq 20 - \overline{\mathrm{F'P}} \leq 12$
따라서 최솟값은 2이다.

181 정답 90

두 점 A, B 의 좌표를 각각 $\mathrm{A}(x_1, y_1)$, $\mathrm{B}(x_2, y_2)$ 라 하면
$\overline{\mathrm{AF}} = x_1 + 1$, $\overline{\mathrm{BF}} = x_2 + 1$ 이다.
이때 삼각형 AFB 의 무게중심의 x 좌표는
$\dfrac{x_1 + x_2 + 1}{3}$ 이므로
$\dfrac{x_1 + x_2 + 1}{3} = 6$ 에서 $x_1 + x_2 = 17$ 이다.
x_1, x_2 는 1보다 큰 서로 다른 자연수이므로
가능한 (x_1, x_2) 의 순서쌍은
$(2, 15)$, $(3, 14)$, $(4, 13)$, $\cdots$, $(8, 9)$ 이다.
$\overline{\mathrm{AF}} \times \overline{\mathrm{BF}} = (x_1 + 1)(x_2 + 1)$
$= x_1 x_2 + x_1 + x_2 + 1 = 18 + x_1 x_2$ 에서
$x_1 x_2$ 의 최댓값은 72이므로
$\overline{\mathrm{AF}} \times \overline{\mathrm{BF}}$ 의 최댓값은 90이다.

182 정답 22

[그림 : 이현일T]

포물선 $y^2 = 4x$ 의 준선의 방정식은 $x = -1$ 이다. 점 P 의
x 좌표를 a 라 하고, 점 P 에서 준선 $x = -1$ 에 내린 수선의
발을 H 라 하면 포물선의 정의에 의해 $\overline{\mathrm{PH}} = \overline{\mathrm{PF}}$ 이므로
$a - (-1) = 10$
$\therefore a = 9$
$y^2 = 4 \times 9$ 에서 $y = 6$ 이다.
따라서 $\mathrm{P}(9, 6)$
이때, 두 점 P, Q 에서 x 축에 내린 수선의 발을 각각
M, N 이라 하면 삼각형 PFM 과 삼각형 QFN 이 닮은
도형이다.

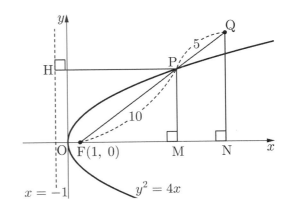

즉, $\overline{\mathrm{FN}} : \overline{\mathrm{FM}} = \overline{\mathrm{FQ}} : \overline{\mathrm{FP}}$ 이고,
$\overline{\mathrm{FQ}} : \overline{\mathrm{FP}} = (5+10) : 10 = 3 : 2$ 이므로
$\overline{\mathrm{FN}} : \overline{\mathrm{FM}} = 3 : 2$
이때, $\overline{\mathrm{FM}} = 9 - 1 = 8$ 이므로
$\overline{\mathrm{FN}} = \dfrac{3}{2} \overline{\mathrm{FM}} = 12$

따라서 점 N의 x좌표는 $1+12=13$이므로 점 Q의 x 좌표도 13이다.

P의 y좌표가 6이므로 Q의 y좌표는 $6 \times \dfrac{3}{2} = 9$이다.

$(p, q) = (13, 9)$
따라서 $p+q = 22$

183 정답 ⑤

선분 BC의 중점을 O라 하고 직선 BC를 x축으로, 직선 OA를 y축으로 하는 좌표평면을 생각하자.
$B(-5, 0)$, $C(5, 0)$이고, 점 P는 두 점 B, C를 초점으로 하고, 주축의 길이가 2인 쌍곡선 위의 점이다.

이 쌍곡선의 방정식을 $\dfrac{x^2}{a^2} - \dfrac{y^2}{b^2} = 1$ 이라 하면

$2a = 2$에서 $a = 1$
$25 = a^2 + b^2$에서 $b^2 = 24$

즉 쌍곡선의 방정식은 $x^2 - \dfrac{y^2}{24} = 1$

$P(p, q)$라 하면 $p^2 - \dfrac{q^2}{24} = 1$이고,

$A(0, 5\sqrt{3})$이므로
$\overline{PA}^2 = p^2 + (q - 5\sqrt{3})^2$
$= 1 + \dfrac{q^2}{24} + (q - 5\sqrt{3})^2$
$= \dfrac{25}{24}q^2 - 10\sqrt{3}\,q + 76$
$= \dfrac{25}{24}\left(q - \dfrac{24}{5}\sqrt{3}\right) + \boxed{}$꼴이므로

$q = \dfrac{24\sqrt{3}}{5}$일 때 선분 PA의 길이가 최소이다.

따라서 삼각형 PBC의 넓이는
$\dfrac{1}{2} \times 10 \times \dfrac{24\sqrt{3}}{5} = 24\sqrt{3}$

184 정답 ②

선분 BC의 중점을 O라 하고 직선 BC를 x축으로, 선분 BC의 수직이등분선을 y축으로 하는 좌표평면을 생각하자.
$\overline{BC} = 8$이므로 $B(-4, 0)$, $C(4, 0)$이다. 점 P는 두 점 B, C를 초점으로 하고, 장축의 길이가 10인 타원 위의 점이다.
$A(-4, 8)$, $C(4, 0)$이므로 대각선의 교점은 $\overline{AC}$의 중점이므로 $E(0, 4)$이다.

이 타원의 방정식을 $\dfrac{x^2}{a^2} + \dfrac{y^2}{b^2} = 1$이라 하면

$2a = 10$에서 $a = 5$
$16 = a^2 - b^2$에서 $b^2 = 9$

즉, 타원의 방정식은 $\dfrac{x^2}{25} + \dfrac{y^2}{9} = 1$이다.

$P(p, q)$라 하면 $\dfrac{p^2}{25} + \dfrac{q^2}{9} = 1$이므로

$\overline{PE}^2 = p^2 + (q-4)^2$
$= 25 - \dfrac{25}{9}q^2 + (q-4)^2$
$= -\dfrac{16}{9}q^2 - 8q + 41$
$= -\dfrac{16}{9}\left(q^2 + \dfrac{9}{2}q\right) + 41$
$= -\dfrac{16}{9}\left(q + \dfrac{9}{4}\right)^2 + 50$

따라서 $\overline{PE}^2$의 최댓값이 50이므로 선분 PE의 최댓값은 $5\sqrt{2}$이다.

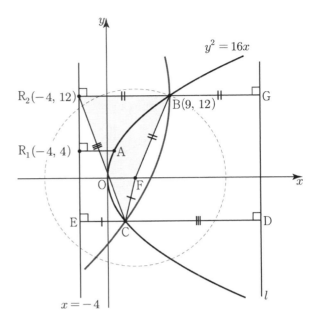

이차곡선

Level 3

185 정답 23

초점 F의 좌표는 F(2, 0)이므로 준선의 방정식은 $x=-2$이다.
점 P$(a, \sqrt{8a})$, Q$(b, -\sqrt{8b})$라 하면 (∵ 점 P는 제1사분면이고, 점 Q는 제2사분면이다.)
또한, 포물선의 성질에 의하여
$\overline{F'P}=\overline{PF}=a+2$, $\overline{FQ}=b+2$, $\overline{F'Q}=(2a+2)-b$
점 F′을 초점, 점 P를 꼭짓점으로 하는 포물선의 준선의 방정식은
$x=2a+2$
이고, 사각형 PF′QF의 둘레의 길이가 12이므로
$2(a+2)+(b+2)+\{(2a+2)-b\}=12$
따라서 $a=1$이고, 점 P의 좌표는 $(1, 2\sqrt{2})$이다.
이때, 점 F′을 초점, 점 P를 꼭짓점으로 하는 포물선의 방정식은
$(y-2\sqrt{2})^2=-12(x-1)$
이를 $y^2=8x$와 연립하면
$Q\left(\dfrac{1}{25}, -\dfrac{2\sqrt{2}}{5}\right)$
따라서 삼각형 PF′Q의 넓이는
$\dfrac{1}{2}\times(\sqrt{8a}+\sqrt{8b})\times(a+2)=\dfrac{18}{5}\sqrt{2}$

186 정답 52

[그림 : 최성훈T]

사각형 FPRQ는 평행사변형이고 $\overline{PF}=\overline{QF}$이므로 사각형 FPRQ는 마름모이다.
포물선의 정의에 의하여 점 R는 점 P에서 포물선 $y^2=16x$ 의 준선 $x=-4$에 내린 수선의 발이다.

위의 그림과 같이 두 점 A, B에서 준선에 내린 수선의 발을 각각 R_1, R_2라 하면 점 P가 점 A(1, 4)에서 점 B까지 움직일 때, 점 R가 나타내는 도형은 선분 R_1R_2이다.
$R_1(-4, 4)$이고, 점 R가 나타내는 도형의 길이는 8이므로
$\overline{R_1R_2}=8$에서 $R_2(-4, 12)$이다.
따라서 점 B의 y의 좌표가 12이고, 점 B가 포물선 $y^2=16x$ 위의 점이므로 점 B의 x좌표를 a라 하면 $12^2=16a$에서 $a=9$
즉, B(9, 12)이고 $\overline{R_2B}=13$이다.
선분 R_2B와 선분 BF 는 포물선의 정의에 의하여 길이가 같다.
초점이 R_2인 포물선의 준선을 l이라 할 때, 점 C에서 직선 l에 내린 수선의 발을 D, 직선 $x=-4$에 내린 수선의 발을 E라 하면 $\overline{R_2C}=\overline{CD}$이고 $\overline{CF}=\overline{CE}$이므로
$\overline{R_2C}+\overline{CF}=\overline{CD}+\overline{CE}=\overline{DE}$
점 B에서 직선 l에 내린 수선의 발을 G라 하면
$\overline{R_2G}=13\times2=26$
따라서 $\overline{DE}=26$
그러므로
사각형 BRCF의 둘레의 길이는 $2\times26=52$이다.

187 정답 80

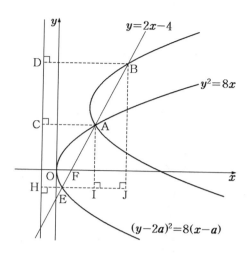

직선 $y=2x-4$가 포물선 $y^2=8x$와 만나는 점 중
A가 아닌 점을 E, x축과 만나는 점을 F라 하고,
점 E에서 직선 $x=-2$에 내린 수선의 발을 H라 하자.
또, 두 점 A, B에서 직선 HE에 내린 수선의 발을
각각 I, J라 하자.
점 F의 좌표는 $(2,\,0)$이므로 포물선 $y^2=8x$의 초점과
일치한다.
따라서 $\overline{AF}=p$, $\overline{EF}=q$라 하면 포물선의 정의에 의하여
$\overline{AC}=p$, $\overline{EH}=q$
이때 포물선의 준선의 방정식이 $x=-2$이므로
두 점 A, E의 x좌표는 각각 $p-2$, $q-2$이다.
선분 AI와 x축의 교점을 P, 점 E에서 x축에 내린
수선의 발을 Q라 하면
$\overline{FP}=p-4$, $\overline{FQ}=4-q$
이므로 두 직각삼각형 AFP, EFQ에서
$p=\sqrt{5}(p-4)$, $q=\sqrt{5}(4-q)$
따라서
$$p=\frac{4\sqrt{5}}{\sqrt{5}-1}=\sqrt{5}(\sqrt{5}+1)=5+\sqrt{5},$$
$$q=\frac{4\sqrt{5}}{\sqrt{5}+1}=\sqrt{5}(\sqrt{5}-1)=5-\sqrt{5}$$
이므로 $\overline{EI}=p-q=2\sqrt{5}$
한편, 포물선 $(y-2a)^2=8(x-a)$는 포물선 $y^2=8x$를 x축의
방향으로 a만큼, y축의 방향으로 $2a$만큼
평행이동한 것이므로 두 점 A, B는 각각 두 점 E, A를 x축의
방향으로 a만큼, y축의 방향으로 $2a$만큼 평행이동한 것이다.
따라서 $\overline{AB}=\overline{AE}$이므로 포물선의 정의에 의하여
$\overline{AC}+\overline{BD}-\overline{AB}$
$=\overline{AC}+\overline{BD}-\overline{AE}$
$=\overline{AC}+\overline{BD}-(\overline{AF}+\overline{EF})$
$=\overline{AC}+\overline{BD}-(\overline{AC}+\overline{EH})$
$=\overline{BD}-\overline{EH}$
$=\overline{EJ}=2\times\overline{EI}$

$=2\times2\sqrt{5}=4\sqrt{5}$
$k=4\sqrt{5}$이므로 $k^2=80$

[다른 풀이]

직선 $y=2x-4$가 포물선 $y^2=8x$와 만나는 점 중
A가 아닌 점을 E, x축과 만나는 점을 F라 하고,
점 E에서 직선 $x=-2$에 내린 수선의 발을 H라 하자.
또, 두 점 A, B에서 직선 HE에 내린 수선의 발을
각각 I, J라 하자.
점 F의 좌표는 $(2,\,0)$이므로 포물선 $y^2=8x$의 초점과
일치한다.

이때 연립방정식 $\begin{cases} y^2=8x \\ y=2x-4 \end{cases}$

의 해는 $y^2=4(y+4)$, 즉 $y^2-4y-16=0$에서
$y=2\pm2\sqrt{5}$
$y=2+2\sqrt{5}$이면 $x=3+\sqrt{5}$
$y=2-2\sqrt{5}$이면 $x=3-\sqrt{5}$
이므로 두 점 A와 E의 좌표는 각각
$A(3+\sqrt{5},\,2+2\sqrt{5})$, $E(3-\sqrt{5},\,2-2\sqrt{5})$이다.
포물선 $(y-2a)^2=8(x-a)$은 포물선 $y^2=8x$를
x축의 방향으로 a만큼, y축의 방향으로 $2a$만큼
평행이동한 것이므로
$\overline{AB}=\overline{AE}$
따라서 포물선의 정의에 의해
$\overline{AC}+\overline{BD}-\overline{AB}=\overline{AC}+\overline{BD}-\overline{AE}$
$\qquad\qquad\qquad\qquad =\overline{AC}+\overline{BD}-(\overline{AF}+\overline{EF})$
$\qquad\qquad\qquad\qquad =\overline{AC}+\overline{BD}-(\overline{AC}+\overline{EH})$
$\qquad\qquad\qquad\qquad =\overline{BD}-\overline{EH}$
$\qquad\qquad\qquad\qquad =\overline{EJ}=2\times\overline{EI}$
$\qquad\qquad\qquad\qquad =2\times\{(3+\sqrt{5})-(3-\sqrt{5})\}=4\sqrt{5}$
$k=4\sqrt{5}$이므로 $k^2=80$

188 정답 288

[그림 : 배용제T]

포물선 $(y-a)^2=4(x-a)$은 x축의 방향으로 $-a$만큼,
y축의 방향으로 $-a$만큼 평행이동시키면 $y^2=4x$와 일치한다. 직선
$y=x-1$을 x축의 방향으로 $-a$만큼, y축의 방향으로 $-a$만큼
평행이동시키면 $y+a=x+a-1$에서 $y=x-1$이다.
즉, 포물선 $y^2=4x$와 $y=x-1$이 만나는 점 중 A가 아닌 점을
D라 할 때, $\overline{DA}=\overline{AB}=\overline{BC}$이다. 점 D의 x좌표를 x_1, 점 A의
x좌표를 x_2, 점 B의 x좌표를 x_3, 점 C의 x좌표를 x_4라 하면
네 점 D, A, B, C는 한직선 위에 있고 $\overline{DA}=\overline{AB}=\overline{BC}$이므로
$x_2-x_1=x_3-x_2=x_4-x_3$을 만족한다.
따라서 x_1, x_2, x_3, x_4는 이 순서대로 등차수열을 이룬다.

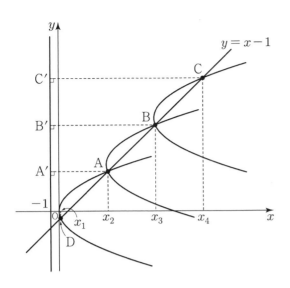

$\overline{Q_2F_2}=k_2$ 의 반지름=(Q_2 로부터 준선 $x=-2$ 까지의 거리)이므로

원 k_2 는 준선 $x=-2$ 에 접한다.

따라서 원 k_2 위의 점 P 의 x 좌표 ≥ -2 이다.

따라서 두 원 k_1, k_2 의 교점 P 는

 x 좌표 ≥ -2, y좌표 ≥ -1 이므로

(나) 조건에 의하여 제3사분면에서 $\overline{OP}$ 가 최대일 때는 P 가 $(-2,\ -1)$ 에 있을 때이다.

P$(-2,\ -1)$ 을 지나고 준선에 접하는 두 원이

$(x+2)^2+(y-1)^2=4$ 과 $\left(x-\dfrac{1}{8}\right)^2+(y+1)^2=\left(\dfrac{17}{8}\right)^2$ 로

존재하므로

 P$(-2,\ -1)$ 은 조건을 만족한다.

따라서 $\overline{OP}$ 의 최댓값은 $\sqrt{5}$ 이고 $\overline{OP}^2$ 의 최댓값은 5 이다.

190 정답 64

[출제자 : 오세준T]

[그림 : 이정배T]

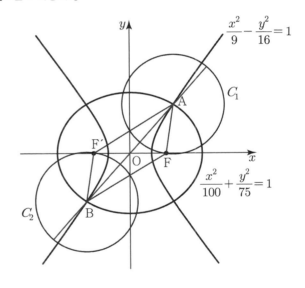

쌍곡선 $\dfrac{x^2}{9}-\dfrac{y^2}{16}=1$ 의 꼭짓점은 $(-3,\ 0)$, $(3,\ 0)$ 이고 초점의

좌표는 F$(5,\ 0)$, F$'(-5,\ 0)$ 이다. 또한 $\overline{AF'}-\overline{AF}=6$

       $\cdots$ ㉠

타원 $\dfrac{x^2}{100}+\dfrac{y^2}{75}=1$ 의 장축의 길이는 20이므로 $\overline{AF'}+\overline{AF}=20$

       $\cdots$ ㉡

㉠, ㉡을 연립하면 $\overline{AF'}=13$, $\overline{AF}=7$

따라서 두 원 C_1, C_2의 반지름의 길이는 7이다.

중선정리에 의해

$\overline{AF'}^2+\overline{AF}^2=2(\overline{AO}^2+\overline{FO}^2)$이므로

$13^2+7^2=2(\overline{AO}^2+5^2)$, $109=\overline{AO}^2+25$

따라서 $\overline{AO}=2\sqrt{21}$ 이고 $\overline{AB}=4\sqrt{21}$

한편 $y^2=4x$와 $y=x-1$의 교점의 x좌표가 x_1, x_2이므로

$(x-1)^2=4x$

$x^2-6x+1=0$

의 두 근이 x_1, x_2 $(x_1<x_2)$이다.

$x_1+x_2=6$, $x_1\times x_2=1$이므로

$(x_2-x_1)^2=(x_1+x_2)^2-4x_1x_2=36-4=32$

$\therefore x_2-x_1=4\sqrt{2}$

$\overline{AA'}=1+x_2$, $\overline{CC'}=1+x_4$이고

포물선 $y^2=4x$에서 $\overline{AD}=1+x_2+1+x_1=2+x_1+x_2$이다.

따라서

$\overline{AA'}+\overline{CC'}-\overline{BC}$

$=\overline{AA'}+\overline{CC'}-\overline{AD}$

$=(1+x_2+1+x_4)-(2+x_1+x_2)$

$=x_4-x_1$

$=3(x_2-x_1)$

$=12\sqrt{2}$

$k=12\sqrt{2}$ 이므로 $k^2=288$이다.

189 정답 5

중심이 C_1위에 있고 점 F_1을 지나는 원을 k_1이라 하고 포물선 $x^2=4y$위의 원 k_1의 중심을 Q_1이라 하면 포물선의 정의에 의하여

$\overline{Q_1F_1}=k_1$의 반지름 $=(Q_1$으로부터 준선 $y=-1$에 이르는 거리)

이므로 원 k_1은 준선 $y=-1$에 접한다.

따라서 원 k_1위의 점 P 의 y 좌표 ≥ -1이다.

같은 방법으로

중심이 C_2 위에 있고 점 F_2 를 지나는 원을 k_2 라 하고 포물선 $y^2=8x$위의 원 k_2의 중심을 Q_2라 하면 포물선의 정의에 의하여

원 C_1 위의 점 P와 원 C_2 위의 점 Q에 대하여 선분 PQ의 최댓값은 $4\sqrt{21}+14$, 최솟값은 $4\sqrt{21}-14$이므로 최댓값과 최솟값의 합은 $l=8\sqrt{21}$

$$\therefore \frac{l^2}{21}=64$$

191 정답 ⑤

$\overline{PA}+\overline{PB}=2a$ 라 하면 $2\sqrt{10}\le 2a\le 4\sqrt{10}$ 이다.

a가 일정할 때, 점 P 의 자취는 타원이므로

$a=\sqrt{10}$ 일 때, $\dfrac{x^2}{10}+\dfrac{y^2}{6}=1$

$a=2\sqrt{10}$ 일 때, $\dfrac{x^2}{40}+\dfrac{y^2}{36}=1$

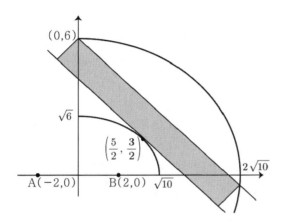

위 그림과 같이 조건을 만족하는 넓이가 최대인 직사각형은 타원 $\dfrac{x^2}{10}+\dfrac{y^2}{6}=1$과 점 $\left(\dfrac{5}{2},\dfrac{3}{2}\right)$에서 접하면서 외부에 있고 점 $(0,6)$ 을 지나고 타원 $\dfrac{x^2}{40}+\dfrac{y^2}{36}=1$ 내부에 위치한다.

점 $\left(\dfrac{5}{2},\dfrac{3}{2}\right)$에서 타원 $\dfrac{x^2}{10}+\dfrac{y^2}{6}=1$의 접선은

$\dfrac{x}{4}+\dfrac{y}{4}=1$이므로 넓이가 최대인 직사각형의 한 변의 길이는 점 $(0,6)$ 에서 $\dfrac{x}{4}+\dfrac{y}{4}=1$ 이르는 거리와 같으므로 $\sqrt{2}$ 이다.

점 $(0,6)$ 을 지나고 $\dfrac{x}{4}+\dfrac{y}{4}=1$에 평행한 직선의 방정식은

$x+y=6$이므로 이 직선과 타원 $\dfrac{x^2}{40}+\dfrac{y^2}{36}=1$의 교점은 $\left(\dfrac{120}{19},-\dfrac{6}{19}\right)$이다.

따라서 넓이가 최대인 직사각형의 다른 한 변의 길이는 $\dfrac{120\sqrt{2}}{19}$ 이므로 넓이의 최댓값은 $\dfrac{240}{19}$

192 정답 ③

[그림 : 이정배T]

$\overline{PA}+\overline{PB}=k$ 라 하면 k값이 일정할 때, 점 P 는 타원위의 점이다.

P의 좌표가 $P_1(0,2)$일 때,

$k=\sqrt{(-2)^2+2^2}+\sqrt{2^2+2^2}=4\sqrt{2}$

P의 좌표가 $P_2(-2,3)$일 때,

$k=\sqrt{0^2+3^2}+\sqrt{(-4)^2+3^2}=8$

이므로 점 P는 중심이 원점 O이고 두 초점의 좌표가 $A(-2,0)$, $B(2,0)$인 타원 중 장축의 길이가 $4\sqrt{2}\,(k=4\sqrt{2})$인 타원과 장축의 길이가 $8\,(k=8)$인 타원 사이에 있는 직사각형 위의 점이 된다.

x축에 두 초점이 있으므로 타원의 방정식

$\dfrac{x^2}{a^2}+\dfrac{y^2}{b^2}=1$에서 장축의 길이는 $2a$이다.

$2a=4\sqrt{2}$이면 $a=2\sqrt{2}$, $a^2-b^2=4$에서 $b^2=4$이다. →

$\dfrac{x^2}{8}+\dfrac{y^2}{4}=1 \leftarrow P_1(0,2)\cdots\bigcirc$

$2a=8$이면 $a=4$, $a^2-b^2=4$에서 $b^2=12$이다.

$\rightarrow \dfrac{x^2}{16}+\dfrac{y^2}{12}=1 \leftarrow P_2(-2,3)$

즉, 그림[1]과 같이 점 P 는 $\dfrac{x^2}{8}+\dfrac{y^2}{4}\ge 1$,

$\dfrac{x^2}{16}+\dfrac{y^2}{12}\le 1$ 의 영역에 포함되는 직사각형 위를 움직인다.

$\bigcirc$에서 $\dfrac{x^2}{8}+\dfrac{y^2}{4}=1$위의 점 $P_1(0,2)$가 타원의 꼭짓점이므로 접선의 방정식은 $y=2$이다.

따라서 타원 $\dfrac{x^2}{16}+\dfrac{y^2}{12}=1$ 위의 점 $P_2(-2,3)$를 지나며 직선 $y=2$와 평행한 직선인 $y=3$이 타원 $\dfrac{x^2}{16}+\dfrac{y^2}{12}=1$와 만나는 점 $P_3(2,3)$이 직사각형 S의 넓이가 최대일 때의 꼭짓점이 된다. (P_1은 직사각형 변 위에 있고 P_2, P_3는 직사각형 꼭짓점이다.)

따라서 $\alpha=4\times 1=4$

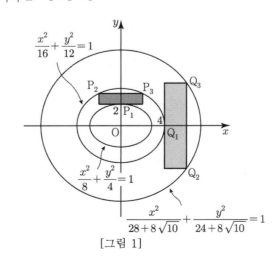

[그림 1]

$\overline{QA} + \overline{QB} = k$라 하면 k값이 일정할 때, 점 Q는 타원위의 점이다.

Q의 좌표가 $Q_1(4, 0)$일 때, $k = \sqrt{(6)^2} + \sqrt{2^2} = 8$

Q의 좌표가 $Q_2(6, -4)$일 때,

$k = \sqrt{8^2 + (-4)^2} + \sqrt{4^2 + 4^2} = 4\sqrt{5} + 4\sqrt{2}$

이므로 점 Q는 중심이 원점 O이고 두 초점의 좌표가

$A(-2, 0)$, $B(2, 0)$인 타원 중

장축의 길이가 $8(k = 8)$인 타원과 장축의 길이가

$4\sqrt{5} + 4\sqrt{2} (k = 4\sqrt{5} + 4\sqrt{2})$인 타원 사이에 있는 직사각형 위의 점이 된다.

x축에 두 초점이 있으므로 타원의 방정식 $\dfrac{x^2}{a^2} + \dfrac{y^2}{b^2} = 1$에서

장축의 길이는 $2a$이다.

$2a = 8$이면 $a = 4$, $a^2 - b^2 = 4$에서 $b^2 = 12$이다. →

$\dfrac{x^2}{16} + \dfrac{y^2}{12} = 1 \leftarrow Q_1(4, 0) \cdots \text{ⓛ}$

$2a = 4\sqrt{5} + 4\sqrt{2}$이면 $a = 2\sqrt{5} + 2\sqrt{2}$, $a^2 - b^2 = 4$이다.

$a^2 = 28 + 8\sqrt{10}$이므로 $b^2 = a^2 - 4$에서 $b^2 = 24 + 8\sqrt{10}$이다.

$\rightarrow \dfrac{x^2}{28 + 8\sqrt{10}} + \dfrac{y^2}{24 + 8\sqrt{10}} = 1 \leftarrow Q_2(6, -4)$

즉, 그림[1]과 같이 점 Q는 $\dfrac{x^2}{16} + \dfrac{y^2}{12} \geq 1$,

$\dfrac{x^2}{28 + 8\sqrt{10}} + \dfrac{y^2}{24 + 8\sqrt{10}} \leq 1$ 의 영역에 포함되는 직사각형 위를 움직인다.

ⓛ에서 $\dfrac{x^2}{16} + \dfrac{y^2}{12} = 1$위의 점 $Q_1(4, 0)$가 타원의 꼭짓점이므로 접선의 방정식은 $x = 4$이다.

따라서 타원 $\dfrac{x^2}{28 + 8\sqrt{10}} + \dfrac{y^2}{24 + 8\sqrt{10}} = 1$ 위의 점

$Q_2(6, -4)$를 지나며 직선 $x = 4$와 평행한 직선인 $x = 6$이 타원

$\dfrac{x^2}{28 + 8\sqrt{10}} + \dfrac{y^2}{24 + 8\sqrt{10}} = 1$와 만나는 점 $Q_3(6, 4)$이

직사각형 T의 넓이가 최대일 때의 꼭짓점이 된다. (Q_1은 직사각형 변 위에 있고 Q_2, Q_3는 직사각형 꼭짓점이다.)

따라서 $\beta = 2 \times 8 = 16$

$\alpha + \beta = 20$

평면벡터
Level
1

유형 1 평면벡터의 연산

193 정답 ②

$|2\vec{a}-\vec{b}|^2 = (2\vec{a}-\vec{b})\cdot(2\vec{a}-\vec{b})$
$\qquad = 4|\vec{a}|^2 - 4\vec{a}\cdot\vec{b} + |\vec{b}|^2$
$|2\vec{a}-\vec{b}| = \sqrt{17}$, $|\vec{a}| = \sqrt{11}$, $|\vec{b}| = 3$이므로
$17 = 4\times11 - 4\vec{a}\cdot\vec{b} + 9$
$\qquad = 53 - 4\vec{a}\cdot\vec{b}$
$\vec{a}\cdot\vec{b} = \dfrac{53-17}{4}$
$\qquad = 9$
$|\vec{a}-\vec{b}|^2 = (\vec{a}-\vec{b})\cdot(\vec{a}-\vec{b})$
$\qquad = |\vec{a}|^2 - 2\vec{a}\cdot\vec{b} + |\vec{b}|^2$
$\qquad = 11 - 2\times9 + 9$
$\qquad = 2$
$|\vec{a}-\vec{b}| \geq 0$이므로
$|\vec{a}-\vec{b}| = \sqrt{2}$

194 정답 ⑤

A$(4,\ 3)$이므로
$|\overrightarrow{OA}| = \sqrt{4^2+3^2} = 5$
$|\overrightarrow{OP}| = |\overrightarrow{OA}|$이므로
$|\overrightarrow{OP}| = 5$
점 P가 나타내는 도형은 중심이 원점이고 반지름의 길이가 5인 원이다.
따라서 점 P가 나타내는 도형의 길이는
$2\pi\times5 = 10\pi$

195 정답 ④

$2\overrightarrow{AB} + p\overrightarrow{BC} = q\overrightarrow{CA}$에서
$\overrightarrow{BC} = \overrightarrow{AC} - \overrightarrow{AB}$, $\overrightarrow{CA} = -\overrightarrow{AC}$이므로
$2\overrightarrow{AB} + p(\overrightarrow{AC} - \overrightarrow{AB}) = -q\overrightarrow{AC}$
$(2-p)\overrightarrow{AB} = -(p+q)\overrightarrow{AC}$
A, B, C가 서로 다른 세 점이므로
$\overrightarrow{AB} \neq \vec{0}$, $\overrightarrow{AC} \neq \vec{0}$

이때 A, B, C가 한 직선 위에 있지 않으므로
$2-p = -(p+q) = 0$
이어야 한다.
따라서 $p=2$, $q=-2$이므로
$p-q = 2-(-2) = 4$

196 정답 ②

$2\vec{a}+\vec{b}$와 $3\vec{a}+k\vec{b}$가 서로 평행하려면
$2\vec{a}+\vec{b} = t(3\vec{a}+k\vec{b})$
$2\vec{a}+\vec{b} = 3t\vec{a}+kt\vec{b}$
$3t = 2$, $kt = 1$
$t = \dfrac{2}{3}$, $k = \dfrac{3}{2}$

197 정답 ①

$|\overrightarrow{OP} - \overrightarrow{OA}| = |\overrightarrow{AB}|$에서
$|\overrightarrow{AP}| = |\overrightarrow{AB}|$
이때 $\overrightarrow{AB} = \sqrt{(-3-1)^2 + (5-2)^2} = 5$이므로
$|\overrightarrow{AP}| = 5$
따라서 점 P가 나타내는 도형은 점 A를 중심으로 하고 반지름의 길이가 5인 원이므로 그 길이는 10π이다.

198 정답 ①

$\overrightarrow{OB}$는 $\overrightarrow{OA}$의 단위벡터이므로 $|\overrightarrow{OB}| = 1$
따라서 종점 B가 나타내는 도형은 원점에서
$y = \dfrac{1}{4}x^2 + 3$에 그은 두 접선 사이의 원점을 중심으로 하는
부채꼴의 호이다.
접점 P$\left(\alpha,\ \dfrac{1}{4}\alpha^2 + 3\right)$이라 하면
$y - \left(\dfrac{1}{4}\alpha^2 + 3\right) = \dfrac{1}{2}\alpha(x-\alpha)$ $\cdots\bigcirc$
㉠에 원점 $(0, 0)$을 대입하면
$-\left(\dfrac{1}{4}\alpha^2 + 3\right) = -\dfrac{1}{2}\alpha^2$
정리하면 $\alpha = \pm2\sqrt{3}$
따라서 접선의 기울기는
$\dfrac{1}{2}\alpha = \dfrac{1}{2}(\pm2\sqrt{3}) = \pm\sqrt{3}$이므로
부채꼴의 중심각의 크기는 $60°$이다.
따라서 구하는 도형의 길이는 $2\pi\cdot1\cdot\dfrac{60°}{360°} = \dfrac{\pi}{3}$

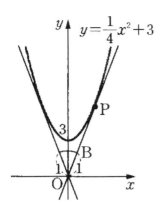

$$y = \frac{1}{4}x^2 + 3$$

199 정답 15

$|\overrightarrow{OP} + \overrightarrow{OF}| = 1$에서, $\overline{FP}$의 중점을 Q 라고 하면

$$\left|\frac{\overrightarrow{OP} + \overrightarrow{OF}}{2}\right| = |\overrightarrow{OQ}| = \frac{1}{2}$$

한편, $\overline{F'P} / / \overline{OQ}$이므로 $|\overline{F'P}| = \overline{PF'} = 1$이다.

$\overline{PF'} + \overline{PF} = 4$이므로, $\overline{PF} = k = 3$

$\therefore 5k = 15$

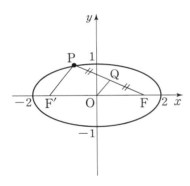

200 정답 ③

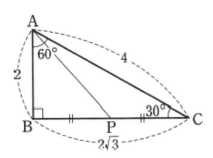

$\overrightarrow{PB} + \overrightarrow{PC} = \vec{0}$에서 $\overrightarrow{AB} + \overrightarrow{AC} - 2\overrightarrow{AP} = \vec{0}$

$$\overrightarrow{AP} = \frac{1}{2}(\overrightarrow{AB} + \overrightarrow{AC})$$

$\therefore$ P는 $\overline{BC}$의 중점이다.

$|\overrightarrow{AP}|^2 = 2^2 + (\sqrt{3})^2 = 7$

201 정답 ③

$$\overrightarrow{BF} = -\overrightarrow{AB} + \frac{1}{4}\overrightarrow{AC}, \quad \overrightarrow{DE} = \frac{3}{4}\overrightarrow{AC} - \frac{2}{3}\overrightarrow{AB}$$

$$|\overrightarrow{BF} + \overrightarrow{DE}|^2 = \left|-\frac{5}{3}\overrightarrow{AB} + \overrightarrow{AC}\right|^2$$

$$= \frac{25}{9}|\overrightarrow{AB}|^2 + |\overrightarrow{AC}|^2 - \frac{10}{3}(\overrightarrow{AB} \cdot \overrightarrow{AC})$$

$$\overrightarrow{AB} \cdot \overrightarrow{AC} = 3 \times 3 \times \cos 60° = \frac{9}{2}$$

$\therefore 34 - 15 = 19$

202 정답 ⑤

$\vec{a} = (3, 1), \quad \vec{b} = (4, -2)$

$\vec{a}$와 $\vec{v} + \vec{b}$가 평행하므로 $k\vec{a} = \vec{v} + \vec{b}$를 만족하는 실수 k가 존재한다.

$\vec{v} = k\vec{a} - \vec{b}$이므로

$\vec{v} = (3k, k) - (4, -2) = (3k-4, k+2)$

$|\vec{v}|^2 = (3k-4)^2 + (k+2)^2$

$= 9k^2 - 24k + 16 + k^2 + 4k + 4$

$= 10k^2 - 20k + 20$

$= 10(k-1)^2 + 10$

따라서 $k = 1$일 때, $|\vec{v}|^2$의 최솟값은 10이다.

203 정답 ④

쌍곡선의 꼭짓점 중 x좌표가 음수인 점을 B 라 하자.

$|\overrightarrow{OA} + \overrightarrow{OP}| = |\overrightarrow{BO} + \overrightarrow{OP}| = |\overrightarrow{BP}|$

$|\overrightarrow{BP}| = k$를 만족시키는 점 P는 점 B를 중심으로 하고 반지름의 길이가 k인 원과 쌍곡선이 만나는 점이다.

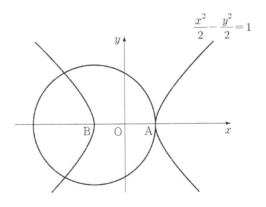

$$\frac{x^2}{2} - \frac{y^2}{2} = 1$$

그림과 같이 점 P의 개수가 3이려면

$k = \overline{AB} = 2\sqrt{2}$

204 정답 ④

조건 (가)에서 $\overrightarrow{AB} = -\overrightarrow{CD} = \overrightarrow{DC}$

조건 (나)에서 $|\overrightarrow{BA} - \overrightarrow{BC}| = |\overrightarrow{CA}| = 6$

사각형 ABCD는 평행사변형이면서 두 대각선 AC, BD의 길이가 같으므로 직사각형이다.

따라서 $|\overrightarrow{AD}| = \sqrt{\overrightarrow{BD}^2 - \overrightarrow{AB}^2} = \sqrt{6^2 - 2^2} = 4\sqrt{2}$

205 정답 ④

$\overrightarrow{OG} = \dfrac{1}{3}(\overrightarrow{OA} + \overrightarrow{OC}) = \dfrac{1}{3}(\overrightarrow{OA} + a\overrightarrow{OA} + b\overrightarrow{OB})$

$\quad = \left(\dfrac{1}{3} + \dfrac{a}{3}\right)\overrightarrow{OA} + \dfrac{b}{3}\overrightarrow{OB}$

이때 삼각형 OAC의 무게중심 G가 선분 AB 위에 있으므로

$\dfrac{1}{3} + \dfrac{a}{3} + \dfrac{b}{3} = 1$

$\therefore a + b = 2$

206 정답 ②

$3\overrightarrow{AP} = 2\overrightarrow{AB} + \overrightarrow{AC}$ 에서 $\overrightarrow{AP} = \dfrac{2\overrightarrow{AB} + \overrightarrow{AC}}{3}$

따라서 점 P는 선분 BC를 $1:2$로 내분하는 점이다.

즉, $|\overrightarrow{BP}| : |\overrightarrow{PC}| = 1:2$ 이므로

$|\overrightarrow{BP}| : |\overrightarrow{BC}| = 1:3$

$\therefore \overrightarrow{BP} = \dfrac{1}{3}\overrightarrow{BC}$ $\qquad \therefore k = \dfrac{1}{3}$

[다른 풀이]–장선정T

$3\overrightarrow{AP} = 2\overrightarrow{AB} + \overrightarrow{AC}$

$\quad = 2\overrightarrow{AB} + \overrightarrow{AB} + \overrightarrow{BC}$

$\quad = 3\overrightarrow{AB} + \overrightarrow{BC}$

$\quad = 3(\overrightarrow{AP} + \overrightarrow{PB}) + \overrightarrow{BC}$

$\quad = 3\overrightarrow{AP} + 3\overrightarrow{PB} + \overrightarrow{BC}$

$\therefore 3\overrightarrow{PB} + \overrightarrow{BC} = 0$

$\therefore \overrightarrow{BP} = \dfrac{1}{3}\overrightarrow{BC}$

207 정답 28

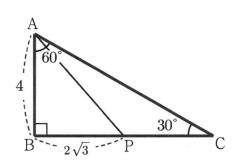

208 정답 ⑤

$\overrightarrow{AB} \cdot \overrightarrow{BC} = 0$이므로 $\overrightarrow{AB} \perp \overrightarrow{BC}$이다.

선분 BC의 중점을 M이라 하면

$|\overrightarrow{AB} + \overrightarrow{AC}| = |2\overrightarrow{AM}| = 8$이므로 $|\overrightarrow{AM}| = 4$

따라서 직각삼각형 ABM에서

$\overline{BM} = \sqrt{\overline{AM}^2 - \overline{AB}^2} = \sqrt{4^2 - 2^2} = 2\sqrt{3}$ 이므로

$|\overrightarrow{BC}| = 2|\overrightarrow{BM}| = 2\overline{BM} = 4\sqrt{3}$

209 정답 350

$\overrightarrow{AB} = (4, t) - (2, 2) = (2, t-2)$

점 C의 x좌표를 k라 하면 $\overrightarrow{OC} = (k, t)$이고

$\overrightarrow{AB} \perp \overrightarrow{OC}$이므로 $\overrightarrow{AB} \cdot \overrightarrow{OC} = 0$에서 $2k + t^2 - 2t = 0$이다.

따라서 $k = -\dfrac{1}{2}t^2 + t$

$|\overrightarrow{BC}| = |4 - k| = \left|\dfrac{1}{2}t^2 - t + 4\right| = \dfrac{1}{2}(t-1)^2 + \dfrac{7}{2}$

따라서 $|\overrightarrow{BC}| \geq \dfrac{7}{2}$

$m = \dfrac{7}{2}$

$100m = 350$

210 정답 4

선분 OA의 중점을 M이라 하면 $\overrightarrow{PM} = \dfrac{\overrightarrow{PO} + \overrightarrow{PA}}{2}$이고,

M(1, 2)이다.

$|\overrightarrow{PO} + \overrightarrow{PA}|^2 = 4$에서

$|\overrightarrow{PO} + \overrightarrow{PA}| = 2$이다.

$|\overrightarrow{PO} + \overrightarrow{PA}| = 2|\overrightarrow{PM}| = 2$이므로 $|\overrightarrow{PM}| = 1$

점 P의 좌표를 P(x, y)로 놓으면

$\sqrt{(x-1)^2 + (y-2)^2} = 1$, $(x-1)^2 + (y-2)^2 = 1$

즉 점 P가 나타내는 도형은 중심이 M(1, 2)이고 반지름의 길이가 1인 원이다.

따라서 원점 O에서 원의 중심 M(1, 2)까지의 거리는

$\sqrt{1^2 + 2^2} = \sqrt{5}$이므로

$\sqrt{5} - 1 \leq |\overrightarrow{OP}| \leq \sqrt{5} + 1$이다.

$M = \sqrt{5} + 1$, $m = \sqrt{5} - 1$이다.

즉, $M \times m = 5 - 1 = 4$

211 정답 ⑤

[그림 : 최성훈T]

$3\overrightarrow{PB}=-\overrightarrow{PA}+2\overrightarrow{PC}$ 에서

$-3\overrightarrow{BP}=-(\overrightarrow{BA}-\overrightarrow{BP})+2(\overrightarrow{BC}-\overrightarrow{BP})$

$\qquad = -\overrightarrow{BA}+\overrightarrow{BP}+2\overrightarrow{BC}-2\overrightarrow{BP}$

$\qquad = -\overrightarrow{BA}+2\overrightarrow{BC}-\overrightarrow{BP}$

$2\overrightarrow{BP}=\overrightarrow{BA}-2\overrightarrow{BC}$

$\overrightarrow{BP}=\dfrac{1}{2}\overrightarrow{BA}-\overrightarrow{BC}$

$\overline{AB}$의 중점을 M, $-\overrightarrow{BC}=\overrightarrow{BC'}$라 하면

$\overrightarrow{BP}=\overrightarrow{BM}+\overrightarrow{BC'}$이다.

따라서 점 P는 다음 그림과 같이 선분 AD의 중점이다.

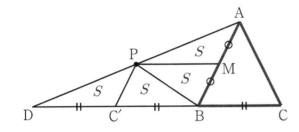

삼각형 C′DP의 넓이를 S라 하면 사각형 APBC의 넓이는
$4S$이므로 $4S=48$에서 $S=12$
삼각형 CDP의 넓이는 $3S$이므로 36

212 정답 ⑤

선분 AB를 $3:1$로 내분하는 점을 D이므로
$\overrightarrow{AD}=\dfrac{3}{4}\overrightarrow{AB}$이다.

세 점 D, F, C는 일직선 위에 있으므로
$\overrightarrow{DF}:\overrightarrow{FC}=t:(1-t)$라 할 때,

$\overrightarrow{AF}=t\overrightarrow{AC}+(1-t)\overrightarrow{AD}=t\overrightarrow{AC}+\dfrac{3}{4}(1-t)\overrightarrow{AB}\cdots\bigcirc$

$3\overrightarrow{AB}=2\overrightarrow{BC}$ 에서 $\overline{AB}:\overline{BC}=2:3$이고 ∠ABC의 이등분선이

선분 CA와 만나는 점을 E이므로
$\overline{AB}:\overline{BC}=\overline{EA}:\overline{EC}=2:3$

따라서 $\overrightarrow{AE}=\dfrac{2}{5}\overrightarrow{AC}$

세 점 B, F, E는 일직선 위에 있으므로
$\overrightarrow{DF}:\overrightarrow{FC}=s:(1-s)$라 할 때,

$\overrightarrow{AF}=s\overrightarrow{AE}+(1-s)\overrightarrow{AB}=\dfrac{2}{5}s\overrightarrow{AC}+(1-s)\overrightarrow{AB}\cdots\bigcirc$

㉠, ㉡에서 $t=\dfrac{2}{5}s$, $\dfrac{3}{4}(1-t)=1-s$

연립하여 풀면

$3\left(1-\dfrac{2}{5}s\right)=4-4s$

$3-\dfrac{6}{5}s=4-4s$

$\dfrac{14}{5}s=1$

$s=\dfrac{5}{14}$, $t=\dfrac{1}{7}$이다.

㉠에서

$\overrightarrow{AF}=t\overrightarrow{AC}+\dfrac{3}{4}(1-t)\overrightarrow{AB}$

$\qquad = \dfrac{1}{7}\overrightarrow{AC}+\dfrac{9}{14}\overrightarrow{AB}$

따라서 $n=\dfrac{1}{7}$, $m=\dfrac{9}{14}$

$m+n=\dfrac{11}{14}$이다.

213 정답 ③

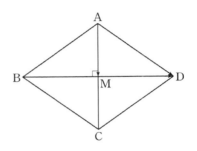

마름모 ABCD의 두 대각선의 교점을 M이라 하면

$\dfrac{1}{2}\overrightarrow{BD}=\overrightarrow{MD}$이므로

$\overrightarrow{AD}-\dfrac{1}{2}\overrightarrow{BD}=\overrightarrow{AD}-\overrightarrow{MD}=\overrightarrow{AD}+\overrightarrow{DM}=\overrightarrow{AM}$

이다. $|\overrightarrow{AM}|=\sqrt{2}$이므로 직각삼각형 ABM에서
$\overline{BM}=\sqrt{2^2-(\sqrt{2})^2}=\sqrt{2}$

$|\overrightarrow{BD}|=2\sqrt{2}$

214 정답 ①

평면 위의 서로 다른 세 점 A, B, C가 한 직선 위에 있으면
$\overrightarrow{AC}=t\overrightarrow{AB}$를 만족시키는 0이 아닌 실수 t가 존재한다.

$\overrightarrow{OC}-\overrightarrow{OA}=t(\overrightarrow{OB}-\overrightarrow{OA})$

$(3\vec{a}-k\vec{b})-(2\vec{a}+\vec{b})=t\{(\vec{a}-\vec{b})-(2\vec{a}+\vec{b})\}$

$\vec{a}-(k+1)\vec{b}=t(-\vec{a}-2\vec{b})$

두 벡터 $\vec{a}$와 $\vec{b}$는 영벡터가 아니고 서로 평행하지 않으므로
$t=-1$에서 $k=-3$

215 정답 ②

$\overrightarrow{AC}=\overrightarrow{AB}+\overrightarrow{BC}$ 이고 정사각형 ABCD에서

$\overrightarrow{CD}=-\overrightarrow{AB}$ 이므로

$\overrightarrow{AC}+3k\overrightarrow{CD}=(\overrightarrow{AB}+\overrightarrow{BC})+3k(-\overrightarrow{AB})$

$=(1-3k)\overrightarrow{AB}+\overrightarrow{BC}$

이다.

$(\overrightarrow{AB}+k\overrightarrow{BC})\cdot(\overrightarrow{AC}+3k\overrightarrow{CD})$

$=(\overrightarrow{AB}+k\overrightarrow{BC})\cdot\{(1-3k)\overrightarrow{AB}+\overrightarrow{BC}\}$

$=(1-3k)|\overrightarrow{AB}|^2+\overrightarrow{AB}\cdot\overrightarrow{BC}+$

$\quad(k-3k^2)\overrightarrow{BC}\cdot\overrightarrow{AB}+k|\overrightarrow{BC}|^2$

$|\overrightarrow{AB}|=|\overrightarrow{BC}|=1$, $\overrightarrow{AB}\cdot\overrightarrow{BC}=0$이므로

$(\overrightarrow{AB}+k\overrightarrow{BC})\cdot(\overrightarrow{AC}+3k\overrightarrow{CD})=(1-3k)+0+0+k$

$\qquad\qquad\qquad\qquad\qquad\qquad=1-2k$

따라서 $1-2k=0$이므로 $k=\dfrac{1}{2}$

216 정답 ②

$\vec{p}=(x,y)$, $\vec{q}=(x',y')$이라 하고

A$(2,4)$, B$(2,8)$, C$(1,0)$, P(x,y), Q(x',y')이라 하자.

$(\vec{p}-\vec{a})\cdot(\vec{p}-\vec{b})=0$ 이므로 $\overrightarrow{AP}\perp\overrightarrow{PB}$

그러므로 점 P는 선분 AB를 지름으로 하는 원 위를 움직인다.

즉, 점 P는 선분 AB의 중점인 점 M$(2,6)$을 중심으로 하고 반지름의 길이가 2인 원 위에 있다.

한편,

$\vec{q}=\dfrac{1}{2}\vec{a}+t\vec{c}=\dfrac{1}{2}(2,4)+t(1,0)=(1+t,2)$

이므로 점 Q는 직선 $y=2$ 위에 있다.

이때 $|\vec{p}-\vec{q}|$의 값은 두 점 P, Q 사이의 거리와 같고 다음 그림과 같이 점 M에서 직선 $y=2$에 내린 수선의 발을 Q$'$이라 하면 점 P가 점 A에 있고, 점 Q가 점 Q$'$에 있을 때 두 점 P, Q 사이의 거리가 최소가 된다.

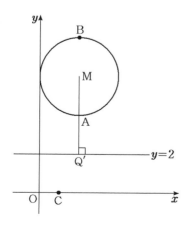

이때 A$(2,4)$, Q$'(2,2)$이므로

$|\vec{p}-\vec{q}|=\overline{PQ}\geq\overline{AQ'}=2$

따라서 구하는 최솟값은 2이다.

[랑데뷰팁]

$\vec{p}=(x,y)$라 하고 A$(2,4)$, B$(2,8)$, P(x,y)라 하면

$(\vec{p}-\vec{a})\cdot(\vec{p}-\vec{b})=0$

에서

$(x-2,y-4)\cdot(x-2,y-8)=0$

$(x-2)^2+(y-4)(y-8)=0$

$(x-2)^2+(y-6)^2=4$

이므로 점 P는 중심이 $(2,6)$이고 반지름의 길이가 2인 원 위의 점이다.

---

217 정답 ③

점 P의 좌표를 (x,y)라 하자.

그러면 $\overrightarrow{OP}-\overrightarrow{OA}=(x-3,y)$

$(\overrightarrow{OP}-\overrightarrow{OA})\cdot(\overrightarrow{OP}-\overrightarrow{OA})=(x-3)^2+y^2=5$

즉 점 P가 나타내는 도형은 중심이 $(3,0)$이고 반지름이 $\sqrt5$인 원이다.

이 도형과 직선이 접하므로

점 $(3,0)$에서 직선 $x-2y+2k=0$에 이르는 거리가 반지름의 길이인 $\sqrt5$와 같다.

$\dfrac{|3+2k|}{\sqrt5}=\sqrt5$

$\Rightarrow |3+2k|=5$

$\Rightarrow 3+2k=5$ 또는 $3+2k=-5$

$\Rightarrow k=1$ 또는 $k=-4$

$\therefore k=1$ ($\because k$는 양수)

218 정답 ④

직각삼각형 ABH에서

$\overline{AB}=\sqrt2$, $\angle ABC=45°$이므로

$\overline{AH}=\overline{BH}=1$

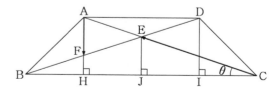

점 D에서 선분 BC에 내린 수선의 발을 I라 하면

$\overline{BI}=3$, $\overline{DI}=1$이고 $\triangle BID \backsim \triangle BHF$이므로

$\overline{BI}:\overline{DI}=\overline{BH}:\overline{FH}$, 즉 $3:1=1:\overline{FH}$

$\overrightarrow{FH} = \dfrac{1}{3}$

$\overrightarrow{AF} = \overrightarrow{AH} - \overrightarrow{FH} = 1 - \dfrac{1}{3} = \dfrac{2}{3}$

한편, 점 E에서 선분 BC에 내린 수선의 발을 J라 하면

$\overrightarrow{BJ} = \overrightarrow{CJ} = 2$, $\overrightarrow{BH} = \overrightarrow{HJ} = 1$ 이므로

$\overrightarrow{EJ} = 2\overrightarrow{FH} = \dfrac{2}{3}$

직각삼각형 JCE에서 $\angle JCE = \theta$라 하면

$\sin\theta = \dfrac{|\overrightarrow{EJ}|}{|\overrightarrow{CE}|}$

이고, 두 벡터 $\overrightarrow{EJ}$, $\overrightarrow{CE}$가 이루는 각의 크기는 $\dfrac{\pi}{2} + \theta$이다.

그리고 $\overrightarrow{AF} = \overrightarrow{EJ}$이므로

$\overrightarrow{AF} \cdot \overrightarrow{CE} = \overrightarrow{EJ} \cdot \overrightarrow{CE}$

$= |\overrightarrow{EJ}||\overrightarrow{CE}|\cos\left(\dfrac{\pi}{2} + \theta\right)$

$= |\overrightarrow{EJ}||\overrightarrow{CE}| \times (-\sin\theta)$

$= |\overrightarrow{EJ}||\overrightarrow{CE}| \times \left(-\dfrac{|\overrightarrow{EJ}|}{|\overrightarrow{CE}|}\right)$

$= -|\overrightarrow{EJ}|^2 = -\left(\dfrac{2}{3}\right)^2 = -\dfrac{4}{9}$

219 정답 ②

두 선분 AD와 BE의 교점을 O라 하고
선분 OE의 중점을 M이라 하면
$\overrightarrow{BC} = \overrightarrow{AO}$이므로

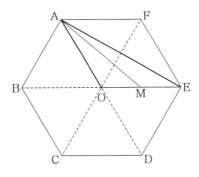

$\overrightarrow{AE} + \overrightarrow{BC} = \overrightarrow{AE} + \overrightarrow{AO} = 2\overrightarrow{AM}$ ······㉠

삼각형 AOM에서 코사인법칙에 의하여

$\overrightarrow{AM}^2 = \overrightarrow{AO}^2 + \overrightarrow{OM}^2 - 2 \times \overrightarrow{AO} \times \overrightarrow{OM} \times \cos 120°$

$= 1^2 + \left(\dfrac{1}{2}\right)^2 - 2 \times 1 \times \dfrac{1}{2} \times \left(-\dfrac{1}{2}\right)$

$= \dfrac{7}{4}$

$\overrightarrow{AM} = \dfrac{\sqrt{7}}{2}$이므로 ㉠에서

$|\overrightarrow{AE} + \overrightarrow{BC}| = 2\overrightarrow{AM} = 2 \times \dfrac{\sqrt{7}}{2} = \sqrt{7}$

220 정답 ②

$\vec{p} \cdot \vec{a} = \vec{a} \cdot \vec{b}$에서

$\vec{a} \cdot (\vec{p} - \vec{b}) = 0$

이때 $\vec{a} = (3, 0)$, $\vec{b} = (1, 2)$이므로

점 $P(x, y)$에 대하여 $\vec{p} = \overrightarrow{OP} = (x, y)$라 하면

$(3, 0) \cdot (x-1, y-2) = 0$

$3(x-1) = 0$

$x = 1$

그러므로 점 P는 직선 $x = 1$ 위의 점이다.

또, $|\vec{q} - \vec{c}| = 1$이고 $\vec{c} = (4, 2)$이므로

$\vec{q} = \overrightarrow{OQ}$라 하면 점 Q는 중심이 $(4, 2)$이고 반지름의 길이가

1인 원 위의 점이다.

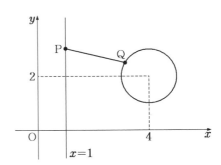

한편,

$|\vec{p} - \vec{q}| = |\overrightarrow{OP} - \overrightarrow{OQ}| = |\overrightarrow{QP}| = \overline{PQ}$

따라서 이 값의 최솟값은 원의 중심 $(4, 2)$와 직선 $x = 1$

사이의 거리에서 반지름의 길이 1을 빼면 되므로

$3 - 1 = 2$

221 정답 ③

$\vec{a} \cdot \vec{b} = |\vec{a}| \cdot |\vec{b}| \cos 60° = |\vec{a}| \cdot \dfrac{1}{2}$

$\vec{a} - 3\vec{b} = \sqrt{13}$이므로 $|\vec{a} - 3\vec{b}|^2 = 13$

$(\vec{a} - 3\vec{b})(\vec{a} - 3\vec{b}) = 13 \Rightarrow \vec{a} \cdot \vec{a} - 6\vec{a} \cdot \vec{b} + 9\vec{b} \cdot \vec{b} = 13$

$\Rightarrow |\vec{a}| - 3|\vec{a}| + 9 = 0 \Rightarrow |\vec{a}| - 3|\vec{a}| - 4 = 0$

$\Rightarrow (|\vec{a}| - 4)(|\vec{a}| + 1) = 0$

$\therefore |\vec{a}| = 4$

222 정답 ⑤

$\overrightarrow{OA}$와 $\overrightarrow{OB}$가 이루는 각의 크기를 θ라고 하면

$\overrightarrow{OA} \cdot \overrightarrow{OB} = |\overrightarrow{OA}||\overrightarrow{OB}| \cos\theta \le 0$이므로 $\cos\theta \le 0$

$\therefore \dfrac{\pi}{2} \le \theta \le \dfrac{3}{2}\pi$

한편, $\overrightarrow{OA}$, $\overrightarrow{OB}$가 x축과 이루는 각을 각각 α, β라 하면

$0 \le \alpha \le \dfrac{\pi}{4}$

(i) $\alpha = 0$일 때, $\dfrac{\pi}{2} \le \beta \le \dfrac{3}{2}\pi \left(\because \ \dfrac{\pi}{2} \le \theta \le \dfrac{3}{2}\pi \right)$

(ii) $\alpha = \dfrac{\pi}{4}$일 때,

$\dfrac{\pi}{2} + \dfrac{\pi}{4} \le \beta \le \dfrac{3}{2}\pi + \dfrac{\pi}{4} \left(\because \ \dfrac{\pi}{2} \le \theta \le \dfrac{3}{2}\pi \right)$

(i), (ii)의 공통 부분은 $\dfrac{\pi}{2} + \dfrac{\pi}{4} \le \beta \le \dfrac{3}{2}\pi$이므로 점B의 영역은 ⑤의 어두운 부분과 같다.

223 정답 ①

다음 그림과 같이 정육각형의 대각선의 교점을 O라 하자.

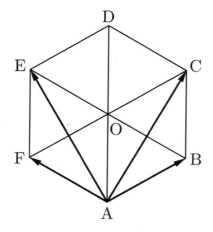

$\overrightarrow{AB} = \overrightarrow{OC} = \overrightarrow{ED}$이므로
$\overrightarrow{AB} + \overrightarrow{AE} = \overrightarrow{AE} + \overrightarrow{ED} = \overrightarrow{AD}$

$\overrightarrow{AF} = \overrightarrow{OE} = \overrightarrow{CD}$이므로
$\overrightarrow{AF} + \overrightarrow{AC} = \overrightarrow{AC} + \overrightarrow{CD} = \overrightarrow{AD}$
따라서 $(\overrightarrow{AB} + \overrightarrow{AE}) \cdot (\overrightarrow{AF} + \overrightarrow{AC}) = |\overrightarrow{AD}|^2 = 2^2 = 4$

224 정답 ⑤

$\begin{aligned}
|2\vec{a} - \vec{b}|^2 &= (2\vec{a} - \vec{b}) \cdot (2\vec{a} - \vec{b}) \\
&= 4|\vec{a}|^2 - 4\vec{a} \cdot \vec{b} + |\vec{b}|^2 \\
&= 4|\vec{a}|^2 - 4|\vec{a}||\vec{b}|\cos\theta + |\vec{b}|^2 \\
&= 8 - 8\cos\theta = 5
\end{aligned}$

따라서 $\cos\theta = \dfrac{3}{8}$

225 정답 64

선분 AB가 원 O의 지름이므로 $\angle APB = 90°$
$\overline{AP}^2 = \overline{AB}^2 - \overline{BP}^2 = 10^2 - 6^2 = 64$
$\therefore \overline{AP} = 8$
$\angle BAP = \theta$라고 하면

$\overrightarrow{AB} \cdot \overrightarrow{AP} = |\overrightarrow{AB}| \cdot |\overrightarrow{AP}| \cos\theta = 10 \cdot 8 \cdot \dfrac{8}{10} = 64$

226 정답 ④

$P(x, 0)$라 하면
$\overrightarrow{PA} = (-6-x, 0)$, $\overrightarrow{PB} = (-x, 6)$이므로
$\overrightarrow{PA} \cdot \overrightarrow{PB} = x^2 + 6x = 16 \Rightarrow (x-2)(x+8) = 0$
$x = 2$ 또는 $x = -8$
따라서 $P(2, 0)$ 또는 $P(-8, 0)$
$\overrightarrow{PQ} \cdot \overrightarrow{BQ} = 0 \rightarrow \overrightarrow{PQ} \perp \overrightarrow{BQ}$ 이므로 점 Q는 $\overline{BP}$을 지름으로 하는 원 위의 점이다.
(i) $P(2, 0)$일 때
점 Q는 $B(0, 6)$와 $P(2, 0)$의 중점 $C(1, 3)$을 중심으로 하고 반지름의 길이가 $\sqrt{10}$이 원 위의 점이다.
따라서
$|\overrightarrow{AQ}| \le \overline{AC} + \sqrt{10} = \sqrt{(-7)^2 + 3^2} + \sqrt{10} = \sqrt{58} + \sqrt{10}$
(ii) $P(-8, 0)$일 때
점 Q는 $B(0, 6)$와 $P(-8, 0)$의 중점 $D(-4, 3)$을 중심으로 하고 반지름의 길이가 5이 원 위의 점이다.
따라서
$|\overrightarrow{AQ}| \le \overline{AD} + 5 = \sqrt{(-2)^2 + 3^2} + 5 = \sqrt{13} + 5$
(i), (ii)에서 $\sqrt{13} + 5 < 9 < \sqrt{58} + \sqrt{10}$이므로
$|\overrightarrow{AQ}|$의 최댓값은 $\sqrt{58} + \sqrt{10}$

227 정답 ②

풀이1
다음 그림과 같이 원 C 위의 점 X에서 직선 OA에 내린 수선의 발을 점 T라 하면
$\overrightarrow{OA} \cdot \overrightarrow{OX} = \overline{OA} \times \overline{OT}$이다.

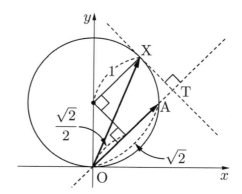

따라서 $\overline{OT}$가 최대일 때, $\overrightarrow{OA} \cdot \overrightarrow{OX}$의 값이 최대이다.
$\overrightarrow{OA} \cdot \overrightarrow{OX} \le \sqrt{2} \times \left(\dfrac{\sqrt{2}}{2} + 1 \right) = 1 + \sqrt{2}$

풀이2-미적분 삼각함수 합성 이용
$\overrightarrow{OX} = (\cos\theta, 1 + \sin\theta)$라 하면

$$\overrightarrow{OA} \cdot \overrightarrow{OX} = (1, 1) \cdot (\cos\theta, 1 + \sin\theta)$$
$$= \cos\theta + \sin\theta + 1$$
$$= \sqrt{2}\sin\left(\theta + \frac{\pi}{4}\right) + 1 \leq \sqrt{2} + 1$$

228 정답 18

[출제자 : 정일권T]

먼저 점 $\mathrm{P}(x, y)$ 의 자취를 알아보면
조건 $\overrightarrow{\mathrm{AP}} \cdot \overrightarrow{\mathrm{BP}} = 5$ 에서
$\overrightarrow{\mathrm{AP}} = (x-1, y)$, $\overrightarrow{\mathrm{BP}} = (x-5, y)$ 이므로
$(x-1)(x-5) + y^2 = 5 \;\rightarrow\; (x-3)^2 + y^2 = 3^2$
즉, 점 $\mathrm{P}(x, y)$ 는 중심이 $(3, 0)$ 이고 반지름이 3 인 원 위의 점이다.
$\overrightarrow{\mathrm{OC}} \cdot \overrightarrow{\mathrm{OP}}$ 를 구하기 위해 위에서 구한 원의 중심을 M 이라 하면,
$\overrightarrow{\mathrm{OC}} \cdot \overrightarrow{\mathrm{OP}} = \overrightarrow{\mathrm{OC}} \cdot (\overrightarrow{\mathrm{OM}} + \overrightarrow{\mathrm{MP}}) = \overrightarrow{\mathrm{OC}} \cdot \overrightarrow{\mathrm{OM}} + \overrightarrow{\mathrm{OC}} \cdot \overrightarrow{\mathrm{MP}}$
이고
$\overrightarrow{\mathrm{OC}} \cdot \overrightarrow{\mathrm{OM}} = (3, 4) \cdot (3, 0) = 9$ 로 일정한 값이며,
$\overrightarrow{\mathrm{OC}} \cdot \overrightarrow{\mathrm{MP}}$ 의 값은 $\overrightarrow{\mathrm{MP}}$ 가 $\overrightarrow{\mathrm{OC}}$ 와 같은 방향으로 평행할 때 최댓값 15 이며, 반대 방향으로 평행할 때 최솟값 -15 이다.
따라서, $\overrightarrow{\mathrm{OC}} \cdot \overrightarrow{\mathrm{OP}}$ 의 최댓값은 24, 최솟값은 -6 이므로,
$M + m = 18$ 이다.

229 정답 28

[출제자 : 정일권T]
[그림 : 이정배T]

$\vec{p} = \vec{a} + \vec{b} + \vec{c}$ 에서 $\vec{p}$ 의 자취를 알아보면
$\vec{a} + \vec{b}$ 는 $(5, 0)$ 을 중심으로 반지름의 길이가 3 인 원이고,
$\vec{a} + \vec{b} + \vec{c}$ 는 $\vec{a} + \vec{b}$ 의 자취 즉, 원 위의 각 점에서 반지름의 길이가 1 인 원을 그리면 만족하는 자취가 된다.
즉, $\vec{p} = \vec{a} + \vec{b} + \vec{c}$ 의 자취(색칠된 부분)를 그림으로 나타내면 다음과 같다.

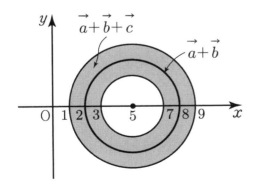

한편, $\vec{p} \cdot \vec{a} = 10$ 를 만족하는 $\vec{p}$ 의 자취는
$\vec{p} \cdot \vec{a} = |\vec{p}| \times |\vec{a}| \times \cos\theta = 5 \times |\vec{p}| \times \cos\theta = 10$ 이므로

$x = 2$ 와 원 $(x-5)^2 + y^2 = 4^2$ 과의 교점 사이의 거리가 된다.
교점 사이의 거리를 l 이라 하면, 피타고라스 정리에 의해
$$4^2 = 3^2 + \left(\frac{l}{2}\right)^2$$
$$\therefore l^2 = 28$$

230 정답 ②

[출제자 : 정일권T]

가) 조건을 해석하면,
$\overrightarrow{\mathrm{OC}} = k\overrightarrow{\mathrm{OA}} + \overrightarrow{\mathrm{OB}} = k(2, 1) + (2, 4) = (2k+2, k+4)$ 이다.
나) 조건에서 삼각형 ABC 는 직각삼각형이므로

(i) $\angle\mathrm{A}$ 가 직각일 때
$\overrightarrow{\mathrm{AB}} \cdot \overrightarrow{\mathrm{AC}} = 0$ 이므로
$(0, 3) \cdot (2k, k+3) = 0 \;\rightarrow\; 3(k+3) = 0$
$\therefore k = -3$

(ii) $\angle\mathrm{B}$ 가 직각일 때
$\overrightarrow{\mathrm{BA}} \cdot \overrightarrow{\mathrm{BC}} = (0, -3) \cdot (2k, k) = 0 \;\rightarrow\; k = 0$
$k = 0$ 이면 삼각형이 되지 않기 때문에 모순이다.

(iii) $\angle\mathrm{C}$ 가 직각일 때
$\overrightarrow{\mathrm{CA}} \cdot \overrightarrow{\mathrm{CB}} = 0$ 이므로
$(-2k, -k-3) \cdot (-2k, -k) = 0 \;\rightarrow\; 5k^2 + 3k = 0$
$\therefore k = -\frac{3}{5}$ ($\because k = 0$ 이면 삼각형이 되지 않는다.)

따라서, 모든 k 값들의 합은 $-\frac{18}{5}$ 이다.

231 정답 25

$\overrightarrow{\mathrm{AP}} \cdot \overrightarrow{\mathrm{AP}} = k$ 에서 $|\overrightarrow{\mathrm{AP}}|^2 = k$ 이므로 점 P 가 나타내는 도형은 중심이 $\mathrm{A}(3, 4)$ 이고 반지름의 길이가 $\sqrt{k}$ 인 원이다.
이 원이 원점을 지나므로 반지름의 길이는 $\sqrt{3^2 + 4^2} = 5$ 이다.
따라서 $\sqrt{k} = 5$ 이므로 $k = 25$

232 정답 6

[그림 : 최성훈T]

$\overrightarrow{\mathrm{AC}}$ 와 $\overrightarrow{\mathrm{AP}}$ 가 이루는 각의 크기가 θ 라 하면
$\overrightarrow{\mathrm{AC}} \cdot \overrightarrow{\mathrm{AP}} = |\overrightarrow{\mathrm{AC}}||\overrightarrow{\mathrm{AP}}|\cos\theta$
점 P 에서 직선 AC 에서 내린 수선의 발을 H 라 하면
$\overrightarrow{\mathrm{AC}} \cdot \overrightarrow{\mathrm{AP}} = |\overrightarrow{\mathrm{AC}}| \; |\overrightarrow{\mathrm{AH}}|$
따라서
$\overrightarrow{\mathrm{AC}} \cdot \overrightarrow{\mathrm{AP}}$ 의 값이 최대가 될 때는 $|\overrightarrow{\mathrm{AH}}|$ 의 값이 최대일 때, 즉

그림과 같이 $\overline{BP} \parallel \overline{AP'}$ 일 때이므로

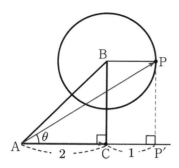

$$\overrightarrow{AC} \cdot \overrightarrow{AP} = |\overrightarrow{AC}| \; |\overrightarrow{AH}|$$
$$\leq |\overrightarrow{AC}| \; |\overrightarrow{AP'}| = \overline{AC}\,(\overline{AC}+1)$$
$$= 2\,(2+1) = 6$$

233 정답 ③

$\angle CAB = \theta$ 라 하면 $\angle ACB = 90°$ 이므로
$$\overrightarrow{AB} \cdot \overrightarrow{AC} = |\overrightarrow{AB}| \; |\overrightarrow{AC}| \cos\theta = |\overrightarrow{AC}| \; |\overrightarrow{AB}| \cos\theta$$
$$= |\overrightarrow{AC}||\overrightarrow{AC}| = 3^2 = 9$$
같은 방법으로 $\overrightarrow{AB} \cdot \overrightarrow{AD} = |\overrightarrow{AD}||\overrightarrow{AD}| = 25$
$$\overrightarrow{AB} \cdot (\overrightarrow{AC} + \overrightarrow{AD}) = \overrightarrow{AB} \cdot \overrightarrow{AC} + \overrightarrow{AB} \cdot \overrightarrow{AD}$$
$$= 9 + 25 = 34$$

234 정답 ⑤

[그림 : 최성훈T]

$\overrightarrow{AB} = \vec{a},\ \overrightarrow{AF} = \vec{b}$ 라 하면
$$|\vec{a}| = |\vec{b}| = 1,$$
$$\vec{a} \cdot \vec{b} = |\vec{a}||\vec{b}| \cos\frac{2}{3}\pi = -\frac{1}{2}$$
이고 $\overrightarrow{CM} = \overrightarrow{CD} + \overrightarrow{DM} = \vec{b} - \frac{1}{2}\vec{a}$ 이므로
$$\frac{1}{2}\overrightarrow{AB} - 3\overrightarrow{CM} = \frac{1}{2}\vec{a} - 3\left(\vec{b} - \frac{1}{2}\vec{a}\right)$$
$$= 2\vec{a} - 3\vec{b}$$
$$\left|\frac{1}{2}\overrightarrow{AB} - 3\overrightarrow{CM}\right|^2 = |2\vec{a} - 3\vec{b}|^2$$
$$= 4|\vec{a}|^2 - 12\vec{a} \cdot \vec{b} + 9|\vec{b}|^2$$
$$= 4 - 12 \times \left(-\frac{1}{2}\right) + 9$$
$$= 19$$
따라서
$$\left|\frac{1}{2}\overrightarrow{AB} - 3\overrightarrow{CM}\right| = \sqrt{19}$$

235 정답 209

$\overrightarrow{AB} = \vec{b},\ \overrightarrow{AC} = \vec{c}$ 라 하면
$$\overrightarrow{AM} = \frac{\vec{b}+\vec{c}}{2},\ \overrightarrow{AG} = \frac{\vec{b}+\vec{c}}{3} \text{ 이다.}$$
$$\overrightarrow{GM} \cdot \overrightarrow{GC} = (\overrightarrow{AM} - \overrightarrow{AG}) \cdot (\overrightarrow{AC} - \overrightarrow{AG})$$
$$= \left(\frac{\vec{b}+\vec{c}}{2} - \frac{\vec{b}+\vec{c}}{3}\right) \cdot \left(\vec{c} - \frac{\vec{b}+\vec{c}}{3}\right)$$
$$= \left(\frac{1}{6}\vec{b} + \frac{1}{6}\vec{c}\right) \cdot \left(-\frac{1}{3}\vec{b} + \frac{2}{3}\vec{c}\right)$$
$$= -\frac{1}{18}|\vec{b}|^2 + \frac{1}{18}\vec{b} \cdot \vec{c} + \frac{1}{9}|\vec{c}|^2$$
$$= -\frac{1}{2} + \frac{1}{18}\vec{b} \cdot \vec{c} + \frac{4}{9} = -\frac{5}{18}$$
$$\frac{1}{18}\vec{b} \cdot \vec{c} = -\frac{2}{9}$$
이므로 $\vec{b} \cdot \vec{c} = -4$ 이다.
$\angle BAC = \theta$ 라 하면 $\vec{b} \cdot \vec{c} = 3 \times 2 \times \cos\theta = -4$ 에서
$\cos\theta = -\frac{2}{3}$ 이다.
삼각형 ABC에서 코사인법칙에 의하여
$$\overline{BC}^2 = 9 + 4 - 2 \times 3 \times 2 \times \cos\theta = 21$$
$$\therefore \overline{BC} = \sqrt{21}$$
삼각형 ABC의 외접원의 반지름의 길이를 R라 하면
$\sin\theta = \frac{\sqrt{5}}{3}$ 이므로 사인법칙에 의하여
$$2R = \frac{\overline{BC}}{\sin\theta} = \frac{\sqrt{21}}{\frac{\sqrt{5}}{3}} = \frac{3\sqrt{21}}{\sqrt{5}} \quad \therefore R = \frac{3\sqrt{21}}{2\sqrt{5}}$$
따라서 삼각형 ABC의 외접원의 넓이는 $\frac{189}{20}\pi$ 이므로
$$p + q = 20 + 189 = 209$$

236 정답 ③

$\vec{a} \parallel \vec{c}$ 이므로 $\vec{a} = k\vec{c}$ (k는 실수)로 놓으면
$$\vec{a} \cdot \vec{c} = k|\vec{c}|^2 = 8 \quad \cdots \ \text{㉠}$$
$$(\vec{a}+\vec{c}) \cdot (\vec{a}-\vec{c}) = |\vec{a}|^2 - |\vec{c}|^2$$
$$= (k^2-1)|\vec{c}|^2 = -12 \cdots \text{㉡}$$
㉠, ㉡을 변변끼리 나누어 정리하면
$$\frac{k}{k^2-1} = -\frac{2}{3},\ 2k^2 + 3k - 2 = 0$$
$$(2k-1)(k+2) = 0$$
$$\therefore k = \frac{1}{2} \ (\because\ k^2 - 1 < 0)$$
따라서 $|\vec{c}|^2 = 16$ 이고 $\vec{b} \cdot \vec{c} = 0$ 이므로 구하는 값은
$$(\vec{a}+\vec{c}) \cdot (\vec{b}+\vec{c}) = (k+1)\vec{c} \cdot (\vec{b}+\vec{c}) = (k+1)|\vec{c}|^2$$
$$= \left(\frac{1}{2}+1\right) \times 16 = 24$$

237 정답 ①

[그림 : 이정배T]

그림과 같이 두 변 AD, BC의 중점을 각각 M, N이라 하자.

$\overrightarrow{PA}+\overrightarrow{PD}=2\overrightarrow{PM}$, $\overrightarrow{PB}+\overrightarrow{PC}=2\overrightarrow{PN}$

이므로

$(\overrightarrow{PA}+\overrightarrow{PD})\cdot(\overrightarrow{PB}+\overrightarrow{PC})=0$

$2\overrightarrow{PM}\cdot2\overrightarrow{PN}=0$

$\overrightarrow{PM}\cdot\overrightarrow{PN}=0$

$\overrightarrow{PM}\perp\overrightarrow{PN}$

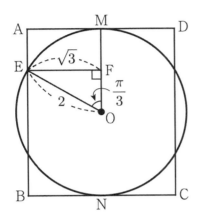

따라서 점 P가 나타내는 도형은 선분 MN을 지름으로 하는 원 중에서 사각형 ABCD의 둘레 또는 그 내부에 있는 부분이다. 그림과 같이 이 원의 중심을 O라 하고 원이 직사각형과 만나는 점중 A에 가까운 점을 E라 하자. E에서 선분 OM에 내린 수선의 발을 F라 하면 $\overline{OE}=2$, $\overline{EF}=\sqrt{3}$이므로

$\angle EOF=\dfrac{\pi}{3}$이다.

따라서 호 EM의 길이는 $2\times\dfrac{\pi}{3}=\dfrac{2}{3}\pi$

따라서 구하는 도형의 길이는

$4\times\widehat{EM}=4\times\dfrac{2}{3}\pi=\dfrac{8}{3}\pi$

238 정답 ③

[그림 : 이호진T]

두 직선 OA, DE가 만나는 점을 M이라 하면

$\overrightarrow{OE}=\overrightarrow{OD}+\overrightarrow{DE}=\overrightarrow{OD}+2\overrightarrow{DM}$

$=\overrightarrow{OD}+2(\overrightarrow{OM}-\overrightarrow{OD})=2\overrightarrow{OM}-\overrightarrow{OD}$

이때

$\overrightarrow{OM}=\dfrac{\overline{OM}}{\overline{OA}}\vec{a}=\dfrac{\overline{OM}}{|\vec{a}|}\cdot\dfrac{\vec{a}}{|\vec{a}|}=\dfrac{\overrightarrow{OD}\cdot\vec{a}}{|\vec{a}|^2}\vec{a}=\dfrac{\overrightarrow{OD}\cdot\vec{a}}{36}\vec{a}$

이고 $\overrightarrow{OD}=\dfrac{\vec{a}+2\vec{b}}{3}$이므로

$\overrightarrow{OD}\cdot\vec{a}=\left(\dfrac{\vec{a}+2\vec{b}}{3}\right)\cdot\vec{a}=\dfrac{1}{3}|\vec{a}|^2+\dfrac{2}{3}\vec{b}\cdot\vec{a}$

$=\dfrac{1}{3}\times6^2+\dfrac{2}{3}\times9=18$

$\overrightarrow{OE}=2\overrightarrow{OM}-\overrightarrow{OD}=2\left(\dfrac{\overrightarrow{OD}\cdot\vec{a}}{36}\vec{a}\right)-\overrightarrow{OD}$

$=2\times\dfrac{18}{36}\vec{a}-\dfrac{\vec{a}+2\vec{b}}{3}=\left(1-\dfrac{1}{3}\right)\vec{a}-\dfrac{2}{3}\vec{b}$

$=\dfrac{2}{3}\vec{a}-\dfrac{2}{3}\vec{b}$

따라서 $p=\dfrac{2}{3}$, $q=-\dfrac{2}{3}$이므로 $p+q=\dfrac{2}{3}+\left(-\dfrac{2}{3}\right)=0$

239 정답 ⑤

$\overrightarrow{AB}+\overrightarrow{AD}=-2(\overrightarrow{CB}+\overrightarrow{CD})$, $\dfrac{\overrightarrow{AB}+\overrightarrow{AD}}{2}=-2\times\dfrac{\overrightarrow{CB}+\overrightarrow{CD}}{2}$

선분 BD의 중점을 M이라 하면 $\overrightarrow{AM}=-2\overrightarrow{CM}$

따라서 두 벡터 $\overrightarrow{AM}$, $\overrightarrow{CM}$은 서로 평행하고 M이라는 공통인 점을 지나므로 세 점 A, M, C는 한 직선 위에 있고, 직선 AC는 선분 BD의 중점을 지난다. 그런데 $\overrightarrow{AC}\cdot\overrightarrow{BD}=0$이므로 직선 AC는 선분 BD의 수직이등분선이다.

원에서 현의 수직이등분선은 그 원의 중심을 지나므로 선분 AC는 원의 지름이 되고, $\angle ABC=90°$, $\angle ADC=90°$가 된다. 그리고 $\overrightarrow{AB}=-2\overrightarrow{CM}$이므로 $\overline{AM}:\overline{CM}=2:1$이고

반지름의 길이가 1이므로 $\overline{AM}=\dfrac{4}{3}$, $\overline{CM}=\dfrac{2}{3}$

$\overline{DM}^2=\overline{AM}\times\overline{CM}$이므로 $\overline{DM}=\dfrac{2\sqrt{2}}{3}=\overline{BM}$

따라서

$\overline{BD}=2\overline{BM}=\dfrac{4\sqrt{2}}{3}$

240 정답 ②

$|\overrightarrow{CF}|=2$, $|\overrightarrow{CE}|=\sqrt{3}$

$\overrightarrow{CF}\cdot\overrightarrow{CE}=2\times\sqrt{3}\times\cos30°=3$

$|3\overrightarrow{CF}-4\overrightarrow{CE}|^2$

$=9|\overrightarrow{CF}|^2-24\overrightarrow{CF}\cdot\overrightarrow{CE}+16|\overrightarrow{CE}|^2$

$=9\times4-24\times3+16\times3=12$

$\therefore\ |3\overrightarrow{CF}-4\overrightarrow{CE}|=2\sqrt{3}$

241 정답 ②

[출제자 : 정일권T]
[그림 : 배용제T]

$|\vec{a} \cdot \vec{b}| \le 2 \rightarrow -2 \le \vec{a} \cdot \vec{b} \le 2$이므로
만족하는 점 B의 영역은 그림과 같다.

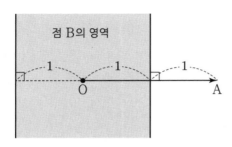

$\vec{a}+\vec{b}$의 의미는 점 B의 영역의 영역을 $\vec{a}$의 방향으로 2만큼
평행이동한 것이다.

$|\vec{a}+\vec{b}| \le \sqrt{2}$ 의 의미는 점 O로부터 거리가 $\sqrt{2}$ 이내의 점들을
나타낸다.

따라서 만족하는 영역을 나타내면 그림과 같다.

점 O로부터 반지름의 길이가 $\sqrt{2}$인 원과 점 $\vec{a}+\vec{b}$의 영역의
공통부분을 구하면 사분원에서 직각삼각형의 넓이를 빼면

$\dfrac{\sqrt{2}^2}{4}\pi - \dfrac{1}{2} \times \sqrt{2} \times \sqrt{2} = \dfrac{\pi}{2} - 1$ 이다.

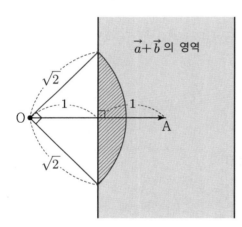

 유형 3 벡터로 나타낸 도형의 방정식

242 정답 ①

두 직선 $\dfrac{x-2}{3} = \dfrac{1-y}{4}$, $5x-1 = \dfrac{5y-1}{2}$ 의

방향벡터를 각각 $\vec{u_1} = (3, -4)$, $\vec{u_2} = \left(\dfrac{1}{5}, \dfrac{2}{5}\right)$이라 하자.

$$\cos\theta = \dfrac{|\vec{u_1} \cdot \vec{u_2}|}{|\vec{u_1}||\vec{u_2}|}$$

$$= \dfrac{\left|3 \times \dfrac{1}{5} + (-4) \times \dfrac{2}{5}\right|}{\sqrt{3^2+(-4)^2} \times \sqrt{\left(\dfrac{1}{5}\right)^2 + \left(\dfrac{2}{5}\right)^2}}$$

$$= \dfrac{|-1|}{5 \times \sqrt{\dfrac{5}{25}}}$$

$$= \dfrac{1}{\sqrt{5}} = \dfrac{\sqrt{5}}{5}$$

243 정답 ⑤

두 직선

$\dfrac{x+1}{2} = y-3$, $x-2 = \dfrac{y-5}{3}$

의 방향벡터를 각각

$\vec{u_1} = (2, 1)$, $\vec{u_2} = (1, 3)$

이라 하면

$$\cos\theta = \dfrac{|\vec{u_1} \cdot \vec{u_2}|}{|\vec{u_1}||\vec{u_2}|}$$

$$= \dfrac{|2 \times 1 + 1 \times 3|}{\sqrt{2^2+1^2} \times \sqrt{1^2+3^2}}$$

$$= \dfrac{5}{\sqrt{5} \times \sqrt{10}}$$

$$= \dfrac{\sqrt{2}}{2}$$

244 정답 ⑤

두 직선의 방향벡터를 각각
$\vec{u_1} = (4, 3)$, $\vec{u_2} = (-1, 3)$이라 하면,

$$\cos\theta = \dfrac{|\vec{u_1} \cdot \vec{u_2}|}{|\vec{u_1}||\vec{u_2}|} = \dfrac{5}{5\sqrt{10}} = \dfrac{1}{\sqrt{10}} = \dfrac{\sqrt{10}}{10}$$

---

245 정답 52

조건을 만족시키는 직선은 $\dfrac{x-6}{2}=\dfrac{y-3}{3}$ 과 같으므로

$A(4, 0)$, $B(0, -6)$ 이다.

따라서 $\overrightarrow{AB}^2=4^2+6^2=52$ 이다.

246 정답 9

점 $(4, 1)$을 지나고 법선벡터가 $\vec{n}=(1, 2)$인 직선의 방정식은

$1(x-4)+2(y-1)=0$

즉, $x+2y=6$

따라서 이 직선이 x축, y축과 만나는 점의 좌표는 각각 $(6, 0)$, $(0,3)$

따라서 $a=6$, $b=3$ 이므로

$a+b=9$

247 정답 ⑤

$\overrightarrow{OP}=(x, y)$라 하자.

$\overrightarrow{OP}-\overrightarrow{OA}=(x+2, y)$

$\overrightarrow{OP}-2\overrightarrow{OB}=(x-6, y-6)$

$(\overrightarrow{OP}-\overrightarrow{OA})\boldsymbol{\cdot}(\overrightarrow{OP}-2\overrightarrow{OB})=0$에서

$(x+2, y)\boldsymbol{\cdot}(x-6, y-6)=0$

$(x+2)(x-6)+y(y-6)=0$

$x^2-4x-12+y^2-6y=0$

$(x-2)^2+(y-3)^2=25$

점 P가 나타내는 도형은 중심이 $(2, 3)$이고 반지름의 길이가 5인 원이다.

따라서 구하는 도형의 길이는 10π

248 정답 1

직선 AB의 방향벡터는 $\overrightarrow{AB}=(k+3, 5-k)$이다.

직선 $\dfrac{x-1}{3}=2-y$의 방향벡터를 $\vec{u}$라 하면 $\vec{u}=(3, -1)$

이때 두 직선이 서로 수직이므로 $\overrightarrow{AB}\boldsymbol{\cdot}\vec{u}=0$

$3(k+3)-(5-k)=0$, $4k+4=0$

$\therefore k=-1$

따라서 $k^2=1$이다.

249 정답 ①

$\dfrac{x-2}{3}=\dfrac{1-y}{4}$의 방향벡터는 $\vec{u_1}=(3, -4)$

$3-x=\dfrac{1-y}{2}$의 방향벡터는 $\vec{u_2}=(-1, -2)$

$\vec{u_1}\boldsymbol{\cdot}\vec{u_2}=|\vec{u_1}||\vec{u_2}|\cos\theta$에서

$-3+8=5\sqrt{5}\cos\theta$

$\therefore \cos\theta=\dfrac{\sqrt{5}}{5}$

250 정답 45

점 $(-4, 2)$을 지나고 법선벡터가 $\vec{n}=(2, 1)$인 직선의 방정식은

$2(x+4)+1(y-2)=0$

즉, $2x+y=-6$

따라서 이 직선이 x축, y축과 만나는 점의 좌표는 각각 $(-3, 0)$, $(0,-6)$

따라서 $a=-3$, $b=-6$ 이므로

$a^2+b^2=45$

251 정답 ②

$l : \dfrac{x-2}{4}=\dfrac{y+1}{-3}$에서 $3x+4y-2=0$ 이므로

$k=\dfrac{|3\times 0+4\times 0-2|}{\sqrt{3^2+4^2}}=\dfrac{2}{5}$

252 정답 ③

점 $(1, 4)$을 지나고 법선벡터가 $\vec{n}=(2, 1)$인 직선의 방정식은

$2(x-1)+1(y-4)=0$

즉, $2x+y=6$

따라서 이 직선이 x축, y축과 만나는 점의 좌표는 각각 $(3, 0)$, $(0, 6)$

따라서 $a=3$, $b=6$ 이므로

$a+b=9$

253 정답 ①

$\vec{c}=-\vec{a}-\vec{b}$

$|\vec{c}|=|\vec{a}+\vec{b}|$

$|\vec{c}|^2=|\vec{a}+\vec{b}|^2$

$49=9+25+2\vec{a}\boldsymbol{\cdot}\vec{b}$

$\therefore \vec{a}\boldsymbol{\cdot}\vec{b}=\dfrac{15}{2}$

이다. 따라서

$\vec{a}\boldsymbol{\cdot}\vec{b}=|\vec{a}||\vec{b}|\cos\theta$

$\dfrac{15}{2}=3\times 5\times \cos\theta$

$\therefore \cos\theta=\dfrac{1}{2}$

254 정답 9

초점의 x좌표를 c라 두면 $c^2 = 25 - 9 = 16$이므로
$\mathrm{F}(-4, 0)$, $\mathrm{F}'(4, 0)$이다.

$\overrightarrow{\mathrm{FP}} \cdot \overrightarrow{\mathrm{F}'\mathrm{P}} = \overrightarrow{\mathrm{PF}} \cdot \overrightarrow{\mathrm{PF}'}$
$= (\overrightarrow{\mathrm{PO}} + \overrightarrow{\mathrm{OF}}) \cdot (\overrightarrow{\mathrm{PO}} + \overrightarrow{\mathrm{OF}'})$
$= |\overrightarrow{\mathrm{PO}}|^2 + \overrightarrow{\mathrm{PO}} \cdot (\overrightarrow{\mathrm{OF}} + \overrightarrow{\mathrm{OF}'}) + \overrightarrow{\mathrm{OF}} \cdot \overrightarrow{\mathrm{OF}'}$
$= |\overrightarrow{\mathrm{PO}}|^2 + 0 + 4 \times (-4)$
$= |\overrightarrow{\mathrm{PO}}|^2 - 16$

$\therefore$ $|\overrightarrow{\mathrm{OP}}|$의 최댓값은 5이므로 $\overrightarrow{\mathrm{FP}} \cdot \overrightarrow{\mathrm{F}'\mathrm{P}}$의 최댓값은
$5^2 - 16 = 9$이다.

255 정답 41

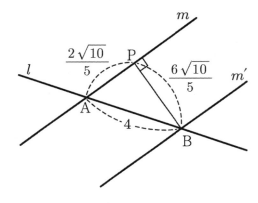

두 직선 m, m'는 평행하므로 방향벡터가 같다.
$$\frac{x}{1} = \frac{y-k}{1}$$
로 변형하면 방향벡터는 $(1, 1)$
방향벡터가 $\vec{u} = (2, -1)$인 직선 l과 이루는 각을 구해보면
$\{1 \times 2 + 1 \times (-1)\} = \sqrt{5} \times \sqrt{2} \cos\theta$
에서 $\cos\theta = \dfrac{\sqrt{10}}{10}$
점 B에서 직선 m에 내린 수선의 발을 P라 하면
$$\overline{\mathrm{AP}} = 4\cos\theta = \frac{2\sqrt{10}}{5}$$
삼각형 ABP에서 피타고라스의 정리를 사용하면
$$\overline{\mathrm{BP}} = \frac{6\sqrt{10}}{5}$$
즉, 두 직선 m, m' 사이의 거리는 $\dfrac{6\sqrt{10}}{5}$이다.

$m' : x - y - k = 0$ 위의 한 점 $(k, 0)$에서
$m : x - y + k = 0$까지 거리를 구해보면
$$\frac{6\sqrt{10}}{5} = \frac{|2k|}{\sqrt{2}}$$
$$\therefore k = \frac{6}{\sqrt{5}}$$
$$k^2 = \frac{36}{5}$$
$p = 5$, $q = 36$이므로 $p + q = 41$이다.

256 정답 ①

두 직선의 방향벡터를 각각 $\vec{u}, \vec{v}$라 하면
$\vec{u} = (1, 2)$, $\vec{v} = (3, -1)$
$\therefore$ $\cos\theta = \dfrac{|\vec{u} \cdot \vec{v}|}{|\vec{u}||\vec{v}|} = \dfrac{1 \cdot 3 + 2 \cdot (-1)}{\sqrt{1^2 + 2^2}\sqrt{3^2 + (-1)^2}}$
$= \dfrac{1}{5\sqrt{2}}$
$= \dfrac{\sqrt{2}}{10}$

257 정답 7

$(\vec{p} - \vec{c}) \cdot (\vec{p} - \vec{c}) = |\vec{p} - \vec{c}|^2 = 7$에서
점 P가 나타내는 도형은 $(x + \sqrt{3})^2 + (y - 2)^2 = 7$으로 원이다.
$|\vec{p}|$가 최대인 점은 원점에서 중심을 지나는 직선 l이 원과
만나는 점이다.

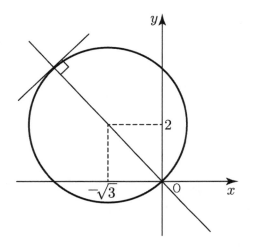

즉, 직선 l의 방정식은 $y = -\dfrac{2}{\sqrt{3}}x$이다.

이 점에서의 접선은 직선 l과 수직이므로 기울기는 $\dfrac{\sqrt{3}}{2}$이고
중심 $\mathrm{C}(-\sqrt{3}, 2)$에서의 거리가 반지름 $\sqrt{7}$이어야 하므로 이
직선의 방정식을
$m : y = \dfrac{\sqrt{3}}{2}x + n$이라 하면
$\sqrt{3}x - 2y + 2n = 0$ 과 $\mathrm{C}(-\sqrt{3}, 2)$사이의 거리가 $\sqrt{7}$에서
$$\frac{|-3 - 4 + 2n|}{\sqrt{(\sqrt{3})^2 + 2^2}} = \sqrt{7}$$
$|2n - 7| = 7$
이므로 $n = 7$ 또는 $n = 0$
이때 $n = 0$이면 원점에서의 접선이므로 $n = 7$
이상에서 접선의 방정식은
$m : \sqrt{3}x - 2y + 14 = 0$
따라서 직선 m의 y절편은 7이다.

[다른 풀이]–이소영T

$\vec{c} = (-\sqrt{3}, 2)$, $\vec{p} = (x, y)$이므로

$\vec{p} - \vec{c} = (x + \sqrt{3}, y - 2)$이다.

$(\vec{p} - \vec{c}) \cdot (\vec{p} - \vec{c}) = 7$이므로

$(x + \sqrt{3}, y - 2) \cdot (x + \sqrt{3}, y - 2) = 7$

$(x + \sqrt{3})^2 + (y - 2)^2 = 7$ 이므로 P의 자취는 $O(0, 0)$를

지나고, 중심이 $(-\sqrt{3}, 2)$, 반지름이 $\sqrt{7}$인 원이다.

$|\vec{p}|$이 최대인 점은 $|\overrightarrow{OP}|$가 최대일 때는 지름이므로 A는

$(-2\sqrt{3}, 4)$이다. 따라서 A를 지나는 접선의 방정식 l은 A를

지나고 방향벡터가 $\vec{u} = (-\sqrt{3}, 2)$인 직선의 법선이다.

따라서 l 위의 임의의 점을 $\overrightarrow{X} = (x, y)$라 하면

$\overrightarrow{AX} \cdot \vec{u} = 0$이므로

$(x + 2\sqrt{3}, y - 4) \cdot (-\sqrt{3}, 2) = 0$

$l : -\sqrt{3}(x + 2\sqrt{3}) + 2(y - 4) = 0$이다. y절편은 7이다.

평면벡터
Level
2

258 정답 147

조건 (가)에서

점 P는 점 D를 중심으로 하고 반지름의 길이가 1인 원 위의
점이고, 점 Q는 점 E를 중심으로 하고 반지름의 길이가 1인 원
위의 점이고, 점 R는 점 F를 중심으로 하고 반지름의 길이가
1인 원 위의 점이다.

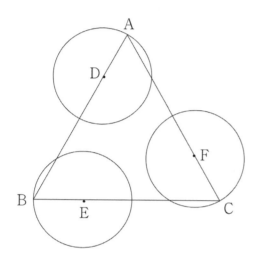

조건 (나)에서

$$\overrightarrow{AX} = \overrightarrow{PB} + \overrightarrow{QC} + \overrightarrow{RA}$$
$$= (\overrightarrow{DB} - \overrightarrow{DP}) + (\overrightarrow{EC} - \overrightarrow{EQ}) + (\overrightarrow{FA} - \overrightarrow{FR})$$
$$= \overrightarrow{DB} + \overrightarrow{EC} + \overrightarrow{FA} - (\overrightarrow{DP} + \overrightarrow{EQ} + \overrightarrow{FR})$$

그런데 $\overrightarrow{DB} + \overrightarrow{EC} + \overrightarrow{FA} = \vec{0}$ 이므로

$$\overrightarrow{AX} = -(\overrightarrow{DP} + \overrightarrow{EQ} + \overrightarrow{FR})$$

이때 $|\overrightarrow{AX}|$의 값이 최대이려면

세 벡터 $\overrightarrow{DP}$, $\overrightarrow{EQ}$, $\overrightarrow{FR}$의 방향이 모두 같아야 한다.

즉, $|\overrightarrow{AX}|$의 값이 최대일 때, 삼각형 PQR의 넓이는 삼각형
DEF의 넓이와 같다.

삼각형 DBE에서 코사인 법칙에 의하여

$$\overline{DE}^2 = \overline{DB}^2 + \overline{BE}^2 - 2 \times \overline{DB} \times \overline{BE} \times \cos\frac{\pi}{3}$$
$$= 9 + 1 - 2 \times 3 \times 1 \times \frac{1}{2} = 7$$

따라서 삼각형 DEF는 한 변의 길이가 $\sqrt{7}$인 정삼각형이므로

$$S = \frac{\sqrt{3}}{4} \times (\sqrt{7})^2 = \frac{7\sqrt{3}}{4}$$

즉, $16S^2 = 16 \times \left(\frac{7\sqrt{3}}{4}\right)^2 = 147$

259 정답 64

[출제자 : 정일권T]
[그림 : 서태욱T]

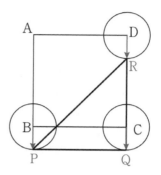

위의 그림과 같이 조건 (가)에 의해 세 점 P, Q, R는 각각 세
점 B, C, D를 중심으로 하는 반지름 1인 원 위에 존재한다.

조건 (나)에서

$$\overrightarrow{AX} = \overrightarrow{PC} + \overrightarrow{QD} + \overrightarrow{RB}$$
$$= (\overrightarrow{PB} + \overrightarrow{BC}) + (\overrightarrow{QC} + \overrightarrow{CD}) + (\overrightarrow{RD} + \overrightarrow{DB})$$
$$= (\overrightarrow{PB} + \overrightarrow{QC} + \overrightarrow{RD}) + (\overrightarrow{BC} + \overrightarrow{CD} + \overrightarrow{DB})$$
$$= (\overrightarrow{PB} + \overrightarrow{QC} + \overrightarrow{RD}) \ (\because \overrightarrow{BC} + \overrightarrow{CD} + \overrightarrow{DB} = 0)$$
$$\therefore \overrightarrow{AX} = -(\overrightarrow{BP} + \overrightarrow{CQ} + \overrightarrow{DR}) \quad \cdots\cdots \ \bigcirc$$

㉠에서 세 벡터 $\overrightarrow{BP}$, $\overrightarrow{CQ}$, $\overrightarrow{DR}$는 점 B, C, D를 중심으로
하고 반지름이 1인 원 위에 종점이 있는 벡터다.

이때, $|\overrightarrow{AX}|$가 최대이려면 세 벡터 $\overrightarrow{BP}$, $\overrightarrow{CQ}$, $\overrightarrow{DR}$가 모두
방향이 같아야 한다.

$$S = \triangle PQR = \frac{1}{2} \times 4 \times 4 = 8$$
$$\therefore S^2 = 8^2 = 64$$

260 정답 27

조건 (가)에서 $\overrightarrow{AB}$와 $\overrightarrow{PQ}$는 방향이 같다. $\cdots\cdots$ ㉠
조건 (가)에서 두 벡터의 크기가 같으므로
$$9|\overrightarrow{PQ}|^2 = 4|\overrightarrow{AB}|^2$$
$$|\overrightarrow{PQ}| = \frac{2}{3}|\overrightarrow{AB}| \quad \cdots\cdots \ \bigcirc$$

조건 (나)에서
$$\frac{\pi}{2} < \angle CAQ < \pi$$

조건 (다)와 ㉠에서
$$\overrightarrow{PQ} \cdot \overrightarrow{CB} = |\overrightarrow{PQ}||\overrightarrow{CB}|\cos(\angle ABC)$$
$$= |\overrightarrow{PQ}||\overrightarrow{CB}|\cos\frac{\pi}{4}$$
$$|\overrightarrow{CB}| = \sqrt{2}|\overrightarrow{AB}|$$

$$\overrightarrow{PQ} \cdot \overrightarrow{CB} = \left(\frac{2}{3} \times |\overrightarrow{AB}|\right) \times (\sqrt{2}\,|\overrightarrow{AB}|)\cos\frac{\pi}{4}$$

$$= \frac{2}{3}|\overrightarrow{AB}|^2 = 24$$

$$|\overrightarrow{AB}| = 6$$

ⓒ에서 $|\overrightarrow{PQ}| = \frac{2}{3} \times 6 = 4$

삼각형 APQ가 정삼각형이므로

$|\overrightarrow{AP}| = |\overrightarrow{AQ}| = 4$

$\angle BAQ = \dfrac{\pi}{3}$

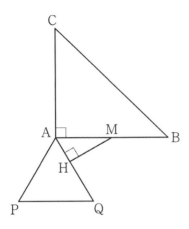

선분 AB의 중점을 M, 점 M에서 선분 AQ에 내린 수선의 발을 H라
하면

$$|\overrightarrow{XA} + \overrightarrow{XB}| = |2\overrightarrow{XM}| \geq 2|\overrightarrow{HM}|$$

$$= 2 \times |\overrightarrow{AM}| \times \sin\frac{\pi}{3}$$

$$= 2 \times 3 \times \frac{\sqrt{3}}{2}$$

$$= 3\sqrt{3}$$

따라서 $m = 3\sqrt{3}$ 이므로

$m^2 = 27$

261 정답 21

[출제자 : 최성훈T]

조건 (가)에서 $\overrightarrow{PQ}$ 는 $\overrightarrow{BC}$ 의 임의 실수 배이므로
$\overrightarrow{PQ} /\!/ \overrightarrow{BC}$ 이고 방향은 반대이다.

$-4|\overrightarrow{PQ}|\,\overrightarrow{PQ} = |\overrightarrow{BC}|\,\overrightarrow{BC} \Rightarrow 4|\overrightarrow{PQ}|^2 = |\overrightarrow{BC}|^2$ 이므로

$|\overrightarrow{PQ}| = \dfrac{1}{2}|\overrightarrow{BC}|$

아래 두 그림이 조건을 만족한다.

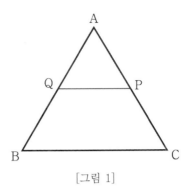

[그림 1]

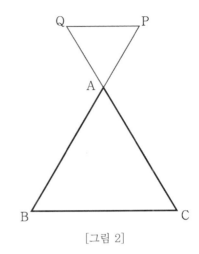

[그림 2]

조건 (나)에서 $\overrightarrow{AP} \cdot \overrightarrow{AC} = -7 < 0$ 이므로 두 벡터 $\overrightarrow{AP}$, $\overrightarrow{AC}$ 가
이루는 각의 크기는 둔각이므로 [그림2]가 조건에 합당하다.

조건 (가)에 의하여 $|\overrightarrow{AP}| : |\overrightarrow{AC}| = 1 : 2$ 이므로 $|\overrightarrow{AP}| = k$,
$|\overrightarrow{AC}| = 2k$ 라 놓을 수 있다.

$\overrightarrow{AP} \cdot \overrightarrow{AC} = k \times 2k \times \cos 120° = -7$;

$k \times 2k \times \left(-\dfrac{1}{2}\right) = -7$ 이므로 따라서 $k = \sqrt{7}$

$\left|\overrightarrow{XC} - 3\overrightarrow{XA}\right| = 2\left|\dfrac{\overrightarrow{XC} - 3\overrightarrow{XA}}{1 - 3}\right|$ 에서 $\dfrac{\overrightarrow{XC} - 3\overrightarrow{XA}}{1 - 3}$ 는 두 점

A, C 를 $1 : 3$ 으로 외분하는 점이다. 그림에서 AC 를
$1 : 3$ 으로 외분하는 점은 점 Q이므로

$$\left|\overrightarrow{XC} - 3\overrightarrow{XA}\right| = 2\left|\dfrac{\overrightarrow{XC} - 3\overrightarrow{XA}}{1 - 3}\right|$$

$$= 2|\overrightarrow{XQ}|$$

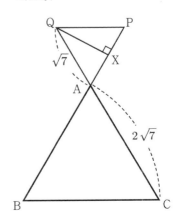

이때 $|\overrightarrow{XQ}|$ 의 최솟값은 점 Q 와 선분 AP 사이의 거리, 즉 정삼각형 APQ 의 높이이다.

$|\overrightarrow{XQ}| \geq \dfrac{\sqrt{3}}{2} \times \sqrt{7}$ 이므로

$|\overrightarrow{XC} - 3\overrightarrow{XA}| = 2|\overrightarrow{XQ}| \geq \sqrt{21}$

따라서 $m = \sqrt{21}$ 이므로 $m^2 = 21$

262 정답 13

$\overrightarrow{OQ} = \overrightarrow{PQ'}$ 이 되는 점을 잡으면 점 Q'은 타원 $2x^2 + y^2 = 3$을 중심이 P가 되도록 평행이동시킨 타원 위의 점이다.

이때,
$\overrightarrow{OX} = \overrightarrow{OP} + \overrightarrow{OQ} = \overrightarrow{OP} + \overrightarrow{PQ'} = \overrightarrow{OQ'}$

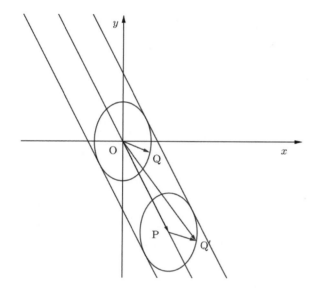

한편, 타원 $2x^2 + y^2 = 3$에 접하고 직선 $2x + y = 0$에 평행한 접선의 방정식은

$y = -2x \pm \sqrt{\dfrac{3}{2} \times (-2)^2 + 3}$

$y = -2x \pm 3$

그러므로 점 X 가 나타내는 점은 직선 $y = -2x + 3$ 또는 이 직선의 아래쪽 부분과 직선 $y = -2x - 3$ 또는 이 직선의 위쪽 부분의 공통부분이다.

그러므로 x좌표와 y좌표가 모두 0이상인 모든 점 X 가 나타내는 영역은 직선 $y = -2x + 3$과 x축, y축으로 둘러싸인 부분이다.

이때 직선 $y = -2x + 3$이 x축과 만나는 점의 좌표는 $\left(\dfrac{3}{2},\ 0\right)$,

y축과 만나는 점의 좌표는 $(0,\ 3)$이므로 구하는 영역의 넓이는

$\dfrac{1}{2} \times \dfrac{3}{2} \times 3 = \dfrac{9}{4}$

따라서 $p = 4$, $q = 9$이므로

$p + q = 4 + 9 = 13$

263 정답 36

[출제자 : 최성훈T]

$\overrightarrow{OX} = 2\overrightarrow{OP} + \overrightarrow{OQ}$, $\overrightarrow{OX} - \overrightarrow{OQ} = 2\overrightarrow{OP}$이므로

$\overrightarrow{QX} = 2\overrightarrow{OP}$이다.

즉, $\overrightarrow{QX} // \overrightarrow{OP}$

X 는 $y^2 = 12x$ 위의 점 Q 를 지나고 기울기가 $\dfrac{1}{2}$ 인 직선 위의 점들이다.

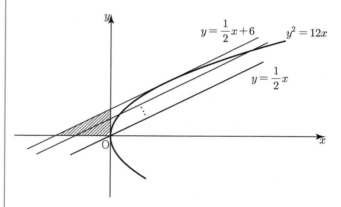

$y^2 = 12x$ 에서 기울기 $\dfrac{1}{2}$ 인 접선의 방정식은 $y = \dfrac{1}{2}x + \dfrac{3}{\frac{1}{2}}$ 즉,

$y = \dfrac{1}{2}x + 6$이므로 구하는 부분의 넓이는 $y = \dfrac{1}{2}x + 6$과 x축,

y축으로 둘러싸인 부분의 넓이다.

$y = \dfrac{1}{2}x + 6$의 x 절편은 -12, y 절편은 6 이므로

$\dfrac{1}{2} \times 12 \times 6 = 36$

264 정답 ①

[그림 : 이정배T]

$\overrightarrow{AP} = (\vec{c} - \vec{b} - \vec{a})t$
$= (\overrightarrow{OC} - \overrightarrow{OB} - \overrightarrow{OA})t$
$= (\overrightarrow{OC} + \overrightarrow{BO} + \overrightarrow{AO})t$
$= (\overrightarrow{OC} + \overrightarrow{CY} + \overrightarrow{AO})t$
$= (\overrightarrow{OY} + \overrightarrow{AO})t$
$= (\overrightarrow{AO} + \overrightarrow{OY})t$
$= \overrightarrow{AY} \times t$

따라서, 점 P 는 직선 AY 를 나타내는 도형이다.

265 정답 ③

[그림 : 서태욱T]

$\overrightarrow{OX} = (\vec{a} + \vec{b}) + t(2\vec{c} + \vec{d})$
$= 2\vec{p} + t \times 3\vec{q} \left(\vec{p} = \dfrac{\vec{a} + \vec{b}}{2},\ \vec{q} = \dfrac{2\vec{c} + \vec{d}}{3}\right)$

⇨ 점 P는 선분 AB중점, 점 Q는 선분 CD의 $1:2$ 내분점

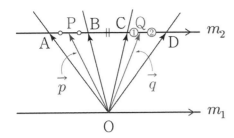

$\overline{AB} = \overline{BC} = \overline{CD} = 3$이라 하면 $\overline{PC} : \overline{CQ} = 9:2$이므로

$\overrightarrow{OC} = \dfrac{2\vec{p} + 9\vec{q}}{11}$이다.

$11\overrightarrow{OC} = 2\vec{p} + 9\vec{q}$이고, X가 직선 OC 위에 있으므로

$\overrightarrow{OX} = k\overrightarrow{OC}$ (단, k는 실수이다.)

$2\vec{p} + 35\vec{q} = \dfrac{2k}{11}\vec{p} + \dfrac{9k}{11}\vec{q}$

$k = 11$이므로 $t = 3$이다.

[다른 풀이]–이소영T

$\overline{AB} = \overline{BC} = \overline{CD}$이므로

$\vec{a} = (-3a, b)$, $\vec{b} = (-a, b)$, $\vec{c} = (a, b)$, $\vec{d} = (3a, b)$라 할 수 있다.

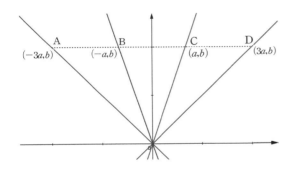

$\overrightarrow{OX} = (\vec{a} + \vec{b}) + t(2\vec{c} + \vec{d})$
$= (-3a, b) + (-a, b) + t\{(2a, 2b) + (3a + b)\}$
$= (-4a, 2b) + t(5a, 3b)$
$= ((-4 + 5t)a, (2 + 3t)b)$

X가 직선 OC 위에 있으므로 $\overrightarrow{OX} = k\overrightarrow{OC}$ 이다.

$((-4 + 5t)a, (2 + 3t)b) = (ka, kb)$

$-4 + 5t = k$, $2 + 3t = k$이다.

따라서 $-4 + 5t = 2 + 3t$이므로 $t = 3$이다.

266 정답 ②

선분 O_1O_2의 연장선 위에 O_3를 잡고 반지름의 길이가 1인 그려 원 O_1과 만나는 점을 각각 A_1, B_1이라 하자.

이때, $\overrightarrow{O_2Q} = \overrightarrow{O_1Q_1}$인 점 Q_1을 잡고 두 벡터 $\overrightarrow{O_1P}$, $\overrightarrow{O_1Q_1}$가 이루는 각의 크기를 θ라 하면

$\overrightarrow{O_1P} \cdot \overrightarrow{O_2Q} = \overrightarrow{O_1P} \cdot \overrightarrow{O_1Q_1} \cdots$

$= |\overrightarrow{O_1P}||\overrightarrow{O_1Q_1}| \cos\theta = \cos\theta \ \ ㉠$

$\overrightarrow{O_1P}$와 $\overrightarrow{O_1Q_1}$이 이루는 각 θ의 범위는

$\dfrac{\pi}{3} \le \theta \le \pi$이다.

따라서,

㉠은 $\theta = \dfrac{\pi}{3}$일 때, 최댓값 $\dfrac{1}{2}$, $\theta = \pi$일 때, 최솟값 -1을

가지므로

$M + m = \dfrac{1}{2} + (-1) = -\dfrac{1}{2}$

267 정답 50

[그림 : 이정배T]

그림과 같이 $\overrightarrow{O_1P} = \overrightarrow{O_2P'}$, $\overrightarrow{O_3Q} = \overrightarrow{O_2Q'}$이다.

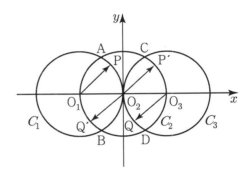

따라서

$\overrightarrow{O_1P} \cdot \overrightarrow{O_3Q}$
$= \overrightarrow{O_2P'} \cdot \overrightarrow{O_2Q'}$
$= |\overrightarrow{O_2P'}||\overrightarrow{O_2Q'}| \cos\theta$
$= \cos\theta$

그러므로 점 P'가 점 C에 되고 점 Q'가 점 A가 될 때, θ의 값이 최소이므로 $\cos\theta$의 값이 최대가 된다.

$\angle AO_2C = \dfrac{\pi}{3}$이므로

$\overrightarrow{O_1P} \cdot \overrightarrow{O_2Q} \le \dfrac{1}{2}$이다.

$\therefore M = \dfrac{1}{2}$

$100M = 50$

268 정답 ⑤

ㄱ. $|\overrightarrow{CB} - \overrightarrow{CP}| = |\overrightarrow{PB}| = \overline{PB}$ 이므로 선분 PB 의 길이는 점 P가 점 A와 일치할 때 최소이다.

따라서, 최솟값은 $\overline{AB} = 1$이다. (참)

ㄴ. $\triangle ACD$에서 $\overline{AD} = \sqrt{3}$, $\overline{DC} = 1$이므로

$\angle CAD = 30°$

$\triangle EAD$가 정삼각형이므로

$\angle EAD = 60°$

$$\therefore \ \angle EAC = \angle PAC = 90°$$

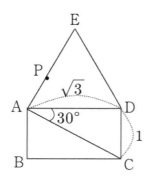

$$\therefore \ \overrightarrow{CA} \perp \overrightarrow{AP}$$
$$\therefore \ \overrightarrow{CA} \cdot \overrightarrow{CP} = \overrightarrow{CA} \cdot (\overrightarrow{CA} + \overrightarrow{AP})$$
$$= \overrightarrow{CA} \cdot \overrightarrow{CA} + \overrightarrow{CA} \cdot \overrightarrow{AP}$$
$$= |\overrightarrow{CA}|^2 + 0 = 2^2 = 4 \ (\text{참})$$

ㄷ. 점 A를 원점, 직선 AD를 x 축으로 하는 좌표평면에 주어진 도형을 나타내면 그림과 같다.

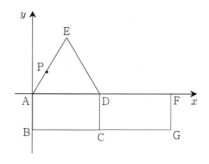

$\overrightarrow{AD} = \overrightarrow{DF}$ 인 x 축 위의 점을 F 라 하고
직사각형 DCGF 를 그리면
$$\overrightarrow{DA} + \overrightarrow{CP} = \overrightarrow{CB} + \overrightarrow{CP} = \overrightarrow{GC} + \overrightarrow{CP} = \overrightarrow{GP}$$
이므로 $|\overrightarrow{GP}|$의 최솟값은 점 $G(2\sqrt{3},\ -1)$ 에서 직선 AE 에 이르는 거리와 같다.
직선 AE 의 방정식은 $y = \sqrt{3}x$ 즉, $\sqrt{3}x - y = 0$ 이므로 구하는 최솟값은
$$\frac{|\sqrt{3} \cdot 2\sqrt{3} - (-1)|}{\sqrt{(\sqrt{3})^2 + (-1)^2}} = \frac{7}{2} \ (\text{참})$$
따라서, 보기 중 옳은 것은 ㄱ, ㄴ, ㄷ이다.

269 정답 93

[그림 : 서태욱T]

조건 (가)에서 $\overrightarrow{AP} + \frac{1}{2}\overrightarrow{BD} = \overrightarrow{BC} + \frac{1}{2}\overrightarrow{AB}$ 이므로
$$\overrightarrow{AP} = \overrightarrow{BC} + \frac{1}{2}\overrightarrow{AB} - \frac{1}{2}\overrightarrow{BD}$$
$$= \overrightarrow{BC} - \frac{1}{2}(\overrightarrow{BA} + \overrightarrow{BD}) \cdots \text{㉠}$$

선분 AD의 중점을 M이라 하면 $\frac{1}{2}(\overrightarrow{BA} + \overrightarrow{BD}) = \overrightarrow{BM}$ 이므로

㉠에서
$$\overrightarrow{AP} = \overrightarrow{BC} - \overrightarrow{BM} = \overrightarrow{MC}$$
따라서 점 P는 선분 BC의 중점이다.

조건 (나)에 의해 $\frac{1}{2} \times 3 \times \overrightarrow{AB} = 6$이므로 $\overrightarrow{AB} = 4$

$\overrightarrow{BP} = \overrightarrow{CR}$ 이고 중심이 R, 반지름의 길이가 2인 원위의 점을 Q′라 하면 $\overrightarrow{DQ} = \overrightarrow{RQ'}$이다.
$$\overrightarrow{AP} + \overrightarrow{AQ}$$
$$= \overrightarrow{AB} + \overrightarrow{BP} + \overrightarrow{AD} + \overrightarrow{DQ}$$
$$= \overrightarrow{AD} + \overrightarrow{AB} + \overrightarrow{BP} + \overrightarrow{DQ}$$
$$= \overrightarrow{AD} + \overrightarrow{DC} + \overrightarrow{CR} + \overrightarrow{RQ'}$$
$$= \overrightarrow{AR} + \overrightarrow{RQ'}$$
으로 다음 그림과 같다.

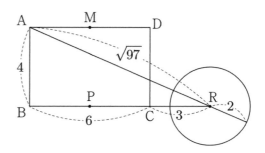

따라서
$$\sqrt{97} - 2 \leq |\overrightarrow{AP} + \overrightarrow{AQ}| \leq \sqrt{97} + 2$$
$$M = \sqrt{97} + 2,\ m = \sqrt{97} - 2$$
$$M \times m = 97 - 4 = 93$$

270 정답 17

[그림 : 서태욱T]

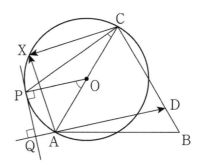

$$\overrightarrow{AD} \cdot \overrightarrow{CX} = \overrightarrow{AD} \cdot (\overrightarrow{AX} - \overrightarrow{AC})$$
$$= \overrightarrow{AD} \cdot \overrightarrow{AX} - \overrightarrow{AD} \cdot \overrightarrow{AC} \ \cdots\cdots\text{㉠}$$
세 점 A, C, D는 고정된 점이므로 $\overrightarrow{AD} \cdot \overrightarrow{AC}$ 는 상수이다.
따라서, ㉠에서 $\overrightarrow{AD} \cdot \overrightarrow{CX}$ 의 값이 최소가 되려면
$\overrightarrow{AD} \cdot \overrightarrow{AX}$ 의 값이 최소가 되어야 한다.
두 벡터 $\overrightarrow{AD}$, $\overrightarrow{AX}$ 가 이루는 각의 크기를 θ 라 하면
$$\overrightarrow{AD} \cdot \overrightarrow{AX} = |\overrightarrow{AD}| |\overrightarrow{AX}| \cos\theta$$이고, $|\overrightarrow{AD}|$ 의 값은
상수이므로

$|\overrightarrow{AX}|\cos\theta$의 값이 최소이어야 한다.

그림과 같이 직선 AD와 수직인 직선이 원과 접할 때의 접점을 P라 하면

$$|\overrightarrow{AX}|\cos\theta \geq |\overrightarrow{AP}|\cos\theta = -|\overrightarrow{AQ}|$$

이때, $\angle POA = \angle OAD = \dfrac{\pi}{3} - \dfrac{\pi}{15} = \dfrac{4}{15}\pi$이므로

$2\angle ACP = \angle AOP$에서

$\angle ACP = \dfrac{1}{2} \times \dfrac{4}{15}\pi = \dfrac{2}{15}\pi$

$\therefore p+q = 15+2 = 17$

271 정답 180

[출제자 : 김진성T]

[그림 : 서태욱T]

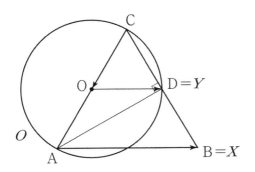

[그림1]

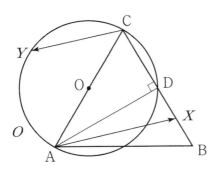

[그림2]

$\overrightarrow{AX} \cdot \overrightarrow{CY} = \overrightarrow{AX} \cdot (\overrightarrow{CO} + \overrightarrow{OY}) = \overrightarrow{AX} \cdot \overrightarrow{CO} + \overrightarrow{AX} \cdot \overrightarrow{OY}$

여기에서

$\overrightarrow{AX} \cdot \overrightarrow{CO} = \overrightarrow{AX} \cdot \overrightarrow{OA} = -\overrightarrow{AX} \cdot \overrightarrow{AO}$

$= -|\overrightarrow{AO}||\overrightarrow{AX}|\cos(\angle XAO)$

로 나태낼수 있는데 $|\overrightarrow{AX}|\cos(\angle XAO)$는 점X가 점B에 있을 때 최솟값 $|\overrightarrow{AO}|$를 갖으므로

$\overrightarrow{AX} \cdot \overrightarrow{CO} \leq -(|\overrightarrow{AO}|)^2$가 된다. 또 $\overrightarrow{AX} \cdot \overrightarrow{OY}$는 점 X가 점 B에 있고 점 Y가 점 D에 있을 때 최댓값

$|\overrightarrow{AB}||\overrightarrow{OD}| = 4 \times 2 = 8$을 갖는다. 따라서 $\overrightarrow{AX} \cdot \overrightarrow{CO}$ 와 $\overrightarrow{AX} \cdot \overrightarrow{OY}$ 가 동시에 최댓값을 갖는 경우는 [그림1]처럼

$X = B = P$이고 $Y = D = Q$에 존재할 때이다. 이때 삼각형 APQ의 넓이는

$$\dfrac{1}{2}\overline{AB} \times \overline{BD}\sin\dfrac{\pi}{3} = \dfrac{1}{2} \times 4 \times 2 \times \dfrac{\sqrt{3}}{2} = 2\sqrt{3} = S$$이다.

$\therefore 15S^2 = 15 \times 12 = 180$

[다른 풀이]-이소영T

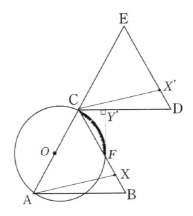

$\triangle ABC \equiv \triangle CDE$인 삼각형을 A, C, E가 한 직선 위에 있도록 그려보자.

위 그림에서 $\overrightarrow{AX} = \overrightarrow{CX'}$이므로

$\overrightarrow{AX} \cdot \overrightarrow{CY} = \overrightarrow{CX'} \cdot \overrightarrow{CY}$이다.

이때 $\overrightarrow{CX'} \cdot \overrightarrow{CY}$ 가 최대가 되기 위해서는

$\overrightarrow{CX'} \cdot \overrightarrow{CY} = |\overrightarrow{CX'}| \cdot |\overrightarrow{CY}|\cos\theta$에서 $|\overrightarrow{CY}|\cos\theta$는 $\overrightarrow{CX'}$에 정사영한 길이를 의미하고, X'가 D에서 E로 움직일 동안 내적 값이 양수가 되기 위해서는 Y는 $\overparen{CF}$ 위애 존재해야 하고

$|\overrightarrow{CY}|\cos\theta$의 최댓값은 Y = F일 때 1임을 알 수 있다.

따라서 $|\overrightarrow{CX'}| \cdot |\overrightarrow{CY}|\cos\theta \leq |\overrightarrow{CX'}|$이고

$|\overrightarrow{CX'}|$ 가 최대가 되기 위한 X' = D, Y = F일 때이다.

따라서 $\triangle ABC$로 좌표를 옮기면 X = B = P일 때, Y = F = Q일 때 최대가 된다.

따라서 $\triangle APQ = \dfrac{1}{2}\triangle ABC$이므로 $S = 2\sqrt{3}$이다.

$15S^2 = 15 \times 12 = 180$이다.

272 정답 7

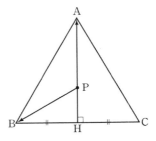

$|\overrightarrow{PA} \cdot \overrightarrow{PB}| = \overrightarrow{PA} \cdot \overrightarrow{PH}$이고 $\overrightarrow{PA} + \overrightarrow{PH} = \sqrt{3}$ 이므로

산술-기하평균에 의하여

$$\sqrt{3} = \overline{PA} + \overline{PH} \geq 2\sqrt{\overline{PA} \cdot \overline{PH}}$$

$$\therefore \overline{PA} \cdot \overline{PH} \leq \frac{3}{4}$$

따라서 $|\overrightarrow{PA} \cdot \overrightarrow{PB}|$의 최댓값은 $\frac{3}{4}$이므로

$$p + q = 4 + 3 = 7$$

[다른 풀이]-이소영T

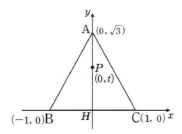

$$|\overrightarrow{PA} \cdot \overrightarrow{PB}| = |(0, \sqrt{3} - t) \cdot (-1, -t)|$$

$$(단, 0 \leq t \leq \sqrt{3})$$

$= |-t(\sqrt{3} - t)|$의 최댓값은 $t = \frac{\sqrt{3}}{2}$일 때 $\frac{3}{4}$를 갖는다.

따라서 $p = 4$, $q = 3$이므로 $p + q = 7$이다.

273 정답 96

[그림 : 이정배T]

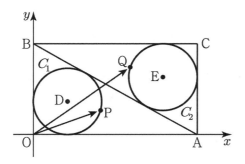

두 삼각형 OAB와 ACB는 서로 합동이고, 각각의 넓이가 $2\sqrt{3}$이다. 원 C_1과 원 C_2의 반지름을 각각 r_1, r_2라 하면 $r_1 = r_2$이므로

$$\frac{1}{2} r_1 (\overline{OA} + \overline{OB} + \overline{AB})$$

$$= \frac{1}{2} r_1 (2\sqrt{3} + 2 + 4)$$

$$= 2\sqrt{3}$$

에서 $r_1 = r_2 = \sqrt{3} - 1$

따라서 원 C_1과 원 C_2의 중심을 각각 D, E라 하면 $D(\sqrt{3} - 1, \sqrt{3} - 1)$, $E(\sqrt{3} + 1, 3 - \sqrt{3})$이다.

$$\overrightarrow{OP} + \overrightarrow{OQ} = (\overrightarrow{OD} + \overrightarrow{DP}) + (\overrightarrow{OE} + \overrightarrow{EQ})$$

$$= (\overrightarrow{OD} + \overrightarrow{OE}) + (\overrightarrow{DP} + \overrightarrow{EQ})$$

$$= (2\sqrt{3}, 2) + (\overrightarrow{DP} + \overrightarrow{EQ})$$

$\overrightarrow{DP}$, $\overrightarrow{EQ}$의 크기가 원의 반지름의 길이와 같으므로 $|\overrightarrow{OP} + \overrightarrow{OQ}|$의 최댓값은 $|\overrightarrow{OD} + \overrightarrow{OE}|$의 값에 $2(\sqrt{3} - 1)$을 더한 값이고 최솟값은 $2(\sqrt{3} - 1)$을 뺀 값이다.

$|\overrightarrow{OD} + \overrightarrow{OE}| = \sqrt{(2\sqrt{3})^2 + 2^2} = \sqrt{16} = 4$이므로

$$M = 4 + (2\sqrt{3} - 2) = 2\sqrt{3} + 2$$

$$m = 4 - (2\sqrt{3} - 2) = -2\sqrt{3} + 6$$

이다.

따라서

$$M^2 = 16 + 8\sqrt{3}, \quad m^2 = 48 - 24\sqrt{3}$$

$$3M^2 + m^2 = 96$$

274 정답 19

점 P는 호 AC 위에 존재하고, 점 Q는 호 DC 위에 존재하므로 C를 지나고 AE에 평행한 직선이 원과 만나는 점을 C′라 하고, $\overrightarrow{O_2Q}$를 시점을 O_1으로 하면 다음과 같다.

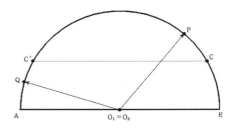

$\overrightarrow{O_1P}$와 $\overrightarrow{O_2Q}$는 길이가 1인 벡터이므로 각이 제일 클 때 $|\overrightarrow{O_1P} + \overrightarrow{O_2Q}|$는 최소가 되고 그 점은 P가 C이며, Q가 A일 경우이므로

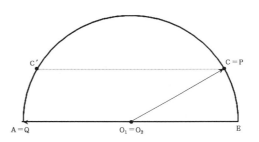

$\overrightarrow{O_2Q} = \overrightarrow{EO_2}$이므로 $|\overrightarrow{EC}| = \frac{1}{2}$이다.

C에서 AB에 내린 수선의 발을 H라 하고 $\overline{HE} = a$라 하면

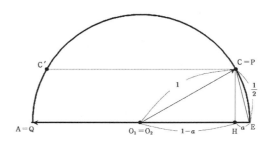

피타고라스 정리에 의해

$$1-(1-a)^2 = \left(\frac{1}{2}\right)^2 - a^2$$

$$2a-a^2 = \frac{1}{4} - a^2$$

$$\therefore a = \frac{1}{8}$$

$\overline{AH} = 2-a$, $\overline{HB} = 2-a$이므로

$$\overline{AB} = 4-2a = 4-\frac{1}{4} = \frac{15}{4}$$

$$\therefore p+q = 19$$

275 정답 13

두 벡터 $\overrightarrow{O_1P}$와 $\overrightarrow{O_2Q}$가 이루는 각을 θ라 할 때

$\left|\overrightarrow{O_1P} + \overrightarrow{O_2Q}\right| \leq \frac{4}{\sqrt{5}}$ 에서 양변을 제곱하면

$$1+1+2\cos\theta \leq \frac{16}{5}$$

따라서 $\cos\theta \leq \frac{3}{5}$ 이다.

두 벡터가 이루는 각의 크기가 가장 작을 때는
P가 E에 위치하고 Q가 D에 위치할 때이고 그 때 각
$\theta = \theta_m$이라 하면 $\cos\theta_m = \frac{3}{5}$ 이다.

$\overrightarrow{O_2D} = \overrightarrow{O_1B}$이므로 $\theta_m = \angle EO_1B$ 이다.

다음 그림과 같이 E에서 $\overrightarrow{AB}$에 내린 수선의 발을 H라 하면

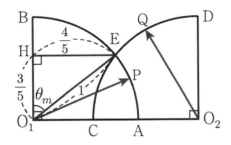

$$\cos\theta_m = \frac{\overline{O_1H}}{\overline{O_1E}} = \frac{3}{5}$$

$\overline{O_1E} = 1$이므로 $\overline{O_1H} = \frac{3}{5}$

따라서 $\overline{HE} = \frac{4}{5}$이므로 $\overline{O_1O_2} = 2 \times \frac{4}{5} = \frac{8}{5}$

$p=5$, $q=8$

따라서 $p+q = 13$

276 정답 ⑤

[그림 : 이호진T]

ㄱ. $\overrightarrow{PA} + \overrightarrow{PB} + \overrightarrow{PC} + \overrightarrow{PD} = \overrightarrow{CA}$ 에서
$\overrightarrow{CA} = \overrightarrow{PA} - \overrightarrow{PC}$ 을 대입하면 $\overrightarrow{PB} + \overrightarrow{PD} = 2\overrightarrow{CP}$ 이다. (참)

ㄴ. 이때, B와 D의 중점을 M이라 하면 $\overrightarrow{PM} = \overrightarrow{CP}$ 이므로 P는
C와 M의 중점이다. 이를 도형으로 표현해 보면

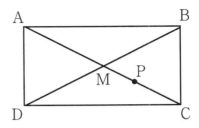

그러므로 $\overrightarrow{AP} = \frac{3}{4}\overrightarrow{AC}$ 이다. (참)

ㄷ. 삼각형 ADP의 넓이와 삼각형 ADC의 넓이의 비율은
밑변의 길이 AP와 AC의 비율과 같다.
점 P은 선분 AC의 3:1 내분점이고 삼각형 ADP의 넓이가
3이므로 삼각형 ADC의 넓이는 4이다.
그러므로 직사각형 ABCD의 넓이는 8이다. (참)

277 정답 4

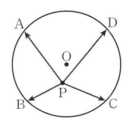

네 점 A, B, C, D는 원의 둘레를 4등분하는 점이므로
$\overrightarrow{OA} + \overrightarrow{OB} + \overrightarrow{OC} + \overrightarrow{OD} = (\overrightarrow{OA} + \overrightarrow{OC}) + (\overrightarrow{OB} + \overrightarrow{OD}) = \vec{0}$
따라서
$\overrightarrow{PA} + \overrightarrow{PB} + \overrightarrow{PC} + \overrightarrow{PD}$
$= (\overrightarrow{OA} - \overrightarrow{OP}) + (\overrightarrow{OB} - \overrightarrow{OP}) + (\overrightarrow{OC} - \overrightarrow{OP}) + (\overrightarrow{OD} - \overrightarrow{OP})$
$= (\overrightarrow{OA} + \overrightarrow{OB} + \overrightarrow{OC} + \overrightarrow{OD}) - 4\overrightarrow{OP}$
$= -4\overrightarrow{OP} = 4\overrightarrow{PO}$
이므로 $k=4$

278 정답 7

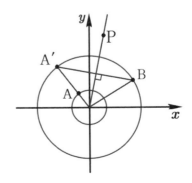

조건 (가)에서
$$\overrightarrow{OB} \cdot \overrightarrow{OP} = 3\overrightarrow{OA} \cdot \overrightarrow{OP}$$
$$\Rightarrow (\overrightarrow{OB} - 3\overrightarrow{OA}) \cdot \overrightarrow{OP} = 0$$
여기서 $3\overrightarrow{OA} = \overrightarrow{OA'}$ 인 점 A'을 잡으면
$$\overrightarrow{A'B} \cdot \overrightarrow{OP} = 0 \text{ 이므로}$$
P는 선분 A'B의 중점을 지나고 벡터 $\overrightarrow{A'B}$ 에 수직인 직선 위의 점이다. 또는 점 P는 ∠AOB 이등분선 위의 점이라고 볼 수도 있다.

즉, $\overrightarrow{OP} = t(3\overrightarrow{OA} + \overrightarrow{OB})$ (단, t 는 실수)

조건 (나)에서
$$|\overrightarrow{PA}|^2 + |\overrightarrow{PB}|^2 = 20$$
$$\Rightarrow |\overrightarrow{OA} - \overrightarrow{OP}|^2 + |\overrightarrow{OB} - \overrightarrow{OP}|^2 = 20$$
$$\Rightarrow |\overrightarrow{OA}|^2 + |\overrightarrow{OB}|^2 + 2|\overrightarrow{OP}|^2 - 2\overrightarrow{OP} \cdot (\overrightarrow{OA} + \overrightarrow{OB}) = 20$$
$$\Rightarrow 10 + 2|\overrightarrow{OP}|^2 - 2\overrightarrow{OP} \cdot (\overrightarrow{OA} + \overrightarrow{OB}) = 20$$
$$\Rightarrow |\overrightarrow{OP}|^2 - \overrightarrow{OP} \cdot (\overrightarrow{OA} + \overrightarrow{OB}) = 5$$
한편 $\overrightarrow{PA} \cdot \overrightarrow{PB} = (\overrightarrow{OA} - \overrightarrow{OP}) \cdot (\overrightarrow{OB} - \overrightarrow{OP})$
$$= \overrightarrow{OA} \cdot \overrightarrow{OB} - \overrightarrow{OP} \cdot (\overrightarrow{OA} + \overrightarrow{OB}) + |\overrightarrow{OP}|^2$$
$$= \overrightarrow{OA} \cdot \overrightarrow{OB} + 5$$
$$= 3\cos\theta + 5$$
(단, θ 는 $\overrightarrow{OA}$ 와 $\overrightarrow{OB}$ 가 이루는 각의 크기) 이므로
$\overrightarrow{PA} \cdot \overrightarrow{PB}$ 가 최소가 될 때는 $\overrightarrow{OA}$ 와 $\overrightarrow{OB}$ 가 서로 반대방향일 때 (즉, $\theta = \pi$)임을 알 수 있다.
따라서 아래 그림과 같이 점 A, B를 설정하면

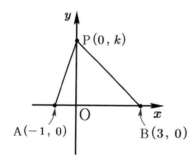

$|\overrightarrow{PA}|^2 + |\overrightarrow{PB}|^2 = 20$ 에서
$$(1 + k^2) + (9 + k^2) = 20$$
$$\therefore k^2 = 5$$
따라서 $m + k^2 = 7$ 이다.

279 정답 44

(가)에서 $\overrightarrow{OP} \cdot (\overrightarrow{OB} - \overrightarrow{OA}) = 0$ 이므로 $\overrightarrow{OP} \perp \overrightarrow{AB}$ 이다.
$\overline{AB}$ 의 중점을 M이라 할 때 (나)에서
$$|\overrightarrow{PA}|^2 + |\overrightarrow{PB}|^2 = 2(\overline{PM}^2 + \overline{AM}^2) = 200$$
이므로 $\overline{PM}^2 + \overline{AM}^2 = 100$

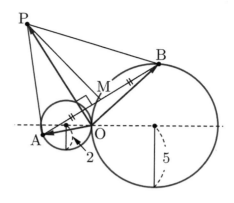

또한 $\overrightarrow{PA} \cdot \overrightarrow{PB} = \overline{PM}^2 - \overline{AM}^2$ 이고 [랑데뷰세미나(233) 참고]
$\overline{PM}^2 = 100 - \overline{AM}^2$ 에서
$\overrightarrow{PA} \cdot \overrightarrow{PB} = 100 - 2\overline{AM}^2$ 이다.
따라서 $\overline{AM}$ 의 길이가 최대일 때 $\overrightarrow{PA} \cdot \overrightarrow{PB}$ 은 최소가 된다.
두 원의 중심과 교점 O를 지나는 직선 위에 A, B가 존재할 때
$\overline{AB} = 14$ 이므로 $\overline{AM} \le 7$ 이다.
따라서
$$\overrightarrow{PA} \cdot \overrightarrow{PB} = 100 - 2\overline{AM}^2$$
$$\ge 100 - 2 \times 49 = 2$$
그때 직각삼각형 POM에서

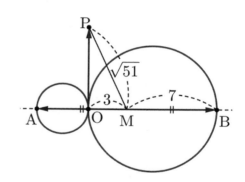

$\overline{OP}^2 = \overline{PM}^2 - \overline{OM}^2$ 에서
$\overline{PM}^2 = 100 - 49 = 51$, $\overline{OM}^2 = (7-4)^2 = 9$ 이므로
$$k^2 = 51 - 9 = 42$$
$$\therefore m + k^2 = 2 + 42 = 44$$

[다른 풀이]-유승희T
$$|\overrightarrow{AB}|^2 = |\overrightarrow{PB} - \overrightarrow{PA}|^2$$
$$= |\overrightarrow{PA}|^2 + |\overrightarrow{PB}|^2 - 2\overrightarrow{PA} \cdot \overrightarrow{PB}$$
$$= 200 - 2\overrightarrow{PA} \cdot \overrightarrow{PB} \quad (\because (나))$$
$$\overrightarrow{PA} \cdot \overrightarrow{PB} = 100 - \frac{1}{2}|\overrightarrow{AB}|^2 \quad \cdots \text{⊙}$$
$\overrightarrow{PA} \cdot \overrightarrow{PB}$ 이 최솟값을 가질 때는 $|\overrightarrow{AB}|$ 이 최대일 때이다.
즉, $\overrightarrow{OA}, \overrightarrow{OB}$ 가 모두 지름인 경우이고 그때, $\overline{AB} = 14$ 이고
⊙에서 $\overrightarrow{PA} \cdot \overrightarrow{PB} = 2$ 이다.
$$\therefore m = 2 \quad \cdots \text{ⓛ}$$
또한, (가)에서 $\overrightarrow{OP} \cdot (\overrightarrow{OB} - \overrightarrow{OA}) = 0$

$\overrightarrow{OP} \cdot \overrightarrow{AB} = 0$이므로 $\overrightarrow{OP} \perp \overrightarrow{AB}$이다.

따라서, 다음 그림과 같다.

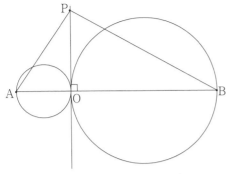

또한, $\overrightarrow{OP} = k$이므로 (나)에서 $|\overrightarrow{PA}|^2 + |\overrightarrow{PB}|^2 = 200$

$(4^2 + k^2) + (10^2 + k^2) = 200$

$\therefore k^2 = 42 \quad \cdots \text{ⓒ}$

ⓛ, ⓒ에서 $\therefore m + k^2 = 44$

280 정답 ⑤

$|\overrightarrow{OX}| \leq 1$, $\overrightarrow{OX} \cdot \overrightarrow{OA_k} \geq 0$ 이므로 $\angle XOA_k \leq \dfrac{\pi}{2}$ 이다. 점 X 를 (x, y) 라 하고, $\overrightarrow{OA_1} = (1, 0)$ 이라 해도 일반성을 잃지 않는다. (단, $x^2 + y^2 \leq 1$)

ㄱ. $\overrightarrow{OA_1} = \overrightarrow{OA_2} = \overrightarrow{OA_3} = (1, 0)$ 이므로

$\overrightarrow{OX} \cdot \overrightarrow{OA_k} = x \geq 0$ 이다.

D 영역의 넓이는 $\dfrac{\pi}{2}$ 이다. $(x^2 + y^2 \leq 1, x \geq 0)$ (참)

ㄴ. $\overrightarrow{OA_1} = (1, 0)$ 이라 하면 $\overrightarrow{OA_3} = (1, 0)$ 이고

$\overrightarrow{OA_2} = (-1, 0)$ 이다.

1) $\overrightarrow{OX} \cdot \overrightarrow{OA_1} = x \geq 0$

2) $\overrightarrow{OX} \cdot \overrightarrow{OA_2} = -x \geq 0 \iff x \leq 0$

3) $\overrightarrow{OX} \cdot \overrightarrow{OA_3} = x \geq 0$

$x \geq 0$, $x \leq 0$, $x^2 + y^2 \leq 1$ 이므로

D 의 길이는 2 이다. (참)

ㄷ. $\overrightarrow{OA_1} \cdot \overrightarrow{OA_2} = 0$ 이려면 $\overrightarrow{OA} = (1, 0)$ 일 때

A_2 의 좌표가 $(0, 1)$ 또는 $(0, -1)$ 이다.

$\overrightarrow{OX} \cdot \overrightarrow{OA_1} = x \geq 0$, $\overrightarrow{OX} \cdot \overrightarrow{OA_2} = y \geq 0$ 을 만족하는

D 의 넓이가 $\dfrac{\pi}{4}$ 이면

A_3 의 x 좌표와 y 좌표가 $x^2 + y^2 \leq 1$ 이고,

$x \geq 0$, $y \geq 0$ 에 A_3 이 존재 한다. (참)

따라서 옳은 것은 ㄱ, ㄴ, ㄷ 이다.

281 정답 ②

$|\overrightarrow{OX}| \leq 1$이므로 점 X 는 원의 경계 및 내부의 점이다.

$\overrightarrow{OX} \cdot \overrightarrow{OA_k} \geq 0$이므로 $\overrightarrow{OX}$는 $\overrightarrow{OA_k}$와 이루는 각이 0 또는 예각 또는 직각이다.

$\overrightarrow{OA_1} \cdot \overrightarrow{OA_2} = 0$이므로 $\angle A_1 OA_2 = \dfrac{\pi}{2}$이다.

따라서 점 X 는 사분원 $A_1 OA_2$의 내부 및 경계에 존재할 수 있다.

또한 $\overrightarrow{OA_3} /\!/ \overrightarrow{A_1 A_2}$이고 $\overrightarrow{OX}$는 $\overrightarrow{OA_3}$와 이루는 각이 0 또는 예각 또는 직각이므로 다음 그림과 같이 점 X 가 존재하는 영역 D 의 넓이는 $\dfrac{\pi}{8}$이다.

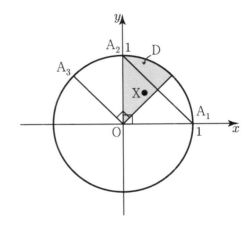

282 정답 31

풀이 - 삼각함수 합성이용됨

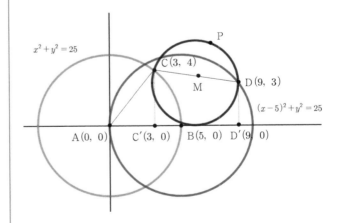

그림과 같이 점 A 를 원점으로 하는 좌표평면을 생각하자. 조건 (가)에 의해 점 C 의 좌표는 $C(3, 4)$가 된다. 두 점 C, D 에서 x에 내린 수선의 발을 각각 C', D' 이라 하면 조건 (나)에 의해 선분 C'D'의 길이는 6이 된다. 또한, $|\overrightarrow{CD}| < 9$이므로 점 D 의 y좌표는 양수가 되어야 하므로 점 D 의 좌표는 $D(9, 3)$이 된다.

선분 CD의 중점을 M이라 하면 점 P 는 점 $M\left(6, \dfrac{7}{2}\right)$을

중심으로 하고 반지름의 길이가 $\dfrac{\sqrt{37}}{2}$

인 원 위의 점이므로 점 P좌표는

$P\left(6+\dfrac{\sqrt{37}}{2}\cos\theta,\ \dfrac{7}{2}+\dfrac{\sqrt{37}}{2}\sin\theta\right)$ 와 같이 잡을 수 있다.

$A(0,\ 0)$, $B(5,\ 0)$ 이므로

$\overrightarrow{PA}\cdot\overrightarrow{PB}$

$=\overrightarrow{AP}\cdot\overrightarrow{BP}$

$=\left(6+\dfrac{\sqrt{37}}{2}\cos\theta,\ \dfrac{7}{2}+\dfrac{\sqrt{37}}{2}\sin\theta\right)\cdot$

$\quad\left(1+\dfrac{\sqrt{37}}{2}\cos\theta,\ \dfrac{7}{2}+\dfrac{\sqrt{37}}{2}\sin\theta\right)$

$=\left(6+\dfrac{\sqrt{37}}{2}\cos\theta\right)\left(1+\dfrac{\sqrt{37}}{2}\cos\theta\right)+\left(\dfrac{7}{2}+\dfrac{\sqrt{37}}{2}\sin\theta\right)^2$

$=\dfrac{55}{2}+\dfrac{7\sqrt{37}}{2}(\cos\theta+\sin\theta)$

$=\dfrac{55}{2}+\dfrac{7\sqrt{74}}{2}\sin\left(\theta+\dfrac{\pi}{4}\right)$

$\leq\dfrac{55}{2}+\dfrac{7\sqrt{74}}{2}$

따라서 $a=\dfrac{55}{2}$, $b=\dfrac{7}{2}$ 이고 구하는 값은

$a+b=\dfrac{55}{2}+\dfrac{7}{2}=31$ 이다.

283 정답 22

다음 그림과 같이 $\overline{AB}$ 에 $\overline{AE}=3$ 인 점 E을 잡을 때

(가)에서 $\cos(\angle CAB)=\dfrac{3}{4}=\dfrac{\overline{AE}}{\overline{AC}}$ 이므로 $\overline{AE}$ 와 수직인

직선이 원 O_1과 만나는 두 점 중 한 점을 점 C 라 하자.

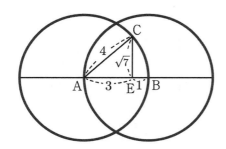

(나)에서

$\overrightarrow{AB}\cdot\overrightarrow{CD}=\overrightarrow{AB}\cdot(\overrightarrow{AD}-\overrightarrow{AC})$

$\qquad\qquad=\overrightarrow{AB}\cdot\overrightarrow{AD}-\overrightarrow{AB}\cdot\overrightarrow{AC}$

$=|\overrightarrow{AB}||\overrightarrow{AD}|\cos(\angle BAD)-|\overrightarrow{AB}||\overrightarrow{AC}|\cos(\angle CAB)$

$\qquad=4\times|\overrightarrow{AD}|\cos(\angle BAD)-12$

$\overrightarrow{AB}\cdot\overrightarrow{CD}=16$ 에서

$|\overrightarrow{AD}|\cos(\angle BAD)=7$

따라서 다음 그림과 같이 $\overline{AB}$ 의 연장선에 $\overline{AF}=7$ 인 점 F을
지나고 $\overline{AF}$ 와 수직인 직선이 원 O_2 와 만나는 점 D_1, D_2가 점
D 이다.

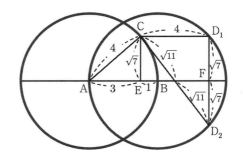

위 그림의 $\overline{AE}=3$, $\overline{EB}=1$, $\overline{BF}=3$,

$\overline{D_1F}=\overline{D_2F}=\sqrt{7}$ 에서

$\overline{CD_1}=1+3<5$

$\overline{CD_2}=\sqrt{(2\sqrt{7})^2+4^2}=2\sqrt{11}>5$

따라서

$D=D_1$ 일 때 $\overrightarrow{PA}\cdot\overrightarrow{PB}$ 의 최솟값이 m, $D=D_2$ 일 때
$\overrightarrow{PA}\cdot\overrightarrow{PB}$ 의 최댓값이 M이다.

(i) $D=D_1$ 일 때

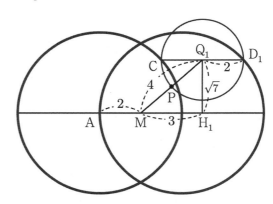

그림과 같이 $\overline{CD_1}$ 의 중점을 Q_1 라 하면 $\overline{CD_1}=4$ 이므로 원 위의
점 P에 대하여

$\overline{Q_1P}=2$ 이고 Q_1 에서 $\overline{AB}$ 의 연장선에 내린 수선의 발을 H_1 라
하면 $\overline{Q_1H_1}=\sqrt{7}$ 이다.

또한 $\overline{AB}$ 의 중점을 M이라 하면 $\overline{AM}=2$ 이다. 또한
$\overline{MH_1}=3$ 이므로 직각삼각형 Q_1MH_1 에서

$\overline{Q_1M}=\sqrt{3^2+(\sqrt{7})^2}=4$ 이다.

한편, $\overrightarrow{PA}\cdot\overrightarrow{PB}=\overline{PM}^2-\overline{AM}^2$ 이고

[랑데뷰팁] ⇨ $\overline{AB}$ 의 중점을 M이라 하면

$\overrightarrow{PA}\cdot\overrightarrow{PB}=(\overrightarrow{PM}+\overrightarrow{MA})\cdot(\overrightarrow{PM}+\overrightarrow{MB})$

$=(\overrightarrow{PM}+\overrightarrow{MA})\cdot(\overrightarrow{PM}-\overrightarrow{MA})=\overline{PM}^2-\overline{AM}^2$ 이다.

$\overline{PM}\geq\overline{Q_1M}-\overline{Q_1P}$ 이므로

$\overrightarrow{PA}\cdot\overrightarrow{PB}\geq(\overline{Q_1M}-\overline{Q_1P})^2-\overline{AM}^2$

$\qquad\qquad=(4-2)^2-(2)^2$

$\qquad\qquad=0$

따라서 $m=0$

(ii) $D = D_2$일 때

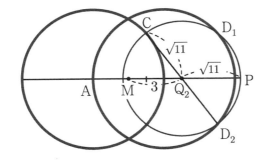

그림과 같이 $\overline{\mathrm{CD_2}}$의 중점을 $\mathrm{Q_2}$라 하면 $\mathrm{Q_2}$는 $\overline{\mathrm{AB}}$의 연장선 위에 존재한다. $\overline{\mathrm{CD_2}} = 2\sqrt{11}$ 이므로 원 위의 점 P에 대하여 $\overline{\mathrm{Q_2 P}} = \sqrt{11}$ 이다.

또한 $\overline{\mathrm{AB}}$의 중점을 M이라 하면 $\overline{\mathrm{Q_2 M}} = 3$이다.

한편, $\overrightarrow{\mathrm{PA}} \cdot \overrightarrow{\mathrm{PB}} = \overline{\mathrm{PM}}^2 - \overline{\mathrm{AM}}^2$이고

$\overline{\mathrm{PM}} \leq \overline{\mathrm{Q_2 M}} + \overline{\mathrm{Q_2 P}}$이므로

$$\overrightarrow{\mathrm{PA}} \cdot \overrightarrow{\mathrm{PB}} \leq \left(\overline{\mathrm{Q_2 M}} + \overline{\mathrm{Q_2 P}}\right)^2 - \overline{\mathrm{AM}}^2$$
$$= (3 + \sqrt{11})^2 - (2)^2$$
$$= 16 + 6\sqrt{11}$$

따라서 $M = 16 + 6\sqrt{11}$

$m + M = 0 + 16 + 6\sqrt{11} = 16 + 6\sqrt{11}$

$a = 16$, $b = 6$이므로 $a + b = 22$

284 정답 ③

$\mathrm{P}(x, y)$라 하면

$\overrightarrow{\mathrm{PA}} = \overrightarrow{\mathrm{OA}} - \overrightarrow{\mathrm{OP}} = (6, 0) - (x, y) = (6 - x, -y)$

$\overrightarrow{\mathrm{PB}} = \overrightarrow{\mathrm{OB}} - \overrightarrow{\mathrm{OP}} = (8, 6) - (x, y) = (8 - x, 6 - y)$

따라서

$\overrightarrow{\mathrm{PA}} + \overrightarrow{\mathrm{PB}} = (14 - 2x, 6 - 2y)$

$|\overrightarrow{\mathrm{PA}} + \overrightarrow{\mathrm{PB}}| = \sqrt{10}$에서

$4(7 - x)^2 + 4(3 - y)^2 = 10$

$(x - 7)^2 + (y - 3)^2 = \left(\dfrac{\sqrt{10}}{2}\right)^2$

점 Q는 이 원 위의 점이며 선분 AB의 중점 $\mathrm{M}(7, 3)$으로 이 원의 중심이다.

$\overrightarrow{\mathrm{OB}} \cdot \overrightarrow{\mathrm{OP}}$가 최대인 P가 Q이므로 $\overrightarrow{\mathrm{MP}} /\!/ \overrightarrow{\mathrm{OB}}$

$\overrightarrow{\mathrm{MQ}}$와 $\overrightarrow{\mathrm{OA}}$가 이루는 각은 $\overrightarrow{\mathrm{OB}}$와 $\overrightarrow{\mathrm{OA}}$가 이루는 각과 같다.

$\overrightarrow{\mathrm{OB}}$와 $\overrightarrow{\mathrm{OA}}$가 이루는 각을 θ라 하면

$\overrightarrow{\mathrm{OA}} \cdot \overrightarrow{\mathrm{MQ}}$
$= |\overrightarrow{\mathrm{OA}}||\overrightarrow{\mathrm{MQ}}|\cos\theta$
$= 6 \times \dfrac{\sqrt{10}}{2} \times \dfrac{8}{10}$
$= \dfrac{12\sqrt{10}}{5}$

285 정답 4

$\mathrm{A}(a, 0)$에서 $\overline{\mathrm{OA}} = a$이므로 삼각형 OAB는 한 변의 길이가 a인 정삼각형이다.

따라서 제1사분면에 있는 점 B의 좌표는 $\left(\dfrac{1}{2}a, \dfrac{\sqrt{3}}{2}a\right)$이다.

$\mathrm{P}(x, y)$라 하면

$\overrightarrow{\mathrm{PA}} = \overrightarrow{\mathrm{OA}} - \overrightarrow{\mathrm{OP}} = (a, 0) - (x, y) = (a - x, -y)$

$\overrightarrow{\mathrm{PB}} = \overrightarrow{\mathrm{OB}} - \overrightarrow{\mathrm{OP}} = \left(\dfrac{1}{2}a, \dfrac{\sqrt{3}}{2}a\right) - (x, y)$
$= \left(\dfrac{1}{2}a - x, \dfrac{\sqrt{3}}{2}a - y\right)$

따라서

$\overrightarrow{\mathrm{PA}} + \overrightarrow{\mathrm{PB}} = \left(\dfrac{3}{2}a - 2x, \dfrac{\sqrt{3}}{2}a - 2y\right)$

$|\overrightarrow{\mathrm{PA}} + \overrightarrow{\mathrm{PB}}| = 4$에서

$4\left(\dfrac{3}{4}a - x\right)^2 + 4\left(\dfrac{\sqrt{3}}{4}a - y\right)^2 = 16$

$\left(x - \dfrac{3}{4}a\right)^2 + \left(y - \dfrac{\sqrt{3}}{4}a\right)^2 = 4$

점 Q는 이 원 위의 점이며 선분 AB의 중점 $\mathrm{M}\left(\dfrac{3}{4}a, \dfrac{\sqrt{3}}{4}a\right)$으로 이 원의 중심이다.

$\overrightarrow{\mathrm{OB}} \cdot \overrightarrow{\mathrm{OP}}$가 최대인 P가 Q이므로 $\overrightarrow{\mathrm{MP}} /\!/ \overrightarrow{\mathrm{OB}}$

$\overrightarrow{\mathrm{MQ}}$와 $\overrightarrow{\mathrm{OA}}$가 이루는 각은 $\overrightarrow{\mathrm{OB}}$와 $\overrightarrow{\mathrm{OA}}$가 이루는 각과 같다.

$\overrightarrow{\mathrm{OB}}$와 $\overrightarrow{\mathrm{OA}}$가 이루는 각은 $\dfrac{\pi}{3}$이고 $|\overrightarrow{\mathrm{MQ}}| = 2$

$\overrightarrow{\mathrm{OA}} \cdot \overrightarrow{\mathrm{MQ}}$
$= |\overrightarrow{\mathrm{OA}}||\overrightarrow{\mathrm{MQ}}|\cos\dfrac{\pi}{3}$
$= a \times 2 \times \dfrac{1}{2} = a$

따라서 $a = 4$

286 정답 ③

$|\overrightarrow{\mathrm{OP}} + \overrightarrow{\mathrm{OQ}}| \leq 5$이어야 하므로 $\overrightarrow{\mathrm{OP}} = \overrightarrow{\mathrm{QR}}$를 만족시키는 점을 R라 할 때,

$|\overrightarrow{\mathrm{OP}} + \overrightarrow{\mathrm{OQ}}| = |\overrightarrow{\mathrm{QR}} + \overrightarrow{\mathrm{OQ}}| = |\overrightarrow{\mathrm{OR}}| \leq 5$을 만족시켜야 한다.

이때, 점 P는 직선 $x = 1$을 움직이므로 점 R의 좌표 중 x좌표가 가장 큰 점은 직선 $x = 4$를 움직인다. 그런데 점 Q는 호 AB 위를 움직이므로 최댓값이 5가 되는 경우는 그림과 같이 두 가지 경우이다.

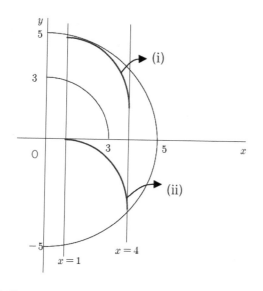

(i) 두 원
$x^2+y^2=25$, $(x-1)^2+(y-a)^2=9$ 이 서로 내접하는
경우이므로
$\sqrt{1^2+a^2}=5-3=2$
$a^2=3$
이때, $a>0$이므로 $a=\sqrt{3}$
(ii) 원 $x^2+y^2=25$에서 $x=4$일 때, $y=-3$이므로
$a=-3$이다.
(i), (ii)에 의하여 모든 실수 a의 값의 곱은 $-3\sqrt{3}$이다.

287 정답 21

[그림 : 이호진T]
$|\overrightarrow{OP}+\overrightarrow{OQ}| \geq 2$이어야 하므로 $\overrightarrow{OQ}=\overrightarrow{PR}$를 만족시키는 점을
R라 할 때, $|\overrightarrow{OP}+\overrightarrow{OQ}|=|\overrightarrow{OP}+\overrightarrow{PR}|=|\overrightarrow{OR}| \geq 2$을
만족시켜야 한다.
이때, 점 P는 직선 $x=3$을 움직이므로 점 R의 좌표 중
x좌표가 가장 작은 점은 직선 $x=1$를 움직인다. 그런데 점 Q는
호 AB 위를 움직이므로 최솟값이 2가 되는 경우는 그림과 같이
두 가지 경우이다.

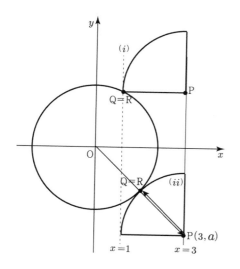

(i) 원 $x^2+y^2=4$에서 $x=1$일 때, $y=\sqrt{3}$이므로
$a=\sqrt{3}$이다.

(ii) 두 원
$x^2+y^2=4$, $(x-3)^2+(y-a)^2=4$ 이 서로 외접하는
경우이므로
$\sqrt{3^2+a^2}=2+2=4$
$a^2=7$
이때, $a<0$이므로 $a=-\sqrt{7}$

(i), (ii)에 의하여 모든 실수 a의 값의 곱은 $-\sqrt{21}$이다.
$\alpha=-\sqrt{21}$이므로 $\alpha^2=21$

288 정답 ①

$\overrightarrow{OP}=\overrightarrow{OY}-\overrightarrow{XO}$이고,
모든 $\overrightarrow{XO}$의 시점을 점 Y로 평행이동하면 다음 그림과 같이 점
Y를 중심으로 하는 반지름이 1인 사분원이다.

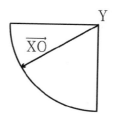

이때 점 Y는 $y=(x-2)^2+1$ $(2 \leq x \leq 3)$위를 움직이므로
영역 R은 다음 그림의 색칠한 부분과 같다.

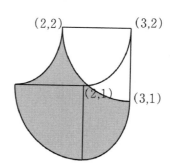

따라서 점 O로부터 거리의
최댓값은 P가 $(3,1)$일 때 $M=\sqrt{10}$
최솟값은 원점과 $(2,1)$사이의 거리에서 반지름 1을 뺀
$m=\sqrt{5}-1$이다.
$M^2+m^2=16-2\sqrt{5}$

289 정답 ③

R의 영역은 다음 그림과 같다.

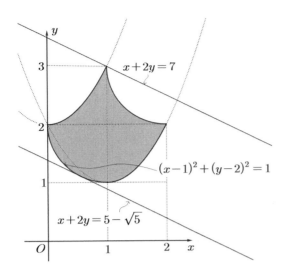

$x+2y=k$라 하면 $(1, 3)$을 지날 때 $k=7$로 최댓값을 갖는다.

$\therefore M=7$

$(x-1)^2+(y-2)^2=1$의 $(0 \le x \le 1, 1 \le y \le 2)$에

$x+2y=k$이 접할 때, k의 최솟값을 가진다. 따라서 $(1, 2)$에서

$x+2y=k$까지 거리가 1이므로

$1=\dfrac{|1+4-k|}{\sqrt{1^2+2^2}} \rightarrow |5-k|=\sqrt{5} \rightarrow 25-10k+k^2=5$

$k^2-10k+20=0 \rightarrow k=5\pm\sqrt{5}$

$\therefore m=5-\sqrt{5}$

$M+m=12-\sqrt{5}$

[다른 풀이]–장정보T 풀이 [미적분–삼각함수합성 활용]

$(x, y)=(a, (a-1)^2+2)-(\cos\theta, \sin\theta)$

$\qquad = (a-\cos\theta, (a-1)^2-\sin\theta+2)$

$\left(\text{단}, 1 \le a \le 2, 0 \le \theta \le \dfrac{\pi}{2}\right)$

$x+2y=a-\cos\theta+2(a-1)^2-2\sin\theta+4$

$\qquad = 2a^2-3a+6-(2\sin\theta+\cos\theta)$

$\qquad = 2\left(a-\dfrac{3}{4}\right)^2+\dfrac{39}{8}-\sqrt{5}\sin(\theta+\alpha)$

$\left(\text{단}, \cos\alpha=\dfrac{2}{\sqrt{5}}, \sin\alpha=\dfrac{1}{\sqrt{5}}\right)$

$1 \le a \le 2$일 때,

$f(a)=2\left(a-\dfrac{3}{4}\right)^2+\dfrac{39}{8}$라 하면 $5 \le f(a) \le 8$

$0 \le \theta \le \dfrac{\pi}{2}$일 때,

$g(\theta)=\sqrt{5}\sin(\theta+\alpha)$라 두면 $1 \le g(\theta) \le \sqrt{5}$이므로

$5-\sqrt{5} \le f(a)-g(\theta) \le 8-1$

따라서 $M=7$, $m=5-\sqrt{5}$

290 정답 ⑤

조건 (가)에서 $\overrightarrow{AC} \cdot \overrightarrow{BC}=0$ 이므로 두 벡터 $\overrightarrow{AC}$, $\overrightarrow{BC}$ 는 수직이다. 그러므로 선분 AB는 원의 지름이다.

이때, $|\overrightarrow{AB}|=8$ 이므로 이 원은 지름의 길이가 8인 원이다.

원의 중심을 O 라 하면 조건 (나)에서

$\overrightarrow{AD}=\dfrac{1}{2}\overrightarrow{AB}-2\overrightarrow{BC}=\overrightarrow{AO}+2\overrightarrow{CB}$

이때, $\overrightarrow{AD}=\overrightarrow{AO}+\overrightarrow{OD}$이므로 $\overrightarrow{OD}=2\overrightarrow{CB}$

이때, 점 D는 원 위의 점이므로 $|\overrightarrow{OD}|=4$에서

$2|\overrightarrow{CB}|=4$, $|\overrightarrow{CB}|=2$

또, 두 벡터 $\overrightarrow{CB}$, $\overrightarrow{OD}$는 평행하다.

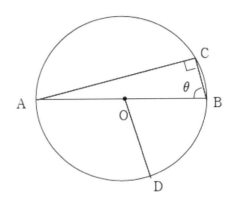

이때, $\angle ABC=\theta$라 하면 $\cos\theta=\dfrac{2}{8}=\dfrac{1}{4}$

한편, 두 벡터 $\overrightarrow{OD}$, $\overrightarrow{CB}$는 평행하므로

$\angle AOD=\pi-\theta$

따라서,

$|\overrightarrow{AD}|^2=|\overrightarrow{OD}-\overrightarrow{OA}|^2$

$=(\overrightarrow{OD}-\overrightarrow{OA}) \cdot (\overrightarrow{OD}-\overrightarrow{OA})$

$=|\overrightarrow{OD}|^2+|\overrightarrow{OA}|^2-2\overrightarrow{OD} \cdot \overrightarrow{OA}$

$=|\overrightarrow{OD}|^2+|\overrightarrow{OA}|^2-2|\overrightarrow{OD}||\overrightarrow{OA}|\cos(\pi-\theta)$

$=|\overrightarrow{OD}|^2+|\overrightarrow{OA}|^2+2|\overrightarrow{OD}||\overrightarrow{OA}|\cos\theta$

$=4^2+4^2+2\times4\times4\times\dfrac{1}{4}$

$=40$

[다른 풀이]

점 C 가 지름이 $\overrightarrow{AB}=8$인 원 위의 점이므로

$\angle ACB=\dfrac{\pi}{2}$이다.

$\angle ABC=\theta$, $\overline{BC}=k$라 하면 직각삼각형 ABC 에서

$\cos\theta=\dfrac{k}{8}$이다.

원의 중심을 O 라 하면

$\overline{OD}/\!/\overline{BC}$이므로 $\angle AOD=\pi-\theta$, $\angle BOD=\theta$ (∵ 엇각)

삼각형 AOD 에서 코사인법칙을 적용하면

$\overline{AD}^2=4^2+(2k)^2-2\times4\times(2k)\times\cos(\pi-\theta)$

$\qquad = 16+6k^2$

삼각형 BOD에서 코사인법칙을 적용하면
$$\overline{BD}^2 = 4^2 + (2k)^2 - 2 \times 4 \times (2k) \times \cos\theta$$
$$= 16 + 2k^2$$
삼각형 ADB는 빗변의 길이가 8인 직각삼각형이므로
$\overline{AD}^2 + \overline{BD}^2 = 8^2$이 성립한다.
따라서
$$(16 + 6k^2) + (16 + 2k^2) = 64$$
$$32 + 8k^2 = 64$$
$$8k^2 = 32$$
$$\therefore \ k^2 = 4$$
$$\overline{AD}^2 = 16 + 6k^2 = 40$$

291 정답 ①

조건 (가)에서 $\overrightarrow{AC} \cdot \overrightarrow{BC} = 0$ 이므로 두 벡터 $\overrightarrow{AC}$, $\overrightarrow{BC}$ 는
수직이다. 그러므로 선분 AB는 원의 지름이다.
이때, $|\overrightarrow{AB}| = 6$ 이므로 이 원은 지름의 길이가 6인 원이다.
원의 중심을 O라 하면 조건 (나)에서
$$2\overrightarrow{AD} - \overrightarrow{AB} + 6\overrightarrow{BC} = \overrightarrow{0}$$
$$2\overrightarrow{AD} = \overrightarrow{AB} + 6\overrightarrow{CB}$$
$$\overrightarrow{AD} = \frac{1}{2}\overrightarrow{AB} + 3\overrightarrow{CB} = \overrightarrow{AO} + 3\overrightarrow{CB}$$
이때, $\overrightarrow{AD} = \overrightarrow{AO} + \overrightarrow{OD}$이므로 $\overrightarrow{OD} = 3\overrightarrow{CB}$
이때, 점 D는 원 위의 점이므로 $|\overrightarrow{OD}| = 3$에서
$3|\overrightarrow{CB}| = 3$, $|\overrightarrow{CB}| = 1$
또, 두 벡터 $\overrightarrow{CB}$, $\overrightarrow{OD}$는 평행하다.

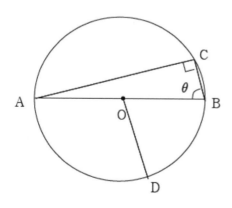

이때, $\angle ABC = \theta$라 하면 $\cos\theta = \frac{1}{6}$
한편, 두 벡터 $\overrightarrow{OD}$, $\overrightarrow{CB}$ 는 평행하므로
$\angle BOD = \theta$ (∵ 엇각)
따라서
$$|\overrightarrow{BD}| = \overline{BD}$$
삼각형 BOD에서 코사인법칙을 적용하면
$$\overline{BD}^2 = 3^2 + 3^2 - 2 \times 3 \times 3 \times \cos\theta$$
$$= 9 + 9 - 3 = 15$$
$$\therefore \overline{BD} = \sqrt{15}$$

292 정답 ⑤

점 X의 좌표를 (x, y)라 하자.

조건 (가)에서

$(\overrightarrow{OX} - \overrightarrow{OD}) \cdot \overrightarrow{OC} = 0$ ······㉠

또는

$|\overrightarrow{OX} - \overrightarrow{OC}| - 3 = 0$ ······㉡

㉠에서 $\overrightarrow{DX} \cdot \overrightarrow{OC} = 0$에서 $\overrightarrow{DX} \perp \overrightarrow{OC}$이므로

점 X는 점 $D(8, 6)$을 지나고 벡터 $\overrightarrow{OC} = (4, 4)$에 수직인 직선 위의 점이다.

즉, 점 X는 직선 $l : y = -x + 14$ 위의 점이다.

㉡에서 $|\overrightarrow{CX}| = 3$이므로 점 X는 점 $C(4, 4)$를 지나고 반지름의 길이가 3인 원, 즉

$(x-4)^2 + (y-4)^2 = 9$

위의 점이다.

조건 (나)를 만족시키는 점 X를 다음과 같이 경우를 나누어 생각하자.

(ⅰ) 점 X가 직선 l 위에 있는 경우

점 A를 지나고 직선 OC와 평행한 직선이 직선 l과 만나는 점을 E, 점 B를 지나고 직선 OC와 평행한 직선이 직선 l과 만나는 점을 F라 하자.

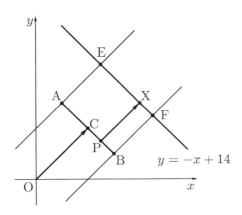

선분 EF 위의 임의의 점 X에 대하여 점 X를 지나고 직선 OC와 평행한 직선이 선분 AB와 만나는 점을 X′이라 하면 점P와 점 X′과 일치할 때 두 벡터 $\overrightarrow{PX}$, $\overrightarrow{OC}$는 평행하므로 조건 (나)를 만족시킨다.

직선 l 위의 점 중에서 선분 EF 위에 있지 않은 점 X에 대하여는 선분 AB 위의 임의의 점 P에 대하여 두 벡터 $\overrightarrow{PX}$, $\overrightarrow{OC}$가 평행할 수 없으므로 조건 (나)를 만족시키지 않는다.

즉, 점 X의 y좌표가 최대인 경우는 점 X가 점 $E(5, 9)$와

일치하는 경우이고, 점 X의 y좌표가 최소인 경우는 점 X가 점 $F(9, 5)$와 일치하는 경우이다.

(ⅱ) 점 X가 원 $(x-4)^2 + (y-4)^2 = 9$ 위에 있는 경우

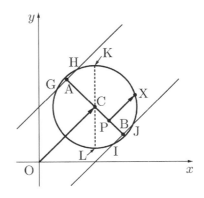

그림과 같이 원이 점 A를 지나고 직선 OC와 평행한 직선과 만나는 두 점을 G, H라 하고, 원이 점 B를 지나고 직선 OC와 평행한 직선과 만나는 두 점을 I, J라 하자.

호 JH 또는 호 GI 위의 임의의 점 X에 대하여 점 X를 지나고 직선 OC와 평행 한 직선이 선분 AB와 만나는 점을 X′이 라 하면 점 P가 점 X′과 일치할 때 두 벡터 $\overrightarrow{PX}$, $\overrightarrow{OC}$는 평행하므로 조건 (나)를 만족시킨다. 원 위의 점 중에서 호 JH 위에도 있지 않고 호 GI 위에도 있지 않은 점 X에 대하여는 선분 AB 위의 임의의 점 P에 대하여 두 벡터 $\overrightarrow{PX}$, $\overrightarrow{OC}$가 평행할 수 없으므로 조건 (나)를 만족시키지 않는다.

즉, 원 $(x-4)^2 + (y-4)^2 = 9$ 위의 점 중에서 y좌표가 가장 큰 점을 K, y좌표가 가장 작은 점을 L이라 하면 점 X의 y좌표가 최대인 경우는 점 X가 점 $K(4, 7)$과 일치하는 경우이고, 점 X의 y좌표가 최소인 경우는 점 X가 점 $L(4, 1)$과 일치하는 경우이다.

(ⅰ), (ⅱ)에서 두 점 Q, R는 각각 $Q(5, 9)$, $R(4, 1)$이다.

따라서

$\overrightarrow{OQ} \cdot \overrightarrow{OR} = (5, 9) \cdot (4, 1)$
$= 5 \times 4 + 9 \times 1$
$= 29$

293 정답 ②

조건 (가)에서

$(\overrightarrow{OX} - \overrightarrow{OD}) \cdot \overrightarrow{OC} = 0$ 또는 $|\overrightarrow{OX} - \overrightarrow{OC}| - 4 = 0$

이므로 점 X는 $\overrightarrow{OC}$에 수직이면서 점 D를 지나는 직선인 $x + y = 16$ 위의 점이거나, 점 C를 중심으로 하는 반지름 4인 원 위의 점이다.

$\overrightarrow{OX} - \overrightarrow{OP} = \overrightarrow{PX}$라고 하면 점 P가 점 A와 일치할 때 점

A에서 직선 $x+y=16$에 내린
수선의 발이 점 Q(6, 10)이며, 이때 y좌표가 최대이다.
집합 S에 속한 점 중 y좌표가 가장 작은 점은 점 R(5, 1)이다.
따라서 $|\overrightarrow{QR}|=\sqrt{1^2+9^2}=\sqrt{82}$

294 정답 12

조건 (가)에서
$$2\overrightarrow{BP}=\overrightarrow{AC}-2\overrightarrow{AD}=\overrightarrow{AC}+\overrightarrow{CB}=\overrightarrow{AB}$$
이므로
$$\overrightarrow{BP}=\frac{1}{2}\overrightarrow{AB}$$
따라서 점 P는 선분 BA를 1 : 3으로 외분하는 점이고,
$$\overrightarrow{AP}=\frac{3}{2}\overrightarrow{AB}=3$$

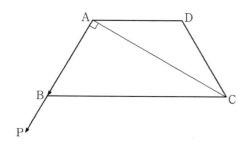

한편, $\overline{AB}=2$, $\overline{BC}=4$, $\angle CBA=\dfrac{\pi}{3}$이므로
$$\angle BAC=\frac{\pi}{2}, \quad \overline{AC}=2\sqrt{3}$$
따라서 점 P에서 직선 AC에 내린 수선의 발이 A이다.
점 Q에서 직선 AC에 내린 수선의 발을 H라 하면
조건 (나)에 의하여
$$\overrightarrow{AC}\cdot\overrightarrow{PQ}=\overrightarrow{AC}\cdot\overrightarrow{AH}=6$$
이어야 하므로 점 H는 선분 AC 위에 있고
$$\overrightarrow{AC}\cdot\overrightarrow{AH}=|\overrightarrow{AC}||\overrightarrow{AH}|=2\sqrt{3}\times\overline{AH}=6$$
즉, $\overline{AH}=\sqrt{3}$
따라서 점 H는 선분 AC의 중점이므로 점 Q는 선분 AC의
수직이등분선인 직선 DH 위에 있다.
이때 삼각형 ABQ에서
$\angle PBQ=\angle BAQ+\angle BQA$이므로
$2\times\angle BQA=\angle PBQ$를 만족시키려면
$\angle BAQ=\angle BQA$
즉, $\overline{AB}=\overline{BQ}$이어야 한다.
따라서 조건을 만족시키는 점 Q는 다음 그림과 같이
점 A를 지나고 직선 BC에 수직인 직선이 직선 DH와 만나는
점이어야 한다.

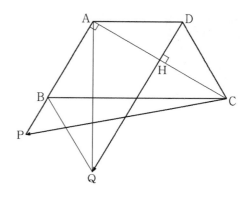

이때 직각삼각형 AQD에서
$\overline{AD}=2$, $\overline{AQ}=2\sqrt{3}$이므로
$$\overline{DQ}=\sqrt{4+12}=4$$
따라서
$$\begin{aligned}
\overrightarrow{CP}\cdot\overrightarrow{DQ}&=(\overrightarrow{CA}+\overrightarrow{AP})\cdot\overrightarrow{DQ}\\
&=\overrightarrow{CA}\cdot\overrightarrow{DQ}+\overrightarrow{AP}\cdot\overrightarrow{DQ}\\
&=|\overrightarrow{CA}||\overrightarrow{DQ}|\cos\frac{\pi}{2}+|\overrightarrow{AP}||\overrightarrow{DQ}|\cos 0\\
&=0+3\times4\times1=12
\end{aligned}$$

[다른 풀이]
다음 그림과 같이 네 점 A, B, C, D의 좌표가 각각
A$(0, \sqrt{3})$, B$(-1, 0)$, C$(3, 0)$, D$(2, \sqrt{3})$
이 되도록 좌표평면을 설정하자.

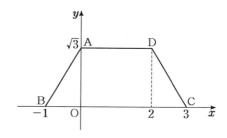

점 P의 좌표를 P(a, b)라 하면
$\overrightarrow{AC}=2(\overrightarrow{AD}+\overrightarrow{BP})$에서
$$(3, -\sqrt{3})=2\{(2, 0)+(a+1, b)\}$$
$3=2(a+3)$에서 $a=-\dfrac{3}{2}$
$-\sqrt{3}=2b$에서 $b=-\dfrac{\sqrt{3}}{2}$
즉, P$\left(-\dfrac{3}{2}, -\dfrac{\sqrt{3}}{2}\right)$이므로 다음 그림과 같이 세 점
A, B, P는 한 직선 위에 있고 $\overline{BP}=1$이다.

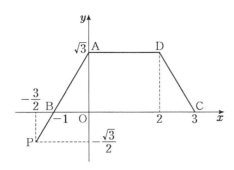

또, 점 Q의 좌표를 Q(x, y)라 하면
$\overrightarrow{\text{AC}} \cdot \overrightarrow{\text{PQ}} = 6$에서

$$(3, -\sqrt{3}) \cdot \left(x + \frac{3}{2}, y + \frac{\sqrt{3}}{2}\right) = 6$$

$$3x + \frac{9}{2} - \sqrt{3}y - \frac{3}{2} = 6$$

$$y = \sqrt{3}x - \sqrt{3}$$

이므로 점 Q는 직선 $y = \sqrt{3}x - \sqrt{3}$ 위에 있다.

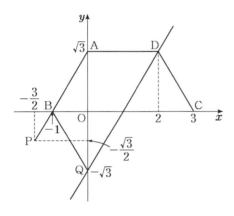

이때 삼각형 ABQ에서
$\angle \text{PBQ} = \angle \text{BAQ} + \angle \text{BQA}$이므로
$2 \times \angle \text{BQA} = \angle \text{PBQ}$를 만족시키려면
$\angle \text{BAQ} = \angle \text{BQA}$
즉, $\overline{\text{AB}} = \overline{\text{BQ}}$이어야 한다.
따라서 조건을 만족시키는 점 Q의 좌표는 Q$(0, -\sqrt{3})$이므로

$$\overrightarrow{\text{CP}} \cdot \overrightarrow{\text{DQ}} = \left(-\frac{9}{2}, -\frac{\sqrt{3}}{2}\right) \cdot (-2, -2\sqrt{3})$$

$$= 9 + 3 = 12$$

295 정답 8

[출제자 : 이호진T]
조건 (가)에서

$$\overrightarrow{\text{BP}} = \overrightarrow{\text{AC}} - 2\overrightarrow{\text{AD}}$$

$$= 2\left(\frac{1}{2}\overrightarrow{\text{AC}} - \overrightarrow{\text{AD}}\right) = \overrightarrow{\text{AB}}$$이다.

따라서 점 P는 선분 AB를 2 : 1로 외분하는 점이고,

$\overline{\text{AP}} = 4$, $\overline{\text{AB}} = 2$이다.

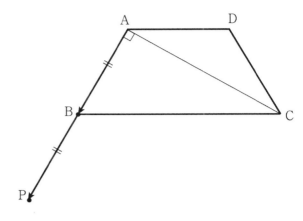

한편, $\overline{\text{AB}} = 2$, $\overline{\text{BC}} = 4$, $\angle \text{CBA} = \dfrac{\pi}{3}$이므로

$\angle \text{BAC} = \dfrac{\pi}{2}$, $\overline{\text{AC}} = 2\sqrt{3}$이다.

따라서 점 P에서 직선 AC에 내린 수선의 발이 A이다.
점 Q에서 직선 AC에 내린 수선의 발을 H라 하면 조건 (나)에
의하여

$$\overrightarrow{\text{AC}} \cdot \overrightarrow{\text{PQ}} = \overrightarrow{\text{AC}} \cdot \overrightarrow{\text{AH}} = 6$$

이어야 하므로 점 H는 선분 AC 위에 있고

$$\overrightarrow{\text{AC}} \cdot \overrightarrow{\text{AH}} = |\overrightarrow{\text{AC}}| \, |\overrightarrow{\text{AH}}| = 2\sqrt{3} \times \overline{\text{AH}} = 6$$

즉, $\overline{\text{AH}} = \sqrt{3}$이다.
따라서 점 H는 선분 AC 중점이므로 점 Q는 선분 AC의
수직이등분선인 직선 DH 위에 있다.

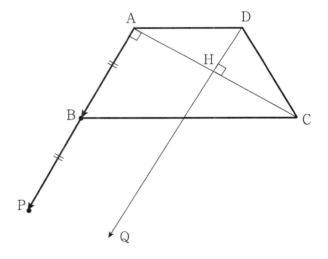

이때 삼각형 ABQ에서
$\angle \text{PBQ} = \angle \text{BAQ} + \angle \text{BQA}$
이므로
$2 \times \angle \text{BQA} = \angle \text{PBQ}$
를 만족시키려면 $\angle \text{BAQ} = \angle \text{BQA}$,
즉, $\overline{\text{AB}} = \overline{\text{BQ}}$이어야 한다.
따라서 조건을 만족시키는 점 Q는 다음 그림과 같이 점 A를
지나고 직선 BC에 수직인 직선이 직선 DH와 만나는 점이어야
한다.

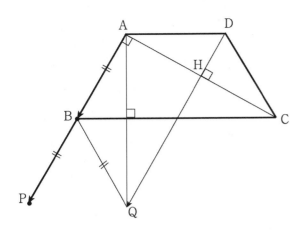

이때 직각삼각형 QAD에서

$$\overline{AD}=2, \ \overline{AQ}=2\sqrt{3}$$

이므로

$$\overline{DQ}=\sqrt{4+12}=4$$

따라서

$$\begin{aligned}
\overrightarrow{CB}\cdot\overrightarrow{DQ}&=(\overrightarrow{CA}+\overrightarrow{AB})\cdot\overrightarrow{DQ}\\
&=\overrightarrow{AB}\cdot\overrightarrow{DQ}\\
&=8
\end{aligned}$$

296 정답 17

$(|\overrightarrow{AX}|-2)(|\overrightarrow{BX}|-2)=0$에서

$|\overrightarrow{AX}|=2$ 또는 $|\overrightarrow{BX}|=2$

점 X는 점 $A(-2,\ 2)$를 중심으로 하고 반지름의 길이가 2인 원

또는 점 $B(2,\ 2)$를 중심으로 하고 반지름의 길이가 2인 원 위를

움직인다.

이때 $|\overrightarrow{OX}|\geq 2$이므로 점 X가 나타내는 도형은 [그림 1]과

같다.

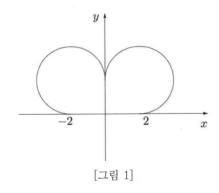

[그림 1]

두 벡터 $\overrightarrow{OP}$, $\vec{u}$가 이루는 각의 크기를 θ_1,

두 벡터 $\overrightarrow{OQ}$, $\vec{u}$가 이루는 각의 크기를 θ_2라 하면

조건 (가)에서

$$(\overrightarrow{OP}\cdot\vec{u})(\overrightarrow{OQ}\cdot\vec{u})\geq 0$$

즉, $|\overrightarrow{OP}||\overrightarrow{OQ}|\cos\theta_1\cos\theta_2\geq 0$이므로

두 점 P, Q는 [그림 1]에서 제1사분면, x축, y축에 있거나

제2사분면, x축, y축에 있어야 한다.

(i) 두 점 P, Q가 [그림 1]에서 제1사분면 또는 x축 또는 y축

위에 있을 때, 선분 PQ의 중점을 M이라 하면

$$\overrightarrow{OY}=\overrightarrow{OP}+\overrightarrow{OQ}=2\overrightarrow{OM}=2\overrightarrow{OB}+2\overrightarrow{BM}$$

이때

$$|\overrightarrow{BM}|=\sqrt{|\overrightarrow{BP}|^2-|\overrightarrow{PM}|^2}=\sqrt{2^2-1^2}=\sqrt{3}$$

이므로 점 Y의 집합이 나타내는 도형은 중심이 $(4,\ 4)$이고

반지름의 길이가 $2\sqrt{3}$, 중심각의 크기가 $\dfrac{7}{6}\pi$인 부채꼴의

호이다.

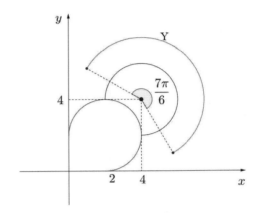

따라서 점 Y가 나타내는 도형의 길이는

$$2\sqrt{3}\times\frac{7}{6}\pi=\frac{7\sqrt{3}}{3}\pi$$

(ii) 두 점 P, Q가 [그림 1]에서 제2사분면 또는 x축 또는

y축 위에 있을 때, (i)과 마찬가지 방법으로

점 Y가 나타내는 도형의 길이는

$$2\sqrt{3}\times\frac{7}{6}\pi=\frac{7\sqrt{3}}{3}\pi$$

(i), (ii)에서 점 Y가 나타내는 도형의 길이는

$$2\times\frac{7\sqrt{3}}{3}\pi=\frac{14\sqrt{3}}{3}\pi$$

따라서 $p=3$, $q=14$이므로

$$p+q=3+14=17$$

297 정답 28

(가)에서 $\overline{AB}=4$이고 $\overline{AB}$의 중점을 M이라 할 때,

$\overrightarrow{PA}+\overrightarrow{PB}=2\overrightarrow{PM}$이므로 $|\overrightarrow{PA}+\overrightarrow{PB}|=2|\overrightarrow{PM}|=8$에서

$|\overrightarrow{PM}|=4$이다.

따라서 점 P는 M을 중심으로 하고 반지름의 길이가 4인 원

위의 점이다.

(나)에서 $\overrightarrow{AB}\cdot\overrightarrow{AC}=\dfrac{1}{2}|\overrightarrow{AB}|^2$는 $\overrightarrow{AC}$의 종점 C가

$\overrightarrow{AB}$ 위로의 정사영이 M이 된다는 뜻이므로 점 C는 $\overline{AB}$의

수직이등분선 위의 점이다.

따라서 $\overline{CA}=\overline{CB}=3$이고 삼각형 CAB는 이등변삼각형이다.

다음 그림과 같은 상황이다.

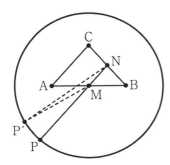

$\overline{BC}$ 의 중점을 N이라 하면 $\overrightarrow{MN} = \frac{1}{2}\overrightarrow{AC} = \frac{3}{2}$

$\overrightarrow{NC} = \overrightarrow{NB} = \frac{3}{2}$

$\begin{aligned}\overrightarrow{PB} \cdot \overrightarrow{PC} &= (\overrightarrow{PN} + \overrightarrow{NB}) \cdot (\overrightarrow{PN} + \overrightarrow{NC}) \\ &= (\overrightarrow{PN} + \overrightarrow{NB}) \cdot (\overrightarrow{PN} - \overrightarrow{NB}) \\ &= |\overrightarrow{PN}|^2 - |\overrightarrow{NB}|^2 \\ &= |\overrightarrow{PN}|^2 - \left(\frac{3}{2}\right)^2 \end{aligned}$

그림에서 $|\overrightarrow{P'N}| \le |\overrightarrow{PN}|$ 이므로

$|\overrightarrow{PN}| \le \left(4 + \frac{3}{2}\right) = \frac{11}{2}$ 이다. (P, M, N이 일직선 위에 있을 때 $\overrightarrow{PN}$의 값이 최대이다.)

따라서

$\overrightarrow{PB} \cdot \overrightarrow{PC} \le \left(\frac{11}{2}\right)^2 - \left(\frac{3}{2}\right)^2 = \frac{121}{4} - \frac{9}{4} = \frac{112}{4} = 28$

298 정답 8

$\overrightarrow{CX} = \frac{1}{2}\overrightarrow{CP} + \overrightarrow{CQ}$ 이므로 선분 CA, CB, CD, CE, CF의 중점을 각각 A′, B′, D′, E′, F′ 이라 하면
점 X는 정육각형 A′B′CD′E′F′ 위의 점을 중심으로 하고 반지름의 길이가 1인 원 위를 움직인다.
조건 (나)에서

$\overrightarrow{XA} + \overrightarrow{XC} + 2\overrightarrow{XD} = k\overrightarrow{CD}$ 이므로

$(\overrightarrow{CA} - \overrightarrow{CX}) - \overrightarrow{CX} + 2(\overrightarrow{CD} - \overrightarrow{CX}) = k\overrightarrow{CD}$

$\overrightarrow{CX} = \frac{1}{4}\overrightarrow{CA} + \frac{2-k}{4}\overrightarrow{CD}$

$\frac{1}{4}\overrightarrow{CA} = \overrightarrow{CG}$ 라 하면

점 X는 점 G를 지나고 직선 CD에 평행한 직선 위를 움직인다.
직선 GE′ 위의 점 H가 $\overrightarrow{E'H} = 1$, $\overrightarrow{GH} > \overrightarrow{GE'}$ 를 만족시키도록 점 H를 잡는다.

점 X가 점 G일 때, $|\overrightarrow{CX}|$의 값은 최소이다.

$\overrightarrow{CG} = \overrightarrow{CG} + \frac{2-k}{4}\overrightarrow{CD}$ 에서

$\frac{2-k}{4} = 0$, $k = 2$

즉, $\alpha = 2$
점 X가 점 H일 때, $|\overrightarrow{CX}|$의 값은 최대이다.

$|\overrightarrow{GH}| = 4$ 에서

$\left| \frac{2-k}{4}\overrightarrow{CD} \right| = 4$

즉, $\frac{2-k}{4}|\overrightarrow{CD}| = 4$ 이므로

$\frac{2-k}{4} \times 4 = 4$, $k = -2$

즉, $\beta = -2$
따라서 $\alpha^2 + \beta^2 = 2^2 + (-2)^2 = 8$

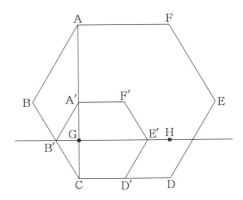

299 정답 4

[그림 : 배용제T]

조건 (가)에서 $\frac{1}{2}\overrightarrow{CP} = \overrightarrow{CP'}$ 으로 놓으면, 점 P′은 정오각형 A′B′CD′E′F′ 위의 점이 되고, 이 때 B′, D′은 각각 $\overline{CB}$, $\overline{CD}$ 의 중점이다.

$\overrightarrow{CX} = \frac{1}{2}\overrightarrow{CP} + \overrightarrow{CQ} = \overrightarrow{CP'} + \overrightarrow{CQ}$

(나)에서

$\overrightarrow{XB} + \overrightarrow{XD} = k\overrightarrow{CD}$

$\overline{BD}$ 의 중점을 M이라 하면

$\overrightarrow{XB} + \overrightarrow{XD} = 2\overrightarrow{XM}$ 이다.
따라서

$2\overrightarrow{XM} = k\overrightarrow{CD}$ 으로 점 X는 점 M을 지나고 $\overrightarrow{CD}$ 와 평행한 직선 위의 점이다.
따라서 X가 나타내는 도형은 다음과 같다.

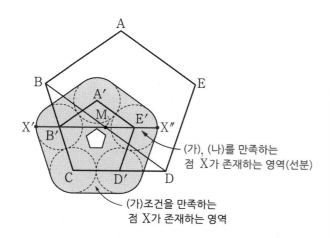

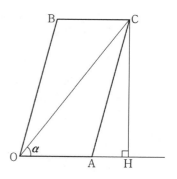

따라서 점 X가 나타내는 도형의 길이는 선분 X′X″의 길이와 같다. 정오각형 A′B′CD′E′는 한 변의 길이가 2인 정오각형이므로

$$\overline{B'E'} = \frac{1+\sqrt{5}}{2} \times 2 = 1+\sqrt{5} \cdots \text{㉠}$$

그러므로

$$\overline{X'X''} = 3+\sqrt{5}$$
$$a=3, \ b=1$$
$$\therefore \ a+b=4$$

[랑데뷰팁]–㉠

한 변의 길이가 a인 정오각형의 대각선의 길이는

$\dfrac{1+\sqrt{5}}{2}a$이다.

---

300 정답 100

조건 (가)에 의하여 점 P는 평행사변형 OACB의 둘레 또는 내부에 있는 점이다.

조건 (나)에서

$$\overrightarrow{OP} \cdot \overrightarrow{OB} + \overrightarrow{BP} \cdot \overrightarrow{BC}$$
$$= \overrightarrow{OP} \cdot \overrightarrow{OB} + (\overrightarrow{OP} - \overrightarrow{OB}) \cdot \overrightarrow{OA}$$
$$= \overrightarrow{OP} \cdot \overrightarrow{OB} + \overrightarrow{OP} \cdot \overrightarrow{OA} - \overrightarrow{OA} \cdot \overrightarrow{OB}$$
$$= \overrightarrow{OP} \cdot (\overrightarrow{OA} + \overrightarrow{OB}) - |\overrightarrow{OA}||\overrightarrow{OB}|\cos(\angle AOB)$$
$$= \overrightarrow{OP} \cdot \overrightarrow{OC} - \sqrt{2} \times 2\sqrt{2} \times \frac{1}{4}$$
$$= \overrightarrow{OP} \cdot \overrightarrow{OC} - 1 = 2 \ \text{이므로}$$
$$\overrightarrow{OP} \cdot \overrightarrow{OC} = 3$$

(i) 벡터 $3\overrightarrow{OP} - \overrightarrow{OX}$의 크기는 $\overrightarrow{OP}$의 크기가 최대이고 $\overrightarrow{OX}$가 $\overrightarrow{OP}$와 반대 방향일 때 최대가 되고, $\overrightarrow{OP}$의 크기는 점 P가 선분 OA 위에 있을 때 최대가 된다.

다음 그림과 같이 점 C에서 직선 OA에 내린 수선의 발을 H라 하고 $\angle COA = \alpha$라 하자.

$\angle CAH = \angle AOB$에서

$$\cos(\angle CAH) = \cos(\angle AOB) = \frac{1}{4}$$

이므로

$$\overrightarrow{AH} = \overrightarrow{AC} \times \cos(\angle CAH)$$
$$= \overrightarrow{OB} \times \frac{1}{4} = 2\sqrt{2} \times \frac{1}{4} = \frac{\sqrt{2}}{2}$$

한편,

$$|\overrightarrow{OC}|^2 = |\overrightarrow{OA} + \overrightarrow{OB}|^2$$
$$= |\overrightarrow{OA}|^2 + |\overrightarrow{OB}|^2 + 2\overrightarrow{OA} \cdot \overrightarrow{OB}$$
$$= (\sqrt{2})^2 + (2\sqrt{2})^2 + 2 \times \sqrt{2} \times 2\sqrt{2} \times \frac{1}{4}$$
$$= 2+8+2 = 12 \text{이므로}$$
$$|\overrightarrow{OC}| = 2\sqrt{3}$$

그러므로

$$\cos\alpha = \frac{\sqrt{2} + \dfrac{\sqrt{2}}{2}}{2\sqrt{3}} = \frac{\sqrt{6}}{4}$$

즉, 점 P가 선분 OA 위에 있을 때

$$\overrightarrow{OP} \cdot \overrightarrow{OC} = |\overrightarrow{OP}||\overrightarrow{OC}|\cos\alpha$$
$$= |\overrightarrow{OP}| \times 2\sqrt{3} \times \frac{\sqrt{6}}{4}$$
$$= \frac{3\sqrt{2}}{2}|\overrightarrow{OP}| = 3$$

이므로

$$|\overrightarrow{OP}| = \sqrt{2}$$

이때 $\overrightarrow{OX}$가 $\overrightarrow{OP}$와 반대 방향이면

$$|3\overrightarrow{OP} - \overrightarrow{OX}| = 3|\overrightarrow{OP}| + |\overrightarrow{OX}|$$

이므로

$$M = 3\sqrt{2} + \sqrt{2} = 4\sqrt{2}$$

(ii) 벡터 $3\overrightarrow{OP} - \overrightarrow{OX}$의 크기는 $\overrightarrow{OP}$의 크기가 최소이고 $\overrightarrow{OX}$가 $\overrightarrow{OP}$와 같은 방향일 때 최소가 되고, $\overrightarrow{OP}$의 크기는 점 P가 선분 OC 위에 있을 때 최소가 된다.

이때

$$\overrightarrow{OP} \cdot \overrightarrow{OC} = |\overrightarrow{OP}||\overrightarrow{OC}| = |\overrightarrow{OP}| \times 2\sqrt{3} = 3$$

이므로

$$|\overrightarrow{OP}| = \frac{\sqrt{3}}{2}$$

이때 $\overrightarrow{OX}$ 가 $\overrightarrow{OP}$ 와 같은 방향이면

$$|3\overrightarrow{OP}-\overrightarrow{OX}|=3|\overrightarrow{OP}|-|\overrightarrow{OX}|$$

이므로

$$m=3\times\frac{\sqrt{3}}{2}-\sqrt{2}=\frac{3\sqrt{3}}{2}-\sqrt{2}$$

(i), (ii)에 의하여

$$M\times m=4\sqrt{2}\times\left(\frac{3\sqrt{2}}{2}-\sqrt{2}\right)=6\sqrt{6}-8$$이므로

$$a^2+b^2=6^2+(-8)^2=100$$

301 정답 20

[출제자 : 김진성T]

[그림 : 이정배T]

(가)에서 점P는 변AB와 변AC를 두변으로 하는
평행사변형에서 s,t조건이 $0\le s\le1$, $0\le t\le1$이면 경계와
내부에 존재한다.

그런데 문제에서는 s,t조건이 $0\le s\le\dfrac{1}{2}$, $0\le t\le\dfrac{1}{2}$ 이므로
점 P는 변AB의 중점을 M, 변AC의 중점을 N이라할 때,
변AM와 변AN를 두 변으로 하는 평행사변형의 경계와 내부에
존재한다.
각 점을 좌표평면에 나타내보면 $O(0,0)$,
$A(2,0)$, $B(0,4)$, $C(2,4)$, $M(1,2)$, $N(2,2)$, $P(x,y)$라 할 수
있다.

(나)에서 $\overrightarrow{OP}=(x,y)$, $\overrightarrow{BC}=(2,0)$,
$\overrightarrow{AP}=(x-2,y)$, $\overrightarrow{AB}=(-2,4)$ 이므로

$$\begin{aligned}3\overrightarrow{OP}\cdot\overrightarrow{BC}+\overrightarrow{AP}\cdot\overrightarrow{AB}&=3(2x)+(-2x+4+4y)\\&=4(x+y)+4=20\end{aligned}$$

$$\therefore\ x+y=4$$

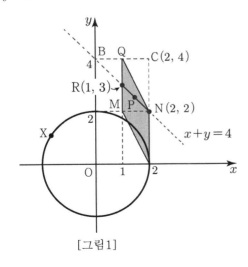

[그림1]

따라서 [그림1]처럼 선분 NR 위에 점P가 존재한다.
(단, $N(2,2)$, $R(1,3)$)
$\overrightarrow{OP'}=-2\overrightarrow{OP}$라고 하면

$$|2\overrightarrow{OP}+\overrightarrow{OX}|=|\overrightarrow{OX}-\overrightarrow{OP'}|=|\overrightarrow{P'X}|\ 가$$

되므로 $|\overrightarrow{P'X}|$의 최댓값과 최솟값을 구하면 된다.
[그림2]를 참조하면

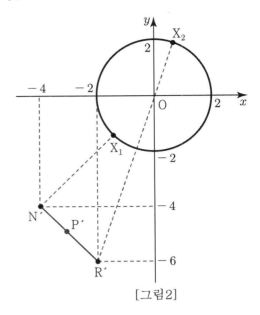

[그림2]

두점 N', R' 사이의 기울기가 -1이므로 P'이 $P'=N'$에
존재하고 $X=X_1$일 때 $|\overrightarrow{P'X}|$가 최솟값 $m=4\sqrt{2}-2$를
갖고,
$P'=R'$에 존재하고
$X=X_2$일 때 $|\overrightarrow{P'X}|$가 최댓값 $M=2\sqrt{10}+2$를 갖는다.
따라서 $M+m=a\sqrt{2}+b\sqrt{10}=4\sqrt{2}+2\sqrt{10}$ 이고
$$a^2+b^2=4^2+2^2=20$$

302 정답 45

$|\overrightarrow{AP}|=1$이므로 점 P는 중심이 $A(-3,\ 1)$이고
반지름의 길이가 1인 원 위의 점이다.
또, $|\overrightarrow{BQ}|=2$이므로 점 Q는 중심이 $B(0,\ 2)$이고
반지름의 길이가 2인 원 위의 점이다.
$\overrightarrow{AP}\cdot\overrightarrow{OC}\ge\dfrac{\sqrt{2}}{2}$에서 두 벡터 $\overrightarrow{AP}$, $\overrightarrow{OC}$ 가 이루는 각의
크기를 θ라 하면

$$|\overrightarrow{AP}||\overrightarrow{OC}|\cos\theta\ge\frac{\sqrt{2}}{2}$$

$$\cos\theta\ge\frac{\sqrt{2}}{2}$$

$$-\frac{\pi}{4}\le\theta\le\frac{\pi}{4}$$

그러므로 점 P를 나타내면 그림과 같다.

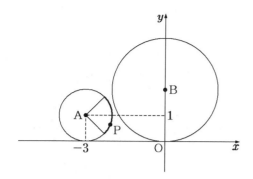

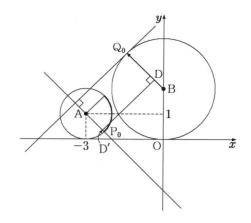

또, 두 벡터 $\overrightarrow{AP}$, $\overrightarrow{AQ}$가 이루는 각의 크기를 θ'이라 하면
$$\overrightarrow{AP} \cdot \overrightarrow{AQ} = |\overrightarrow{AP}||\overrightarrow{AQ}|\cos\theta'$$
$$= |\overrightarrow{AQ}|\cos\theta'$$
그러므로 이 값이 최소이기 위해서는 점 P는 A를 지나고 기울기가 -1인 직선 위의 점이어야 하고, 점 Q는 이 직선과 수직이면서 원 $x^2+(y-2)^2=4$에 접하는 점 중 제2사분면의 점이어야 한다.

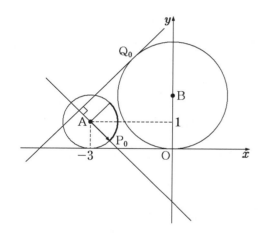

한편, $\overrightarrow{BX} \cdot \overrightarrow{BQ_0} \geq 1$에서 두 벡터 $\overrightarrow{BX}$, $\overrightarrow{BQ_0}$가 이루는 각의 크기를 θ''이라 하면
$$|\overrightarrow{BX}||\overrightarrow{BQ_0}|\cos\theta'' \geq 1$$
$$2|\overrightarrow{BX}|\cos\theta'' \geq 1$$
$$|\overrightarrow{BX}|\cos\theta'' \geq \frac{1}{2}$$
그러므로 선분 BQ_0 위의 점 D를 $\overrightarrow{BD}=\frac{1}{2}$이 되도록 잡은 후, 점 D에서 점 A를 지나고 기울기가 -1인 직선에 내린 수선의 발을 D'이라 하면 점 X는 선분 AD' 위의 점이다.

따라서 $|\overrightarrow{Q_0X}|$의 최댓값은 X가 D'일 때이므로 $|\overrightarrow{Q_0X}|^2$의 최댓값은
$$\overline{Q_0D'}^2 = \overline{Q_0D}^2 + \overline{DD'}^2$$
$$= \left(\frac{3}{2}\right)^2 + (2\sqrt{2})^2 = \frac{9}{4}+8 = \frac{41}{4}$$
그러므로
$$p+q = 4+41 = 45$$

303 정답 64

(가)에서 점 P는 중심이 A이고 반지름의 길이가 2인 원 위의 점이다.

즉, P(a, b)이면 $(a+1)^2+(b-\sqrt{3})^2=4 \cdots \bigcirc$을 만족한다.

(나)에서 $k \neq 0$, $k \neq 1$인 상수이므로 점 O, P, Q는 서로 다른 세 점이고 한 직선 위에 있다. (다)에서 점 O를 기준으로 P, Q는 반대 방향에 위치한다.

따라서 P(a, b), Q(x, y)라 하면 $\frac{b}{a}=\frac{y}{x} \Rightarrow y = \frac{b}{a}x \cdots \bigcirc$이다.

(다)에서 $ax+by=-4 \cdots \boxdot$

$\bigcirc$을 $\boxdot$에 대입하면
$$ax + \frac{b^2}{a}x = -4 \Rightarrow (a^2+b^2)x = -4a$$

따라서 $x = \frac{-4a}{a^2+b^2}$이고 $\bigcirc$에 대입하면 $y = \frac{-4b}{a^2+b^2}$이다.

한편, $\bigcirc$에서 $a^2+b^2 = -2a+2\sqrt{3}b$이므로
$$x - \sqrt{3}y = \frac{-4a+4\sqrt{3}b}{-2a+2\sqrt{3}b} = 2$$

즉, 점 Q는 직선 $x-\sqrt{3}y-2=0$위의 점이다.

직선 $x-\sqrt{3}y-2=0$위의 점 X에 대하여 $\overrightarrow{OX}$와 $\overrightarrow{OB}$가 이루는 각을 θ라 하면
$$\overrightarrow{OX} \cdot \overrightarrow{OB} = 2|\overrightarrow{OX}|\cos\theta$$이므로
$$|\overrightarrow{OB} \cdot \overrightarrow{OX}| \leq 4$$에서 $-2 \leq |\overrightarrow{OX}|\cos\theta \leq 2$이다.

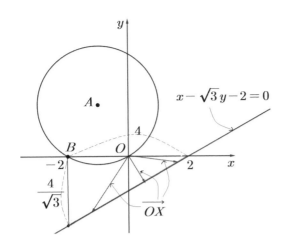

따라서 그림과 같이 X가 나타내는 도형의 길이 $l=\dfrac{8}{\sqrt 3}$이다.

$$\therefore\ 3l^2=3\times\dfrac{64}{3}=64$$

304 정답 48

조건 (가)에서
$$\overrightarrow{PQ}\cdot\overrightarrow{AB}=0\ \text{또는}\ \overrightarrow{PQ}\cdot\overrightarrow{AD}=0$$
이므로 다음과 같이 두 가지의 경우로 나누어
생각할 수 있다.

(ⅰ) $\overrightarrow{PQ}\cdot\overrightarrow{AB}=0$, 즉 $\overrightarrow{PQ}\perp\overrightarrow{AB}$인 경우
두 조건 (나)와 에서
$$\overrightarrow{OB}\cdot\overrightarrow{OP}\geq0,\ \overrightarrow{OB}\cdot\overrightarrow{OQ}\leq0$$
이므로 점 P는 선분 AB 위의 점이고
점 Q는 선분 CD 위의 점이다.

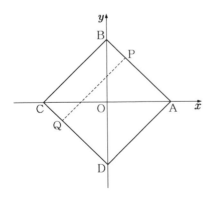

점 P의 좌표를 $P(a,\ 2-a)\ (0\leq a\leq2)$라 하면
점 Q의 좌표는 $Q(a-2,\ -a)$
$\overrightarrow{OA}\cdot\overrightarrow{OP}\geq-2$에서
$(2,\ 0)\cdot(a,\ 2-a)=2a\geq-2$이므로
$$a\geq-1 \qquad\qquad\cdots\cdots\ \text{㉠}$$
$\overrightarrow{OB}\cdot\overrightarrow{OP}\geq0$에서
$(0,\ 2)\cdot(a,\ 2-a)=2(2-a)\geq0$이므로
$$a\leq2 \qquad\qquad\cdots\cdots\ \text{㉡}$$

$\overrightarrow{OA}\cdot\overrightarrow{OQ}\geq-2$에서
$(2,\ 0)\cdot(a-2,\ -a)=2(a-2)\geq-2$이므로
$$a\geq1 \qquad\qquad\cdots\cdots\ \text{㉢}$$
$\overrightarrow{OB}\cdot\overrightarrow{OQ}\leq0$에서
$(0,\ 2)\cdot(a-2,\ -a)=-2a\leq0$이므로
$$a\geq0 \qquad\qquad\cdots\cdots\ \text{㉣}$$
㉠, ㉡, ㉢, ㉣에서
$$1\leq a\leq2 \qquad\qquad\cdots\cdots\ \text{㉤}$$
한편, 점 $R(4,\ 4)$에 대하여
$$\overrightarrow{RP}=\overrightarrow{OP}-\overrightarrow{OR}$$
$$=(a,\ 2-a)-(4,\ 4)$$
$$=(a-4,\ -a-2)$$
$$\overrightarrow{RQ}=\overrightarrow{OQ}-\overrightarrow{OR}$$
$$=(a-2,\ -a)-(4,\ 4)$$
$$=(a-6,\ -a-4)$$
이므로
$$\overrightarrow{RP}\cdot\overrightarrow{RQ}=(a-4,\ -a-2)\cdot(a-6,\ -a-4)$$
$$=(a-4)(a-6)+(a+2)(a+4)$$
$$=2a^2-4a+32$$
$$=2(a-1)^2+30$$
㉤에서
$$30\leq\overrightarrow{RP}\cdot\overrightarrow{RQ}\leq32$$

(ⅱ) $\overrightarrow{PQ}\cdot\overrightarrow{AD}=0$, 즉 $\overrightarrow{PQ}\perp\overrightarrow{AD}$인 경우
두 조건 (나)와 (다)에서
$$\overrightarrow{OB}\cdot\overrightarrow{OP}\geq0,\ \overrightarrow{OB}\cdot\overrightarrow{OQ}\leq0$$
이므로 점 P는 선분 BC 위의 점이고
점 Q는 선분 AD 위의 점이다.

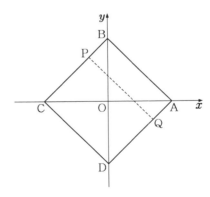

점 P의 좌표를 $P(a,\ a+2)\ (-2\leq a\leq0)$라 하면
점 Q의 좌표는 $Q(a+2,\ a)$
$\overrightarrow{OA}\cdot\overrightarrow{OP}\geq-2$에서
$(2,\ 0)\cdot(a,\ a+2)=2a\geq-2$이므로
$$a\geq-1 \qquad\qquad\cdots\cdots\ \text{㉥}$$
$\overrightarrow{OB}\cdot\overrightarrow{OP}\geq0$에서
$(0,\ 2)\cdot(a,\ a+2)=2(a+2)\geq0$이므로
$$a\geq-2 \qquad\qquad\cdots\cdots\ \text{㉦}$$
$\overrightarrow{OA}\cdot\overrightarrow{OQ}\geq-2$에서

$(2,\ 0) \cdot (a+2,\ a) = 2(a+2) \geq -2$이므로

$a \geq -3$ $\qquad\qquad$ ……ⓞ

$\overrightarrow{OB} \cdot \overrightarrow{OQ} \leq 0$에서

$(0,\ 2) \cdot (a+2,\ a) = 2a \leq 0$이므로

$a \leq 0$ $\qquad\qquad$ ……ⓩ

ⓗ, ⓢ, ⓞ, ⓩ에서

$-1 \leq a \leq 0$ $\qquad\qquad$ ……ⓒ

한편, 점 $\mathrm{R}(4,\ 4)$에 대하여

$\overrightarrow{RP} = \overrightarrow{OP} - \overrightarrow{OR}$

$= (a,\ a+2) - (4,\ 4)$

$= (a-4,\ a-2)$

$\overrightarrow{RQ} = \overrightarrow{OQ} - \overrightarrow{OR}$

$= (a+2,\ a) - (4,\ 4)$

$= (a-2,\ a-4)$

이므로

$\overrightarrow{RP} \cdot \overrightarrow{RQ} = (a-4,\ a-2) \cdot (a-2,\ a-4)$

$= 2(a-4)(a-2)$

$= 2(a^2 - 6a + 8)$

$= 2(a-3)^2 - 2$

ⓒ에서

$16 \leq \overrightarrow{RP} \cdot \overrightarrow{RQ} \leq 30$

(ⅰ), (ⅱ)에서

$16 \leq \overrightarrow{RP} \cdot \overrightarrow{RQ} \leq 32$

따라서 $\overrightarrow{RP} \cdot \overrightarrow{RQ}$의 최댓값은 $M = 32$,

최솟값은 $m = 16$이므로

$M + m = 48$

[다른 풀이]

위의 풀이에서 두 점 P, Q가 지나는 영역은 다음 그림의 굵은 선분 위이다.

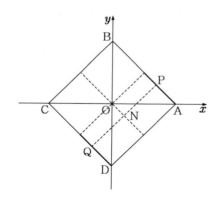

선분 PQ의 중점을 N이라 하면 조건 (가)에 의하여

$\overrightarrow{NP} + \overrightarrow{NQ} = \vec{0}$,

$\overrightarrow{NP} \cdot \overrightarrow{NQ} = |\overrightarrow{NP}||\overrightarrow{NQ}|\cos\pi = -\overrightarrow{NP}^2$

이므로

$\overrightarrow{RP} \cdot \overrightarrow{RQ}$

$= (\overrightarrow{RN} + \overrightarrow{NP}) \cdot (\overrightarrow{RN} + \overrightarrow{NQ})$

$= \overrightarrow{RN} \cdot \overrightarrow{RN} + \overrightarrow{RN} \cdot \overrightarrow{NQ} + \overrightarrow{NP} \cdot \overrightarrow{RN} + \overrightarrow{NP} \cdot \overrightarrow{NQ}$

$= |\overrightarrow{RN}|^2 + \overrightarrow{RN} \cdot (\overrightarrow{NQ} + \overrightarrow{NP}) + \overrightarrow{NP} \cdot \overrightarrow{NQ}$

$= \overrightarrow{RN}^2 + 0 - \overrightarrow{NP}^2$

이때 항상 $\overline{PQ} = 2\sqrt{2}$이므로

$\overline{NP} = \dfrac{1}{2}\overline{PQ} = \sqrt{2}$

따라서

$\overrightarrow{RP} \cdot \overrightarrow{RQ} = \overrightarrow{RN}^2 - 2$

이므로 $\overrightarrow{RP} \cdot \overrightarrow{RQ}$의 최댓값과 최솟값은

$\overline{RN}$의 최댓값과 최솟값에 의하여 결정된다.

$\overline{RN}$이 최대일 때의 두 점 P, Q의 좌표는 각각

$(2,\ 0)$, $(0,\ -2)$이므로 $\mathrm{N}(1,\ -1)$

따라서 $\overline{RN} = \sqrt{(4-1)^2 + (4+1)^2} = \sqrt{34}$

이므로 $\overrightarrow{RP} \cdot \overrightarrow{RQ}$의 최댓값은

$M = (\sqrt{34})^2 - 2 = 32$

$\overline{RN}$이 최소일 때의 두 점 P, Q의 좌표는 각각

$(0,\ 2)$, $(2,\ 0)$이므로 $\mathrm{N}(1,\ 1)$

따라서 $\overline{RN} = \sqrt{(4-1)^2 + (4-1)^2} = \sqrt{18}$

이므로 $\overrightarrow{RP} \cdot \overrightarrow{RQ}$의 최솟값은

$m = (\sqrt{18})^2 - 2 = 16$

이상에서

$M + m = 32 + 16 = 48$

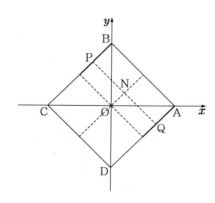

305 정답 64

$-\overrightarrow{OA}$가 나타내는 점 A가 그리는 자취를 나타내면 다음 그림과 같다.

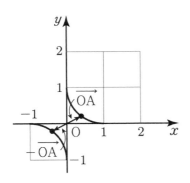

B(1, 2)일 때 $\overrightarrow{OB}-\overrightarrow{OA}$가 나타내는 도형은 다음 그림과 같다.

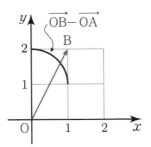

B(2, 1)일 때 $\overrightarrow{OB}-\overrightarrow{OA}$가 나타내는 도형은 다음 그림과 같다.

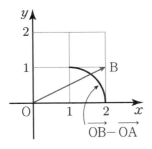

B(b_1, b_2) $(1 < b_1 < 2, 1 < b_2 < 2)$ 일 때 $\overrightarrow{OB}-\overrightarrow{OA}$가 나타내는 도형은 다음 그림과 같다.

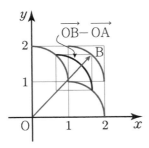

따라서
점 P가 나타내는 도형은 다음 그림과 같다.

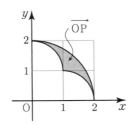

같은 방법으로 점 Q가 나타내는 도형은 다음 그림과 같다.

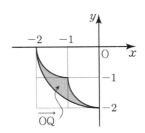

한편, $\overrightarrow{PQ} \cdot \overrightarrow{OR}=0$이므로 $\overrightarrow{PQ} \perp \overrightarrow{OR}$이다.
좌표평면에서 두 점 O, R을 지나는 직선은 $y=-x$이므로 두 점 P, Q는 기울기가 1인 직선 위에 존재한다.

따라서 다음 그림과 같다.

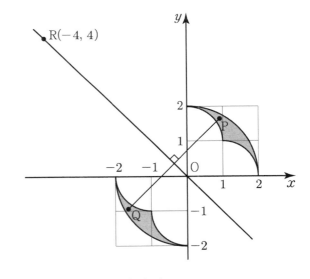

선분 PQ의 중점을 M이라 할 때
$$\overrightarrow{RP} \cdot \overrightarrow{RQ}$$
$$=(\overrightarrow{RM}+\overrightarrow{MP}) \cdot (\overrightarrow{RM}+\overrightarrow{MQ})$$
$$=(\overrightarrow{RM}+\overrightarrow{MP}) \cdot (\overrightarrow{RM}-\overrightarrow{MP})$$
$$=|\overrightarrow{RM}|^2-|\overrightarrow{MP}|^2$$
$\overrightarrow{RM}$의 최솟값은 P(0, 2), Q(−2, 0)으로 M(−1, 1)일 때이고 최댓값은 P(2, 0), Q(0, −2)으로 M(1, −1)일 때이다. 이때, $\overrightarrow{MP}=\sqrt{2}$이므로
$$\left(\sqrt{(-3)^2+3^2}\right)^2-\left(\sqrt{2}\right)^2 \le \overrightarrow{RP} \cdot \overrightarrow{RQ}$$
$$\le \left(\sqrt{(-5)^2+5^2}\right)^2-\left(\sqrt{2}\right)^2$$

$$16 \leq \overrightarrow{RP} \cdot \overrightarrow{RQ} \leq 48$$
$$m = 16, \; M = 48$$
이므로 $M + m = 64$

306 정답 ⑤

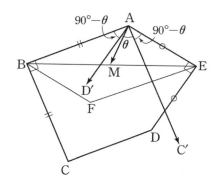

ㄱ. $\overrightarrow{AB}$, $\overrightarrow{AE}$를 이웃하는 두 변으로 하는 평행사변형 ABFE에서 $\overrightarrow{AF}$와 $\overrightarrow{BE}$의 교점이 M이므로

$$\overrightarrow{AM} = \frac{1}{2}\overrightarrow{AF} = \frac{1}{2}(\overrightarrow{AB} + \overrightarrow{AE}) \; (참)$$

ㄴ. 그림에서 $\overrightarrow{AD'} /\!/ \overrightarrow{ED}$, $\overrightarrow{AC'} /\!/ \overrightarrow{BC}$일 때, 두 벡터 $\overrightarrow{BC}$, $\overrightarrow{ED}$가 이루는 각의 크기를 θ라 하면 두 벡터 $\overrightarrow{AC'}$, $\overrightarrow{AD'}$이 이루는 각의 크기도 θ이다. 또, 두 벡터 $\overrightarrow{AB}$, $\overrightarrow{AE}$가 이루는 각의 크기는

$$(90° - \theta) + \theta + (90° - \theta) = 180° - \theta$$
즉,
$$\overrightarrow{AB} \cdot \overrightarrow{AE} = |\overrightarrow{AB}| \cdot |\overrightarrow{AE}| \cos(180° - \theta)$$
$$= |\overrightarrow{AB}| \cdot |\overrightarrow{AE}|(-\cos\theta)$$
$$= |\overrightarrow{BC}| \cdot |\overrightarrow{ED}|(-\cos\theta) \; (\because \overrightarrow{AB} = \overrightarrow{BC}, \; \overrightarrow{AE} = \overrightarrow{ED})$$
$$= -\overrightarrow{BC} \cdot \overrightarrow{ED} \; (참)$$

ㄷ. $|\overrightarrow{BC} + \overrightarrow{ED}|^2 = |\overrightarrow{BC}|^2 + 2 \cdot \overrightarrow{BC} \cdot \overrightarrow{ED} + |\overrightarrow{ED}|^2$
$|\overrightarrow{BE}|^2 = |\overrightarrow{AE} - \overrightarrow{AB}|^2$
$$= |\overrightarrow{AE}|^2 - 2 \cdot \overrightarrow{AE} \cdot \overrightarrow{AB} + |\overrightarrow{AB}|^2$$
이때, $|\overrightarrow{BC}|^2 = |\overrightarrow{AB}|^2$, $|\overrightarrow{ED}|^2 = |\overrightarrow{AE}|^2$이고
ㄴ에서 $\overrightarrow{AB} \cdot \overrightarrow{AE} = -\overrightarrow{BC} \cdot \overrightarrow{ED}$이므로
$|\overrightarrow{BC} + \overrightarrow{ED}|^2 = |\overrightarrow{BE}|^2 \; (참)$
따라서, ㄱ, ㄴ, ㄷ 모두 옳다.

307 정답 ④

ㄱ. $|\overrightarrow{AD}| = 1$, 내접원의 반지름의 길이가 $\frac{\sqrt{3}}{3}$이고 직선

MR은 $\overrightarrow{AD}$와 평행하므로

$$|\overrightarrow{MR}| = 1 + \frac{\sqrt{3}}{3}$$이다. (참)

ㄴ. $|\overrightarrow{DA}| = 1$, $|\overrightarrow{DE}| = 2$이고

$$\angle ADE = \frac{\pi}{2} + \frac{\pi}{3} = \frac{5}{6}\pi$$

따라서 $\overrightarrow{DA} \cdot \overrightarrow{DE} = 1 \times 2 \times \cos\frac{5}{6}\pi = -\sqrt{3}$ (거짓)

ㄷ. $\overrightarrow{PQ} = \overrightarrow{PM} + \overrightarrow{MR} + \overrightarrow{RQ}$이고 $\overrightarrow{AC}$가 $\overrightarrow{PM}$, $\overrightarrow{MR}$, $\overrightarrow{RQ}$와 이루는 각을 각각 α, β, γ라 하면

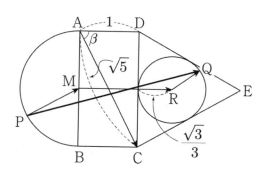

$$\overrightarrow{AC} \cdot \overrightarrow{PQ}$$
$$= \overrightarrow{AC} \cdot (\overrightarrow{PM} + \overrightarrow{MR} + \overrightarrow{RQ})$$
$$= \overrightarrow{AC} \cdot \overrightarrow{PM} + \overrightarrow{AC} \cdot \overrightarrow{MR} + \overrightarrow{AC} \cdot \overrightarrow{RQ}$$
$$= \sqrt{5} \times 1 \times \cos\alpha + \sqrt{5} \times \left(1 + \frac{\sqrt{3}}{3}\right) \times \cos\beta$$
$$+ \sqrt{5} \times \frac{\sqrt{3}}{3} \times \cos\gamma$$

$\overrightarrow{MR} /\!/ \overrightarrow{AD}$이므로 $\cos\beta = \frac{1}{\sqrt{5}}$이고 $\alpha = \gamma = 0$,
즉 $\cos\alpha = \cos\gamma = 1$일 때 최댓값이 된다.
따라서

$$\overrightarrow{AC} \cdot \overrightarrow{PQ} \leq \sqrt{5} + \sqrt{5}\left(1 + \frac{\sqrt{3}}{3}\right) \times \frac{1}{\sqrt{5}} + \frac{\sqrt{15}}{3}$$
$$= \sqrt{5} + 1 + \frac{\sqrt{3}}{3} + \frac{\sqrt{15}}{3}$$
$$= (1 + \sqrt{5}) + \frac{\sqrt{3}(1 + \sqrt{5})}{3}$$
$$= (1 + \sqrt{5})\left(1 + \frac{\sqrt{3}}{3}\right) \; (참)$$

308 정답 53

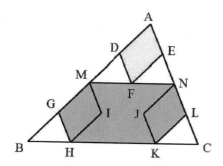

두 선분 AB, AC의 중점을 각각 M, N이라 하고, 두 선분 AM, AN, MN의 중점을 각각 D, E, F라 하자. 또, 두 선분 MB, NC의 중점을 각각 G, L이라 하자.

이때 $\overrightarrow{AS} = \dfrac{1}{4}\overrightarrow{AP} + \dfrac{1}{4}\overrightarrow{AR}$ 라 하면 점 S는 위 그림의 평행사변형 ADFE의 내부 (경계선 포함)에 있다.

또, 점 Q가 점 B에 있으면 $\overrightarrow{AX} = \overrightarrow{AS} + \overrightarrow{AM}$ 이므로 점 X는 위 그림의 평행사변형 MGHI의 내부 (경계선 포함)에 있다.

마찬가지로 점 Q가 점 C에 있으면 $\overrightarrow{AX} = \overrightarrow{AS} + \overrightarrow{AN}$ 이므로 점 X는 위 그림의 평행사변형 NJKL의 내부 (경계선 포함)에 있다.

한편, $\overrightarrow{AT} = \dfrac{1}{2}\overrightarrow{AQ}$ 라 하면 점 T는 선분 MN 위를 움직이므로 점 X가 나타내는 영역은 위 그림의 육각형 MGHKLN의 내부 (경계선 포함)에 있다.

이때 삼각형 AMN의 넓이는 $\dfrac{9}{4}$ 이고, 두 삼각형 GBH, LKC의 넓이는 각각 $\dfrac{9}{16}$ 이므로 구하는 넓이는

$$9 - \dfrac{9}{4} - 2 \times \dfrac{9}{16} = \dfrac{45}{8}$$

따라서 $p = 8$, $q = 45$ 이므로
$p + q = 53$

309 정답 5

$\dfrac{1}{4}(\overrightarrow{OP} + \overrightarrow{OQ}) = \overrightarrow{OS}$ 라 두면 점 S가 나타내는 영역은 다음 그림과 같이 한 변의 길이가 1인 정사각형의 둘레 및 내부와 같다.

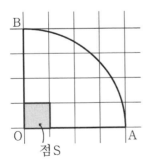

$\dfrac{1}{2}\overrightarrow{OR} = \overrightarrow{OT}$ 라 두면 점 T가 나타내는 영역은 다음 그림과 같이 반지름의 길이가 2인 사분원의 호와 같다.

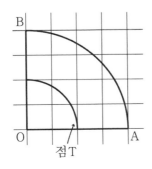

따라서 $\overrightarrow{OX} = \dfrac{1}{4}(\overrightarrow{OP} + \overrightarrow{OQ}) + \dfrac{1}{2}\overrightarrow{OR} = \overrightarrow{OS} + \overrightarrow{OT}$

은 색칠된 정사각형의 점 O를 점 T의 호로 이동했을 때 나타나는 영역이므로 점 X가 나타내는 영역은 다음 그림과 같다.

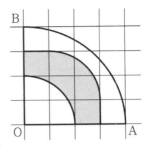

따라서 다음 그림과 같이 사분원 OCD의 원점 O를 호 CD 위로 평행이동할 때 한 변의 길이가 1인 정사각형이 그리는 영역이다.

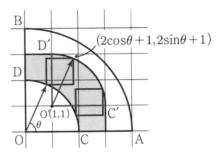

색칠된 부분의 넓이를 S라 하자.

또한 사분원 OCD와 사분원 O′C′D′는 모두 반지름의 길이가 2인 사분원이므로 합동이다. 따라서 두 사분원의 넓이를 S_2라 하고 다음 그림의 색칠된 부분의 넓이를 S_1이라 하면 $S_1 = 5 + S_2$이다.

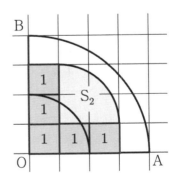

따라서 S는 S_1에서 사분원 OCD의 넓이를 제외하면 되므로
$S = S_1 - S_2 = 5 + S_2 - S_2 = 5$

310 정답 24

좌표평면에서 곡선 C와 점 Q가 나타내는 곡선은 그림과 같다.

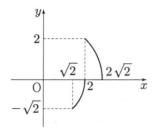

이때, $\overrightarrow{OP}+\overrightarrow{OX}=\overrightarrow{OA}$라 하면 점 A와 $\overrightarrow{OY}$가 나타내는 점 Y는 그림의 색칠된 부분에 존재한다.

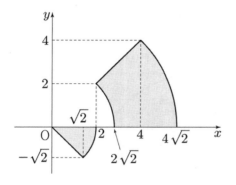

따라서
$\overrightarrow{OZ}=\overrightarrow{OP}+\overrightarrow{OX}+\overrightarrow{OY}=\overrightarrow{OA}+\overrightarrow{OY}$를 만족시키는 점 Z가 나타내는 영역 D의 그림의 색칠된 부분이다.

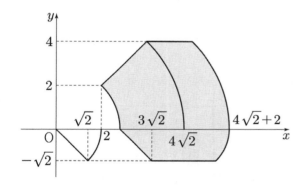

따라서 영역 D에 속하는 점 중에서 y축과의 거리가 최소인 점 R(2, 2)이므로 $\overrightarrow{OR} \cdot \overrightarrow{OZ}$의 최솟값 m은 점 Z가 두 점 $(2\sqrt{2}, 0)$, $(3\sqrt{2}, -\sqrt{2})$을 잇는 선분 위의 점일 때이므로
$m=2\times2\sqrt{2}=4\sqrt{2}$
$\overrightarrow{OR} \cdot \overrightarrow{OZ}$의 최댓값 M은 점 Z(6, 4)일 때이므로
$M=2\times6+2\times4=20$
따라서 $M+m=20+4\sqrt{2}$이므로 $a=20$, $b=4$
즉, $a+b+24$

311 정답 20

$\overrightarrow{OR}$와 $\overrightarrow{OZ}$가 이루는 각을 θ라 하자.
$\overrightarrow{OR} \cdot \overrightarrow{OZ}$의 최댓값은 $\overrightarrow{OR}=(\sqrt{3}, 3)$이므로
$\overrightarrow{OP}=\overrightarrow{OX}=(\sqrt{3}, 1)$, $\overrightarrow{OY}=(0, 2)$이고 θ가 가장 작을 때이므로
$\overrightarrow{OZ}=\overrightarrow{OP}+\overrightarrow{OX}+\overrightarrow{OY}=2(\sqrt{3}, 1)+(0, 2)=(2\sqrt{3}, 4)$
$\overrightarrow{OR} \cdot \overrightarrow{OZ}=6+12=18$
$\overrightarrow{OR} \cdot \overrightarrow{OZ}$의 최솟값은 $\overrightarrow{OR}=(\sqrt{3}, 3)$이므로
$\overrightarrow{OP}=(2, 0)$, $\overrightarrow{OX}=(0, 0)$,
$\overrightarrow{OY}=(0, 0)$이고 θ가 가장 클 때이므로
$\overrightarrow{OZ}=\overrightarrow{OP}+\overrightarrow{OX}+\overrightarrow{OY}$
$\quad=(2, 0)+(0, 0)+(0, 0)=(2, 0)$
$\overrightarrow{OR} \cdot \overrightarrow{OZ}=2\sqrt{3}$
따라서 최댓값과 최솟값의 합이 $18+2\sqrt{3}$

[다른 풀이]–미적분 삼각함수 덧셈정리 이용

$P(2\cos\alpha, 2\sin\alpha)$라 하면 $0 \le \alpha \le \dfrac{\pi}{6}$이고
$\overrightarrow{OX}=s\overrightarrow{OP}$, $\overrightarrow{OY}=t\overrightarrow{OQ}$ $(0 \le s, t \le 1)$
$\overrightarrow{OZ}=(1+s)\overrightarrow{OP}+t\overrightarrow{OQ}$이고
$\overrightarrow{OQ}=\left(2\cos\left(\alpha+\dfrac{\pi}{3}\right), 2\sin\left(\alpha+\dfrac{\pi}{3}\right)\right)$
$\overrightarrow{OZ}$의 x성분이 최소이면서 y성분이 최대일 때는 $s=0$, $t=1$,
$\alpha=\dfrac{\pi}{6}$일 때 이므로
$\overrightarrow{OR}=\left(2\cos\left(\dfrac{\pi}{6}\right)+2\cos\left(\dfrac{\pi}{2}\right), 2\sin\left(\dfrac{\pi}{6}\right)+2\sin\left(\dfrac{\pi}{2}\right)\right)$
$\quad=(\sqrt{3}, 3)$ 이다.

$\overrightarrow{OR} \cdot \overrightarrow{OZ}=(\sqrt{3}, 3) \cdot \{(1+s)\overrightarrow{OP}+t\overrightarrow{OQ}\}$
$=(\sqrt{3}, 3) \cdot$
$\left\{(2(1+s)\cos\alpha, 2(1+s)\sin\alpha)+\left(2t\cos\left(\alpha+\dfrac{\pi}{3}\right), 2t\sin\left(\alpha+\dfrac{\pi}{3}\right)\right)\right\}$
$=(\sqrt{3}, 3) \cdot$
$\left(2(1+s)\cos\alpha+2t\cos\left(\alpha+\dfrac{\pi}{3}\right), 2(1+s)\sin\alpha+2t\sin\left(\alpha+\dfrac{\pi}{3}\right)\right)$
$=$
$2(1+s)\left(\sqrt{3}\cos\alpha+3\sin\alpha\right)+2t\left(\sqrt{3}\cos\left(\alpha+\dfrac{\pi}{3}\right)+3\sin\left(\alpha+\dfrac{\pi}{3}\right)\right)$
$=4\sqrt{3}(1+s)\sin\left(\alpha+\dfrac{\pi}{6}\right)+4\sqrt{3}t\sin\left(\alpha+\dfrac{\pi}{3}+\dfrac{\pi}{6}\right)$
$=4\sqrt{3}(1+s)\sin\left(\alpha+\dfrac{\pi}{6}\right)+4\sqrt{3}t\cos\alpha$

$\overrightarrow{OR} \cdot \overrightarrow{OZ}$의 최대는 $s=1$, $t=1$, $\alpha=\dfrac{\pi}{6}$일 때
$\overrightarrow{OR} \cdot \overrightarrow{OZ} \le 4\sqrt{3}\times2\times\dfrac{\sqrt{3}}{2}+4\sqrt{3}\times1\times\dfrac{\sqrt{3}}{2}$
$\qquad=12+6=18$

따라서 최댓값과 최솟값의 합은 $18 + 2\sqrt{3}$이다.

공간도형
Level
1

 삼수선의 정리

312 정답 ①

다음 그림과 같이 점 C에서 직선 AB에 내린 수선의 발을 G, 평면 α에 내린 수선의 발을 H라 하면 삼수선의 정리에 의하여 $\overline{HG} \perp \overline{AB}$

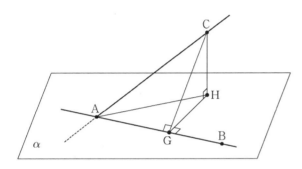

직각삼각형 AGC에서 $\angle CAG = \theta_1$이고 $\sin \theta_1 = \dfrac{4}{5}$이므로

양수 k에 대하여 $\overline{AC} = 5k$라 하면 $\overline{CG} = 4k$이고,

$\cos \theta_1 = \dfrac{3}{5}$이다.

또, 직각삼각형 AHC에서 $\angle CAH = \dfrac{\pi}{2} - \theta_1$이므로

$\overline{AH} = \overline{AC} \times \sin\left(\dfrac{\pi}{2} - \theta_1\right) = 5k \times \cos \theta_1 = 5k \times \dfrac{3}{5} = 3k$

이때 직각삼각형 CGH에서

$\overline{GH} = \sqrt{\overline{CG}^2 - \overline{CH}^2} = \sqrt{(4k)^2 - (3k)^2} = \sqrt{7}\,k$

이고, $\angle CGH = \theta_2$이므로

$\cos \theta_2 = \dfrac{\overline{GH}}{\overline{CG}} = \dfrac{\sqrt{7}\,k}{4k} = \dfrac{\sqrt{7}}{4}$

313 정답 ③

두 점 C, D에서 두 점 A, B를 포함하는 밑면에 내린 수선의 발을 각각 C′, D′이라 하고, 두 점 C′, D′에서 선분 AB에 내린 수선의 발을 각각 E, F라 하자.

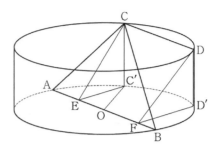

$\overline{CC'} \perp (\text{평면 ABD}'\text{C}')$, $\overline{C'E} \perp \overline{AB}$

이므로 삼수선의 정리에 의해

$\overline{CE} \perp \overline{AB}$

조건 (가)에서 삼각형 ABC의 넓이가 16이므로

$\dfrac{1}{2} \times \overline{AB} \times \overline{CE} = 16$

$\dfrac{1}{2} \times 8 \times \overline{CE} = 16$

$\overline{CE} = 4$

직각삼각형 CC′E에서

$\overline{CC'} = 3$

이므로

$\overline{C'E} = \sqrt{\overline{CE}^2 - \overline{CC'}^2} = \sqrt{4^2 - 3^2} = \sqrt{7}$

선분 AB의 중점을 O라 하면 직각삼각형 OC′E에서

$\overline{OE} = \sqrt{\overline{OC'}^2 - \overline{C'E}^2} = \sqrt{4^2 - (\sqrt{7})^2} = 3$

마찬가지 방법으로

$\overline{OF} = 3$

조건 (나)에서 두 직선 AB, CD가 서로 평행하므로

$\overline{CD} = \overline{EF} = \overline{OE} + \overline{OF} = 3 + 3 = 6$

314 정답 ①

점 A에서 선분 BC에 내린 수선의 발을 P′이라 하면

$\overline{AD} \perp (\text{평면 BCD})$이고 $\overline{AP'} \perp \overline{BC}$이므로

삼수선의 정리에 의해 $\overline{DP'} \perp \overline{BC}$이다.

이때

$\overline{AP} + \overline{DP} \geq \overline{AP'} + \overline{DP'}$

이므로 구하는 최소의 길이는 $\overline{AP'} + \overline{DP'}$

이다. 한편, 직각삼각형 BCD에서

$\overline{BC} = \sqrt{2^2 + (2\sqrt{3})^2} = 4$이므로

$\dfrac{1}{2} \times \overline{DB} \times \overline{DC} = \dfrac{1}{2} \times \overline{BC} \times \overline{DP'}$

$\overline{DB} \times \overline{DC} = \overline{BC} \times \overline{DP'}$

$2 \times 2\sqrt{3} = 4 \times \overline{DP'}$

$\overline{DP'} = \sqrt{3}$ ⋯⋯ ㉠

이때 직각삼각형 ADP′에서

$$\overline{AP'} = \sqrt{\overline{AD}^2 + \overline{DP'}^2}$$
$$= \sqrt{3^2 + (\sqrt{3})^2}$$
$$= 2\sqrt{3} \quad \cdots\cdots \text{ⓛ}$$

㉠과 ⓛ에서 구하는 최솟값은

$$\overline{AP'} + \overline{DP'} = 2\sqrt{3} + \sqrt{3} = 3\sqrt{3}$$

315 정답 ④

그림과 같이 점 M에서 선분 EG에 내린 수선의 발을 I, 선분 EH에 내린 수선의 발을 J라 하자.

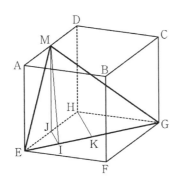

삼수선의 정리에 의하여 $\overline{JI} \perp \overline{EG}$

이므로 점 H에서 선분 EG에 내린 수선의 발을 K라 하면 점 K는 선분 EG의 중점이고

$$\overline{IJ} = \frac{1}{2} \times \overline{HK} = \frac{1}{2} \times 2\sqrt{2} = \sqrt{2}$$

한편, 직각삼각형 MJI에서

$\overline{MJ} = 4$ 이므로

$$\overline{MI} = \sqrt{\overline{MJ}^2 + \overline{IJ}^2} = \sqrt{16 + 2} = 3\sqrt{2}$$

따라서 구하는 삼각형 MEG의 넓이는

$$\frac{1}{2} \times \overline{EG} \times \overline{MI} = \frac{1}{2} \times 4\sqrt{2} \times 3\sqrt{2} = 12$$

316 정답 ①

[그림 : 최성훈T]

$\overline{PB} = \overline{PD} = x$ 로 놓으면 코사인법칙에서

$$\overline{BD}^2 = \overline{PB}^2 + \overline{PD}^2 - 2 \times \overline{PB} \times \overline{PD} \times \cos\theta$$

$\overline{BD} = \sqrt{2}$ 이므로 $2 = x^2 + x^2 - 2x^2\cos\theta$

$$2x^2(1 - \cos\theta) = 2 \implies 1 - \cos\theta = \frac{1}{x^2}$$

$$\therefore \cos\theta = 1 - \frac{1}{x^2}$$

그런데 $\frac{\sqrt{3}}{2} \leq \overline{BP} \leq 1$ 즉 $\frac{\sqrt{3}}{2} \leq x \leq 1$

$$\implies \frac{3}{4} \leq x^2 \leq 1 \text{이므로 } 1 \leq \frac{1}{x^2} \leq \frac{4}{3}$$

$$\therefore -\frac{1}{3} \leq \cos\theta \leq 0$$

최댓값은 0, 최솟값은 $-\frac{1}{3}$

$$\therefore 0 + \left(-\frac{1}{3}\right) = -\frac{1}{3}$$

317 정답 ③

[그림 : 최성훈T]

정육면체의 꼭짓점이 8개이고, 각 꼭짓점마다 하나의 정삼각형을 만들 수 있으므로 8개의 정삼각형을 만들 수 있다.

318 정답 ③

[그림 : 이정배T]

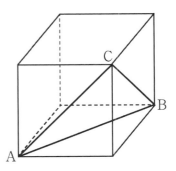

두 점 A, B를 포함하는 면을 밑면으로 하여 정육면체를 만들면 점 C는 그림과 같은 꼭짓점이 된다.

$\triangle ABC$는 정삼각형이므로 $\angle ABC = 60°$

319 정답 ②

$\overline{PQ} = \overline{RD}$ 이고 $\overline{PR} = \overline{QD}$ 이므로 $\square PQDR$은 평행사변형이다.

$\triangle PQR = \triangle DRQ$

점 S에서 밑면에 내린 수선의 길이를 h 라 하면 점 A에서 밑면에 내린 수선의 길이는 $2h$ 이므로 사면체 SQDR의

부피 V_1은 $V_1 = \frac{1}{3} \times \triangle DRQ \times h$

사면체 APQR의 부피는

$$V_2 = \frac{1}{3} \times \triangle PQR \times 2h = 2V_1$$

따라서, 구하는 부피의 비는 2 : 1이다.

320 정답 ①

[그림 : 이정배T]

$\triangle ADE$에서 코사인법칙을 적용하면

$$\overline{AD}^2 = 1^2 + 1^2 - 2\cos\theta = 2 - 2\cos\theta$$

$$\overline{BD} = \sqrt{\overline{AB}^2 + \overline{AD}^2}$$
$$= \sqrt{1^2 + 2 - 2\cos\theta}$$

$$= \sqrt{3 - 2\cos\theta}$$

$$V = \frac{1}{3} \times \triangle ABC \times \overline{DH} = \frac{1}{3} \times 20 \times 3 = 20$$

321 정답 ④

[그림 : 배용제T]

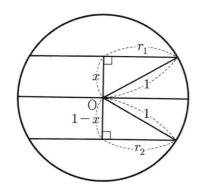

주어진 그림에서 위, 아래의 단면은 원이다. 즉, 반지름의 길이를 각각 r_1, r_2로 놓고 위 그림을 얻을 수 있다.

구의 중심에서 위의 단면까지의 거리를 x로 놓으면

$$r_1^2 = 1 - x^2, \quad r_2^2 = 1 - (1-x)^2 = -x^2 + 2x$$

따라서, 두 단면의 넓이의 합은

$$\pi r_1^2 + \pi r_2^2 = \pi (1 - x^2 - x^2 + 2x)$$
$$= \pi(-2x^2 + 2x + 1)$$
$$= \pi\left\{ -2\left(x - \frac{1}{2}\right)^2 + \frac{3}{2} \right\}$$

따라서 $x = \frac{1}{2}$ 일 때, 넓이의 합은 최댓값 $\frac{3}{2}\pi$ 를 갖는다.

322 정답 20

[그림 : 배용제T]

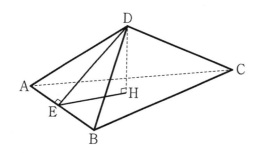

그림과 같이 꼭짓점 D 에서 모서리 AB 에 내린 수선의 발을 E 라 하고, 삼각형 ABC 에 내린 수선의 발을 H 라 하면 삼수선의 정리에 의해 $\angle EHD = 90°$ 이다.

삼각형 ABD 의 넓이는

$$\triangle ABD = \frac{1}{2} \times \overline{AB} \times \overline{DE} = \frac{1}{2} \times 5 \times \overline{DE} = 15$$

$$\therefore \overline{DE} = 6$$

또, 삼각형 DEH 에서 $\angle DEH = 30°$ 이므로

$$\overline{DH} = 3$$

따라서, 사면체 ABCD 의 부피 V 는

323 정답 ①

[그림 : 배용제T]

점 P 에서 사각형 EFGH 에 내린 수선의 발을 P′, 선분 AB 의 중점을 M, 선분 EF 의 중점을 N 이라 하면 $\overline{PM} = \sqrt{3}$, $\overline{NP'} = 1$, $\overline{MN} = 2$

또, 선분 CD 의 중점을 M′, 선분 MM′ 의 중점을 Q 라 하면 $\overline{MQ} = 1$ 이므로 $\overline{PQ} = \sqrt{2}$

$\angle PMM' = \alpha$ 라 하면

$$\cos\theta = \cos\left(\frac{\pi}{2} + \alpha\right) = -\sin\alpha = -\frac{\sqrt{2}}{\sqrt{3}} = -\frac{\sqrt{6}}{3}$$

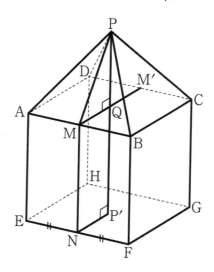

324 정답 ⑤

ㄱ. $\overline{AC} \perp \overline{AD}$, $\overline{AC} \perp \overline{AB}$ 이므로 $\overline{AC} \perp (\text{평면 ABP})$

따라서 삼각형 ACP는 $\overline{AC} = \overline{AP}$ 이고 $\angle CAP = 90°$ 인 직각삼각형이므로

$$\overline{CP} = \sqrt{\overline{AC}^2 + \overline{AP}^2}$$
$$= \sqrt{2\overline{AP}^2} = \sqrt{2\overline{BP}^2} = \sqrt{2}\,\overline{BP} \ (\text{참})$$

ㄴ. 세 점 A, B, C는 한 평면 위에 있으면서 일직선 위에 있지 않고, 점 P는 그 평면 위의 점이 아니므로 직선 AB와 직선 CP는 만나지 않는다. 즉, 직선 AB와 직선 CP는 꼬인 위치에 있다. (참)

ㄷ. ㄱ에서 $\overline{AC} \perp (\text{평면 ABP})$ 이므로 $\overline{AC} \perp \overline{PM}$

또한, $\overline{PM} \perp \overline{AB}$ 이므로 $\overline{PM} \perp (\text{평면 ABC})$

따라서 직선 PM과 직선 BC는 서로 수직이다. (참)

325 정답 ③

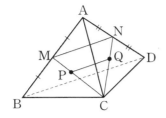

ㄱ, ㄴ. 직선 CD와 직선 BQ, 직선 AD와 직선 BC는 서로 만나지도 평행하지도 않으므로 꼬인 위치에 있다.

ㄷ. 직선 CP와 CQ가 선분 AB, AD와 만나는 점을 각각 M, N이라 하면 M, N은 각각 선분 AB, AD의 중점이므로 $\overline{MN}$ //$\overline{BD}$이다.

또한, $\overline{CP} : \overline{CM} = \overline{CQ} : \overline{CN} = 2 : 3$ 이므로 △CPQ ∽ △CMN이므로 $\overline{PQ}$ //$\overline{MN}$이다.

따라서, $\overline{PQ}$ //$\overline{MN}$이고, $\overline{MN}$ //$\overline{BD}$이므로 $\overline{PQ}$ //$\overline{BD}$

326 정답 ③

[그림 : 이호진T]

한 모서리의 길이를 a 라 하고

H, F에서 $\overline{AG}$ 에 그은 수선의 발을 M, $\overline{FH}$의 중점을 N이라 하면

$\triangle AGH = \dfrac{1}{2}\overline{GH} \cdot \overline{AH} = \dfrac{1}{2}\overline{AG} \cdot \overline{HM}$ 이고

$\overline{AH} = \sqrt{2}a$, $\overline{GH} = a$, $\overline{AG} = \sqrt{3}a$ 이므로

$\overline{HM} = \overline{FM} = \dfrac{\sqrt{6}}{3}a$

$\overline{FH} = \sqrt{2}a$, $\overline{FN} = \dfrac{\sqrt{2}}{2}a$, $\overline{MN} = \dfrac{\sqrt{6}}{6}a$

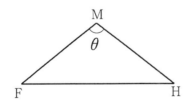

삼각형 FHM에서

∠FMH = θ라 하면, 코사인 법칙에 의해

$\cos\theta = \dfrac{\left(\dfrac{\sqrt{6}}{3}a\right)^2 + \left(\dfrac{\sqrt{6}}{3}a\right)^2 - (\sqrt{2}a)^2}{2 \cdot \dfrac{\sqrt{6}}{3}a \cdot \dfrac{\sqrt{6}}{3}a}$

$= \dfrac{-\dfrac{2}{3}a^2}{\dfrac{4}{3}a^2}$

$= -\dfrac{1}{2}$

$\therefore \cos^2\theta = \dfrac{1}{4}$

327 정답 ②

[그림 : 이호진T]

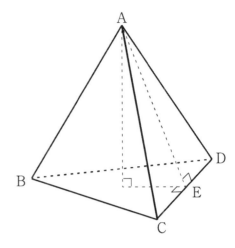

점 A에서 모서리 CD에 내린 수선의 발을 E라 하면 삼수선의 정리에 의하여 AE⊥HE,

따라서 △AEH는 직각삼각형이고 ∠AEH = 30°이므로 AE = 8

이때 AH = 4

328 정답 ②

그림과 같이 점 P에서 직선 BC에 내린 수선의 발을 H라 하면 $\overline{PA}$⊥α, $\overline{PH}$⊥$\overline{BC}$이므로 삼수선의 정리에 의해 $\overline{AH}$⊥$\overline{BC}$이다.

이때, 점 H는 $\overline{BC}$의 중점이므로 $\overline{CH}$ = 3

또, 삼각형 AHC는 직각이등변삼각형이므로 $\overline{AH}$ = 3

따라서, 삼각형 PHA에서 $\overline{PH} = \sqrt{3^2 + 4^2} = 5$

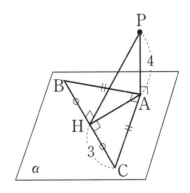

329 정답 ①

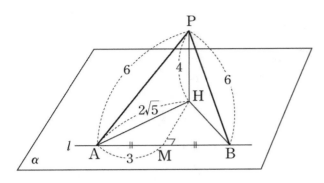

$\overline{PH}=4$이고, $\overline{PA}=6$이므로
$\overline{AH}=\sqrt{36-16}=\sqrt{20}=2\sqrt{5}$
또, $\overline{PH}=4$이고, $\overline{PB}=6$이므로
$\overline{BH}=\sqrt{36-16}=\sqrt{20}=2\sqrt{5}$
이때, 평면 α위의 점 H에서 직선 l에 내린 수선의 발을 M이라
하면
$\overline{AM}=3$이므로
$\overline{HM}=\sqrt{\overline{AH}^2-\overline{AM}^2}=\sqrt{20-9}=\sqrt{11}$

330 정답 12

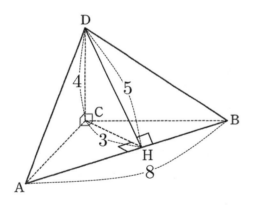

점 C에서 선분 AB에 내린 수선의 발을 H라고 하면 삼수선의
정리에 의하여 $\overline{DH}\perp\overline{AB}$이다.
$\triangle ABD$의 넓이가 20이므로 $\overline{DH}=5$이고,
$\overline{CH}=\sqrt{(\overline{DH})^2-(\overline{CD})^2}=\sqrt{5^2-4^2}=3$
$\therefore\ \triangle ABC$의 넓이는 $\dfrac{1}{2}\times 8\times 3=12$

331 정답 ②

$\overline{PH}\perp\alpha$, $\overline{PQ}\perp\overline{AB}$이므로
삼수선의 정리에 의해 $\overline{HQ}\perp\overline{AB}$
한편, H가 무게중심이므로
$\triangle HAB$의 넓이는 $\dfrac{1}{3}\times 24=8$

$\triangle HAB$의 넓이 $=\dfrac{1}{2}\times 8\times\overline{HQ}=8$

$\therefore\ \overline{HQ}=2$
$\triangle PHQ$는 직각삼각형이고 $\overline{PH}=4$, $\overline{HQ}=2$이므로
$\therefore\ \overline{PQ}=2\sqrt{5}$

332 정답 ⑤

ㄱ. 평면 α와 세 점 A, B, C를 지나는 평면의 교선을 l이라
하자.
점 A에서 평면 α와 교선 l에 내린 수선의 발을 각각 H_1, H_2라
하면 $\overline{AH_1}\leq\overline{AH_2}$
즉, 점 A에서 평면 α에 이르는 거리는 평면 α와 세 점 A, B,
C를 지나는 평면이 수직일 때 최대이다.

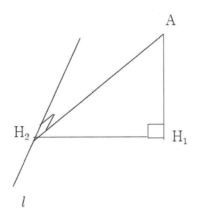

마찬가지로 두 점 B와 C에서 평면 α에 이르는 거리는 평면
α와 세 점 A, B, C를 지나는 평면이 수직일 때 최대이다.
따라서 평면 α 중에서 $d(\alpha)$가 최대가 되는 평면을 β라 하면
평면 β는 세 점 A, B, C를 지나는 평면과 수직일 때 최대이다.
(참)
ㄴ. $\overline{BC}\leq\overline{AC}$라 하자.
선분 BC의 중점을 M이라 하면 평면 α가 점 M을 지날 때
$d(\alpha)$는 최대이다.
즉, 평면 β는 선분 BC의 중점을 지난다.
마찬가지로 $\overline{AC}\leq\overline{BC}$일 때에는 평면 β는 선분 AC의 중점을
지난다. (참)
ㄷ. $\overline{AC}=\sqrt{(2-2)^2+(-1-3)^2+(0-0)^2}=4$
$\overline{BC}=\sqrt{(2-0)^2+(-1-1)^2+(0-0)^2}=2\sqrt{2}$
이때, $\overline{BC}\leq\overline{AC}$이므로
$d(\beta)$는 점 B와 평면 β 사이의 거리와 같다. (참)
이상에서 옳은 것은 ㄱ, ㄴ, ㄷ이다.

333 정답 ②

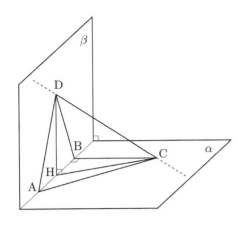

삼각형 ABC가 직각삼각형이므로

$\overline{AB} = \sqrt{(2\sqrt{29})^2 - 6^2} = 4\sqrt{5}$

점 D에서 선분 AB에 내린 수선의 발을 H라 하면
삼각형 DAB가 이등변삼각형이므로

$\overline{AH} = \overline{BH} = 2\sqrt{5}$, $\overline{DH} = \sqrt{6^2 - (2\sqrt{5})^2} = 4$

삼각형 HBC가 직각삼각형이므로

$\overline{CH} = \sqrt{6^2 + (2\sqrt{5})^2} = 2\sqrt{14}$

두 평면 α, β는 서로 수직이므로 $\overline{DH} \perp \overline{BC}$,

$\overline{DH} \perp \overline{AB}$이므로 직선 DH는 평면 α와 수직이다.

그러므로 $\angle DHC = \dfrac{\pi}{2}$

$\overline{CD} = \sqrt{\overline{DH}^2 + \overline{CH}^2} = \sqrt{4^2 + (2\sqrt{14})^2} = 6\sqrt{2}$

점 D의 평면 α 위로의 정사영이 점 H이므로

$\cos\theta = \dfrac{\overline{CH}}{\overline{CD}}$

따라서 $\cos\theta = \dfrac{2\sqrt{14}}{6\sqrt{2}} = \dfrac{\sqrt{7}}{3}$

334 정답 ②

점 A에서 선분 BC에 내린 수선의 발을 H'이라 하면 삼각형
ABC의 넓이가 6이므로

$\dfrac{1}{2} \times \overline{AH'} \times \overline{BC} = 6$에서 $\overline{AH'} = 4$

$\overline{AH} \perp (평면\ BCD)$, $\overline{AH'} \perp \overline{BC}$

이므로 삼수선의 정리에 의하여 $\overline{HH'} \perp \overline{BC}$

두 직각삼각형 $BH'H$, BCD의 닮음비는 $1:3$이므로

$\overline{HH'} = 1$, $\overline{H'C} = 2$

$\overline{HC} = \sqrt{1^2 + 2^2} = \sqrt{5}$, $\overline{AH} = \sqrt{4^2 - 1^2} = \sqrt{15}$

따라서 삼각형 AHC의 넓이는

$\dfrac{1}{2} \times \overline{AH} \times \overline{HC} = \dfrac{1}{2} \times \sqrt{15} \times \sqrt{5} = \dfrac{5\sqrt{3}}{2}$

335 정답 32

(가)에서 두 삼각형 ABC와 ADC는 합동이다. (SSS)

따라서 그림과 같이 두 점 B, D에서 $\overline{AC}$에 내린 수선의 발을
H라 하면 $\overline{BH} = \overline{DH}$이다.

또한 (나)에서 $\angle BHD = 90°$이므로 삼각형 BHD는
직각이등변삼각형이다.

$\therefore \overline{BH} = 2\sqrt{2}$

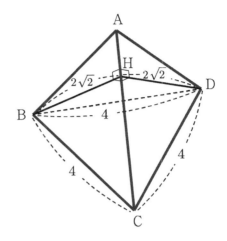

또한 직각삼각형 BHC에서 피타고라스 정리로

$\overline{CH} = 2\sqrt{2}$ 이다.

(다)에서 점 A에서 $\overline{BD}$에 내린 수선의 발을 I라 하면 $\overline{AI}$가
사면체의 높이가 된다.

점 B와 $\triangle AIC$에서 $\overline{BI} \perp \triangle AIC$, $\overline{BH} \perp \overline{AC}$이므로 삼수선
정리에 의해 $\overline{IH} \perp \overline{AC}$

따라서 $\overline{IC}^2 = \overline{CH} \times \overline{CA} \Rightarrow \therefore \overline{AC} = 3\sqrt{2}$

따라서 직각삼각형 AIC에서

$\overline{AI} = \sqrt{(3\sqrt{2})^2 - (2\sqrt{3})^2} = \sqrt{6}$

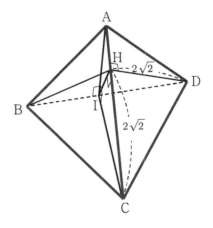

따라서 사면체 부피 V는

$V = \dfrac{1}{3} \times \triangle BCD \times \overline{AI}$

$= \dfrac{1}{3} \times \left(\dfrac{\sqrt{3}}{4} \times 4^2 \right) \times \sqrt{6}$

$= 4\sqrt{2}$

따라서 $V^2 = 32$

336 정답 ③

그림과 같이 점 F에서 직선 AG에 내린 수선의 발을 M이라 하면 점 F에서 직선 AG까지의 최단거리는 선분 FM의 길이이다.

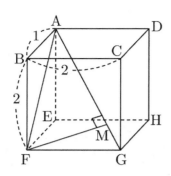

$\overline{AF}=\sqrt{1+4}=\sqrt{5}$, $\overline{AG}=\sqrt{1+4+4}=3$

이때, $\overline{AF}\perp\overline{FG}$이므로 직각삼각형 AFG의 넓이는

$$\frac{1}{2}\times\overline{AF}\times\overline{FG}=\frac{1}{2}\times\overline{AG}\times\overline{FM}$$

$$\sqrt{5}\times 2=3\times\overline{FM}$$

$$\therefore \overline{FM}=\frac{2\sqrt{5}}{3}$$

337 정답 ②

[그림 : 이정배T]

$\overline{PA}=a$라 하면 $\overline{PB}=3a$, $\overline{AB}=\sqrt{10}\,a$

$\overline{PH}\perp\overline{HQ}$, $\overline{HQ}\perp\overline{AB}$이므로 삼수선 정리에 의하여 $\overline{PQ}\perp\overline{AB}$

따라서 직각삼각형 PAB에서

$$\overline{PA}\times\overline{PB}=\overline{AB}\times\overline{PQ}$$

$$a\times 3a=\sqrt{10}\,a\times\overline{PQ}$$

$$\overline{PQ}=\frac{3}{\sqrt{10}}a \cdots \text{㉠}$$

$\overline{PH}=b$라 하면 $\overline{QH}=3b$, $\overline{PQ}=\sqrt{10}\,b \cdots \text{㉡}$

㉠, ㉡에 의해서

$$\overline{PQ}=\frac{3}{\sqrt{10}}a=\sqrt{10}\,b,\ 3a=10b,\ b=\frac{3}{10}a$$

따라서 $\dfrac{\overline{PH}}{\overline{PA}}=\dfrac{b}{a}=\dfrac{\frac{3}{10}a}{a}=\dfrac{3}{10}$

338 정답 ①

[출제자 : 서태욱T]

[그림 : 서태욱T]

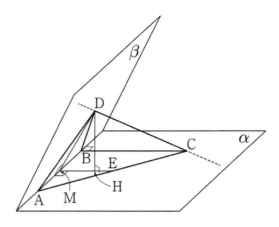

삼각형 ABC에서 피타고라스 정리에 의하여

$$\overline{AB}=\sqrt{(2\sqrt{29})^2-6^2}=4\sqrt{5}$$

점 D에서 선분 AB에 내린 수선의 발을 M이라 하면 삼각형 DAB가 이등변삼각형이므로

$$\overline{AM}=\overline{BM}=2\sqrt{5},\ \overline{DM}=\sqrt{6^2-(2\sqrt{5})^2}=4$$

이때 점 M을 지나고 직선 AB와 수직인 직선이 선분 AC와 만나는 점을 E라 하고 점 D에서 선분 AE에 내린 수선의 발을 H라 하면 삼수선 정리에 의하여 점 D에서 평면 α에 내린 수선의 발은 H이다.

두 평면 α, β가 이루는 각이 60°이므로

$$\overline{MH}=4\times\cos 60°=2,\ \overline{DH}=2\sqrt{3}$$

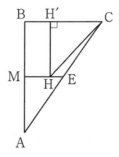

$\overline{BC}=6$이므로 $\overline{ME}=3$이고 $\overline{MH}=2$이므로 $\overline{CH'}=4$이다.

삼각형 CH'H에서 피타고라스 정리에 의하여

$$\overline{CH}=\sqrt{4^2+(2\sqrt{5})^2}=6$$

삼각형 DHC는 $\angle DHC=90°$인 직각삼각형이므로

$$\overline{CD}=\sqrt{(\overline{DH})^2+(\overline{CH})^2}=\sqrt{(2\sqrt{3})^2+6^2}=4\sqrt{3}$$

따라서

$\theta=\angle DCH$이므로 $\cos\theta=\dfrac{\overline{CH}}{\overline{CD}}=\dfrac{6}{4\sqrt{3}}=\dfrac{\sqrt{3}}{2}$

339 정답 ⑤

[출제자 : 정일권T]

점 P에서 선분 CD를 지나는 평면에 내린 수선의 발을 P'이라 하고, 선분 CD의 중점을 O'이라 할 때, 점 O'에서 선분 CE에 내린 수선의 발을 H_1, 점 P'에서 내린 수선의 발을 H_2라 하면

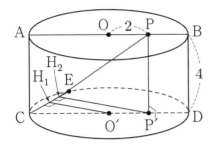

$\overline{CH_1}=2$이므로 $\overline{O'H_1}=2\sqrt{3}$

$\triangle CO'H_1 \backsim \triangle CP'H_2$ 이므로

$4:6=2\sqrt{3}:\overline{P'H_2} \rightarrow \overline{P'H_2}=3\sqrt{3}$

따라서

$\overline{PH_2}=\sqrt{\overline{PP'}^2+\overline{P'H_2}^2}$

$=\sqrt{16+27}$

$=\sqrt{43}$

유형 2 정사영의 길이와 넓이

340 정답 ⑤

두 점 A, B는 평면 α 위에 있지 않고, $\overline{AB}=\overline{A'B'}$이므로 직선 AB는 평면 α와 평행하다.

따라서 선분 AB는 평면 α와 만나지 않고, 평면 AA'BB'와 평면 α는 서로 수직이다. ····· ㉠

선분 AB의 중점 M의 평면 α 위로의 정사영 M'은 선분 A'B'의 중점이다. ····· ㉡

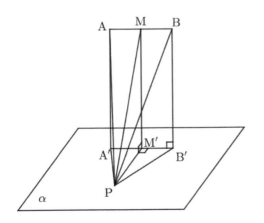

그러므로 $\overline{PM'}\perp\overline{A'B'}$에서 직선 PM'은 선분 A'B'의 수직이등분선이다.

$\overline{PM'}=6$이므로 삼각형 A'B'P의 넓이를 S라 하면

$S=\dfrac{1}{2}\times\overline{A'B'}\times\overline{PM'}$

$=\dfrac{1}{2}\times6\times6=18$

두 평면 A'B'P, ABP가 이루는 각의 크기를 θ라 하자.

삼각형 A'B'P의 평면 ABP 위로의 정사영의 넓이가 $\dfrac{9}{2}$이므로

$\dfrac{9}{2}=S\times\cos\theta=18\cos\theta$

$\cos\theta=\dfrac{1}{4}$

㉠, ㉡에서 $\angle MPM'=\theta$이고 $\overline{MM'}\perp\overline{PM'}$이므로 직각삼각형 MPM'에서

$\cos\theta=\dfrac{\overline{PM'}}{\overline{PM}}$

따라서

$\overline{PM}=\dfrac{\overline{PM'}}{\cos\theta}=\dfrac{6}{\dfrac{1}{4}}=6\times4=24$

341 정답 ③

[그림 : 이정배T]

$\triangle PRS$의 평면 CGHD위로의 정사영을 $\triangle P'R'S'$이라 하자.

P에서 $\triangle QRS$에 수선 PN를 내리면

$\triangle PQN \equiv \triangle PRN \equiv \triangle PSN$이므로 점 N은 정삼각형 QRS의 무게중심이다.

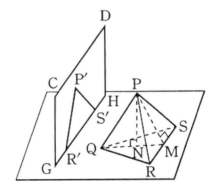

직선 QN과 직선 RS의 교점을 M이라 하면

$\overline{RM}=\overline{SM}$, $\overline{QN}=\overline{NM}=2:1$

$\therefore \overline{QM}=\sqrt{1-\dfrac{1}{4}}=\dfrac{\sqrt{3}}{2}=\overline{PM}$

$\therefore \overline{NM}=\dfrac{1}{3}\overline{QM}=\dfrac{1}{3}\times\dfrac{\sqrt{3}}{2}=\dfrac{\sqrt{3}}{6}$

$\therefore \overline{PN}=\sqrt{\overline{PM}^2-\overline{NM}^2}$

$=\sqrt{\left(\dfrac{\sqrt{3}}{2}\right)^2-\left(\dfrac{\sqrt{3}}{6}\right)^2}=\dfrac{\sqrt{6}}{3}$

$$\therefore \cos\theta = \frac{\overline{PN}}{\overline{PM}} = \frac{\frac{\sqrt{6}}{3}}{\frac{\sqrt{3}}{2}} = \frac{2\sqrt{2}}{3}$$

$$\therefore \triangle P'R'S' = \triangle PRS \times \cos\theta$$

$$= \frac{1}{2} \times 1 \times \frac{\sqrt{3}}{2} \times \frac{2\sqrt{2}}{3} = \frac{\sqrt{6}}{6}$$

342 정답 ⑤

[그림 : 최호진T]

$\overline{FR} = \overline{AP} = 2$이므로

$\overline{PQ} = \overline{QR} = \sqrt{10}$, $\overline{PR} = 3\sqrt{2}$

삼각형 PQR에서 밑변을 PR이라 하면 높이는

$$(높이) = \sqrt{10 - \frac{9}{2}} = \frac{\sqrt{22}}{2}$$

그래서 $\triangle PQR = \frac{1}{2} \times 3\sqrt{2} \times \frac{\sqrt{22}}{2} = \frac{3\sqrt{11}}{2}$

한편, 삼각형 PQR의 평면 CGHD 위로의 정사영은 삼각형 CGD이므로 정사영의 기본성질에 의해

$$\triangle CGD = \triangle PQR \cos\theta \Leftrightarrow \frac{9}{2} = \frac{3\sqrt{11}}{2} \cos\theta$$

그러므로 $\cos\theta = \frac{3\sqrt{11}}{11}$

343 정답 30

태양광선이 그림처럼 판에 수직으로 비춰질 때 즉, 지면과 판이 이루는 각의 크기가 $30\,^\circ$이면 그림자의 넓이 S가 최대가 된다.

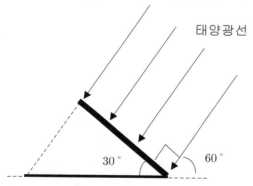

판의 넓이는 $4^2 - \pi = 16 - \pi$이므로

$$S = \frac{16 - \pi}{\cos 30\,^\circ} = \frac{16 - \pi}{\frac{\sqrt{3}}{2}} = \frac{\sqrt{3}(32 - 2\pi)}{3}$$

$\therefore a = 32$, $b = -2$

$\therefore a + b = 32 - 2 = 30$

344 정답 16

정사각형 BCDE의 두 대각선의 교점을 O라 하면 삼각형 ABC의 평면 BCDE 위로의 정사영 K는 삼각형 OBC이다.

이때 삼각형 ABC의 넓이는 $\frac{\sqrt{3}}{4} \times 4^2 = 4\sqrt{3}$

이고 삼각형 OBC의 넓이는 $\frac{1}{4} \times 4^2 = 4$

이므로 두 평면 ABC와 BCDE가 이루는 각의 크기를 θ라 하면

$$\cos\theta = \frac{(삼각형 \, OBC의 \, 넓이)}{(삼각형 \, ABC의 \, 넓이)} = \frac{1}{\sqrt{3}}$$

따라서 평면 BCDE와 평면 CFD가 이루는 각의 크기도 θ이므로 도형 K의 평면 CFD 위로의 정사영의 넓이는

$$4 \times \cos\theta = 4 \times \frac{1}{\sqrt{3}} = \frac{4}{\sqrt{3}}$$

따라서 $S = \frac{4}{\sqrt{3}}$

$$3S^2 = 3 \times \frac{16}{3} = 16$$

345 정답 ⑤

삼각형 ABC의 넓이는 $\frac{\sqrt{3}}{4}a^2$

$\overline{BC}$의 중점을 M이라 하고 꼭짓점 A에서 평면 BCD에 내린 수선의 발을 H라 하자.

삼각형 ABC와 삼각형 DBC가 이루는 각을 θ라 할 때,

$\theta = \angle AMH$

점 H는 삼각형 DBC의 무게 중심이므로

$\overline{AM} = \overline{DM}$, $\overline{HM} = \frac{1}{3}\overline{DM}$에서

$$\cos\theta = \frac{\overline{HM}}{\overline{AM}} = \frac{1}{3}$$

따라서 정사영의 넓이는 $\frac{\sqrt{3}}{4}a^2 \times \frac{1}{3} = \frac{\sqrt{3}}{12}a^2$

346 정답 ②

[그림 : 최성훈T]

정삼각형 OBC의 한 변의 길이가 12이므로 선분 BC의 중점을 M, 삼각형 OBC의 무게중심을 G라 하면

$$\overline{OM} = \frac{\sqrt{3}}{2}\overline{OB} = \frac{\sqrt{3}}{2} \times 12 = 6\sqrt{3}$$

$$\overline{GM} = \frac{1}{3}\overline{OM} = 2\sqrt{3}$$

즉, 삼각형 OBC에 내접하는 원의 반지름의 길이가 $2\sqrt{3}$이므로 이 원의 넓이는 12π이다.

이 원의 평면 ABC 위로의 정사영의 넓이가 6π이므로 두 평면 ABC, OBC가 이루는 각의 크기를 θ라 하면

$$\cos\theta = \frac{6\pi}{12\pi} = \frac{1}{2}, \ \theta = \frac{\pi}{3}$$

이때

$$\angle OMA = \theta = \frac{\pi}{3}$$

이고 $\overline{OM} = \overline{AM}$이므로 삼각형 OMA는 정삼각형이다.

따라서
$$\overline{OA} = \overline{OM} = 6\sqrt{3}$$

347 정답 48

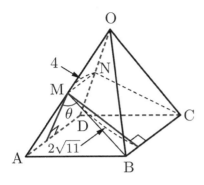

$\overline{MN} = 4$이고 M에서 $\overline{BC}$와 $\overline{AD}$에 내린 수선의 발을 각각 H_1, H_2라 하자.

사각형 MBCN은 $\overline{MN} = 4$, $\overline{BC} = 8$, $\overline{MH_1} = 2\sqrt{11}$인 등변사다리꼴이므로 넓이는
$$\frac{1}{2} \times (4+8) \times 2\sqrt{11} = 12\sqrt{11}$$

사각형 MBCN과 평면 OAD가 이루는 각은 $\angle H_1MH_2$이다.

$\overline{MH_2} = 2\sqrt{3}$, $\overline{MH_1} = 2\sqrt{11}$, $\overline{H_1H_2} = 8$이므로

$\angle H_1MH_2 = \theta$라 하면
$$\cos\theta = \frac{(2\sqrt{3})^2 + (2\sqrt{11})^2 - 8^2}{2 \times 2\sqrt{3} \times 2\sqrt{11}} = \frac{12+44-64}{8\sqrt{33}}$$
$$= -\frac{1}{\sqrt{33}} \ (\text{코사인법칙})$$

따라서 정사영의 넓이는 S는
$$S = 12\sqrt{11} \times \left| -\frac{1}{\sqrt{33}} \right| = \frac{12}{\sqrt{3}} = 4\sqrt{3}$$

따라서 $S^2 = 48$

유형 3 공간좌표

348 정답 ②

점 H를 원점이라 하고, 반직선 HE가 x축의 양의 방향, 반직선 HG가 y축의 양의 방향, 반직선 HD가 z축의 양의 방향이 되도록 직육면체 ABCD−EFGH를 놓으면 그림과 같다.

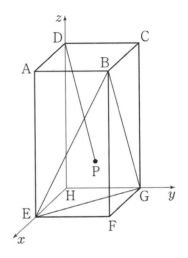

$\overline{HE} = \overline{AD} = 3$,

$\overline{HG} = \overline{AB} = 3$, $\overline{HD} = \overline{AE} = 6$이므로
B(3, 3, 6), E(3, 0, 0), G(0, 3, 0)이다.

삼각형 BEG의 무게중심 P의 좌표는
$$\left(\frac{3+3+0}{3}, \ \frac{3+0+3}{3}, \ \frac{6+0+0}{3} \right)$$

즉, (2, 2, 2)이다.

따라서 D(0, 0, 6)이므로
$$\overline{DP} = \sqrt{(2-0)^2 + (2-0)^2 + (2-6)^2}$$
$$= \sqrt{4+4+16}$$
$$= \sqrt{24} = 2\sqrt{6}$$

349 정답 ④

좌표공간의 두 점 A$(a, -2, 6)$, B$(9, 2, b)$에 대하여 선분 AB의 중점의 좌표는
$$\left(\frac{a+9}{2}, \ \frac{-2+2}{2}, \ \frac{6+b}{2} \right)$$

이 점의 좌표가 (4, 0, 7)과 일치하므로

$\dfrac{a+9}{2} = 4$에서 $a = -1$

$\dfrac{6+b}{2} = 7$에서 $b = 8$

따라서
$$a+b = -1+8 = 7$$

350 정답 ④

좌표공간의 점 $A(8, 6, 2)$를 xy평면에 대하여 대칭이동한 점 B의 좌표는 $B(8, 6, -2)$

따라서 선분 AB의 길이는

$$\overline{AB} = \sqrt{(8-8)^2 + (6-6)^2 + (-2-2)^2} = \sqrt{16} = 4$$

351 정답 ⑤

좌표공간의 점 $A(2, 2, -1)$을 x축에 대하여 대칭이동한 점 B의 좌표는 $B(2, -2, 1)$

따라서 점 $C(-2, 1, 1)$에 대하여 선분 BC의 길이는

$$\overline{BC} = \sqrt{(-2-2)^2 + (1+2)^2 + (1-1)^2}$$
$$= \sqrt{16+9} = \sqrt{25} = 5$$

352 정답 ④

AB의 중점의 좌표 $\left(\dfrac{a-5}{2}, \dfrac{1+b}{2}, \dfrac{-1+3}{2}\right) = (8, 3, 1)$

$\dfrac{a-5}{2} = 8$, $\dfrac{1+b}{2} = 3$, $\dfrac{-1+3}{2} = 1$

$a = 21$, $b = 5$

$a + b = 26$

353 정답 ①

$\triangle AOC \backsim \triangle AQ'Q$이므로 점 Q'의 좌표는 $Q'(2, 0, 0)$

$\triangle BOC \backsim \triangle AP'P$이므로 점 P'의 좌표는 $P'(0, 1, 0)$

삼각형 $OP'Q''$은 직각삼각형이므로 구하는

넓이는 $\dfrac{1}{2} \times 2 \times 1 = 1$

354 정답 ②

$\overline{AB} = \sqrt{(b-a)^2 + a^2 + b^2} = \sqrt{8-2ab}$

$\overline{BC} = \sqrt{b^2 + (b-a)^2 + a^2} = \sqrt{8-2ab}$

$\overline{CA} = \sqrt{a^2 + b^2 + (b-a)^2} = \sqrt{8-2ab}$

에서 $\overline{AB} = \overline{BC} = \overline{CA}$이므로 $\triangle ABC$는 정삼각형이다.

따라서 $\triangle ABC$의 넓이 S는

$$S = \frac{\sqrt{3}}{4}\left(\sqrt{8-2ab}\right)^2 = \frac{\sqrt{3}}{4}(8-ab)$$

이때, S가 최소가 되려면 ab의 값이 최대가 되어야 한다.

$a > 0$, $b > 0$이므로

$$4 = a^2 + b^2 \geq 2\sqrt{a^2 b^2} = 2ab$$

$\therefore ab \leq 2$ (단, 등호는 $a = b$일 때, 성립한다.)

ab의 최댓값이 2이므로

S의 최솟값은 $\dfrac{\sqrt{3}}{4}(8-4) = \sqrt{3}$ 이다.

355 정답 ②

A, B, C 의 내접구의 중심을 각각 P, Q, R라 하면

$P(3, 1, 3)$, $Q(3, 3, 1)$, $R(1, 3, 1)$

무게중심을 G라 하면

$$G\left(\frac{3+3+1}{3}, \frac{1+3+3}{3}, \frac{3+1+1}{3}\right)$$

$$\therefore G\left(\frac{7}{3}, \frac{7}{3}, \frac{5}{3}\right)$$

$$\therefore p + q + r = \frac{19}{3}$$

356 정답 10

$P(-3, 4, 5)$, $Q(3, 4, 5)$ 이므로

선분 PQ를 $2 : 1$로 내분하는 점의 좌표를 (a, b, c)라 하면

$$a = \frac{6-3}{2+1} = 1, \quad b = \frac{8+4}{2+1} = 4, \quad c = \frac{10+5}{2+1} = 5$$

$$\therefore a + b + c = 1 + 4 + 5 = 10$$

357 정답 ①

$\overline{AP} = 2\overline{BP}$ 에서 $1^2 + 2^2 + a^2 = 4(1^2 + 1^2 + 1^2)$

$$\therefore a^2 = 7, \quad a = \sqrt{7}$$

358 정답 ③

$A(a, 1, 3)$, $B(a+b, 4, 12)$이고

$\overline{AB}$를 $1 : 2$로 내분하는 점의 좌표는

$$\left(\frac{a+6+2a}{1+2}, \frac{4+2}{1+2}, \frac{12+6}{1+2}\right) = (a+2, 2, 6) = (5, 2, b)$$

$5 = a + 2$에서 $a = 3$, $b = 6$

$$\therefore a + b = 3 + 6 = 9$$

359 정답 13

[그림 : 배용제T]

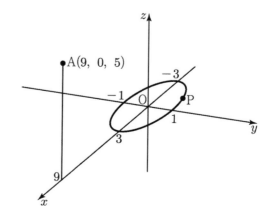

점 A $(9, 0, 5)$에서 가장 멀리 있는 타원의 꼭짓점은 $(-3, 0, 0)$

$\overline{AP}$ 의 최댓값$= \sqrt{(9+3)^2+0^2+5^2} = 13$

360 정답 ⑤

선분 AB를 $3:2$로 내분하는 점을 P라 하면

$P\left(\dfrac{-6+2a}{5}, \dfrac{10}{5}, 5\right)$이므로

$\left(\dfrac{-6+2a}{5}, \dfrac{10}{5}, 5\right) = (0, b, 5)$

$\therefore a = 3, b = 2, a+b = 5$

361 정답 ④

두 점 $A(2, a, -2)$, $B(5, -3, b)$에서

선분 AB 를 $2:1$로 내분하는 점의 좌표는

$\left(4, \dfrac{-6+a}{3}, \dfrac{2b-2}{3}\right)$ 이고,

이 점이 x축 위에 있으므로 $\dfrac{-6+a}{3} = 0$, $\dfrac{2b-2}{3} = 0$

$\therefore a = 6, b = 1$

$\therefore a+b = 7$

362 정답 ④

$P(2, 2, 3)$를 yz평면에 대하여 대칭이동시킨 점은

$Q(-2, 2, 3)$이다. 따라서

$\overline{PQ} = \sqrt{(2-(-2))^2+0+0} = 4$

363 정답 ④

세 점 $A(a, 0, 5)$, $B(1, b, -3)$, $C(1, 1, 1)$을 세 꼭짓점으로 하는 삼각형의 무게중심의 좌표는

$\left(\dfrac{a+1+1}{3}, \dfrac{0+b+1}{3}, \dfrac{5+(-3)+1}{3}\right)$

$\therefore \left(\dfrac{a+2}{3}, \dfrac{b+1}{3}, 1\right)$

이때, 무게중심의 좌표가 $(2, 2, 1)$이므로

$\dfrac{a+2}{3} = 2, \dfrac{b+1}{3} = 2$

$\therefore a = 4, b = 5$

$\therefore a+b = 9$

364 정답 ①

각 성분별로 내분점의 좌표를 구하면,

$x = \dfrac{14+1}{3} = \dfrac{15}{3} = 5$

$y = \dfrac{0+3}{3} = 1$

$z = \dfrac{6-6}{3} = 0$

내분점의 좌표는 $(5, 1, 0)$이다.

따라서 성분의 합은 $5+1 = 6$이다.

365 정답 ①

두 점 $A(1, a, -6)$, $B(-3, 2, b)$에 대하여

선분 AB를 $3:2$로 외분하는 점의 좌표는

$\left(\dfrac{3\times(-3)-2\times1}{3-2}, \dfrac{3\times2-2\times a}{3-2}, \dfrac{3\times b-2(-6)}{3-2}\right)$

즉, $(-11, 6-2a, 3b+12)$

이며 이 점은 x축 위에 있으므로 $y = z = 0$이다.

$6-2a = 0$, $3b+12 = 0$에서

$a = 3$, $b = -4$이다.

$\therefore a+b = 3+(-4) = -1$

366 정답 ②

선분 AB 를 $2:1$ 로 내분하는 점을 P 이라 하자.

P 의 z 좌표가 0 이므로 $\dfrac{2a+1\times4}{3} = 0$

$\therefore a = -2$

367 정답 ③

두 점 $A(1, 6, 4)$, $B(a, 2, -4)$에 대하여 선분 AB를

$1:3$으로 내분하는 점의 좌표가 $(2, 5, 2)$이므로

$\dfrac{1\times a+3\times1}{1+3} = 2$

이다. 즉, $a+3 = 8$이므로

$a = 5$

368 정답 21

점 $A(2, 4, 1)$에서 x축과 y축에 내린 수선의 발은 각각

$B(2, 0, 0)$, $C(0, 4, 0)$이므로 삼각형 ABC 에서의 밑변은

$\overline{BC} = \sqrt{2^2+4^2} = 2\sqrt{5}$ 이다.

점 A에서 xy평면에 내린 수선의 발을 A'라 할 때

직각삼각형 $A'BC$에서 A'에서 BC 에 내린 수선의 발을 H라

하면 삼수선 정리에서 $\overline{AH} \perp \overline{BC}$ 이므로 삼각형 ABC 의

높이는 $\overline{AH}$이다.

따라서 $\overline{AA'} = 1$, $\overline{A'H} = \dfrac{4}{\sqrt{5}}$

이므로 $\overline{AH} = \sqrt{1^2+\left(\dfrac{4}{\sqrt{5}}\right)^2} = \sqrt{\dfrac{21}{5}}$

따라서 넓이는 $\dfrac{1}{2}(2\sqrt{5})\left(\dfrac{\sqrt{21}}{\sqrt{5}}\right)=\sqrt{21}$ 이므로

$s^2=(\sqrt{21})^2=21$이다.

369 정답 ③

사면체 $ABCD$는 삼각형 BCD를 밑면으로 하고 높이가 $\overline{OA}$인 삼각뿔이다.

$\triangle BCD=\dfrac{1}{2}\times\overline{CD}\times\overline{OB}=\dfrac{1}{2}(3+4)\times2=7$이고,

$\overline{OA}=1$이므로 구하는 부피 V는

$V=\dfrac{1}{3}\times7\times1=\dfrac{7}{3}$

370 정답 ④

점 A에서 xy평면에 내린 수선의 발을 A'이라 하자.

$\overline{AH}\perp l$이고 $\overline{AA'}\perp(xy$평면$)$이므로 삼수선 정리에 의하여
$\overline{A'H}\perp l$이다.

$\overline{AA'}=12$이고 $\overline{AH}=13$이므로 $\overline{A'H}=5$이다.

점 A'과 직선 l은 모두 xy평면 위에 있으므로 좌표평면에서 생각하면 점 A'의 좌표는 $(1,\ -2)$이고, 직선 l의 방정식은
$y=mx+5$ (단, m은 상수)

$\therefore\ \overline{A'H}=\dfrac{|m+7|}{\sqrt{m^2+1}}=5$

$12m^2-7m-12=(3m-4)(4m+3)=0$

이므로 $m=\dfrac{4}{3}$ 또는 $m=-\dfrac{3}{4}$이다.

이때 $0<\theta<\dfrac{\pi}{2}$에서 $m=\tan\theta>0$이므로 $m=\dfrac{4}{3}$이다.

구의 방정식

371 정답 ⑤

두 구 $x^2+y^2+z^2=1$,
$(x-2)^2+(y+1)^2+(z-2)^2=4$
의 중심을 각각 $O(0,0,0)$, $A(2,-1,2)$라 하면 두 구의 중심 사이의 거리
$d=\overline{OA}=\sqrt{2^2+(-1)^2+2^2}=3$
이고, 두 구의 반지름의 길이가 각각 $r_1=1$, $r_2=2$이므로
$d=r_1+r_2$. 따라서 두 구는 외접한다.

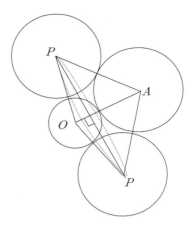

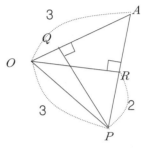

조건을 만족하는 점 P의 자취는 선분 OA로부터 일정한 거리에 있는 점의 자취 즉, 원을 나타낸다.
그림에서

$\overline{OR}=\sqrt{3^2-2^2}=\sqrt{5}$이므로

$\dfrac{1}{2}\times4\times\sqrt{5}=\dfrac{1}{2}\times3\times\overline{PQ}$

에서 $\overline{PQ}=\dfrac{4}{3}\sqrt{5}$

따라서, 점 P의 자취는 반지름의 길이가 $\dfrac{4}{3}\sqrt{5}$인 원이므로 구하는 둘레의 길이는

$2\pi\times\dfrac{4}{3}\sqrt{5}=\dfrac{8\sqrt{5}}{3}\pi$

372 정답 ②

xy평면이 구의 부피를 이등분하므로 구의 중심은 xy평면 위에 있다. 세 점 O,A,B가 xy평면 위에 있고,
$\angle AOB=90°$이므로 구의 중심은 선분 AB의 중점인
$C(1,-2,0)$이며 반지름의 길이는 $\overline{OC}=\sqrt{5}$이다.
따라서 구의 방정식은
$(x-1)^2+(y+2)^2+z^2=5$, 즉, $x^2+y^2+z^2-2x+4y=0$
$\therefore\ a+b+c+d=-2+4+0+0=2$

373 정답 125

원점 O를 지나는 지름의 다른 끝점을 R라 하면, 점 P에서 xy평면에 내린 수선의 발은 $H(2,1,0)$이므로 $\overline{OH}=\sqrt{5}$이고
$\overline{PH}=2\sqrt{5}$

따라서 $\overline{\mathrm{OP}} = 5$

그림에서 $\overline{\mathrm{OP}}^2 = \overline{\mathrm{OH}} \times \overline{\mathrm{OR}}$ 이 성립한다.

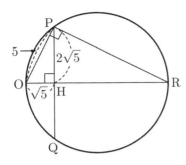

$25 = \sqrt{5} \times \overline{\mathrm{OR}}$

$\therefore \overline{\mathrm{OR}} = 5\sqrt{5}$ 이다.

구의 지름의 길이가 $5\sqrt{5}$ 이므로 구의 반지름의 길이는

$\dfrac{5\sqrt{5}}{2}$ 이다.

따라서 구의 겉넓이는 $4 \times \pi \times \left(\dfrac{5\sqrt{5}}{2}\right)^2 = 4\pi \times \dfrac{125}{4} = 125\pi$

374 정답 ④

[그림 : 이정배T]

구의 중심의 좌표는 $\mathrm{C}(1,\ 0,\ 0)$ 이므로

$\overline{\mathrm{AB}} = \overline{\mathrm{BC}} = \overline{\mathrm{CA}} = \sqrt{2}$ 이다.

따라서 삼각형 ABC는 정삼각형이다.

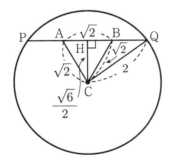

한 변의 길이가 $\sqrt{2}$ 인 정삼각형의 높이는

$\dfrac{\sqrt{3}}{2} \times \sqrt{2} = \dfrac{\sqrt{6}}{2}$ 이므로

점 C에서 직선 AB에 내린 수선의 발은 H라 할 때

$\overline{\mathrm{CH}} = \dfrac{\sqrt{6}}{2}$ 이다.

$\overline{\mathrm{QH}} = \sqrt{2^2 - \left(\dfrac{\sqrt{6}}{2}\right)^2} = \dfrac{\sqrt{10}}{2}$

$\therefore \overline{\mathrm{PQ}} = \sqrt{10}$

따라서 삼각형 CPQ의 넓이는

$\dfrac{1}{2} \times \sqrt{10} \times \dfrac{\sqrt{6}}{2} = \dfrac{\sqrt{15}}{2}$

375 정답 ②

[그림 : 이호진T]

주어진 구의 중심 C의 좌표는 $(3, 2, 0)$ 이므로 점 C는 xy평면 위에 있다.

이때, xy평면에 수직이고 점 $\mathrm{A}(2, 0, 0)$ 과 점 $\mathrm{C}(3, 2, 0)$ 을 지나는 평면으로 구를 자른 단면인 원과 점 A를 지나는 직선이 접할 때의 접점 P의 z좌표가 구하는 최댓값이다.

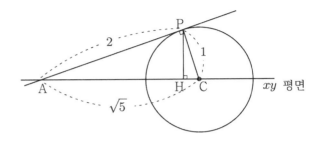

$\overline{\mathrm{AC}} = \sqrt{5}$, $\overline{\mathrm{PC}} = 1$ 이므로 직각삼각형 ACP에서

$\overline{\mathrm{AP}} = \sqrt{5-1} = 2$

이때, 접점 P에서 선분 AC에 내린 수선의 발을 H 라 하면

$\dfrac{1}{2} \times \overline{\mathrm{AP}} \times \overline{\mathrm{CP}} = \dfrac{1}{2} \times \overline{\mathrm{AC}} \times \overline{\mathrm{PH}}$

$\dfrac{1}{2} \times 2 \times 1 = \dfrac{1}{2} \times \sqrt{5} \times \overline{\mathrm{PH}}$

$\therefore \overline{\mathrm{PH}} = \dfrac{2}{\sqrt{5}} = \dfrac{2\sqrt{5}}{5}$

따라서, 점 P의 z좌표는 $\overline{\mathrm{PH}} = \dfrac{2\sqrt{5}}{5}$ 이므로 구하는 접점의

z좌표의 최댓값은 $\dfrac{2\sqrt{5}}{5}$ 이다.

376 정답 ③

구 S의 중심을 $\mathrm{A}(a,\ b,\ c)$ 라 하고, 반지름의 길이를 r 라 하면 구 S의 방정식은

$(x-a)^2 + (y-b)^2 + (z-c)^2 = r^2 \cdots \bigcirc$

점 A에서 y축, z축까지의 거리는 각각

$\sqrt{a^2+c^2}$, $\sqrt{a^2+b^2}$

이고, 구 S가 y축, z축에 동시에 접하므로

$\sqrt{a^2+c^2} = \sqrt{a^2+b^2} = r$

$\therefore |b| = |c|$

구 S가 x축 위의 두 점 $(2, 0, 0)$, $(6, 0, 0)$ 을 지날 때, 이 두 점을 양 끝점으로 하는 선분의 중점의 x 좌표는 점 A의 x좌표와 같으므로

$c = \dfrac{2+6}{2} = 4$

따라서 구 S의 반지름의 길이는 중심 $(4,\ b,\ \pm b)$ 에서 y축 (또는 z축)까지의 거리인 $\sqrt{b^2+16}$ 이고,

중심 $(4,\ b,\ \pm b)$ 와 점 $(2, 0, 0)$ (또는 $(6, 0, 0)$)사이의 거리는

구의 반지름의 길이와 같으므로
$$\sqrt{b^2+16}=\sqrt{2b^2+4}$$
$$b^2+16=2b^2+4$$
$$\therefore b^2=12$$
따라서 구 S의 반지름의 길이는
$$\sqrt{b^2+16}=2\sqrt{7}$$

377 정답 ④

구의 중심의 좌표는 $(-1,2,3)$이므로 구의 방정식은
$$(x+1)^2+(y-2)^2+(z-3)^2=r^2$$
이 구와 xy평면이 만나서 생기는 원의 방정식은
$$(x+1)^2+(y-2)^2=r^2-9,\ z=0$$
이므로 $r^2-9=16$ $\therefore r=5$
구 $(x+1)^2+(y-2)^2+(z-3)^2=25$와 yz평면이 만나서
생기는 원의 방정식은
$$(y-2)^2+(z-3)^2=24, x=0$$
따라서 반지름의 길이가 $\sqrt{24}$인 원이므로 이 원의 넓이는 24π
이다.

378 정답 ②

구 S의 중심의 좌표를 $(a,\ b,\ c)$라 하면 조건 (가)에 의하여
$$a=b=1$$
이므로 구 S의 중심 $(1,\ 1,\ c)$와 z축 사이의 거리는
$$\sqrt{1^2+1^2}=\sqrt{2}$$
이때 조건 (나)에 의하여 구 S와 z축의 두 교점의 좌표는
$$(0,\ 0,\ c+1),\ (0,\ 0,\ c-1)$$
이므로 구 S의 반지름의 길이는
$$\sqrt{(\sqrt{2})^2+1^2}=\sqrt{3}$$
따라서 구 S 위를 움직이는 점 P와 z축 사이의 거리의 최댓값은
$$\sqrt{3}+\sqrt{2}$$ 이다.

379 정답 ④

[그림 : 최성훈T]

P 를 원점 O , 보트와 자동차의 출발점을 각각 $(40,\ 0,\ 0)$,
$(0,\ -30,\ 20)$으로 하는 공간좌표를 정하면 t 초 후의 각각의
위치 A, B는
A $(40-10t,\ 0,\ 0)$, B $(0,\ -30+20t,\ 20)$
$$\overline{AB}^2 = (40-10t)^2 + (-30+20t)^2 + 20^2$$
$$= 100(t^2-8t+16) + 100(4t^2-12t+9) + 400$$
$$= 100(5t^2-20t+29)$$
$$= 100\{5(t-2)^2+9\} \geq 900$$
$$\therefore \ \overline{AB} \geq 30$$

380 정답 2

다음 그림과 같이 꼭짓점 H 을 원점으로 하는 좌표공간으로
정육면체의 각 꼭짓점을 설정하자.

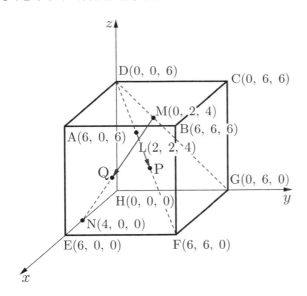

$D(0,0,6)$과 $F(6,6,0)$을 $1:2$로 내분하는 점 L의 좌표는
$L(2,2,4)$이고 점 P가 4초 후 $F(6,6,0)$에 도착해야 하므로
점 P의 좌표는
$(2+t,\ 2+t,\ 4-t)$이다.
$D(0,0,6)$과 $G(0,6,0)$을 $1:2$로 내분하는 점 M의 좌표는
$M(0,2,4)$이고 점 Q가 4초 후 $N(4,0,0)$에 도착해야 하므로
점 Q의 좌표는
$\left(t,\ 2-\dfrac{1}{2}t,\ 4-t\right)$이다.

따라서 $\overline{PQ} = \sqrt{2^2 + \left(\dfrac{3}{2}t\right)^2} = \sqrt{\dfrac{9}{4}t^2+4}$

두 점 P, Q 사이의 거리의 최솟값은 2이다.

381 정답 24

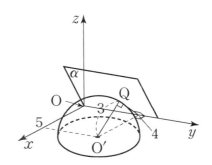

반구의 중심을 O′이라 하고, O′에서 y 축에 내린 수선의 발을
H라 하면 $H(0,4,0)$이므로
$$\overline{O'H} = 5 \quad \cdots \text{㉠}$$
이 때, y축을 포함하는 평면 α 와 반구의 접점을 Q라 하면
$$\overline{O'Q} = 3 \quad \cdots \text{㉡}$$
또한, $\overline{O'Q} \perp \alpha$, $\overline{O'H} \perp \overline{OH}$ 이므로 삼수선의 정리에 의해
$\overline{OH} \perp \overline{QH}$이다.
$$\therefore \overline{QH} = \sqrt{5^2-3^2} = 4 \ \cdots \text{㉢}$$
㉠, ㉡, ㉢에서 α 와 xy 평면이 이루는 각이
$\theta = \angle QHO'$이므로
$$\cos\theta = \frac{\overline{QH}}{\overline{O'H}} = \frac{4}{5}$$
$$\therefore 30\cos\theta = 24$$

382 정답 ④

구 C의 중심에서 xy평면 까지의 거리가 3이고 구의 반지름의
길이가 5이므로
C_1은 반지름의 길이가 4인 원이다.
따라서 C_1의 넓이는 16π
다음 그림과 같이 평면 β와 xy평면이 이루는 각을 θ라 하면
$$\cos\theta = \frac{8}{10} = \frac{4}{5}$$이다.

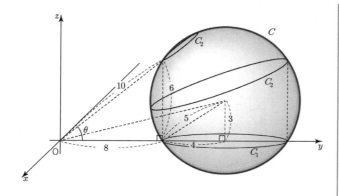

따라서 원 C_1의 평면 β위로의 정사영의 넓이는

$16\pi \times \dfrac{4}{5} = \dfrac{64}{5}\pi$이다.

383 정답 ③

좌표공간은 xy평면, yz 평면, zx평면에 의해 다음과 같이 8개의 영역으로 나누어진다.

① $x > 0,\ y > 0,\ z > 0$인 영역,

② $x > 0,\ y > 0,\ z < 0$인 영역,

③ $x > 0,\ y < 0,\ z > 0$인 영역,

④ $x > 0,\ y < 0,\ z < 0$인 영역,

⑤ $x < 0,\ y > 0,\ z > 0$인 영역,

⑥ $x < 0,\ y > 0,\ z < 0$인 영역,

⑦ $x < 0,\ y < 0,\ z > 0$인 영역,

⑧ $x < 0,\ y < 0,\ z < 0$인 영역,

한편, 주어진 구

$C :\ (x+2)^2 + (y-3)^2 + (z-4)^2 = 24$의 중심은

$(-2,\ 3,\ 4)$이므로 구 C의 중심은 ⑤의 영역에 있다.

따라서 구 C는 ⑤의 영역을 지난다.

또, 구의 반지름의 길이 r는 $r = \sqrt{24} = 2\sqrt{6}$이고,

$|-2| < r,\ 3 < r,\ 4 < r$이므로

구 C는 yz 평면, zx평면, xy평면에 의하여 두 부분으로 나누어진다.

따라서 구 C는 ①, ⑦, ⑥의 영역을 지난다.

한편, $\sqrt{(-2)^2 + 3^2} < r$이므로 구 C는 z축과 서로 다른 두 점에서 만난다. 따라서 ③의 영역을 지난다.

또, $\sqrt{(-2)^2 + 4^2} < r$이므로 구 C는 y축과 서로 다른 두 점에서 만난다. 따라서 ②의 영역을 지난다.

하지만, $\sqrt{3^2 + 4^2} > r$이므로 구 C는 x축과 만나지 않는다. 따라서 ⑧의 영역을 지나지 않는다.

또, $\sqrt{(-2)^2 + 3^2 + 4^2} > r$이므로 원점은 구 C의 외부에 있다. 따라서 ④의 영역을 지나지 않는다.

따라서 구 C가 지나는 영역은 ①, ②, ③, ⑤, ⑥, ⑦의 6개이다.

384 정답 26

[그림 : 최성훈T]

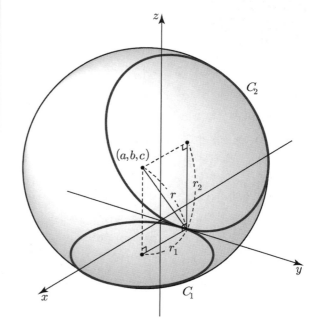

C_1의 반지름의 길이를 r_1, C_2의 반지름의 길이를 r_2라 하면 (가)에서 $r_1^2 + r_2^2 = 10$이다.

xy평면 위의 원 C_1은 중심의 좌표가 $(a, b, 0)$이고 반지름의 길이가 r_1이므로

$r^2 - c^2 = r_1^2$

이 성립한다.

yz평면 위의 원 C_2는 중심의 좌표가 $(0, b, c)$이고 반지름의 길이가 r_2이므로

$r^2 - a^2 = r_2^2$

이 성립한다.

따라서 두 식을 변변 더하면

$2r^2 - (a^2 + c^2) = 10 \cdots \text{㉠}$

또한 C_1, C_2가 한 점에서 만나기 위해서는 교점의 좌표가 y축 위에 있어야 하고 원의 중심 (a, b, c)에서 y축에 내린 수선의 발이 교점이 된다. 즉, 교점의 좌표는 $(0, b, 0)$이다.

반지름의 길이는 $(a-0)^2 + (b-b)^2 + (c-0)^2 = r^2$에서

$a^2 + c^2 = r^2$이다. $\cdots \text{㉡}$

㉠, ㉡에서 $r^2 = 10$

(나)에서

zx평면 위의 원 C_3는 중심의 좌표가 $(a, 0, c)$이고 반지름의 길이가 2이므로

$r^2 - b^2 = 4$에서 $b^2 = 6$이다.

따라서

$a^2 + b^2 + c^2 + r^2 = 10 + 6 + 10 = 26$

385 정답 34

[그림 : 최성훈T]

반지름의 길이가 6인 원판이 평면 α, β와 맞닿는 점을 각각 A, B 라 하고, 두 점 A, B 에서 교선 l에 내린 수선의 발을 O 라 하고, 점 O 에서 선분 AB 에 내린 수선의 발을 H 라 하면 주어진 상황의 단면을 다음 그림과 같이 나타낼 수 있다.

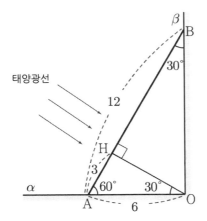

그림자가 S부분에 해당되는 영역 S'은 원판에서 다음과 같다.

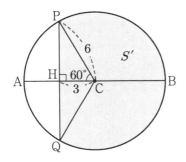

$S' = 6^2\pi - \{(\text{부채꼴 PQC의 넓이}) - (\text{삼각형 PQC의 넓이})\}$

$= 36\pi - \left(\dfrac{1}{2} \cdot 6^2 \cdot \dfrac{2\pi}{3} - \dfrac{1}{2} \cdot 6^2 \cdot \sin\dfrac{2\pi}{3} \right)$

$= 36\pi - (12\pi - 9\sqrt{3})$

$= 24\pi + 9\sqrt{3}$

이 때, $S = \dfrac{S'}{\cos 30^\circ}$ 이므로

$S = \dfrac{24\pi + 9\sqrt{3}}{\dfrac{\sqrt{3}}{2}} = 18 + 16\sqrt{3}\,\pi$

$\therefore a = 18,\ b = 16$

$\therefore a + b = 34$

386 정답 5

원판과 평면 ABCD 는 서로 평행하므로 평면 ABCD 에 생기는 원판의 그림자의 넓이 S_1은 원판을 이루는 반원의 넓이와 같다.

원판 C의 반지름의 길이를 r라 하면

$\therefore S_1 = \dfrac{1}{2} \times \pi \times r^2 = \dfrac{r^2}{2}\pi = 2\pi$

따라서 원 C의 반지름의 길이는 $r = 2$이다.

또, 평면 BEFC 에 생기는 원판의 그림자의 넓이 S_2는 원판을 이루는 반원의 평면 BEFC 위로의 정사영의 넓이와 같다.

$S_2 = \dfrac{1}{2} \times \pi \times 2^2 \times \cos(\pi - \theta) = 2\pi \times (-\cos\theta) = \pi$

$\cos\theta = -\dfrac{1}{2}$

따라서 $\theta = \dfrac{2}{3}\pi$이다.

$p = 3$, $q = 2$이므로 $p + q = 5$이다.

387 정답 15

반구에 나타나는 단면인 원의 반지름은

$\sqrt{36 - (2\sqrt{3})^2} = \sqrt{36 - 12} = \sqrt{24} = 2\sqrt{6}$

그림에서 단면의 넓이는

$\dfrac{1}{2} \cdot (2\sqrt{6})^2 \times \dfrac{3}{2}\pi + \dfrac{1}{2}(2\sqrt{6})^2 = 12\left(\dfrac{3}{2}\pi + 1 \right) = 12 + 18\pi$

단면의 평면 α 위로의 정사영의 넓이는

$(12 + 18\pi)\cos 45^\circ = \sqrt{2}(6 + 9\pi)$

$\therefore a + b = 15$

388 정답 24

[그림 : 배용제T]

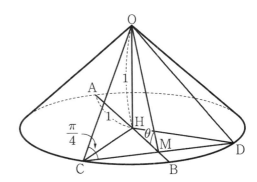

그림과 같이 원뿔의 두 모선이 이루는 각의 크기가 $\dfrac{\pi}{3}$일 때, 이 두 모선을 모두 포함하는 평면 α와 원뿔의 밑면인 원이 만나는 점을 각각 C, D 라 하고, 선분 CD의 중점을 M이라 하자. 또, 밑면의 지름 중에서 선분 CD와 수직인 지름을 선분 AB라 하고, 원뿔의 꼭짓점을 O, 점 O에서 밑면에 내린 수선의 발을 H라 하자.

이때, $\overline{\text{AH}} = 1$, $\angle\text{OAH} = \dfrac{\pi}{4}$, $\overline{\text{OH}} \perp \overline{\text{AB}}$이므로

$\overline{\text{OH}} = 1$, $\overline{\text{OA}} = \sqrt{2}$

$\therefore \overline{\text{OC}} = \overline{\text{OD}} = \overline{\text{OB}} = \sqrt{2}$

삼각형 OCD는 정삼각형이므로

$\overline{\text{CM}} = \dfrac{1}{2}\overline{\text{CD}} = \dfrac{1}{2}\overline{\text{OC}} = \dfrac{\sqrt{2}}{2}$

$\overline{\text{CH}}=1$이므로 직각삼각형 CMH에서

$$\overline{\text{MH}}=\sqrt{1-\frac{1}{2}}=\frac{\sqrt{2}}{2}$$

직각삼각형 OHM에서

$$\overline{\text{OM}}=\sqrt{1+\frac{1}{2}}=\frac{\sqrt{6}}{2}$$

$$\therefore\ \cos\theta=\frac{\overline{\text{HM}}}{\overline{\text{OM}}}=\frac{\sqrt{2}}{\sqrt{6}}=\frac{\sqrt{3}}{3}\ \cdots\text{㉠}$$

따라서 삼각형 DHC는 직각이등변삼각형이다.

$$\therefore\ \angle\text{DHC}=\frac{\pi}{2}$$

그러므로 도형 B의 넓이는

$$\frac{1}{2}\times1^2\times\frac{3}{2}\pi+\frac{1}{2}\times1\times1=\frac{3}{4}\pi+\frac{1}{2}\ \cdots\text{㉡}$$

㉠, ㉡에서 도형 B의 평면 α위로의 정사영의 넓이는

$$\left(\frac{3}{4}\pi+\frac{1}{2}\right)\times\frac{\sqrt{3}}{3}$$

$$=\frac{\sqrt{3}}{4}\pi+\frac{\sqrt{3}}{6}$$

$$=\sqrt{3}\left(\frac{1}{4}\pi+\frac{1}{6}\right)$$

$a=\dfrac{1}{4}$, $b=\dfrac{1}{6}$

$ab=\dfrac{1}{24}$이므로 $\dfrac{1}{ab}=24$이다.

389 정답 27

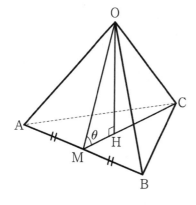

두 평면 OAB, ABC가 이루는 각을 θ라 하면

$$\cos\theta=\frac{\overline{\text{MH}}}{\overline{\text{AM}}}=\frac{\overline{\text{MH}}}{\overline{\text{CM}}}=\frac{1}{3}$$

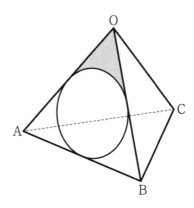

위의 그림과 같이 $\triangle\text{OAB}$에서 어두운 부분을 평면 ABC 위로 정사영시키고 $\triangle\text{OBC}$, $\triangle\text{OCA}$에서도 같은 방법으로 정사영시키면 이들은 서로 겹치지 않고 S_1, S_2, S_3로 둘러싸인 부분과 일치한다.

$\triangle\text{OAB}$에서 내접원의 반지름의 길이를 r라고 하면

$$\frac{1}{2}r(6+6+6)=\frac{\sqrt{3}}{4}\times6^2$$

$$\therefore\ r=\sqrt{3}$$

따라서, 어두운 부분의 넓이는

$$\frac{1}{3}\left(\frac{\sqrt{3}}{4}\times6^2-3\pi\right)=3\sqrt{3}-\pi\text{이므로}$$

구하는 넓이 S는

$$S=(3\sqrt{3}-\pi)\times\cos\theta\times3=(3\sqrt{3}-\pi)\times\frac{1}{3}\times3$$

$$=3\sqrt{3}-\pi$$

$$\therefore\ (S+\pi)^2=(3\sqrt{3})^2=27$$

390 정답 5

[그림 : 최성훈T]

우선 정사각뿔 $A-BCDE$에서 옆면인 정삼각형과 밑면인 정사각형이 이루는 각을 θ라 하고 $\cos\theta$를 구해보자.

그림과 같이 꼭짓점 A에서 선분 BC에 내린 수선의 발을 M, 밑면 BCDE에 내린 수선의 발을 H라 하면 $\angle\text{AMH}=\theta$,

$\angle\text{AHM}=\dfrac{\pi}{2}$이다.

$\overline{\text{AM}}=3\sqrt{3}$, $\overline{\text{MH}}=3$이므로 $\cos\theta=\dfrac{1}{\sqrt{3}}\ \cdots\text{㉠}$

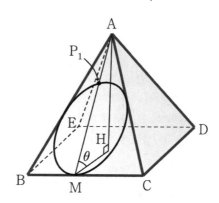

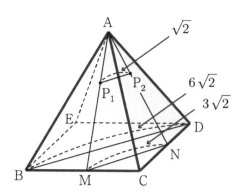

선분 BC의 중점을 M이라 하듯이 밑면의 나머지 세 변 CD,
DE, EB의 중점을 각각 N, K, L 이라 하자.
정삼각형 ABC의 내접원 C_1 위의 점 중 점 A에 가장 가까운 점
P_1은 원 C_1이 선분 AM과 만나는 점 중 점 M이 아닌 점이고,
내접원의 중심은 정삼각형 ABC의 무게중심과 일치하므로
$\overline{AP_1} : \overline{AM} = 1 : 3$

같은 방법으로 $\overline{AP_2} : \overline{AN} = 1 : 3$

따라서 두 삼각형 AP_1P_2, AMN은 닮음비가 $1 : 3$인 닮은
도형이고 $\overline{BD} = 6\sqrt{2}$ 이므로

$\overline{P_1P_2} = \frac{1}{3} \times \overline{MN} = \frac{1}{3} \times \left(\frac{1}{2} \times \overline{BD}\right) = \frac{1}{6} \times 6\sqrt{2} = \sqrt{2}$

같은 방법으로 $\overline{P_2P_3} = \overline{P_3P_4} = \overline{P_4P_1} = \sqrt{2}$ 이다.
또한 정사각형 BCDE의 각 변의 중점을 연결한 MNKL은
정사각형이고 $\overline{MN} /\!/ \overline{P_1P_2}$, $\overline{NK} /\!/ \overline{P_2P_3}$, $\overline{KL} /\!/ \overline{P_3P_4}$,
$\overline{LM} /\!/ \overline{P_4P_1}$ 이므로 사각형 $P_1P_2P_3P_4$은 한 변의 길이가 $\sqrt{2}$인
정사각형이다.
따라서 정사각형 $P_1P_2P_3P_4$의 넓이는
$\sqrt{2} \times \sqrt{2} = 2 \cdots \unicode{x24C1}$
평면 $P_1P_2P_3P_4$와 평면 BCDE는 평행하므로
평면 $P_1P_2P_3P_4$과 평면 ABC와 이루는 예각의 크기도 θ이다.
$\unicode{x3364}$, $\unicode{x24C1}$에서 정사각형 $P_1P_2P_3P_4$의 평면 ABC 위로의 정사영
P의 넓이는
$2 \times \cos\theta = \frac{2}{\sqrt{3}}$
도형 P의 평면 BCDE위로의 정사영의 넓이는
$\frac{2}{\sqrt{3}} \times \cos\theta = \frac{2}{3}$
$p = 3$, $q = 2$이므로
$p + q = 5$

391 정답 ④

[그림 : 이정배T]

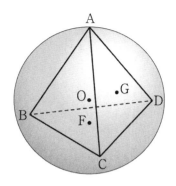

ㄱ. 직선 AF와 직선 BG는 점 O에서 만난다. (참)
ㄴ. 반지름의 길이가 1인 원에 내접하는 정삼각형의 한 변의
길이는 $\sqrt{3}$ 이다.
따라서 정삼각형 ABC의 한 변의 길이는 $\sqrt{3}$ 보다 작다.
그런데, 한 변의 길이가 $\sqrt{3}$ 인 정삼각형의 넓이는
$\frac{1}{2} \times (\sqrt{3})^2 \times \sin 60° = \frac{3\sqrt{3}}{4}$이므로 정삼각형 ABC의

넓이는 $\frac{3\sqrt{3}}{4}$ 보다 작다. (참)

ㄷ. 삼각형 AFC와 삼각형 AGO는 닮음꼴이다. 그런데,
$\angle ACF$는 정사면체의 이웃한 두 면이 이루는 각의 크기와 같고,
$\angle ACF = \angle AOG$이므로
$\cos\theta = \cos(\angle ACF) = \frac{1}{3}$ (참)

이상에서 옳은 것은 ㄴ, ㄷ이다.

392 정답 ①

[그림 : 이정배T]

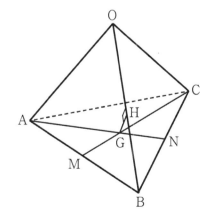

정삼각형 ABC의 한 변의 길이를 a라 하자.
두 선분 AB, BC의 중점을 각각 M, N이라 하고, 삼각형
ABC의 무게중심을 G라 하자. 점 M (또는 점 N)에서 선분
OB에 내린 수선의 발을 H라 하면
$\overline{MG} = \frac{1}{3}\overline{MC} = \frac{1}{3} \times \frac{\sqrt{3}}{2}a = \frac{\sqrt{3}}{6}a$

이고 삼각형 OMG에서

$\angle \text{OMG} = \dfrac{\pi}{3}$, $\angle \text{MGO} = \dfrac{\pi}{2}$ 이므로

$\overline{\text{OM}} : \overline{\text{MG}} = 2 : 1$

$\therefore \overline{\text{OM}} = 2\overline{\text{MG}} = \dfrac{\sqrt{3}}{3}a$

직각삼각형 OMB에서

$\overline{\text{OB}} = \sqrt{\left(\dfrac{\sqrt{3}}{3}a\right)^2 + \left(\dfrac{a}{2}\right)^2} = \dfrac{\sqrt{21}}{6}a$

한편, $\dfrac{1}{2} \times \overline{\text{MH}} \times \overline{\text{OB}} = \dfrac{1}{2}\overline{\text{OM}} \times \overline{\text{MB}}$ 이므로

$\overline{\text{MH}} = \dfrac{a}{\sqrt{7}}$

또한 삼각형 ABC에서 $\overline{\text{MN}} = \dfrac{a}{2}$

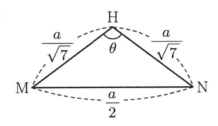

따라서

$\cos\theta = \dfrac{\dfrac{a^2}{7} + \dfrac{a^2}{7} - \dfrac{a^2}{4}}{2 \times \dfrac{a}{\sqrt{7}} \times \dfrac{a}{\sqrt{7}}} = \dfrac{1}{8}$

393 정답 25

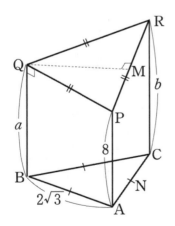

세 점 P, Q, R에서 α에 내린 수선의 발을 각각 A, B, C 라 하면 $\triangle ABC$는 한 변의 길이가 $2\sqrt{3}$ 인 정삼각형이다.

$\overline{\text{AP}} = 8$, $\overline{\text{BQ}} = a$, $\overline{\text{CR}} = b$ 라 하면

$\overline{\text{PQ}} = \sqrt{12 + (a-8)^2}$, $\overline{\text{QR}} = \sqrt{12 + (b-a)^2}$,

$\overline{\text{RP}} = \sqrt{12 + (b-8)^2}$ 이고

$(b-8)^2 > (b-a)^2$, $(b-8)^2 > (a-8)^2$ 이므로

$\overline{\text{RP}} > \overline{\text{PQ}}$, $\overline{\text{RP}} > \overline{\text{QR}}$

$\therefore \overline{\text{PQ}} = \overline{\text{QR}}$ 이고 $a - 8 = b - a$ $\cdots\cdots$ ㉠

$a = 8 + t$, $b = 8 + 2t$ 라 하면 $(t > 0)$

$\overline{\text{PQ}} = \overline{\text{QR}} = \sqrt{12 + t^2}$,

$\overline{\text{PR}} = \sqrt{12 + 4t^2} = 2\sqrt{t^2 + 3}$ 이므로

$\overline{\text{PR}}$의 중점을 M이라 하면 $\overline{\text{QM}} \perp \overline{\text{PR}}$ 이므로

$\overline{\text{QM}} = \sqrt{12 + t^2 - (t^2 + 3)} = 3$

$\therefore \triangle \text{PQR} = 3\sqrt{t^2 + 3}$

$\triangle \text{PQR} \times \cos 60° = \triangle \text{ABC}$ 에서

$\dfrac{3}{2}\sqrt{t^2 + 3} = 3\sqrt{3}$

따라서 $a = 11$, $b = 14$ 이고 $a + b = 25$

[다른 풀이]

$\overline{\text{PR}}$ 이 최대이므로 $\triangle PQR$ 이 이등변삼각형이 되려면

$\overline{\text{PQ}} = \overline{\text{QR}}$

$a - 8 = c$ 라 놓으면 $\overline{\text{PQ}} = \overline{\text{QR}} = \sqrt{12 + c^2}$

그리고 $b - 8 = 2c$ 이므로 $\overline{\text{PR}} = \sqrt{12 + 4c^2}$

$\triangle \text{P}'\text{Q}'\text{R}' = \triangle \text{PQR} \cos 60°$ 이므로

$\triangle \text{PQR} = \dfrac{\triangle \text{P}'\text{Q}'\text{R}'}{\cos 60°} = 2\triangle \text{P}'\text{Q}'\text{R}'$

$\qquad = 2 \times \dfrac{\sqrt{3}}{4}(2\sqrt{3})^2 = 6\sqrt{3}$

$\angle \text{PQR} = \theta$ 라 놓으면

$\triangle \text{PQR} = \dfrac{1}{2}\overline{\text{PQ}}\,\overline{\text{QR}} \sin\theta = \dfrac{1}{2}(12 + c^2)\sin\theta = 6\sqrt{3}$

$\therefore \sin\theta = \dfrac{12\sqrt{3}}{12 + c^2}$

또 $\triangle \text{PQR}$ 에서

$\cos\theta = \dfrac{\overline{\text{PQ}}^2 + \overline{\text{QR}}^2 - \overline{\text{PR}}^2}{2\,\overline{\text{PQ}}\,\overline{\text{QR}}}$

$\qquad = \dfrac{12 + c^2 + 12 + c^2 - 12 - 4c^2}{2(12 + c^2)} = \dfrac{6 - c^2}{12 + c^2}$

$\sin^2\theta + \cos^2\theta = 1$ 을 이용하면

$\dfrac{432}{(12 + c^2)^2} + \dfrac{(6 - c^2)^2}{(12 + c^2)^2} = 1$

$432 + 36 - 12c^2 + c^4 = 144 + 24c^2 + c^4$

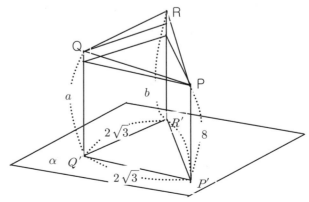

$\therefore c^2 = 9 \iff c = 3$

$\therefore a-8=3,\ b-8=6\ \Leftrightarrow\ a=11,\ b=14$

$\therefore a+b=25$

394 정답 ①

평면 $A'MB$와 평면 α가 이루는 각은 삼각형 $A'MB$와 삼각형 ABC가 이루는 각이고 삼각형 $A'MB$의 평면 α위로의 정사영이 삼각형 ABC이므로

$\cos\theta=\dfrac{\triangle ABC}{\triangle A'MB}\cdots\ \text{⊙}$이다.

$\triangle ABC=\dfrac{\sqrt{3}}{4}\times 4^2=4\sqrt{3}$

$\overline{A'C'}=4$, $\overline{C'M}=3$이고 옆면이 모두 직사각형이므로

피타고라스 정리에 의해 $\overline{A'M}=5$

마찬가지로 $\overline{BM}=5$

$\overline{A'B}=\sqrt{4^2+6^2}=2\sqrt{13}$

삼각형 $A'MB$는 이등변삼각형이고 꼭짓점 M에서 $\overline{A'B}$에 내린 수선의 발을 H라 하면

$\overline{MH}=\sqrt{5^2-\left(\sqrt{13}\right)^2}=2\sqrt{3}$

따라서 $\triangle A'MB=\dfrac{1}{2}\times 2\sqrt{13}\times 2\sqrt{3}=2\sqrt{39}$

⊙에서 $\cos\theta=\dfrac{\triangle ABC}{\triangle A'MB}=\dfrac{4\sqrt{3}}{2\sqrt{39}}=\dfrac{2}{\sqrt{13}}$

따라서 $\tan\theta=\dfrac{3}{2}$

395 정답 ③

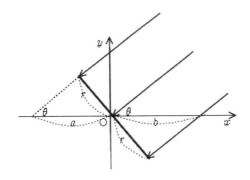

ㄱ. 구의 지름 중 구의 중심을 지나고 교선 l과 평행한 지름의 정사영의 길이는 변치 않으므로 그림자와 교선 l의 공통부분의 길이는 $2r$이다. (참)

또, 구의 중심을 교선 l위에 오도록 평행이동하고 구면 위의 원 중에서 태양광선에 수직인 원의 지름을 xy평면에서 생각하면 그림과 같다.

이때 $a\cos\theta=r$, $b\sin\theta=r$이므로

ㄴ. $a\cos 60°=b\sin 60°$에서 $a=\sqrt{3}\,b$

  즉 $a>b$ (거짓)

ㄷ. $\cos\theta=\dfrac{r}{a}$, $\sin\theta=\dfrac{r}{b}$ 이므로

$\sin^2\theta+\cos^2\theta=1$ 에 대입하면 $\dfrac{r^2}{a^2}+\dfrac{r^2}{b^2}=1$

즉 $\dfrac{1}{a^2}+\dfrac{1}{b^2}=\dfrac{1}{r^2}$ (참)

396 정답 ⑤

구의 위쪽 부분의 단면을 S_1, 아래쪽 부분을 S_2이라 두고 그림자를 각각 $S_1{}'$, $S_2{}'$라 두고 단면화를 하면 아래 그림과 같다.

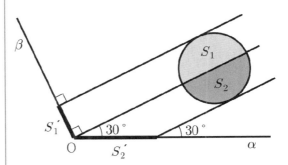

$S_1{}'=S_1=\dfrac{1}{2}\times 16\pi=8\pi$

S_2가 태양광선에 수직이므로 S_2는 $S_2{}'$의 정사영이므로

$S_2=S_2{}'\cos 60°$ 이다.

$S_2{}'=S_2\times\dfrac{1}{\cos 60°}=8\pi\times 2=16\pi$

$\therefore S_1{}'+S_2{}'=8\pi+16\pi=24\pi$

397 정답 30

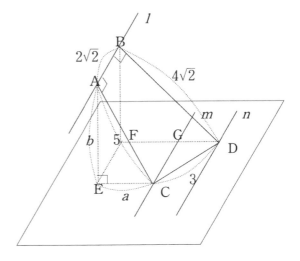

두 직선 m,n을 포함하는 평면을 α라 하자.

$l\,/\!/\,m$, $l\,/\!/\,n$이므로 $l\,/\!/\,\alpha$이다.

직선 l 위의 두 점 A, B에서 평면 α에 내린 수선의 발을 각각

E, F 라 하고, 선분 FD 와 직선 m 의 교점을 G 라 하자.

$\overline{AB} \, / / \, \overline{EF}$, $\overline{EF} \, / / \, \overline{CG}$ 이고, $\overline{EF} = \overline{CG} = 2\sqrt{2}$

이므로 직각삼각형 DGC 에서

$\overline{GD} = \sqrt{3^2 - (2\sqrt{2})^2} = 1$

직각삼각형 ABD 에서

$\overline{AD} = \sqrt{(4\sqrt{2})^2 + (2\sqrt{2})^2} = 2\sqrt{10}$

삼각형 ACD 에서

$\cos(\angle ACD) = \dfrac{5^2 + 3^2 - (2\sqrt{10})^2}{2 \cdot 5 \cdot 3} = -\dfrac{1}{5}$ 이므로

$\sin(\angle ACD) = \sqrt{1 - \left(-\dfrac{1}{5}\right)^2} = \dfrac{2\sqrt{6}}{5}$

따라서 삼각형 ACD 의 넓이는

$\dfrac{1}{2} \times 5 \times 3 \times \dfrac{2\sqrt{6}}{5} = 3\sqrt{6}$ 이다.

$\overline{EC} = a$, $\overline{AE} = \overline{BF} = b$ 라 하면 $\overline{FD} = a + 1$ 이고,

삼각형 AEC 에서 $a^2 + b^2 = 25$ $\cdots$ ㉠

삼각형 BFD 에서 $(a+1)^2 + b^2 = 32$ $\cdots$ ㉡

㉡ㅡ㉠ 에서 $2a + 1 = 7$, $a = 3$

삼각형 ACD 의 평면 α 위로의 정사영은 삼각형 ECD 이고,

삼각형 ECD 의 넓이는

$\dfrac{1}{2} \times \overline{EC} \times \overline{CG} = \dfrac{1}{2} \times 3 \times 2\sqrt{2} = 3\sqrt{2}$

따라서, $3\sqrt{6} \times \cos\theta = 3\sqrt{2}$ 에서

$\cos\theta = \dfrac{1}{\sqrt{3}}$

$\therefore 90\cos^2\theta = 30$

398 정답 ③

평행육면체의 모든 면은 평행사변형이고, 마주보는 두 면은 서로
합동이다.

$\overline{AB} \perp \overline{AE}$ 이므로 사각형 ABFE 와 사각형 CDHG 는

직사각형이고 $\angle APE = \dfrac{\pi}{2}$, $\angle AEF = \dfrac{\pi}{2}$ 이므로

삼수선의 정리에 의해 $\angle FEP = \dfrac{\pi}{2}$ 이다.

따라서 $\angle FGH = \dfrac{\pi}{2}$ ($\because$ 마주보는 각, ㅁFGHE 는 직사각형)

따라서 사각형 ABCD, EFGH 도 직사각형이다.

$\overline{AB} \perp \overline{BG}$ 이므로 삼각형 ABG 는 직각삼각형이고,

$\overline{AG} = \sqrt{\overline{AB}^2 + \overline{BG}^2} = \sqrt{2^2 + 4^2} = 2\sqrt{5}$ 이다.

삼각형 EGH 도 직각삼각형이고

$\overline{AB} = \overline{GH} = 2$, $\overline{EH} = 3$ 이므로

$\overline{EG} = \sqrt{2^2 + 3^2} = \sqrt{13} = \overline{AE}$ 로 삼각형 AEG 는

이등변삼각형이다.

E 에서 $\overline{AG}$ 에 내린 수선의 발을 Q 라 하면 $\overline{EQ} = 2\sqrt{2}$ 이다.

따라서

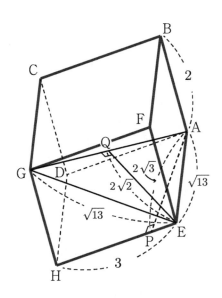

$\triangle AEG = \dfrac{1}{2} \times \overline{AG} \times \overline{EQ}$

$\qquad = \dfrac{1}{2} \times 2\sqrt{5} \times 2\sqrt{2} = 2\sqrt{10}$

삼각형 AEP 는 평행사변형 ADHE 와 같은 평면에 있다.

사각형 EFGH, CDHG 가 모두 직사각형이므로 삼각형 AEH 는

삼각형 AEG 의 정사영이 된다.

$\triangle AEH = \dfrac{1}{2} \times \overline{EH} \times \overline{AP}$

$\qquad = \dfrac{1}{2} \times 3 \times 2\sqrt{3} = 3\sqrt{3}$

따라서

$\cos\theta = \dfrac{\triangle AEH}{\triangle AEG} = \dfrac{3\sqrt{3}}{2\sqrt{10}} = \dfrac{3\sqrt{30}}{20}$

[랑데뷰팁]

$\triangle AEH$ 에서 $\angle AHE = \theta$ 라 두면

$\cos\theta = \dfrac{\overline{AH}^2 + \overline{HE}^2 - \overline{AE}^2}{2\,\overline{HE} \times \overline{AH}} = \dfrac{16 + 9 - 13}{2 \times 3 \times 4} = \dfrac{1}{2}$

에서 $\theta = \dfrac{\pi}{3}$ 이다.

따라서 $\sin(\angle AHE) = \sin\dfrac{\pi}{3} = \dfrac{\sqrt{3}}{2}$

이므로 $\triangle AEH = \dfrac{1}{2} \times 3 \times 4 \times \sin\dfrac{\pi}{3} = 3\sqrt{3}$

[다른 풀이] ― 배용제T

평행한 두 평면과 한 평면이 만나서 생기는 두 교선은 서로
평행하므로

평행육면체 ABCD ― EFGH 의 모든 면은 평행사변형이 되고,
이때 마주보는 면은 서로 합동인 평행사변형이다.

(i) (가)에서 $\overline{BG}\,/\!/\,\overline{AH}$ ($\because$ □ADHE ≡ □BCGF) 이므로
$\overline{AB} \perp \overline{AH}$ 이고, $\overline{AB} \perp \overline{AE}$ 즉, $\overline{AB}$ 는 평면 ADHE 위의 두
직선과 수직이므로 평면 ADHE와 수직이다.
→ $\overline{AB} \perp$ (평면ADHE)

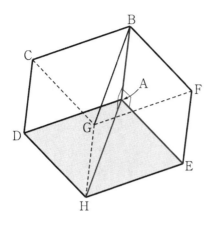

(ii) 점 H에서 $\overline{AE}$ 에 내린 수선의 발을 Q 라 하면,
△AHE에서 $\overline{AP} \times \overline{EH} = \overline{QH} \times \overline{AE}$ 이므로
$$\overline{QH} = \frac{\overline{AP} \times \overline{EH}}{\overline{AE}} = \frac{2\sqrt{3} \times 3}{\sqrt{13}} = \frac{6\sqrt{3}}{\sqrt{13}}$$

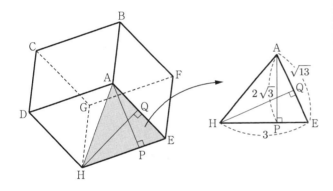

(iii) 평면 AEG와 평면AEP(=평면AEH)에서
점 G 에서 평면 AEH 에 내린 수선의 발은 H 이다.
($\because$ $\overline{AB}\,/\!/\,\overline{EF}$, $\overline{EF}\,/\!/\,\overline{GH}$ ⇒ $\overline{AB}\,/\!/\,\overline{GH}$ ⇒
$\therefore$ $\overline{GH} \perp$ (평면AEH))
따라서 ∠GQH는 평면 AEG와 평면AEP(=평면AEH)의
이면각이다.

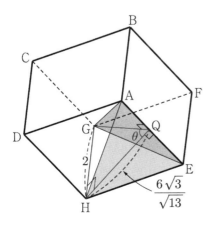

△GHQ에서 $\overline{GH}=2$, $\overline{QH}=\dfrac{6\sqrt{3}}{\sqrt{13}}$ 이므로 피타고라스 정리에
의하여 $\overline{GQ}=\dfrac{4\sqrt{10}}{\sqrt{13}}$
$$\therefore \cos\theta = \frac{\overline{QH}}{\overline{GQ}} = \frac{6\sqrt{3}}{4\sqrt{10}} = \frac{3\sqrt{30}}{20}$$

399 정답 ⑤

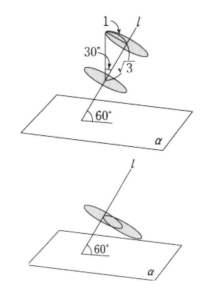

그림의 원판을 태양광선 방향으로 평행이동하여 만나게 하면 윗
원판이 아래 원판의 중심을 지난다.
겹친 두 원판의 넓이의 합 S는 두 원이 겹친 부분의 넓이를
S_1이라 하면
$S = 2 \times \pi \times 1^2 - 2S_1$이다.

S_1은 중심각이 $\dfrac{2}{3}\pi$인 활꼴이므로
$$S_1 = \frac{1}{2} \times 1^2 \times \frac{2}{3}\pi - \frac{1}{2} \times 1^2 \times \sin\frac{2}{3}\pi$$
$$= \frac{1}{3}\pi - \frac{\sqrt{3}}{4}$$
$$\therefore S = 2\pi - \frac{2}{3}\pi + \frac{\sqrt{3}}{2} = \frac{4}{3}\pi + \frac{\sqrt{3}}{2}$$

그런데 구하는 그림자의 넓이 S'은 평면과 이루는 각이 $\dfrac{\pi}{6}$인

정사영이므로
$$S' = \left(\frac{4}{3}\pi + \frac{\sqrt{3}}{2}\right) \times \cos\frac{\pi}{6}$$
$$= \left(\frac{4}{3}\pi + \frac{\sqrt{3}}{2}\right) \times \frac{\sqrt{3}}{2} = \frac{2\sqrt{3}}{3}\pi + \frac{3}{4}$$

400 정답 12

[그림 : 최성훈T]

두 평면 α, γ의 교선과 평행한 방향에서 세 평면과 반구를 바라본 모습은 그림과 같다.

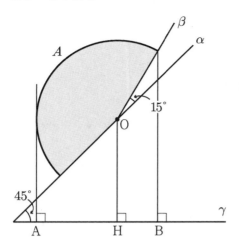

이 그림에서 도형 A의 평면 γ 위로의 정사영의 가장 왼쪽 끝 점과 오른쪽 끝 점을 각각 A, B 라 하고, 반구의 중심 O 에서 평면 γ에 내린 수선의 발을 H 라 하자.

그림에서 정사영 AH 부분의 넓이는 반구의 중심을 지나는 반원의 넓이와 같고, 정사영 HB 부분의 넓이는 반구의 중심을 지나고 평면 β 위에 있는 반원의 평면 γ 위로의 정사영의 넓이이다. 따라서 정사영의 넓이는

$$\frac{16\pi}{2} + \frac{16\pi}{2} \times \cos 60^\circ = 12\pi$$

$$S = 12\pi$$

그러므로 $\dfrac{S}{\pi} = 12$

401 정답 45

[그림 : 이정배T]

점 P 가 선분 AC 를 $1:2$로 내분하는 점이고, 점 C 에서 평면 α 에 이르는 거리가 3이므로 점 P 에서 평면 α 에 이르는 거리는 1 이다.

따라서, 직선 PB 는 평면 α 와 평행하다.

삼각형 ABC 와 평면 α 가 이루는 각의 크기를 θ 라 하자.

평면 α 에 평행하고 직선 PB 를 포함하는 평면을 β 라고 하면 삼각형 PBC 와 평면 β 가 이루는 각의 크기도 θ 이다.

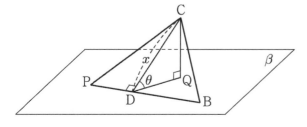

점 C 에서 직선 PB 에 내린 수선의 발을 D 라 하고, 점 C 에서

평면 β 에 내린 수선의 발을 Q 라 하자.

삼수선의 정리에 의하여 $\overline{DQ} \perp \overline{PB}$ 이므로 $\angle CDQ = \theta$ 이다.

$\overline{CQ} = 3 - 1 = 2$이므로 $\overline{CD} = x$ 라 하면 $\sin\theta = \dfrac{2}{x}$ 이다.

삼각형 ABC 의 넓이가 9이므로 삼각형 PBC 의 넓이는

$$9 \times \frac{2}{3} = 6$$

따라서, $\dfrac{1}{2} \times \overline{PB} \times x = 6$ 에서

$$\frac{1}{2} \times 4 \times x = 6 , \ x = 3$$

$$\therefore \ \sin\theta = \frac{2}{3}$$

$$\therefore \ \cos\theta = \sqrt{1 - \sin^2\theta} = \sqrt{1 - \frac{4}{9}} = \frac{\sqrt{5}}{3}$$

따라서, 삼각형 ABC 의 평면 α 위로의 정사영의 넓이 S는

$$S = 9\cos\theta = 9 \times \frac{\sqrt{5}}{3} = 3\sqrt{5}$$

$$\therefore \ S^2 = 45$$

402 정답 ④

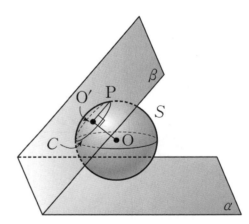

도형 C 위의 한 점을 P 라 하면 직각삼각형 $OO'P$ 에서 $\overline{OO'} = 2\sqrt{3}$, $\overline{OP} = 4$ 이므로

$$\overline{O'P} = \sqrt{\overline{OP}^2 - \overline{OO'}^2} = \sqrt{4^2 - (2\sqrt{3})^2} = 2$$

따라서 도형 C 는 중심이 O' 이고 반지름의 길이가 2 인 원이므로 도형 C 의 넓이는 $\pi \times 2^2 = 4\pi$

두 평면 α 와 β 가 이루는 각의 크기를 θ 라 하자.

도형 C 의 평면 α 위로의 정사영 C' 의 넓이가 $\dfrac{3}{2}\pi$ 이므로

$$\frac{3}{2}\pi = 4\pi \times \cos\theta , \ \cos\theta = \frac{3}{8}$$

따라서

$$\frac{3}{2}\pi \times \frac{3}{8} = \frac{9}{16}\pi$$

403 정답 32

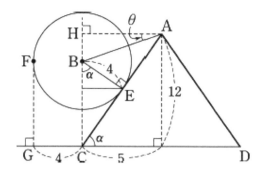

조건 (나)에서 구와 원기둥의 접점 F, 원뿔과 원기둥의 접점 D,
A, B는 한 평면 위에 있다.

또, $2 \times 7 - 2 \times 5 = 4$에서, B에서 α에 내린 수선의
발은 원뿔의 밑면 원주 위에 있다.

A, B, D를 지나는 평면으로 자른 단면을 그려보면,

$\cos \alpha = \dfrac{5}{13}$이므로 $\overline{BC} = \dfrac{4}{\cos \alpha} = \dfrac{52}{5}$

$\therefore \tan \theta = \dfrac{\overline{BH}}{\overline{AH}} = \dfrac{12 - \dfrac{52}{5}}{5} = \dfrac{\dfrac{8}{5}}{5} = \dfrac{8}{25}$

$\therefore 100 \tan \theta = 32$

404 정답 36

정사면체의 꼭짓점 A에서 모서리 삼각형 BCD에 내린 수선의
발을 H라 할 때,

점 A의 z좌표가 $2\sqrt{6}$이므로 $\overline{AH} = 2\sqrt{6}$이다.

정사면체의 한 변의 길이가 a일 때 높이는 $\dfrac{\sqrt{6}}{3}a$이므로

$\dfrac{\sqrt{6}}{3}a = 2\sqrt{6} \Rightarrow a = 6$

점 H는 삼각형 BCD의 무게중심이고 점 B에서 $\overline{CD}$에 내린
수선의 발을 P라 하면 점 H는 $\overline{BP}$ 위에 있다. $\overline{BP} \perp \overline{CD}$이고
점 H와 점 B의 x좌표가 같으므로 P$(3, 0, 0)$이고 점 P는 x축
위에 있다.

정사면체 한 모서리의 길이가 6이고 점 C의 x좌표가
양수이므로 점 D가 원점이다.

즉, D$(0, 0, 0)$, C$(6, 0, 0)$

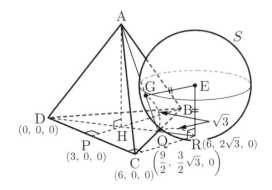

$\overline{BC}$의 중점 Q라 하고 구의 중심 E에서 xy평면에 내린 수선의
발을 R이라 할 때, 직선 DQ 위에 점 R이 있고
$\overline{QG} = \overline{QR}$이다. $\overline{QG} = \sqrt{3}$

직선 DQ는 $y = \dfrac{\sqrt{3}}{3}x$ 이고 $\overline{DQ} = 3\sqrt{3}$이므로

$1 : \sqrt{3} : 2 = \dfrac{3}{2}\sqrt{3} : \dfrac{9}{2} : 3\sqrt{3}$에서 Q$\left(\dfrac{9}{2}, \dfrac{3}{2}\sqrt{3}, 0\right)$이다.

마찬가지로 R$(6, 2\sqrt{3}, 0)$이다.

구의 반지름의 길이를 r이라 할 때, E$(6, 2\sqrt{3}, r)$이다.

다음 그림과 같이 $\overline{GQ} = \overline{QR} = \sqrt{3}$이고
$\angle GQF'$가 정사면체의 이면각의 크기이므로

$\cos(\angle GQF') = \dfrac{1}{3}$이다.

따라서 $\overline{QF'} = \dfrac{\sqrt{3}}{3}$, $\overline{GF'} = \dfrac{2\sqrt{6}}{3}$

$\overline{GF} = \dfrac{4}{3}\sqrt{3}$, $\overline{FR} = \dfrac{2\sqrt{6}}{3}$이다.

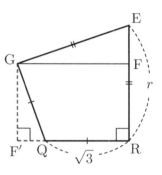

직각삼각형 EGF에서

$\left(\dfrac{4}{3}\sqrt{3}\right)^2 + \left(r - \dfrac{2\sqrt{6}}{3}\right)^2 = r^2$

$\Rightarrow \dfrac{16}{3} + r^2 - \dfrac{4\sqrt{6}}{3}r + \dfrac{8}{3} = r^2$

$\Rightarrow \dfrac{4\sqrt{6}}{3}r = 8$

따라서 $r = \sqrt{6}$

E$(6, 2\sqrt{3}, \sqrt{6})$

따라서

$\dfrac{a \times b \times c}{\sqrt{2}} = \dfrac{36\sqrt{2}}{\sqrt{2}} = 36$

405 정답 10

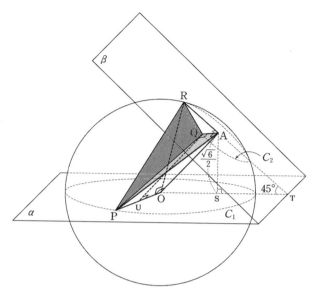

$\triangle$PQR 을 평면 AQPO 에 정사영한 도형은 $\triangle$PQA

따라서 $\cos\theta = \dfrac{\triangle\text{PQA 의 넓이}}{\triangle\text{PQR 의 넓이}}$

$\overline{OA}\perp\beta$ 에서 $\angle OAT = 90°$ 이고

$\triangle AOS$ 는 직각이등변삼각형이므로 $\overline{OA}=\sqrt{3}$,

$\overline{QA}=1$ 이므로 $\therefore \triangle\text{PQA}=\dfrac{\sqrt{3}}{2}$

직각이등변삼각형 ARQ 에서 $\overline{QR}=\sqrt{2}$

직각삼각형 PQU 에서 $\overline{PQ}=2$

$\overline{OP}\perp\triangle OAR$ 이므로 $\overline{OP}\perp\overline{OR}$

직각삼각형 OPR 에서 $\overline{PR}=2\sqrt{2}$

Q에서 PR 에 내린 수선의 발을 H 라고 하면

$\overline{QH}^2=\overline{PQ}^2-\overline{PH}^2=\overline{QR}^2-\overline{RH}^2$

$2^2-(2\sqrt{2}-\overline{RH})^2=(\sqrt{2})^2-\overline{RH}^2$

정리하면 $\overline{RH}=\dfrac{3\sqrt{2}}{4}$, $\overline{QH}=\dfrac{\sqrt{14}}{4}$

$\therefore \triangle\text{PQR}=\dfrac{1}{2}\cdot 2\sqrt{2}\cdot\dfrac{\sqrt{14}}{4}=\dfrac{\sqrt{7}}{2}$

$\cos\theta=\dfrac{\dfrac{\sqrt{3}}{2}}{\dfrac{\sqrt{7}}{2}}=\dfrac{\sqrt{3}}{\sqrt{7}}$ $\therefore \cos^2\theta=\dfrac{3}{7}$

$\therefore p+q=10$

---

406 정답 10

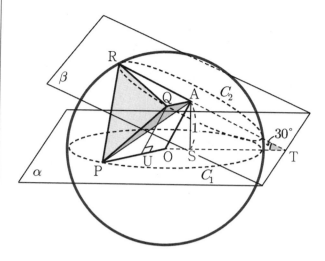

$\triangle$PQR 을 평면 AQPO 에 정사영한 도형은 $\triangle$PQA

따라서 $\cos\theta = \dfrac{\triangle\text{PQA 의 넓이}}{\triangle\text{PQR 의 넓이}}$

따라서 두 삼각형의 넓이를 구하자.

구의 중심 O 에서 평면 β 에 내린 수선의 발이 원의 중심 A이다.

따라서 $\overline{OA}\perp\beta$ 에서 $\angle OAT=90°$ 이므로

$\angle AOS = 60°$ 이다.

$\triangle AOS$ 는 $30°$, $60°$, $90°$ 인 직각삼각형이고

$\overline{AS}=1$ 에서 $\overline{OA}=\dfrac{2}{\sqrt{3}}$

직각삼각형 OAQ에서 $\overline{OA}=\dfrac{2}{\sqrt{3}}$, $\overline{OQ}=\dfrac{4}{3}$ 이므로 $\overline{QA}=\dfrac{2}{3}$

조건 (나)에서 $\overline{AQ}//\overline{OP}$ 이므로 점 Q에서 $\overline{OP}$ 에 내린 수선의 발을 U 라 하면

$\overline{QU}=\overline{OA}=\dfrac{2}{\sqrt{3}}$ 이므로 $\triangle$PQA 는 밑변이 $\overline{QA}$, 높이가

$\overline{QU}$ 인 삼각형이므로

$\triangle\text{PQA}=\dfrac{1}{2}\times\overline{AQ}\times\overline{QU}=\dfrac{2\sqrt{3}}{9}\cdots\text{㉠}$

한편 $\overline{AR}=\overline{AQ}=\dfrac{2}{3}$ ($\because$ 원의 반지름)이므로

직각이등변삼각형 ARQ 에서 $\overline{QR}=\dfrac{2\sqrt{2}}{3}$

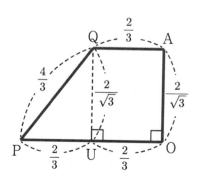

직각삼각형 PQU 에서 $\overline{PU}=\dfrac{2}{3}$, $\overline{QU}=\dfrac{2}{\sqrt{3}}$ 이므로

$$\overline{PQ} = \frac{4}{3}$$

$\overline{OP} \perp \triangle OAR$ 이므로 $\overline{OP} \perp \overline{OR}$

직각삼각형 OPR 에서 $\overline{PR} = \frac{4}{3}\sqrt{2}$ 이므로

$\triangle PQR$ 에서 세 변의 길이가 $\frac{2}{3}\sqrt{2}$, $\frac{4}{3}\sqrt{2}$, $\frac{4}{3}$ 이므로 헤론의 공식에서

둘레의 길이가 $2\sqrt{2} + \frac{4}{3}$ 이므로

$$\triangle PQR$$
$$= \sqrt{\left(\sqrt{2} + \frac{2}{3}\right) \times \left(\frac{\sqrt{2}+2}{3}\right) \times \left(\frac{-\sqrt{2}+2}{3}\right) \times \left(\sqrt{2} - \frac{2}{3}\right)}$$
$$= \sqrt{\left(2 - \frac{4}{9}\right)\left(\frac{4-2}{9}\right)} = \frac{2\sqrt{7}}{9} \cdots \text{ⓛ}$$

㉠, ㉡에서

$$\cos\theta = \frac{\dfrac{2\sqrt{3}}{9}}{\dfrac{2\sqrt{7}}{9}} = \frac{\sqrt{3}}{\sqrt{7}}$$

$$\therefore \cos^2\theta = \frac{3}{7}$$

$$\therefore p + q = 10$$

[다른 풀이]–유승희T

두 평면 α, β 위의 직선 OP, AQ가 평행하므로 α, β의 교선을 l이라 할 때, 세 직선 OP, AQ, l은 서로 평행하다.

(가)에 의해 $\overleftrightarrow{AQ} \perp \overleftrightarrow{AR}$ 이므로 $l \perp \overleftrightarrow{AR}$ 이다.

또한, C_2의 중심이 A이므로 $\overleftrightarrow{OA} \perp \overleftrightarrow{AR}$ 이다.

따라서, R의 평면 AQPO위로의 수선의 발은 A이다.

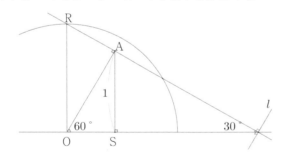

위의 그림은 정면에서 바라본 그림이다.

$$\overline{OA} = \frac{\overline{AS}}{\sin 60°} = \frac{2}{\sqrt{3}}$$

$$\overline{AR} = \sqrt{\overline{OR}^2 - \overline{OA}^2} = \frac{2}{3}$$

Q가 원 C_2 위의 점이므로 $\overline{AQ} = \overline{AR} = \frac{2}{3}$ 이다.

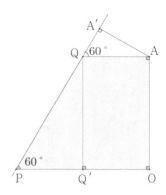

이제 사각형 AQPO의 위치관계를 알아보자.

$\overline{AQ} = \frac{2}{3}$, $\overline{OA} = \frac{2}{\sqrt{3}}$, $\overline{OP} = \frac{4}{3}$ 이므로

위의 그림에서 점 Q의 직선 OP위로의 수선의 발을 Q′이라 하면 $\overline{OQ'} = \overline{AQ} = \frac{2}{3}$ 이므로 $\overline{PQ'} = \frac{2}{3}$

$\overline{PQ'} : \overline{QQ'} = 1 : \sqrt{3}$ 인 직각삼각형이므로 $\angle QPQ' = 60°$ 이다.

또한, 점 A의 직선 PQ 위로의 수선의 발을 A′이라 하면 $\angle AQA' = \angle QPQ' = 60°$ 이므로

$$\overline{AA'} = \overline{AQ} \times \sin 60° = \frac{\sqrt{3}}{3}$$

두 평면 PQR과 AQPO의 교선은 $\overleftrightarrow{PQ}$ 이므로 두 평면의 이루는 각 θ는 이면각의 정의에 의해 다음과 같다.

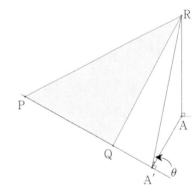

즉, $\overline{A'R} = \sqrt{\overline{AA'}^2 + \overline{AR}^2} = \frac{\sqrt{7}}{3}$

$$\cos\theta = \frac{\overline{AA'}}{\overline{A'R}} = \frac{\sqrt{3}}{\sqrt{7}}$$

따라서, $\cos^2\theta = \frac{3}{7}$

$$\therefore p + q = 10$$

407 정답 ②

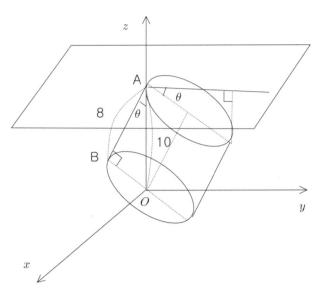

그림의 직각삼각형 ABO에서 $\overline{OA}=10$, $\overline{AB}=8$ 이므로

$\overline{OB}=\sqrt{10^2-8^2}=6$

원기둥의 한 밑면과 $y-y$평면과 평행하고 z좌표가 10인 평면과 이루는 각의 크기를 θ라 하면 각 OAB의 크기도 θ이므로

$\cos\theta=\dfrac{8}{10}=\dfrac{4}{5}$

이때, 원기둥의 한 밑면의 넓이를 S, 이 밑면의 평면 $z=10$ 위로의 정사영의 넓이를 S'이라 하면

$S=\pi\times 6^2=36\pi$

$S'=S\times\cos\theta=36\pi\times\dfrac{4}{5}=\dfrac{144}{5}\pi$

408 정답 9

[그림 : 최성훈T]

구 C의 중심은 선분 AB의 중점과 일치하므로 중심의 좌표는

$\left(\dfrac{1+(-1)}{2},\ \dfrac{(-3)+3}{2},\ \dfrac{2+(-2)}{2}\right)$, 즉 $(0, 0, 0)$이다.

또한 구 C의 반지름의 길이는

$\dfrac{1}{2}\overline{AB}=\dfrac{1}{2}\sqrt{(1+1)^2+(-3-3)^2+(2+2)^2}=\sqrt{14}$

이므로 구 C의 방정식은 $x^2+y^2+z^2=14$이다.

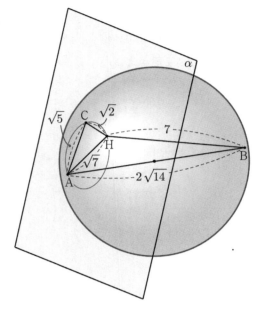

즉, $\overline{AB}=2\sqrt{14}$이므로

$\overline{AH}=\sqrt{(2\sqrt{14})^2-7^2}=\sqrt{7}$

또한 점 C는 구 C와 평면 α가 만나서 생기는 원 위의 한 점이므로 $\angle ACH=90°$이고 삼각형 ACH에서

$\overline{CH}=\sqrt{(\sqrt{7})^2-(\sqrt{5})^2}=\sqrt{2}$

또한 $\overline{AH}\perp\overline{BH}$, $\overline{CH}\perp\overline{BH}$이므로 두 평면 ABH와 BCH가 이루는 예각의 크기를 θ라 하면

$\cos\theta=\dfrac{\overline{CH}}{\overline{AH}}=\dfrac{\sqrt{2}}{\sqrt{7}}=\dfrac{\sqrt{14}}{7}$ 이므로

$S=\dfrac{1}{2}\times\overline{AH}\times\overline{BH}\times\cos\theta$

$=\dfrac{1}{2}\times\sqrt{7}\times 7\times\dfrac{\sqrt{14}}{7}$

$=\dfrac{7}{2}\sqrt{2}$

$\therefore\ p=2,\ q=7$

$p+q=9$이다.

409 정답 13

[그림 : 최성훈T]

구 $(x-1)^2+(y-1)^2+(z-1)^2=4\cdots$㉠는 중심이 C$(1, 1, 1)$이고 반지름의 길이가 2인 구이고 구 $x^2+y^2+z^2=16\cdots$㉡은 중심이 원점 O$(0, 0, 0)$이고 반지름의 길이가 4인 구이다.

이때, $\overline{OC}=\sqrt{1^2+1^2+1^2}=\sqrt{3}$ 이므로 ㉠은 ㉡에 포함되고, ㉡의 중심은 ㉠에 포함된다.

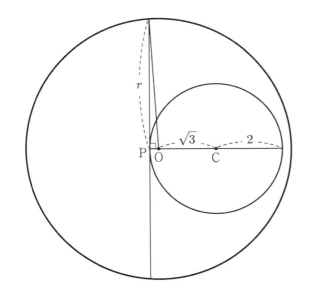

따라서 ㉠에 접하는 평면이 ㉡과 만나서 생기는 도형은 원이고 넓이가 최대가 되려면 점 O에서 평면 사이의 거리가 가장 짧아야 한다. 즉, 두 구의 중심 C, O를 지나는 직선과 구 ㉠과의 교점 중에서 점 O에 가까운 점을 P라 하면 점 P가 평면의 접점이 될 때이다.

이때, 단면이 나타내는 원의 반지름의 길이를 r라 하면
$$r^2 = 4^2 - (2-\sqrt{3})^2 = 16 - (7-4\sqrt{3}) = 9 + 4\sqrt{3}$$
따라서, 넓이의 최댓값은
$$\pi r^2 = \pi(9 + 4\sqrt{3})$$
$$\therefore a + b = 13$$

410 정답 ④

구 S의 중심을 $C(a, b, c)$라 하면 점 $C(a, b, c)$에서 x축에 내린 수선의 발 $M(a, 0, 0)$은 선분 PQ의 중점과 일치해야 하므로 $a = 2$

또한
$\overline{PC} = 3$이고 $\overline{PM} = 1$이므로
$$\overline{CM} = \sqrt{\overline{PC}^2 - \overline{PM}^2} = \sqrt{3^2 - 1^2} = 2\sqrt{2}$$
$C(2, b, c)$이므로 $\overline{CM} = \sqrt{(2-2)^2 + b^2 + c^2} = 2\sqrt{2}$ 에서
$$b^2 + c^2 = 8$$
이때 $0 \le b^2 \le 8$이므로
$$-2\sqrt{2} \le b \le 2\sqrt{2}$$
즉, b가 최소인 경우는 $b = -2\sqrt{2}$이고, 이때 $c = 0$이다.
따라서 $A(0, \sqrt{2}, 4)$에서 구 S 위의 점까지의 거리의 최댓값은
$$M = \overline{CA} + 3$$
$$= \sqrt{(0-2)^2 + (\sqrt{2} + 2\sqrt{2})^2 + (4-0)^2} + 3$$
$$= \sqrt{38} + 3$$
이고 최솟값은
$$m = \overline{CA} - 3$$
$$= \sqrt{(0-2)^2 + (\sqrt{2} + 2\sqrt{2})^2 + (4-0)^2} - 3$$
$$= \sqrt{38} - 3$$

이므로
$$M \times m = (\sqrt{38} + 3)(\sqrt{38} - 3) = 29$$

411 정답 40

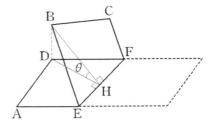

B에서 $\overline{EF}$에 내린 수선의 발을 H라 하면 삼수선의 정리에 의해
$$\overline{DH} \perp \overline{EF}$$
두 평면 AEFD와 EFCB가 이루는 각 θ는 두 평면의 교선 $\overline{EF}$에 수직인 $\overline{BH}$와 $\overline{DH}$가 이루는 각의 크기와 같다.
$$\cos\theta = \frac{\overline{DH}}{\overline{BH}}$$
이제 종이를 다시 펼치면 그림과 같다.

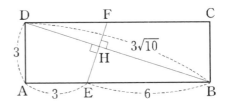

$\triangle BDA \propto \triangle BEH$이므로
$$\overline{EB} : \overline{HB} = \overline{DB} : \overline{AB}$$
$$\overline{HB} = \frac{9 \cdot 6}{3\sqrt{10}} = \frac{18}{\sqrt{10}}$$
$$\overline{DH} = \overline{DB} - \overline{BH} = 3\sqrt{10} - \frac{18}{\sqrt{10}} = \frac{12}{\sqrt{10}}$$
$$\therefore \cos\theta = \frac{\overline{DH}}{\overline{BH}} = \frac{2}{3}$$
$$\therefore 60\cos\theta = 60 \times \frac{2}{3} = 40$$

[다른 풀이]

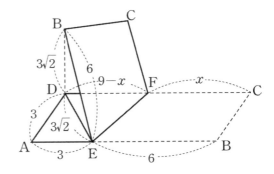

$\overline{AE} = 3$이므로 $\overline{BE} = 9 - 3 = 6$
$\overline{DE} = 3\sqrt{2}$이므로 $\overline{BD} = \sqrt{6^2 - (3\sqrt{2})^2} = 3\sqrt{2}$

$\overline{FC} = x$라 하면 $\overline{DF} = 9-x$

한편, $\triangle BDF$, $\triangle BCF$는 모두 직각삼각형이므로

$\overline{BF}^2 = (3\sqrt{2})^2 + (9-x)^2 = x^2 + 3^2$

$18 + 81 - 18x + x^2 = x^2 + 9$

$18x = 90$

$\therefore x = 5$

$\therefore \triangle DEF = \dfrac{1}{2} \times 4 \times 3 = 6$

$\triangle BEF = \dfrac{1}{2} \times 6 \times 3 = 9$

이때, $\triangle BEF$의 평면 ABCD 위로의 정사영이 $\triangle DEF$이므로

$\cos\theta = \dfrac{6}{9} = \dfrac{2}{3}$

$\therefore 60\cos\theta = 60 \times \dfrac{2}{3} = 40$

412 정답 120

점 A는 원점, 점 B$(10, 0, 0)$, 점 M$(0, 5, 0)$이라 하면 점 D에서 xy평면에 내린 수선의 발을 점 H라 하면 점 H는 선분 CM 위에 있다.

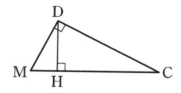

$\overline{DM} = 5$, $\overline{CD} = 10$에서

$\overline{CD} = 2\overline{DM}$이므로

$\overline{CH} = 2\overline{DH} = 2 \times 2\overline{MH} = 4\overline{MH}$

따라서 점 H는 선분 MC를 $1 : 4$로 내분하는 점이다.

H$(2, 6, 0)$

$\overline{CM} = \sqrt{25 + 100} = 5\sqrt{5}$

닮음 성질에 의하여

$\overline{DH} \times 5\sqrt{5} = 5 \times 10$

$\overline{DH} = 2\sqrt{5}$

그러므로 점 D$(2, 6, 2\sqrt{5})$

$l = 2\sqrt{30}$

$\therefore l^2 = 120$

413 정답 ②

구 S의 반지름의 길이를 r, 중심의 좌표를 C(a, b, c)라 하자. (단, $a > 0$, $b > 0$, $c > 0$)

구 S가 x축과 y축에 접하는 점을 각각 A, B라 하면

A$(a, 0, 0)$, B$(0, b, 0)$이고 $r = \overline{AC} = \overline{BC}$이므로

$r^2 = b^2 + c^2 = a^2 + c^2$

$\therefore a = b$ ($\because a > 0$, $b > 0$)

따라서 구 S의 방정식은

$(x-a)^2 + (y-a)^2 + (z-c)^2 = a^2 + c^2 \cdots \bigcirc$

으로 놓을 수 있다.

구 S가 xy평면과 만나서 생기는 원의 방정식은

$(x-a)^2 + (y-a)^2 + (0-c)^2 = a^2 + c^2$

$(x-a)^2 + (y-a)^2 = a^2$이고, 원의 넓이가 64π이므로

$a^2\pi = 64\pi$, $a^2 = 64$, $a = 8$ ($\because a > 0$)

$a = 8$을 $\bigcirc$에 대입하면 구 S의 방정식은

$(x-a)^2 + (y-a)^2 + (z-c)^2 = 64 + c^2 \cdots \bigcirc\!\!\bigcirc$

구 S가 z축과 만나는 점의 z좌표를 구하기 위해서 $\bigcirc\!\!\bigcirc$에 $x = 0$, $y = 0$을 대입하면

$64 + 64 + (z-c)^2 = 64 + c^2$, $(z-c)^2 = c^2 - 64$

$z = c \pm \sqrt{c^2 - 64}$

구 S가 z축과 만나는 두 점 사이의 거리가 8이므로

$(c + \sqrt{c^2 - 64}) - (c - \sqrt{c^2 - 64}) = 8$

$\therefore c^2 = 80$

따라서 구 S의 반지름의 길이는

$r = \sqrt{a^2 + c^2} = \sqrt{64 + 80} = \sqrt{144} = 12$

414 정답 35

[그림 : 최성훈T]

구의 중심을 D(a, b, c) (단, $a > 0$, $b > 0$, $c > 0$)이라 하면 xy평면에서 중심이 $(a, b, 0)$이고 반지름의 길이가 2인 원 C_1이 y축에 접하므로 $a = 2$

구가 점 $(0, b, 0)$에서 y축에 접하므로

$\sqrt{2^2 + c^2} = 2\sqrt{5}$ $\therefore c = 4$

다음 그림과 같이 z축 위의 두 점 P, Q의 중점을 M이라 하면

$\overline{DM} = \sqrt{2^2 + b^2}$, $\overline{PM} = 1$이고 $\overline{DP} = 2\sqrt{5}$이다.

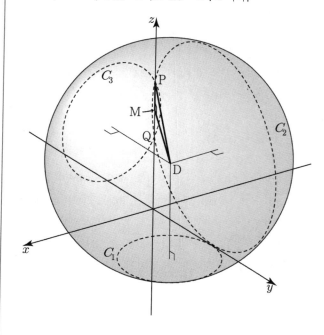

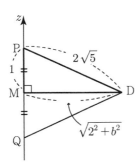

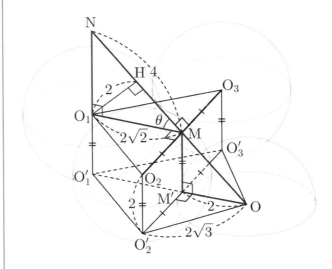

이때, $\sin\dfrac{\theta}{2}=\dfrac{1}{2\sqrt{3}}$

$\cos\theta=1-2\sin^2\dfrac{\theta}{2}=1-\dfrac{1}{6}=\dfrac{5}{6}$

도형 D의 단면의 넓이는 π이므로 정사영의 넓이는 $\pi\times\dfrac{5}{6}$이다

$\therefore p+q=11$

416 정답 ④

$\overline{O_2O_3}=4\sqrt2$이므로 $\triangle O_3O_1O_2$는 직각이등변삼각형이다.
O_2, O_3의 중점을 M이라 하고 각 점의 평면 α위로의 정사영을
O_2', O_3', M'라 하면 다음 그림과 같은 상황이다.

$\overline{O_2O_2'}=2$, $\overline{OO_2}=4$이므로 $\overline{OO_2'}=2\sqrt3$

$\angle OM'O_2'=\dfrac{\pi}{2}$이므로 $\overline{OM'}=2$

$\overline{OM}$의 연장선이 $\overline{O_1O_1'}$의 연장선과 만나는 점을 N이라 하면
$\triangle OMM'\backsim\triangle MNO_1$이고 $\overline{MO_1}=2\sqrt2$이므로
닮음비는 $\overline{OM'}:\overline{MO_1}=1:\sqrt2$이다.

따라서 $\overline{MN}=4$

직각삼각형 NO_1M의 O_1에서 빗변 MN에 내린 수선의 발을
H라 하면 $\overline{O_1H}=2$이다.

따라서 구 S_1은 평면 β에 접하므로 S_1의 β위로의 정사영의
넓이는 4π이다.

$\therefore m=4\pi$

한편 평면 α를 M을 포함하도록 평행이동한 평면을 α'라 하면
α'와 β의 교선은 $\overline{O_2O_3}$이고 $\overline{NM}\perp\overline{O_2O_3}$,
$\overline{O_1M}\perp\overline{O_2O_3}$이므로
α와 β가 이루는 이면각의 크기 θ는 $\angle NMO_1$이다.

$\cos\theta=\dfrac{2\sqrt2}{4}=\dfrac{\sqrt2}{2}$, $n=4\pi\times\dfrac{\sqrt2}{2}=2\sqrt2\pi$

따라서 $m+n=(4+2\sqrt2)\pi$

따라서
$\left(\sqrt{4+b^2}\right)^2+1^2=\left(2\sqrt5\right)^2$
$4+b^2+1=20$
$\therefore b^2=15$

따라서 원점과 구의 중심 사이의 거리는 d는
$d^2=a^2+b^2+c^2=4+15+16=35$

415 정답 11

평면과 평면이 이루는 각을 단면화 시켜서 관찰하기 위하여 우선
도형을 옆에서 관찰하면 다음과 같다.

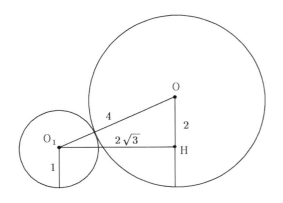

S의 중심을 O 라 하면 $\overline{OO_1}=4$, $\overline{OH}=2$이다.

$\therefore \overline{O_1H}=2\sqrt3$

위에서 이 도형의 이면각 θ를 표현하기 위해 O_1, O_2, O_3, H
를 포함하는 평면으로 자른 단면을 그려보면 다음과 같다.

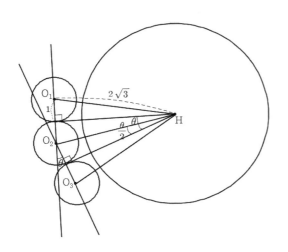

417 정답 9

그림과 같이 원점을 O 원 C가 yz 평면과 만나는 다른 한 점을 P′이라 하자. 또, 원점 O 에서 선분 PP′에 내린 수선의 발을 H 라 하고, $\angle POH = \theta$ 라 하자.

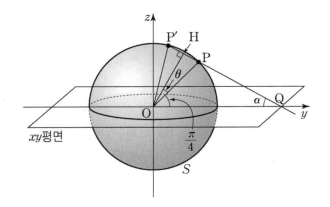

$\overline{PH} = 1$, $\overline{OP} = \sqrt{50}$ 이므로

$$\sin\theta = \frac{1}{\sqrt{50}}, \cos\theta = \frac{7}{\sqrt{50}}$$

선분 PP′의 연장선과 y 축이 만나는 점을 Q 라 하고, $\angle OQP = \alpha$ 라 하자, 이때, 정사영의 넓이는

$$\pi\cos\alpha = \pi\cos\left\{\frac{\pi}{2} - \left(\frac{\pi}{4} + \theta\right)\right\} = \pi\sin\left(\frac{\pi}{4} + \theta\right)$$

$$= \pi\left(\sin\frac{\pi}{4}\cos\theta + \cos\frac{\pi}{4}\sin\theta\right)$$

$$= \pi\left(\frac{1}{\sqrt{2}} \times \frac{7}{\sqrt{50}} + \frac{1}{\sqrt{2}} \times \frac{1}{\sqrt{50}}\right)$$

$$= \pi\left(\frac{7}{10} + \frac{1}{10}\right) = \frac{4}{5}\pi$$

$\therefore p + q = 9$

418 정답 45

다음 그림과 같이 yz 평면으로 정사영시켜 생각해 보자.
원 C의 지름이 $\sqrt{2}$ 이므로 원점에서 원 C 의 중심까지 거리

$$d = \sqrt{5^2 - \left(\frac{\sqrt{2}}{2}\right)^2} = \frac{7}{\sqrt{2}}$$

따라서 $(4, 3)$을 지나는 직선 l의 방정식
$z = m(y - 4) + 3$이므로

$(0, 0)$에서 $my - z - 4m + 3 = 0$까지의 거리가 $\frac{7}{\sqrt{2}}$ 이다.

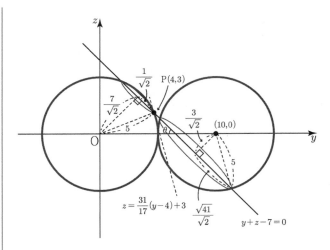

$$\frac{7}{\sqrt{2}} = \frac{|-4m + 3|}{\sqrt{m^2 + 1}}$$

양변 제곱하면

$$\frac{49}{2} = \frac{16m^2 - 24m + 9}{m^2 + 1}$$

$$49m^2 + 49 = 32m^2 - 48m + 18$$

$$17m^2 + 48m + 31 = 0$$

$$(m + 1)(17m + 31) = 0$$

$$m = -1, \ m = -\frac{31}{17}$$

그림과 같이 평면 α와 xy평면의 이면각의 크기를 θ라 하면 기울기 m의 절댓값이 작을수록 평면 α와 xy평면이 이루는 각 θ가 작아지므로 $m = -1$일 때 θ가 최소이고 그 때 원 C의 xy평면 위로의 정사영의 넓이가 최대가 된다.

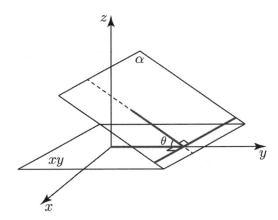

따라서 $m = -1$, $\cos\theta \le \frac{\sqrt{2}}{2}$

한편, 직선 l의 방정식은 $z = -(y - 4) + 3$
즉 $y + z - 7 = 0$이므로 구 T를 yz평면으로 정사영한 원의 중심 $(10, 0)$에서 직선 l까지 거리는 $\frac{|10 + 0 - 7|}{\sqrt{2}} = \frac{3}{\sqrt{2}}$이다.

따라서 원 D의 반지름의 길이

$$r = \sqrt{5^2 - \left(\frac{3}{\sqrt{2}}\right)^2} = \frac{\sqrt{41}}{\sqrt{2}}$$

따라서 원 D의 넓이는 $\dfrac{41}{2}\pi$

따라서 원 D의 xy평면으로의 정사영의 넓이는

$\dfrac{41}{2}\pi \times \dfrac{\sqrt{2}}{2} = \dfrac{41}{4}\sqrt{2}\pi$

따라서 $p=4$, $q=41$

$p+q=45$

419 정답 162

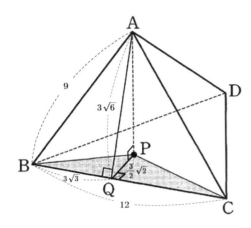

삼수선의 정리에 의하여 선분 PQ 와 선분 BC 는 수직이고, 주어진 조건에 의하여

$\overline{BQ} = 3\sqrt{3}$, $\overline{AQ} = 3\sqrt{6}$, $\overline{PQ} = \dfrac{3}{2}\sqrt{2}$ 이다.

삼각형 BCP 의 넓이($=k$)는

$k = \dfrac{1}{2} \times \overline{BC} \times \overline{PQ} = \dfrac{1}{2} \times 12 \times \dfrac{3}{2}\sqrt{2} = 9\sqrt{2}$ 이고

$k^2 = 162$ 이다.

420 정답 194

[그림 : 최성훈T]

삼각형 ABC′ 에서 $\overline{BC'} = a$라 두고 코사인법칙을 적용하면

$-\dfrac{1}{5} = \dfrac{5^2 + a^2 - 7^2}{2 \times 5 \times a}$

$-2a = a^2 - 24$

$a^2 + 2a - 24 = 0$

$(a-4)(a+6) = 0$

$\therefore a = 4$

따라서 $\overline{BC'} = 4$이다.

$\overline{AC'} = 5$, $\overline{BC'} = 4$이고, $\overline{CC'} = x$ 라 하면

$\overline{AC}^2 = \overline{CC'}^2 + \overline{AC'}^2 = x^2 + 25$

$\overline{BC}^2 = \overline{CC'}^2 + \overline{BC'}^2 = x^2 + 16$

삼각형 ABC 는 ∠C 가 직각인 직각삼각형이므로 $\overline{AB} = 7$일 때,

$(x^2 + 25) + (x^2 + 16) = 49$

$2x^2 = 8$ $\quad \therefore x = 2$

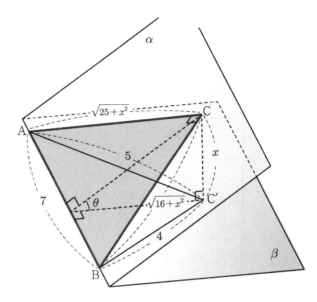

그림과 같이 꼭짓점 C 에서 선분 AB 에 내린 수선의 발을 H 라 하면

$\triangle ABC = \dfrac{1}{2}\overline{AB} \cdot \overline{CH} = \dfrac{1}{2}\overline{AC} \cdot \overline{BC}$

$\dfrac{1}{2} \times 7 \times \overline{CH} = \dfrac{1}{2} \times \sqrt{29} \times 2\sqrt{5}$

$\therefore \overline{CH} = \dfrac{2}{7}\sqrt{145}$

이때 삼수선 정리에 의하여 $\overline{AB} \perp \overline{C'H}$ 이므로

$\angle CHC' = \theta$ 이고 삼각형 CHC′ 에서

$\sin\theta = \dfrac{\overline{CC'}}{\overline{CH}} = \dfrac{2}{\dfrac{2}{7}\sqrt{145}} = \dfrac{7}{\sqrt{145}}$

$\sin^2\theta = \dfrac{49}{145}$

$\therefore p+q = 145 + 49 = 194$

[다른 풀이]–김진성T

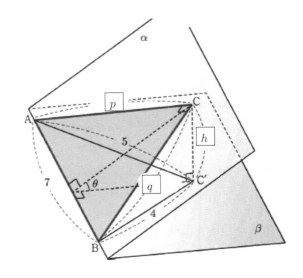

$p^2 - 5^2 = q^2 - 4^2 = h^2$ 과 $p^2 + q^2 = 7^2$을 이용해서

$p^2 = 29$, $q^2 = 20$을 구한다.

두평면 α, β가 이루는 각이 θ이고

$\cos\theta = \dfrac{\triangle ABC'}{\triangle ABC}$ 이다.

$\triangle ABC = \dfrac{1}{2}pq$

$\triangle ABC' = \dfrac{1}{2} \times 5 \times 4 \times \sin(\angle AC'B)$

따라서

$\cos\theta = \dfrac{\triangle ABC'}{\triangle ABC} = \dfrac{\dfrac{1}{2} \times 4 \times 5 \times \dfrac{\sqrt{24}}{5}}{\dfrac{1}{2} \times 2\sqrt{5} \times \sqrt{29}} = \dfrac{4\sqrt{6}}{\sqrt{145}}$

$\therefore \sin^2\theta = \dfrac{49}{145}$

421 정답 12

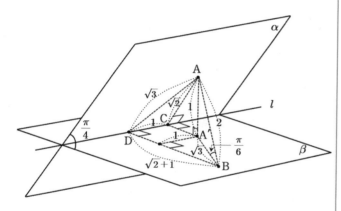

A 에서 C 를 지나고 직선 l 에 수직이며 β 에 포함되는 직선에 수선의 발을 내리고 그 수선의 발을 A′ 이라 하면 삼수선의 정리에 의하여 A 에서 평면 β 에 내린 수선의 발이 A′ 이 된다.

$\overline{AB} = 2$이고 직선 AB 와 평면 β 가 이루는 각의 크기가

$\dfrac{\pi}{6}$ 이므로 $\angle ABA' = \dfrac{\pi}{6}$ 이고 $\overline{A'B} = \sqrt{3}$, $\overline{AA'} = 1$ 이다.

또한 α 와 β 가 이루는 각의 크기가 $\dfrac{\pi}{4}$ 이므로 이면각의 정의에

의하여 $\angle ACA' = \dfrac{\pi}{4}$ 이다.

따라서 $\overline{CA'} = 1$, $\overline{AC} = \sqrt{2}$ 임을 알 수 있다.

한편, $\overline{AD} = \sqrt{3}$ 이고 $\overline{AC} = \sqrt{2}$ 이므로

직각삼각형 ACD 에서 $\overline{CD} = 1$ 이다.

사면체 ABCD 의 부피는

$\dfrac{1}{3} \times (\triangle BCD의 넓이) \times \overline{AA'}$

$= \dfrac{1}{3} \times \left(\dfrac{1}{2} \times \overline{CD} \times \overline{BD} \right) \times \overline{AA'}$

$= \dfrac{1}{3} \times \left(\dfrac{1}{2} \times 1 \times (\sqrt{2}+1) \right) \times 1$

$= \dfrac{1}{6}(\sqrt{2}+1)$

따라서 $a = \dfrac{1}{6}$, $b = \dfrac{1}{6}$ 이므로 $36(a+b) = 12$이다.

422 정답 ①

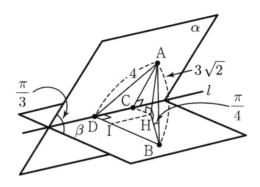

$\overline{AC} = p$, $\overline{CD} = q$라 하자. 또 점 A에서 평면 β에 내린 수선의

발을 H라 하면 두 평면 α, β의 이면각이 $\dfrac{\pi}{3}$이므로

삼각형 ACH에서 $\overline{CH} = \dfrac{1}{2}p$, $\overline{AH} = \dfrac{\sqrt{3}}{2}p$

직선 AB와 평면 β가 이루는 각의 크기가 $\dfrac{\pi}{4}$이므로

삼각형 ABH에서 $\overline{AH} = \overline{BH} = \dfrac{\sqrt{3}}{2}p$이고

$\overline{AB} = 3\sqrt{2} = \sqrt{\left(\dfrac{\sqrt{3}}{2}p \right)^2 + \left(\dfrac{\sqrt{3}}{2}p \right)^2}$

$18 = \dfrac{3}{2}p^2$에서 $\therefore$ $p = 2\sqrt{3}$

즉, $\overline{CH} = \sqrt{3} = \overline{DI}$, $\overline{AH} = \overline{BH} = 3$

삼각형 ACD에서

$\overline{AD} = 4 = \sqrt{p^2 + q^2} = \sqrt{(2\sqrt{3})^2 + q^2}$

$\therefore$ $q = 2$

점 H에서 $\overline{BD}$에 내린 수선의 발을 I라 하면

$\overline{HI} = \overline{CD} = 2$, $\overline{BH} = 3$

이므로

$\overline{BI} = \sqrt{3^2 - 2^2} = \sqrt{5}$

$\overline{BD} = \overline{DI} + \overline{BI} = \sqrt{3} + \sqrt{5}$

임을 알 수 있다.

이상에서 사면체 ABCD에서 밑변 삼각형 ABC의 넓이는

$\triangle ABC = \dfrac{1}{2} \times \overline{BD} \times \overline{CD} = \times \dfrac{1}{2}(\sqrt{3}+\sqrt{5}) \times 2 = \sqrt{3}+\sqrt{5}$

사면체의 높이는 $\overline{AH} = 3$이므로

부피는 $\dfrac{1}{3} \times (\sqrt{3}+\sqrt{5}) \times 3 = \sqrt{3}+\sqrt{5}$

423 정답 15

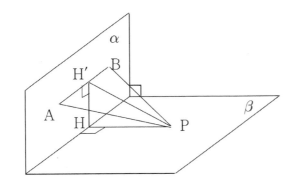

그림과 같이 점 P에서 평면 α에 내린 수선의 발을 H, 점 H에서 직선 AB에 내린 수선의 발을 H′이라 하면

$\overline{PH}\perp\alpha$, $\overline{HH'}\perp$(직선 AB)

그러므로 삼수선의 정리에 의해 $\overline{PH'}\perp$(직선 AB)

한편, 점 A와 평면 β 사이의 거리가 2이고 직선 AB가 평면 β와 평행하므로 $\overline{HH'}=2$

또, 점 P와 평면 α 사이의 거리가 4이므로 $\overline{PH}=4$

그러므로 직각삼각형 OHH′에서

$\overline{PH'}=\sqrt{\overline{PH}^2+\overline{HH'}^2}=\sqrt{4^2+2^2}=2\sqrt{5}$

따라서 삼각형 PAB의 넓이는

$\dfrac{1}{2}\times\overline{AB}\times\overline{PH'}=\dfrac{1}{2}\times3\sqrt{5}\times2\sqrt{5}=15$

424 정답 ①

[출제자 : 서태욱T]

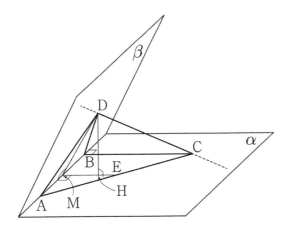

삼각형 ABC에서 피타고라스 정리에 의하여

$\overline{AB}=\sqrt{(2\sqrt{29})^2-6^2}=4\sqrt{5}$

점 D에서 선분 AB에 내린 수선의 발을 M이라 하면 삼각형 DAB가 이등변삼각형이므로

$\overline{AM}=\overline{BM}=2\sqrt{5}$, $\overline{DM}=\sqrt{6^2-(2\sqrt{5})^2}=4$

이때 점 M을 지나고 직선 AB와 수직인 직선이 선분 AC와 만나는 점을 E라 하고 점 D에서 선분 ME에 내린 수선의 발을 H라 하면 삼수선 정리에 의하여 점 D에서 평면 α에 내린

수선의 발은 H이다.

두 평면 α, β가 이루는 각이 60°이므로

$\overline{MH}=4\times\cos60°=2$, $\overline{DH}=2\sqrt{3}$

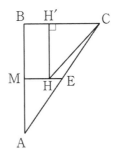

$\overline{BC}=6$이므로 $\overline{ME}=3$이고 $\overline{MH}=2$이므로 $\overline{CH'}=4$이다.

삼각형 CH′H에서 피타고라스 정리에 의하여

$$\overline{CH}=\sqrt{4^2+(2\sqrt{5})^2}=6$$

삼각형 DHC는 $\angle DHC=90°$인 직각삼각형이므로

$\overline{CD}=\sqrt{(\overline{DH})^2+(\overline{CH})^2}=\sqrt{(2\sqrt{3})^2+6^2}=4\sqrt{3}$

따라서 $\theta=\angle DCH$이므로 $\cos\theta=\dfrac{\overline{CH}}{\overline{CD}}=\dfrac{6}{4\sqrt{3}}=\dfrac{\sqrt{3}}{2}$

425 정답 ④

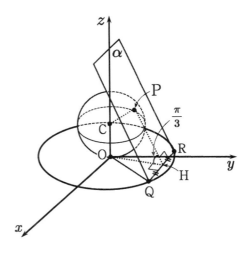

주어진 상황을 그림으로 나타내면 위와 같다.

구 S의 중심을 C $(0,0,1)$이라 하고 구 S 위의 점 P에서 접하고 원 C 위의 두 점 Q, R을 포함하는 평면을 α라 하면 직선 QR은 xy 평면과 평면 α와의 교선이 된다. 한편 점 P에서 직선 QR에 내린 수선의 발을 H라 하면 O에서 직선 QR에 내린 수선의 발도 H가 된다. 평면 POH로 자른 단면을 이용하면 $\overline{OH}=\sqrt{3}$임을 알 수 있다.

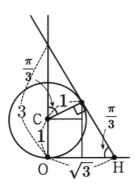

이제 xy 평면 위의 원 C 에서 살펴보자.

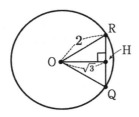

직각삼각형 ROH 에서 $\overline{RH} = 1$ 이므로 $\overline{QR} = 2$ 이다.

426 정답 12

[그림 : 배용제T]

구 S 의 중심을 $C(0, 0, \sqrt{3})$ 이라 하고 구 S 위의 점 P 에서 접하고 원 C 위의 두 점 Q, R 을 포함하는 평면을 α 라 하면 직선 QR 은 xy 평면과 평면 α 와의 교선이 된다. 한편 점 P 에서 직선 QR 에 내린 수선의 발을 H 라 하면 점 O 에서 직선 QR 에 내린 수선의 발도 H 가 된다. 평면 POH 로 자른 단면을 이용하면 $\overline{OH} = 1$ 임을 알 수 있다.

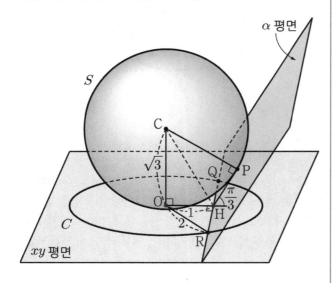

이제 xy 평면 위의 원 C 에서 살펴보자.

직각삼각형 ROH 에서 $\overline{RH} = \sqrt{3}$ 이므로 $\overline{QR} = 2\sqrt{3}$ 이다.
따라서 $\overline{QR}^2 = 12$

427 정답 ③

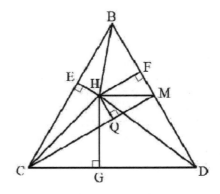

점 H 에서 세 선분 BC, BD, CD 에 내린 수선의 발을 각각 E, F, G 라 하면 주어진 조건에 의하여
$\overline{HE} = k$, $\overline{HF} = 2k$, $\overline{HG} = 3k$ 로 놓을 수 있다.
이때 정삼각형 BCD 의 넓이는
$$\frac{1}{2} \times 12 \times (k + 2k + 3k) = 36k$$
이고, 한 변의 길이가 12인 정삼각형의 넓이는
$$\frac{\sqrt{3}}{4} \times 12^2 = 36\sqrt{3}$$ 이므로
$36k = 36\sqrt{3}$ 에서 $k = \sqrt{3}$
한편 점 M 은 선분 BD 의 중점이므로 점 M 과 선분 CD 사이의 거리는 $3\sqrt{3}$ 이고, $\overline{HG} = 3\sqrt{3}$ 이므로 $\overline{HM} // \overline{CD}$ 이다.
따라서 $\triangle CHM = \triangle DHM$ 이므로
$$\frac{1}{2} \times \overline{HM} \times \overline{HG} = \frac{1}{2} \times \overline{DM} \times \overline{HF}$$
$$\overline{HM} \times 3\sqrt{3} = 6 \times 2\sqrt{3}$$
$$\overline{HM} = 4$$
한편 $\overline{AH} \perp$ (평면 BCD), $\overline{AQ} \perp \overline{CM}$ 이므로 삼수선의 정리에 의하여
$$\overline{HQ} \perp \overline{CM}$$
이때 사각형 HQMF 는 직사각형이므로
$$\overline{QM} = \overline{HF} = 2\sqrt{3}$$
직각삼각형 HQM 에서
$$\overline{HQ} = \sqrt{\overline{HM}^2 - \overline{QM}^2} = \sqrt{16 - 12} = 2$$
따라서 직각삼각형 AQH 에서
$$\overline{AQ} = \sqrt{\overline{AH}^2 + \overline{HQ}^2} = \sqrt{3^2 + 2^2} = \sqrt{13}$$

428 정답 15

지렛대 원리를 이용하자. [랑데뷰세미나 (234)(235)참고]

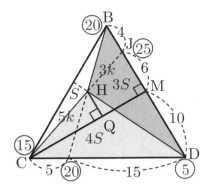

그림과 같이 $\overline{\text{CH}} : \overline{\text{CJ}} = 5 : 8$이다.

$\overline{\text{JM}} = 6$이므로 $5 : 8 = \overline{\text{HQ}} : 6$에서 $\overline{\text{HQ}} = \dfrac{15}{4}$

따라서 $\triangle \text{AHQ} = \dfrac{1}{2} \times \overline{\text{AH}} \times \overline{\text{HQ}} = \dfrac{1}{2} \times 8 \times \dfrac{15}{4} = 15$

429 정답 8

[그림 : 최성훈T]

$\overline{\text{MN}} = \dfrac{1}{2}\overline{\text{BD}} = \dfrac{1}{2} \times 4 = 2$

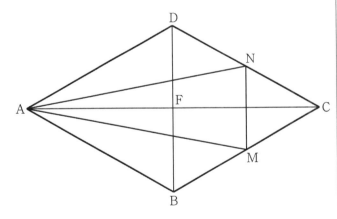

선분 MN의 중점을 E, 선분 AC의 중점을 F라 하면

$\overline{\text{AE}} = \dfrac{3}{2}\overline{\text{AF}} = \dfrac{3}{2} \times 2\sqrt{3} = 3\sqrt{3}$

이때 삼각형 AMN의 넓이는

$\triangle \text{AMN} = \dfrac{1}{2} \times \overline{\text{MN}} \times \overline{\text{AE}} = \dfrac{1}{2} \times 2 \times 3\sqrt{3} = 3\sqrt{3}$

점 P에서 평면 AMN에 내린 수선의 발을 H, 점 P에서 선분 AM에 내린 수선의 발을 Q라 하자.

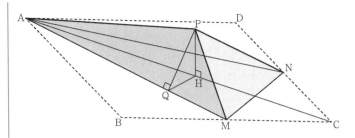

삼각형 AME에서

$\overline{\text{AE}} \perp \overline{\text{ME}}$이므로

$\overline{\text{AM}} = \sqrt{\overline{\text{AE}}^2 + \overline{\text{ME}}^2} = \sqrt{(3\sqrt{3})^2 + 1^2} = 2\sqrt{7}$

삼각형 PAM의 넓이에서

$\dfrac{1}{2} \times \overline{\text{AP}} \times \overline{\text{MP}} \times \sin\dfrac{2}{3}\pi = \dfrac{1}{2} \times \overline{\text{AM}} \times \overline{\text{PQ}}$ 이므로

$\dfrac{1}{2} \times 4 \times 2 \times \dfrac{\sqrt{3}}{2} = \dfrac{1}{2} \times 2\sqrt{7} \times \overline{\text{PQ}}$

$\overline{\text{PQ}} = \dfrac{2\sqrt{3}}{\sqrt{7}} = \dfrac{2\sqrt{21}}{7}$

한편, $\overline{\text{HE}} = k$ (k는 양수)라 하면

$\overline{\text{AP}}^2 - \overline{\text{AH}}^2 = \overline{\text{PE}}^2 - \overline{\text{HE}}^2$ 이므로

$4^2 - (3\sqrt{3} - k)^2 = (\sqrt{3})^2 - k^2$

$k = \dfrac{7\sqrt{3}}{9}$

삼각형 PHE에서

$\overline{\text{PH}} = \sqrt{\overline{\text{PE}}^2 - \overline{\text{HE}}^2} = \sqrt{(\sqrt{3})^2 - \left(\dfrac{7\sqrt{3}}{9}\right)^2} = \dfrac{4\sqrt{6}}{9}$

삼각형 PHQ에서

$\overline{\text{QH}} = \sqrt{\overline{\text{PQ}}^2 - \overline{\text{PH}}^2} = \sqrt{\left(\dfrac{2\sqrt{3}}{\sqrt{7}}\right)^2 - \left(\dfrac{4\sqrt{6}}{9}\right)^2} = \dfrac{10\sqrt{21}}{63}$

$\overline{\text{PH}} \perp$ (평면AMN), $\overline{\text{PQ}} \perp \overline{\text{AM}}$ 이므로 삼수선의 정리에 의해 $\overline{\text{HQ}} \perp \overline{\text{AM}}$

평면 AMN과 평면 PAM의 이면각의 크기를 $\theta \left(0 \le \theta \le \dfrac{\pi}{2}\right)$라 하면

$\cos\theta = \dfrac{\overline{\text{QH}}}{\overline{\text{PQ}}} = \dfrac{\dfrac{10\sqrt{21}}{63}}{\dfrac{2\sqrt{21}}{7}} = \dfrac{5}{9}$

삼각형 AMN의 평면 PAM 위로의 정사영의 넓이는

$3\sqrt{3} \times \dfrac{5}{9} = \dfrac{5}{3}\sqrt{3}$

따라서 $p = 3$, $q = 5$이므로

$p + q = 3 + 5 = 8$

[그림 : 최성훈T]

$\overline{AB}=4$, $\overline{BC}=3$, $\angle ABC=90°$이므로 삼각형 ABC에서
피타고라스의 정리에 의하여 $\overline{AC}=5$

$\overline{AB}\perp\overline{BC}$, $\overline{AB}\perp\overline{PC}$이므로 직선과 평면의 수직 정리에
의하여 $\overline{AB}\perp$(평면 BCP)

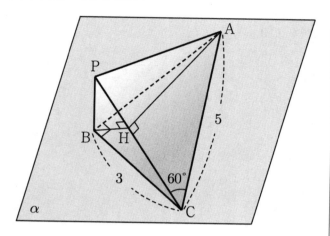

점 B에서 선분 CP에 내린 수선의 발을 H라 하면 $\overline{AB}\perp\overline{BH}$,
$\overline{BH}\perp\overline{PC}$이므로 삼수선의 정리에 의하여 $\overline{AH}\perp\overline{PC}$

$\overline{AC}=5$, $\angle ACP=60°$이므로 $\overline{CH}=\dfrac{5}{2}$, $\overline{AH}=\dfrac{5}{2}\sqrt{3}$

$\overline{AB}=4$, $\overline{AH}=\dfrac{5}{2}\sqrt{3}$, $\angle ABH=90°$이므로 삼각형

ABH에서 피타고라스의 정리에 의하여

$\overline{BH}=\sqrt{\dfrac{75}{4}-16}=\dfrac{\sqrt{11}}{2}$

두 평면 ACP, BCP의 이면각의 크기를 θ라 하면

$\cos\theta=\dfrac{\overline{BH}}{\overline{AH}}=\dfrac{\dfrac{\sqrt{11}}{2}}{\dfrac{5\sqrt{3}}{2}}=\dfrac{\sqrt{11}}{5\sqrt{3}}$

삼각형 PAC의 넓이는 $\dfrac{1}{2}\times4\times\dfrac{5\sqrt{3}}{2}=5\sqrt{3}$이므로 구하는

정사영의 넓이 S는

$S=5\sqrt{3}\times\dfrac{\sqrt{11}}{5\sqrt{3}}=\sqrt{11}$

$\therefore S^2=11$

431 정답 ①

좌표공간에서 원점을 O라 하자.

점 P는 중심이 $A(0, 0, 1)$이고 반지름의 길이가 4인 구 위의 점이므로 $\overline{AP}=4$이다.

$\overline{OA} \perp (xy$평면)이고

점 P가 xy평면 위에 있으므로 $\overline{OA} \perp \overline{OP}$이다.

직각삼각형 AOP에서 $\overline{OA}=1$이므로

$$\overline{OP}=\sqrt{\overline{AP}^2-\overline{OA}^2}=\sqrt{4^2-1^2}=\sqrt{15}$$

원점 O에서 선분 PQ에 내린 수선의 발을 M이라 하면

$\overline{PM}=\overline{QM}$이다.

$\overline{OA} \perp (xy$평면), $\overline{OM} \perp \overline{PQ}$이므로

삼수선의 정리에 의해 $\overline{AM} \perp \overline{PQ}$이다.

점 A에서 선분 PQ까지의 거리가 2이므로 $\overline{AM}=2$이다.

직각삼각형 OAM에서

$$\overline{OM}=\sqrt{\overline{AM}^2-\overline{OA}^2}=\sqrt{2^2-1^2}=\sqrt{3}$$

직각삼각형 OPM에서

$$\overline{PM}=\sqrt{\overline{OP}^2-\overline{OM}^2}=\sqrt{(\sqrt{15})^2-(\sqrt{3})^2}=2\sqrt{3}$$

이고,

$\overline{PQ}=2\overline{PM}=4\sqrt{3}$이다.

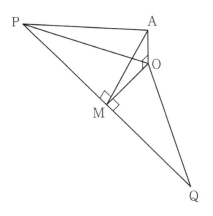

한편, 선분 PQ를 지름으로 하는 구 T는 중심이 M이고 반지름의 길이는 $2\sqrt{3}$이다.

구 S와 구 T가 만나서 생기는 원을 C_1이라 하고, 원 C_1을 포함하는 평면을 α라 하면 $\alpha \perp \overline{AM}$이다.

삼각형 OAM에서 $\angle AMO=\theta$라 하면

$$\cos\theta=\frac{\overline{OM}}{\overline{AM}}=\frac{\sqrt{3}}{2}$$ 이므로 $\theta=\frac{\pi}{6}$이다.

이때, 평면 α와 xy평면이 이루는 예각의 크기는

$\frac{\pi}{3}$이다.

점 B에서 선분 PQ에 내리니 수선의 발을 H라 하면

$\overline{BH} \leq 2\sqrt{3}$이므로 삼각형 BPQ의 넓이를 S라 하면

$$S=\frac{1}{2}\times\overline{PQ}\times\overline{BH} \leq \frac{1}{2}\times4\sqrt{3}\times2\sqrt{3}=12$$

이다.

삼각형 BPQ의 xy평면 위로의 정사영의 넓이를 S'이라 하면

$$S'=S\times\cos\frac{\pi}{3} \leq 12\times\frac{1}{2}=6$$

따라서 삼각형 BPQ의 xy평면 위로의 정사영의 넓이의 최댓값은 6이다.

432 정답 ①

[출제자 : 오세준T]

[그림 : 배용제T]

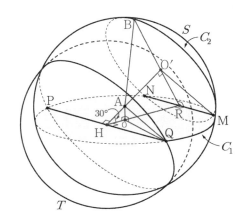

구의 중심에서 선분 PQ에 내린 수선의 발을 H라 하면 점 H는 선분 PQ를 지름으로 하는 원의 중심이면서 구 T의 중심이다.

$\overline{AH}=2\sqrt{2}$이고 원 C_1의 중심을 O라 하면 $\overline{AO}=\sqrt{2}$

삼각형 AHO에서 $\overline{AH}:\overline{AO}=2:1$이므로 $\angle AHO=\frac{\pi}{6}$

또한 $\overline{AQ}=4\sqrt{5}$ (구 S의 반지름)이므로

$$\overline{QH}=\sqrt{\overline{QA}^2-\overline{AH}^2}=\sqrt{(4\sqrt{5})^2-(2\sqrt{2})^2}=6\sqrt{2}$$이고

이는 선분 PQ를 지름으로 하는 원의 반지름이면서 구 T의 반지름이다.

원 C_2의 중심을 O'라 하면,

원 C_2는 구 T와 접하므로 $\overline{HO'}=6\sqrt{2}$

$$\overline{AO'}=\overline{HO'}-\overline{HA}=6\sqrt{2}-2\sqrt{2}=4\sqrt{2}$$

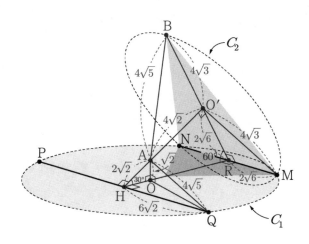

선분 MN의 중점을 R이라 하면
점 B가 직선 $O'R$과 원 C_2의 교점일 때, 삼각형 BMN의
넓이가 최대이다.

이때, $\overline{BO'}$는 원 C_2의 반지름이다. 직각삼각형 ABO'에서
$$\overline{BO'} = \sqrt{\overline{BA}^2 - \overline{AO'}^2} = \sqrt{(4\sqrt{5})^2 - (4\sqrt{2})^2} = 4\sqrt{3}$$
($\overline{BA}$는 구 S의 반지름)

삼각형 $HO'R$에서 $\tan\dfrac{\pi}{6} = \dfrac{\overline{O'R}}{\overline{HO'}}$이므로
$$\overline{O'R} = 6\sqrt{2} \times \frac{\sqrt{3}}{3} = 2\sqrt{6}$$

$\overline{O'M} = 4\sqrt{3}$, $\overline{O'R} = 2\sqrt{6}$이므로 피타고라스의 정리에 의해
$\overline{RM} = 2\sqrt{6}$
따라서 $\overline{BR} = 2\sqrt{6} + 4\sqrt{3}$, $\overline{MN} = 2\overline{RM} = 4\sqrt{6}$이므로
삼각형 BMN의 넓이는
$$\frac{1}{2} \times (2\sqrt{6} + 4\sqrt{3}) \times 4\sqrt{6} = 24 + 24\sqrt{2}$$
∴ 삼각형 BMN의 xy평면 위로의 정사영의 넓이의 최댓값은
$(24 + 24\sqrt{2}) \times \cos\dfrac{\pi}{3} = 12 + 12\sqrt{2}$

433 정답 ⑤

평면 β를 xy평면, 선분 FF'의 중점을 원점 O, 직선 AB를
x축이라 하면 $\overline{AB} = 18$이므로 A$(9, 0)$, B$(-9, 0)$이다.

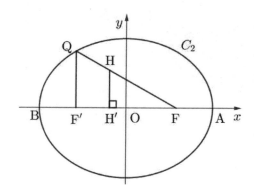

점 H를 중심으로 하고 점 Q를 지나는 평면 β 위의 원의
반지름의 길이가 4이므로 점 H에서 x축에 내린 수선의 발을
H'이라 하면
$$\overline{HH'} = \overline{HQ} = 4$$

직각삼각형 $HH'F$에서 $\angle HFH' = \dfrac{\pi}{6}$이므로
$$\overline{HF} = \frac{\overline{HH'}}{\sin\dfrac{\pi}{6}} = \frac{4}{\dfrac{1}{2}} = 8$$

$$\overline{H'F} = \frac{\overline{HH'}}{\tan\dfrac{\pi}{6}} = \frac{4}{\dfrac{1}{\sqrt{3}}} = 4\sqrt{3}$$

타원의 정의에 의하여 타원 C_2의 주축의 길이가 18이므로
$$\overline{QF} + \overline{QF'} = 18$$
즉, $\overline{HF} + \overline{HQ} + \overline{QF'} = 18$
$\overline{QF'} = 18 - \overline{HF} - \overline{HQ}$
$= 18 - 8 - 4 = 6$
세 점 F', H, F는 한 직선 위에 있고,
$\overline{QF} : \overline{HF} = \overline{QF'} : \overline{HH'} = 3 : 2$이므로
두 삼각형 FHH', FQF'는 서로 닮음이고 닮음비가 $3 : 2$이다.
따라서
$$\overline{FF'} = \frac{3}{2} \times \overline{H'F} = \frac{3}{2} \times 4\sqrt{3} = 6\sqrt{3}$$
$$\overline{OH'} = \overline{H'F} - \overline{OF}$$
$$= \overline{H'F} - \frac{1}{2}\overline{FF'}$$
$$= 4\sqrt{3} - 3\sqrt{3} = \sqrt{3}$$

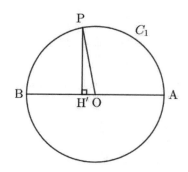

점 P는 중심이 O이고 반지름의 길이가 9인 원 위의 점이고,
삼수선의 정리에 의하여 $\overline{PH'} \perp \overline{AB}$이므로

$$\overline{PH'} = \sqrt{\overline{OP}^2 - \overline{OH'}^2}$$
$$= \sqrt{81 - 3} = \sqrt{78}$$

$\overline{PH'} \perp \overline{AB}$, $\overline{HH'} \perp \overline{AB}$ 이므로 두 평면 α, β가 이루는 각의 크기 θ는 $\theta = \angle PH'H$이다.

따라서

$$\cos\theta = \frac{\overline{HH'}}{\overline{PH'}}$$

$$= \frac{4}{\sqrt{78}} = \frac{2\sqrt{78}}{39}$$

434 정답 ⑤

[출제자 : 김종렬T]

[그림 : 도정영T]

두 평면 α, β의 교선을 l이라 하자. 평면 α 위에서 선분 A_1B_1을 평행이동하여도 선분 A_2B_2와 선분 A_3B_3의 길이에는 변화가 없으므로 선분 A_1B_1이 직선 l과 A_1에서 만나도록 평행이동한다. 점 B_1에서 직선 l에 내린 수선의 발을 C라 하면 삼수선의 정리에 의하여 $\overline{B_2C} \perp l$이다.

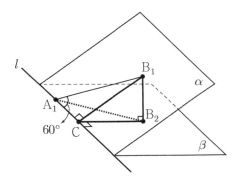

$\triangle A_1B_1C$에서 $\overline{B_1C} = \overline{A_1B_1}\sin 60° = \sqrt{3}$

$\triangle B_1CB_2$에서

$$\overline{B_1B_2} = \overline{B_1C}\sin 30° = \frac{\sqrt{3}}{2}, \quad \overline{B_2C} = \overline{B_1C}\cos 30° = \frac{3}{2}$$

$\triangle B_1A_1B_2$에서 $\overline{A_1B_2} = \sqrt{\overline{A_1B_2}^2 - \overline{B_1B_2}^2} = \frac{\sqrt{13}}{2}$

점 B_2에서 선분 $\overline{B_1C}$에 내린 수선의 발을 D라 하면 삼수선의 정리에 의하여 $\overline{B_2D} \perp \alpha$이다.

즉 점 D가 점 B_3이다.

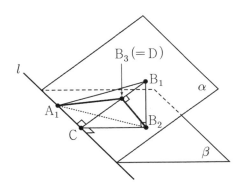

$\triangle B_2CB_3$에서 $\overline{B_2B_3} = \overline{B_2C}\sin 30° = \frac{3}{4}$

$\triangle A_1B_2B_3$에서 $\overline{A_1B_3} = \sqrt{\overline{A_1B_2}^2 - \overline{B_2B_3}^2} = \frac{\sqrt{43}}{4}$

$$\therefore \triangle A_1B_2B_3 = \frac{1}{2} \times \frac{\sqrt{43}}{4} \times \frac{3}{4} = \frac{3\sqrt{43}}{32}$$

435 정답 24

구 S의 중심, 즉 삼각형 BCD의 외심을 O라 하면 직각삼각형 ABO에서 $\overline{AB} = 6\sqrt{3}$, $\overline{BO} = 6$, $\overline{AO} = 6\sqrt{2}$

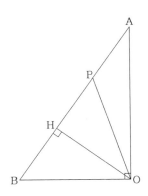

이때 점 P가 구 S 위에 있으므로

$\overline{OP} = 6$

즉, 삼각형 OBP가 이등변삼각형이므로 점 O에서 선분 AB에 내린 수선의 발을 H라 하면 점 H는 선분 BP의 중점이다.

한편, $\triangle ABO \backsim \triangle OBH$이므로

$6 : 6\sqrt{3} = \overline{BH} : 6$에서

$\overline{BH} = 2\sqrt{3}$

따라서

$$\overline{AP} = \overline{AB} - \overline{BP} = \overline{AB} - 2 \times \overline{BH}$$

$$= 6\sqrt{3} - 2 \times 2\sqrt{3} = 2\sqrt{3}$$

이므로 삼각형 PQR는 한 변의 길이가 $2\sqrt{3}$인 정삼각형이다.

즉, 삼각형 PQR의 넓이는

$$\frac{\sqrt{3}}{4} \times (2\sqrt{3})^2 = 3\sqrt{3}$$

한편, 다음 그림과 같이 평면 α와 평면 PQR가 이루는 각의 크기를 θ라 하면

$\angle AOP = \theta$

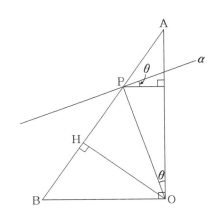

점 P에서 $\overline{AO}$에 내린 수선을 발을 I 라고 하면

$\overline{PI} = \dfrac{1}{3}\overline{BO} = 2$ 이고

$\angle OPI = \alpha$ 라 하면, $\cos\alpha = \dfrac{\overline{PI}}{\overline{OP}} = \dfrac{1}{3}$ 이다.

따라서 $\sin\alpha = \cos\theta = \dfrac{2\sqrt{2}}{3}$

따라서 구하는 정사영의 넓이는

$k = 3\sqrt{3} \times \cos\theta = 3\sqrt{3} \times \dfrac{2\sqrt{2}}{3} = 2\sqrt{6}$

이므로

$k^2 = (2\sqrt{6})^2 = 24$

436 정답 213

[출제자 : 최성훈T]

구 S_1의 중심을 O_1, 구 S_2의 중심을 O_2라 하자.
정삼각형의 외심은 무게 중심과 일치하므로 O_1은 정삼각형 ABC 의 무게중심이다. 따라서 A 에서 변 BC 에 내린 수선의 발을 H 라 하면 $\overline{O_1H} = 2$이다.

Q 에서 선분 AH에 내신 수선의 발을 H_1 이라 하면

$\overline{QH_1} = \overline{O_2O_1} = \overline{O_2P} + \overline{O_1P} = 1 + 4 = 5$

$\overline{O_2Q} = \overline{O_1H_1} = 1$ 이므로 $\overline{H_1H} = 1$

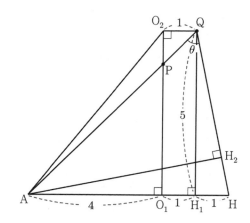

삼각형 QAH 에서 $\angle AQH = \theta$ 라 하면

$\cos\theta = \dfrac{(5\sqrt{2})^2 + (\sqrt{26})^2 - 6^2}{2 \times 5\sqrt{2} \times \sqrt{26}} = \dfrac{4}{\sqrt{2} \times \sqrt{26}}$

따라서 $l = \overline{QH_2} = \overline{AQ} \times \cos\theta$

$= 5\sqrt{2} \times \dfrac{4}{\sqrt{2} \times \sqrt{26}}$

$= \dfrac{20}{\sqrt{26}}$

$l^2 = \dfrac{200}{13}$ 이므로 $p = 13$, $q = 200$

$\therefore p + q = 213$

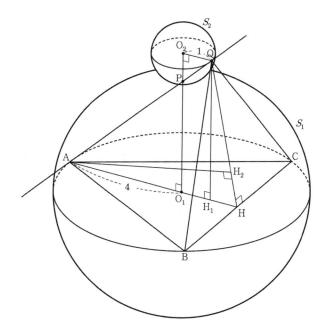

삼각형 AH_1Q 에서 $\overline{AQ} = 5\sqrt{2}$, 삼각형 QH_1H 에서

$\overline{QH} = \sqrt{26}$

선분 AQ의 평면 QBC 로의 정사영의 길이는 $\overline{QH_2}$ 의 길이이다.

437 정답 127

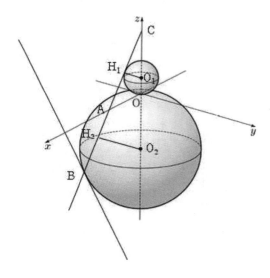

두 구 S_1, S_2의 중심을 각각 O_1, O_2라 하면

$O_1(0,\ 0,\ 2)$, $O_2(0,\ 0,\ -7)$

이고, 두 구 S_1, S_2의 반지름의 길이는 각각

2, 7

두 점 O_1, O_2에서 평면 α에 내린 수선의 발을 각각 H_1, H_2라 하고, 평면 α와 z축이 만나는 점을 C 라 하자.

직각삼각형 O_1CH_1에서 $\overline{O_1C} = k\,(k > 0)$이라 하면

$$\overline{CH_1}=\sqrt{\overline{O_1C}^2-\overline{O_1H_1}^2}=\sqrt{k^2-2^2}=\sqrt{k^2-4}$$

원점을 O 라 하면

$$\triangle O_1CH_1 \backsim \triangle ACO$$

이고, $\overline{OC}=2+k$이므로

$(k+2):\sqrt{k^2-4}=\sqrt{5}:2$에서

$k^2-16k-36=0,\ (k-18)(k+2)=0$

$k>0$이므로 $k=18$

$$\triangle O_1CH_1 \backsim \triangle O_2CH_2$$

이고, $\overline{O_1C}=18$, $\overline{O_2C}=27$이므로

$18:2=27:\overline{O_2H_2}$에서

$$\overline{O_2H_2}=3$$

평면 α와 구 S_2가 만나서 생기는 원 C의 중심은 H_2이고

반지름의 길이는 $\overline{BH_2}$이다. 이때

$$\overline{BH_2}=\sqrt{\overline{O_2B}^2-\overline{O_2H_2}^2}=\sqrt{7^2-3^2}=2\sqrt{10}$$

이므로 원 C의 넓이는

$$\pi \times (2\sqrt{10})^2=40\pi$$

한편, 두 평면 α, β가 이루는 각의 크기를 θ라 하면

$\theta = \angle BO_2H_2$이므로

$$\cos\theta = \frac{3}{7}$$

원 C의 평면 β 위로의 정사영의 넓이는

$$40\pi \times \frac{3}{7} = \frac{120}{7}\pi$$

따라서 $p=7$, $q=120$이므로

$p+q=7+120=127$

438 정답 8

[출제자 : 이정배T]

일반성을 잃지 않고 태양광원의 y 좌표를 0, 두 점 A, B를 xz 평면 위에 존재한다고 할 수 있으므로 xz 평면으로 단면화하여 해결한다.

이때, 세 평면 α, β, γ는 각각 세 점 A, B, C를 지나는 직선 (각각 l_1, l_2, l_3라 하자.)으로 두 구 S_1과 S_2를 각각 두 원

$$C_1 : x^2+(z-3)^2=3^2,\quad C_2 : x^2+(z+9)^2=9^2$$

로 볼 수 있으므로 중심을 각각 O_1, O_2라 하고 직선 l_2에 내린 수선의 발을 각각 H_1, H_2라 하자.

선분 O_1O_2와 직선 l_2의 교점을 D 라 하면 $\angle H_1O_1D=60°$이고 $\overline{O_1H_1}=3$, $\overline{O_1O_2}=12$이므로 $\overline{O_1D}=\overline{O_2D}=6$이다.

또한, $\angle DO_2H_2=60°$이므로 $\overline{O_2H_2}=3$이다. 그러면 $\overline{AH_2}=6$이고 점 A는 직선 l_1과 원 C_2의 교점이다.

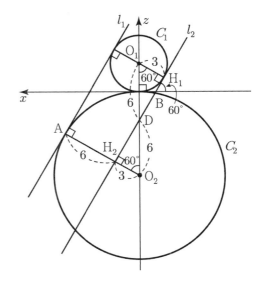

xz 평면에서 평면 α를 l_1라 하고 l_1와 l_3의 교점을 E, 선분 AC와 선분 EO_2의 교점을 F라 하자.

$$\overline{CH_2}=\sqrt{9^2-3^2}=6\sqrt{2},$$

$$\overline{AB}=\overline{AC}=\sqrt{6^2+(6\sqrt{2})^2}=6\sqrt{3}$$ 이므로

$$\overline{CF}=3\sqrt{3},\ \overline{O_2F}=3\sqrt{6},\ \overline{EF}=\frac{3\sqrt{6}}{2}\quad \therefore\quad \overline{CE}=\frac{9\sqrt{2}}{2}$$

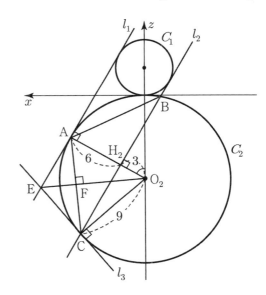

점 A를 지나 l_3에 평행한 직선과 직선 l_2의 교점을 G 라 하면 사각형 AECG는 마름모이므로 삼각형 ABG에서

$$\overline{AG}=\frac{9\sqrt{2}}{2},\ \overline{BG}=\overline{BC}-\overline{CG}=\frac{15\sqrt{2}}{2}$$

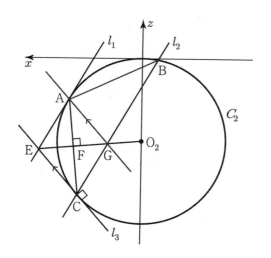

이때, $\overline{AB}=6\sqrt{3}$이고

$$\cos\angle BAG = \frac{(6\sqrt{3})^2 + \left(\frac{9\sqrt{2}}{2}\right)^2 - \left(\frac{15\sqrt{2}}{2}\right)^2}{2\times 6\sqrt{3}\times\frac{9\sqrt{2}}{2}} = \frac{\sqrt{6}}{9}$$이므

로

선분 AB의 평면 γ 위로의 정사영의 길이는

$6\sqrt{3}\times\cos\angle BAG = 2\sqrt{2} = a$

$\therefore a^2 = 8$

439 정답 23

점 C에서 xy평면에 내린 수선의 발을 C′이라 하면
$\overline{CC'}=5$이므로 구 S는 점 C′에서 xy평면에 접한다.

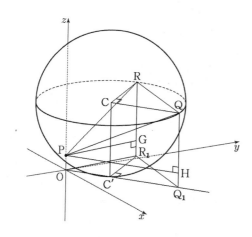

평면 OPC는 점 C′을 지나므로 점 Q_1은 직선 OC′ 위에 있다.
이때 선분 OQ_1의 길이가 최대가 되려면 점 Q가 점 C를 지나고
직선 OC′과 평행한 직선이 구 S와 만나는 점 중 x좌표가
양수인 점이어야 한다.
이때 $\overline{OQ_1}=\overline{OC'}+5=3+5=8$
한편, 삼각형 OQ_1R_1의 넓이가 최대가 되려면 점 R가 점 C를
지나고 직선 CQ에 수직인 직선이 구 S와 만나는 점이어야
한다.

이때 $\overline{R_1C'}\perp\overline{OC'}$이고, $\overline{R_1C'}=5$이므로
삼각형 OQ_1R_1의 넓이는

$\dfrac{1}{2}\times 8\times 5 = 20$

이제 삼각형 PQR의 넓이를 구해 보자.
점 P에서 직선 QQ_1에 내린 수선의 발을 H라 하면
$\overline{PH}=\overline{OQ_1}=8$,
$\overline{QH}=\overline{QQ_1}-1=4$
이므로
$\overline{PQ}=\sqrt{64+16}=4\sqrt{5}$ ……㉠
직각삼각형 CQR에서
$\overline{QR}=\sqrt{\overline{CQ}^2+\overline{CR}^2}=\sqrt{25+25}=5\sqrt{2}$ ……㉡
직각삼각형 $OC'R_1$에서
$\overline{OR_1}=\sqrt{\overline{OC'}^2+\overline{R_1C'}^2}=\sqrt{9+25}=\sqrt{34}$
이므로 점 P에서 직선 RR_1에 내린 수선의 발을 G라 하면
$\overline{PG}=\overline{OR_1}=\sqrt{34}$
$\overline{RG}=\overline{RR_1}-1=4$
직각삼각형 RPG에서
$\overline{PR}=\sqrt{\overline{PG}^2+\overline{RG}^2}=\sqrt{34+16}=5\sqrt{2}$ ……㉢
㉠, ㉡, ㉢에 의하여 삼각형 PQR는 $\overline{PR}=\overline{QR}$인
이등변삼각형이다.

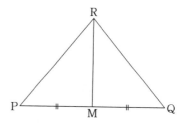

위 그림과 같이 선분 PQ의 중점을 M이라 하면
$\overline{RM}=\sqrt{\overline{PR}^2-\overline{PM}^2}=\sqrt{50-20}=\sqrt{30}$
이므로 삼각형 PQR의 넓이는
$\dfrac{1}{2}\times 4\sqrt{5}\times\sqrt{30}=10\sqrt{6}$

이때 삼각형 PQR의 xy평면 위로의 정사영이
삼각형 OQ_1R_1이므로 두 평면 PQR과 OQ_1R_1이
이루는 예각의 크기를 θ라 하면
$\cos\theta = \dfrac{20}{10\sqrt{6}} = \dfrac{\sqrt{6}}{3}$

따라서 삼각형 OQ_1R_1의 평면 PQR 위로의 정사영의 넓이는
$20\times\dfrac{\sqrt{6}}{3}=\dfrac{20}{3}\sqrt{6}$

이므로 $p+q=3+20=23$

440 정답 100

[그림 : 최성훈T]

구의 중심을 지나고 xz평면에 평행한 평면을 α라 하고, 평면 α와 y축의 교점을 P'이라 하자. 삼각형 OQ_1R_1의 넓이가 최대가 되려면 점 Q는 직선 $P'C$와 구 S가 만나는 점 중 P'으로부터 거리가 더 먼 점에 위치해야 하고($Q = Q'$), R은 평면 α위에 있으면서, $\overline{CQ} \perp \overline{CR}$이어야 한다. ($R = R'$)

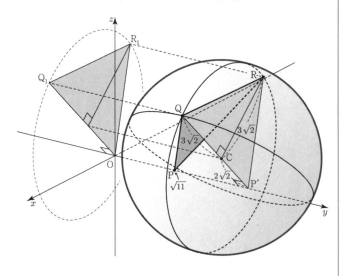

삼각형 $P'Q'R'$에서
$\overline{P'C} = 2\sqrt{2}$, $\overline{CQ'} = 3\sqrt{2}$, $\overline{CR'} = 3\sqrt{2}$,
$\angle Q'CR' = \dfrac{\pi}{2}$이므로

삼각형 $P'Q'R'$의 넓이는 $\dfrac{1}{2} \times 5\sqrt{2} \times 3\sqrt{2} = 15$

따라서 삼각형 OQ_1R_1의 넓이의 최댓값은 15이다. … ㉠

$\overline{Q'R'} = 6$이고 점 P'에서 직선 $Q'R'$에 내린 수선의 발을 H라 하면

$\dfrac{1}{2} \times 6 \times \overline{P'H} = 15$

$\therefore \overline{P'H} = 5$

한편, $\angle PP'H = \dfrac{\pi}{2}$이고 $\overline{PP'} = \sqrt{11}$, $\overline{P'H} = 5$이므로

$\overline{PH} = 6$

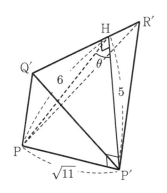

그러므로 $\cos\theta = \dfrac{\overline{P'H}}{\overline{PH}} = \dfrac{5}{6}$

$\triangle OQ_1R_1$의 평면 PQR 위로의 정사영의 넓이는 ㉠에서

$S = (\triangle OQ_1R_1$의 넓이$) \times \cos\theta = 15 \times \dfrac{5}{6} = \dfrac{25}{2}$

그러므로 $8S = 100$

441 정답 40

$\overline{PG} = \sqrt{3}$, $\overline{QH} = 2\sqrt{3}$이므로 점 P를 지나고 평면 $ABCD$와 평행한 평면이 두 선분 QC, QH와 만나는 점을 각각 M_1, M_2라 하면 두 점은 중점이다.

이때 구하는 이면각은 두 평면 PM_1M_2, PM_1Q가 이루는 각이다.

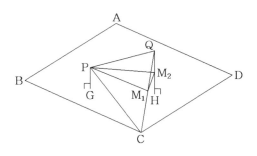

한편, 점 P에서 선분 AB에 내린 수선의 발을 P', 선분 AB를 지름으로 하는 원의 중심을 O_1이라 하면

$\overline{O_1P'} = 4\cos 60° = 2$

$\overline{P'G} = \sqrt{\overline{PP'}^2 - \overline{PG}^2}$
$= \sqrt{(4\sin 60°)^2 - (\sqrt{3})^2}$
$= 3$

또, 점 Q에서 선분 CD에 내린 수선의 발을 Q', 선분 CD를 지름으로 하는 원의 중심을 O_2라 하면

$\overline{HO_2} = \sqrt{\overline{QO_2}^2 - \overline{QH}^2}$
$= \sqrt{4^2 - (2\sqrt{3})^2}$
$= 2$

이때 점 M_1을 평면 $ABCD$ 위로 정사영시킨 점을 M_1'이라 하면 M_1'은 선분 CH의 중점이므로 그림과 같다.

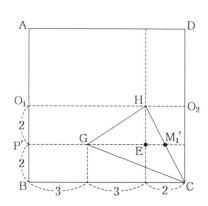

이때

$$\overline{GH} = \sqrt{3^2 + 2^2} = \sqrt{13}$$

$$\overline{HM_1'} = \frac{1}{2}\overline{HC} = \frac{1}{2}\sqrt{2^2 + 4^2} = \sqrt{5}$$

또, 선분 GM_1' 과 점 H를 지나고 선분 BC에 수직인 직선이 만나는 점을 E라 하면

$$\overline{GM_1'} = \overline{GE} + \overline{EM_1'} = 3 + 1 = 4$$

이때

$$\overline{PM_2} = \overline{GH} = \sqrt{13}, \quad \overline{M_1M_2} = \overline{HM_1'} = \sqrt{5},$$

$$\overline{PM_1} = \overline{GM_1'} = 4 \text{이고}$$

$$\overline{PQ} = \sqrt{(\sqrt{13})^2 + (\sqrt{3})^2} = 4,$$

$$\overline{QM_1} = \sqrt{(\sqrt{3})^2 + (\sqrt{5})^2} = 2\sqrt{2}$$

이므로 다음 그림과 같다.

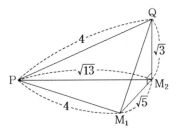

점 P에서 선분 QM_1에 내린 수선의 발을 P''이라 하자.

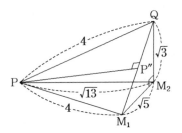

이때 $\angle PM_1Q = \alpha$ 라 하면

$$\cos\alpha = \frac{\overline{M_1P''}}{\overline{PM_1}} = \frac{\frac{1}{2}\overline{M_1Q}}{\overline{PM_1}} = \frac{\sqrt{2}}{4}$$

또, 점 Q에서 선분 PM_1에 내린 수선의 발을 Q'이라 하면 $\overline{QQ'} \perp \overline{PM_1}$ 이고 $\overline{QM_2} \perp$ (평면 PM_1M_2)이므로 삼수선의 정리에 의해 $\overline{M_2Q'} \perp \overline{PM_1}$

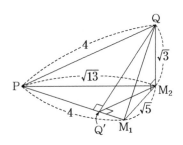

이때

$$\overline{M_1Q'} = \overline{QM_1}\cos\alpha = 2\sqrt{2} \times \frac{\sqrt{2}}{4} = 1$$

이므로

$$\overline{QQ'} = \sqrt{\overline{QM_1}^2 - \overline{Q'M_1}^2} = \sqrt{(2\sqrt{2})^2 - 1^2} = \sqrt{7}$$

$$\overline{M_2Q'} = \sqrt{\overline{M_2M_1}^2 - \overline{Q'M_1}^2} = \sqrt{(\sqrt{5})^2 - 1^2} = 2$$

따라서

$$\cos\theta = \frac{\overline{Q'M_2}}{\overline{QQ'}} = \frac{2}{\sqrt{7}}$$

이므로

$$70 \times \cos^2\theta = 70 \times \frac{4}{7} = 40$$

442 정답 20

[출제자 : 서태욱T]

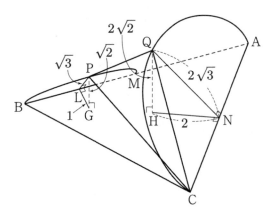

[그림1]

[그림1]에서 선분 BM의 중점을 L, 선분 AC의 중점을 N이라 하면 점 L은 점 P에서 선분 BM에 내린 수선의 발이고 점 N은 점 Q에서 선분 AC에 내린 수선의 발이다.

이때 삼수선 정리에 의하여 $\overline{PL} \perp \overline{GL}$ 이므로

$$\overline{GL} = \sqrt{\overline{PL}^2 - \overline{PG}^2} = \sqrt{(\sqrt{3})^2 - (\sqrt{2})^2} = 1 \text{이다.}$$

마찬가지로 삼수선 정리에 의하여 $\overline{QN} \perp \overline{HN}$ 이므로

$$\overline{HN} = \sqrt{\overline{QN}^2 - \overline{QH}^2} = \sqrt{(2\sqrt{3})^2 - (2\sqrt{2})^2} = 2 \text{이다.}$$

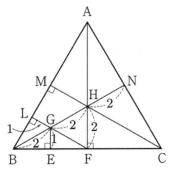

[그림2]

삼각형 ABC를 포함하는 평면을 단면화하여 나타내면

[그림2]에서 $\dfrac{\overline{GE}}{\overline{BE}}=\dfrac{1}{\sqrt{3}}$, $\dfrac{\overline{HF}}{\overline{BF}}=\dfrac{2}{2\sqrt{3}}=\dfrac{1}{\sqrt{3}}$ 이므로 세 점

B, G, H는 한 직선 위에 존재한다.

또, [그림1]에서 $\overline{BG}:\overline{BH}=\overline{PG}:\overline{QH}=1:2$ 이므로 선분 PQ의 연장선은 삼각형 ABC를 포함하는 평면과 점 B에서 만난다.

즉, 삼각형 PCQ를 포함하는 평면과 삼각형 ABC를 포함하는 평면의 교선은 직선 BC이다.

이제 이면각 θ를 구하기 위해 직선 BC에 수직인 양쪽 평면에 포함된 두 직선을 찾자.

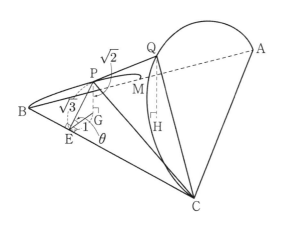

[그림3]

[그림3]에서 삼수선 정리에 의하여 $\overline{PE}\perp\overline{BC}$ 이므로

$\cos\theta=\dfrac{\overline{GE}}{\overline{PE}}$ 이고

$\overline{PE}=\sqrt{\overline{GE}^2+\overline{PQ}^2}=\sqrt{1^2+\left(\sqrt{2}\right)^2}=\sqrt{3}$ 이다.

따라서 $\cos\theta=\dfrac{\overline{GE}}{\overline{PE}}=\dfrac{1}{\sqrt{3}}$ 이므로

$60\times\cos^2\theta=60\times\dfrac{1}{3}=20$ 이다.